建设监理与咨询典型案例
（2024）

河北省建筑市场发展研究会　组织编写

中国建设科技出版社有限责任公司
China Construction Science and Technology Press Co., Ltd.
北　京

图书在版编目（CIP）数据

建设监理与咨询典型案例 . 2024/河北省建筑市场发展研究会组织编写 . --北京：中国建设科技出版社有限责任公司，2025.2. -- ISBN 978-7-5160-4363-9

Ⅰ.TU712.2

中国国家版本馆CIP数据核字第2025DC2267号

建设监理与咨询典型案例（2024）
JIANSHE JIANLI YU ZIXUN DIANXING ANLI（2024）
河北省建筑市场发展研究会　组织编写

出版发行：中国建设科技出版社有限责任公司
地　　址：北京市西城区白纸坊东街2号院6号楼
邮　　编：100054
经　　销：全国各地新华书店
印　　刷：北京印刷集团有限责任公司
开　　本：787mm×1092mm　1/16
印　　张：24.5
字　　数：530千字
版　　次：2025年2月第1版
印　　次：2025年2月第1次
定　　价：128.00元

本社网址：www.jskjcbs.com，微信公众号：zgjskjcbs
请选用正版图书，采购、销售盗版图书属违法行为
版权专有，盗版必究。本社法律顾问：北京天驰君泰律师事务所，张杰律师
举报信箱：zhangjie@tiantailaw.com　　举报电话：（010）63567684
本书如有印装质量问题，由我社事业发展中心负责调换，联系电话：（010）63567692

《建设监理与咨询典型案例（2024）》编写委员会

主　　任：倪文国
副 主 任：马益福　穆彩霞
委　　员：李静文　石　琼　焦　迪　李　红　张　晶
审查专家：（按姓氏笔画排序）
　　　　　王国庆　王爱丽　田秀茹　李丽清　李辉娟　李　淼
　　　　　杨晓楠　吴志林　吴爱峥　邵永民　宋志红　金春平
　　　　　郭建明　徐荣香　韩胜磊　裴鹏宇
主编单位：河北省建筑市场发展研究会
参编单位：（排名不分先后）
　　　　　河北中原工程项目管理有限公司
　　　　　河北冀科工程项目管理有限公司
　　　　　瑞和安惠项目管理集团有限公司
　　　　　河北工程建设监理有限公司
　　　　　承德城建工程项目管理有限公司
　　　　　中基华工程管理集团有限公司
　　　　　张家口正元工程项目管理有限公司
　　　　　河北卓越工程项目管理有限公司
　　　　　河北至诚工程项目管理有限公司
　　　　　河北友谊永泰工程造价咨询有限公司
　　　　　河北永诚工程项目管理有限公司
　　　　　河北丰信工程咨询有限公司
　　　　　邯郸市长城工程咨询有限责任公司
　　　　　鸿泰融新咨询股份有限公司
　　　　　河北裕华工程项目管理有限责任公司
　　　　　河北理工工程管理咨询有限公司
　　　　　河北瑞池工程项目管理有限公司
　　　　　河北广德工程监理有限公司
　　　　　保定建设工程监理有限公司

序

根据《国务院办公厅关于促进建筑业持续健康发展的意见》（国办发〔2017〕19号）、《河北省人民政府办公厅关于促进建筑业持续健康发展的实施意见》（冀政办字〔2017〕143号）、《国家发展改革委 住房城乡建设部关于推进全过程工程咨询服务发展的指导意见》（发改投资规〔2019〕515号）、《河北省发展和改革委员会 河北省住房和城乡建设厅关于进一步推进全过程工程咨询服务发展的通知》（冀发改投资〔2022〕550号）的要求，建设监理与咨询企业积极创新工程建设组织模式，开展工程监理、项目管理、政府购买服务、全过程工程咨询服务，推进绿色建造方式，完善质量保障体系，提升建筑工程品质。

建设监理与咨询是建筑工程管理的重要组成部分。随着建筑业改革和工程建设组织模式变革的深入推进，建设监理与咨询业务的创新离不开持续完善的管理理念和先进适用的管理技术，更需要经验丰富的专业人士和优秀的企业提供专业管理服务。从事建设监理与咨询服务的企业要不断提升服务水平和能力，满足委托方多样化的需求，为建设监理与咨询高质量发展贡献智慧和力量。

河北省建筑市场发展研究会组织编撰的《建设监理与咨询典型案例（2024）》，汇集了近年来河北省从事建设监理和全过程工程咨询服务过程中具有代表性和影响力的典型案例。这些案例包括建设监理、项目管理服务、政府购买服务以及全过程工程咨询服务，反映了河北省建设监理与咨询服务理念和管理方法的最新成果。这些成果的取得，得益于河北经济和政策创新环境的支持，也得益于广大业主对工程项目管理服务越来越高的要求。

《建设监理与咨询典型案例（2024）》，为推进建设监理、项目管理、政府购买服务、全过程工程咨询的发展提供了工作指引，引领建设监理与咨询新发展理念，助力构建建设监理与咨询新发展格局，推动建设监理与咨询高质量发展。

倪文国 会长

2024年12月

前 言

随着我国城市化进程的加速和基础设施建设的蓬勃发展，建设监理与咨询行业作为工程建设领域的重要组成部分，其地位和作用日益显现。为了总结和推广行业内的先进经验和做法，提高建设监理与咨询服务质量和水平，河北省建筑市场发展研究会组织有关单位和行业专家编撰完成《建设监理与咨询典型案例（2024）》。

《建设监理与咨询典型案例（2024）》，旨在分享河北省建设工程项目实践者探索建设监理与咨询理论的成功经验。本书以项目为载体，凝练了河北省建设监理与咨询行业在建设监理、项目管理、政府购买服务、全过程工程咨询业务中的成功经验，向从业者展现项目管理团队在面对复杂性和多样性决策时，如何运用科学的管理思维、系统的管理办法、先进的技术手段，对项目进行高效统筹、协调和管理。

本书选取近 5 年河北省范围内具有代表性和影响力的建设工程项目案例，这些案例均来自实践，具有代表性、示范性和指导性，这些案例涉及建设监理、项目管理、全过程工程咨询，从前期策划到运营使用，涵盖了专业化、阶段性、全过程工程咨询服务最佳实践，提出行业最新成果和前沿思考，同时不断总结经验，对实践中的不足提出反思和探讨，以提升项目管理水平。

本书选取案例从单位来看，既有国资背景的企业单位，也有代表性的民营企业；既有以建设监理、建设工程造价咨询业务逐渐转型到工程咨询、项目管理、全过程工程咨询服务的企业，也有以建设监理、工程造价咨询为主营业务的行业龙头企业，这些单位在提供服务过程中发挥各自的技术优势、资源优势，以市场需求为导向，满足委托方多样化的需求，通过多领域选取不同类型的典型案例，展示河北省建设监理与咨询领域的项目实践与经验。

本书的编撰得到了行业专家和从业者的支持和参与，他们结合自身的实践经验和专业知识，对案例进行了深入的剖析和总结，为我们提供了宝贵的经验和启示，为促进我国建设监理与咨询的科学化、规范化、国际化作出了积极贡献，也希望本书能给业内有志于从事建设监理与咨询服务的人士带来全新的启迪和有益的帮助。

我们衷心希望本书能够得到广大从业者的喜爱和认可，并期待在未来的工作中，能够继续与大家携手共进，共同推动建设监理与咨询行业的繁荣发展。

河北省建筑市场发展研究会
2024 年 12 月

目 录

建 设 监 理 篇

某商务办公楼及地下车库三区工程	王占良	3
某研发生产楼	胡永利	15
河北工程大学图书馆项目监理案例	王君璞	26
某地表水厂一期工程	吕瑞珍　赵风谦	38
某电力生产调度楼（生产调度指挥中心）工程项目	常荣波　任建波	52
河北某体育中心综合训练基地项目	李 娜	70
"双碳"背景下首家新能源高校新校区建设项目"项目管理＋监理"模式管控研究	慈慧强	82
某信息中心 EPC 项目工程总承包监理实践	方新党　李志霞	98
秦皇岛侨商大厦被动式超低能耗建筑监理实践	郝 娜	112
浅谈政府购买第三方巡查服务中的经验总结	王明亮	121
某港口自动化装卸运输煤炭堆场工程项目	赵趁圈	132
农村电网改造升级项目	周剑波	152
某装备制造产业园集中供热项目监理案例	高志平	170

全过程工程咨询篇

某市殡仪馆新建项目	李丽清　孙东喜　李长荣　苗灵子　张吉强	185
某烂尾楼改造、局部新建全过程咨询案例	李 永　胡新婷	197
某县城区雨污分流改造项目全过程工程咨询案例	段立哲　李东坡　李会刚　来春晖　李丽菊	213
某学校新校区改建项目全过程工程咨询案例	彭祥俊　宋志红　黄钰杰　谷学天　史君汝	237
某智能悬架工厂项目管理工作经验与体会	李 巍	252

某高校新校园建设：全过程造价咨询服务案例解析
.... 程翰翔　赵龙辉　褚银萍　李　建　赵红霞　李苹苹　267

某中学新校园建设项目全过程造价咨询服务案例
.... 田胜民　何　爽　乔丽惠　才浩林　史彤彤　290

基于投资管控为主线的某小学建设项目 .... 崔娇龙　李　慧　牛晓涛　303

某校园EPC总承包建设项目全过程造价咨询服务案例
.... 田秀茹　刘文忠　陈健文　朱丽丽　323

某体育中心EPC项目全过程工程咨询实践
.... 高　歌　陈志岩　黄　华　邰云飞　周　婷　342

某配套工程（某广场）一期建设工程全过程跟踪审计造价咨询服务
.... 王　静　焦云立　李玉霞　李丽菊　秦　琼　359

某输配线连接工程EPC总承包项目全过程造价咨询服务案例
.... 李红梅　于喜然　韩星星　372

建设监理篇

某商务办公楼及地下车库三区工程

王占良（保定建设工程监理有限公司）

摘　要：某商务办公楼及地下车库三区工程荣获2022～2023年度中国建设工程鲁班奖，该工程是河北省新技术应用示范工程，被评为全国建设工程施工安全生产标准化示范工地。本文结合工程亮点，介绍监理服务过程和内容、监理工作主要创新和突出特点、监理工作成效，为工程创优提供了一定经验。

1　项目背景

本项目整合建筑行业与区域周边资源优势，聚合总部商务、现代办公、创客空间、会议展览等多元形态。本工程地上24层、地下3层，框架-核心筒结构，房屋高度99.8m；抗震设防烈度为7度，抗震措施按7度设防。结构使用年限为50年，结构安全等级为二级，地下工程防水等级为一级。

现场监理人员应具有相应的专业技术基础，熟悉监理工作流程。

现场监理部应结合建设方要求以及发包合同的约定等，建立健全各类工作流程、现场管理制度以及内部管理机制，加大日常巡视监督力度，切实做好现场监理工作。

2　项目简介

2.1　项目概况（表1）

表1　项目概况

工程名称	××商务办公楼及地下车库三区工程		
工程地点	保定		
工程类别	公共建筑	建筑面积	71632.48m²
建筑高度	99.8m	建筑层数	地上24层、地下3层
地基基础类型	天然地基及CFG桩复合地基、独立基础及筏板基础	结构形式	框架-核心筒结构

续表

工程名称	××商务办公楼及地下车库三区工程		
抗震设防烈度	7度，抗震措施按7度设防	结构使用年限	50年
结构安全等级	二级	防水等级	屋面防水等级一级；车库防水等级二级
功能	地下为车库及设备用房，裙楼为职工食堂及会议中心，主楼为办公用房		

2.2 参建单位

建设单位：保定筑诚房地产开发有限公司
监理单位：保定建设工程监理有限公司
设计单位：河北建设集团股份有限公司
勘察单位：保定市建筑设计院有限公司
施工单位：河北建设集团天辰建筑工程有限公司

2.3 项目特点

（1）工程场地狭小，临时设施布置及场地安排难度大。
（2）系统多，多专业交叉，设备管线密集，综合排布难度大。
（3）23、24层南侧室内花园，防水工程施工细部处理难度较大。
（4）敞开式办公区大面积裸露顶棚，管线布设和设备安装质量要求高。

3 服务过程和内容

3.1 监理组织机构（图1）

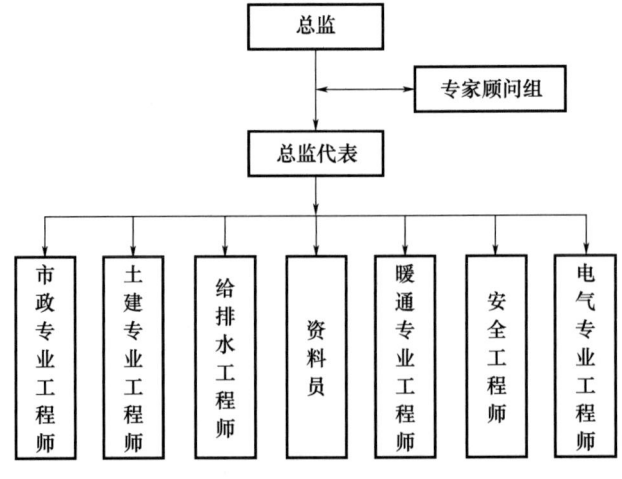

图1 监理组织机构

3.2 监理工作内容

（1）总监组织监理人员熟悉设计文件，对图纸中存在的问题提出意见和建议；参加建设单位组织的图纸会审（设计交底）会议，提出建设性建议，对会议纪要签字确认。

（2）审查承包单位提交工程项目的施工组织设计（施工方案），审查包括工程项目施工安全技术措施和施工现场临时用电方案，以及达到一定规模的危险性较大的分部分项工程专项施工方案（指《建设工程安全生产管理条例》第二十六条内容），并提出审查意见，签认后报建设单位。

（3）审查承包单位现场项目经理部的质量管理体系、技术管理体系和质量保证体系，能保证工程项目施工质量时予以确认。

（4）审查并确认施工总承包单位报审的分包单位资格。

（5）审查各种测量放线方案，并在现场对测量放线控制成果及保护措施进行复验和确认。

（6）根据建设单位的授权，现场检查工程开工的各项准备工作及相关资料，施工现场质量管理做到"三有"（即有施工技术标准、有健全的质量管理体系、有施工质量检验制度和综合施工质量水平评定考核制度）。安全生产管理取得安全生产许可证，并具备安全生产条件规定的相关文件和资料。

（7）审查确认承包单位用于施工试验的试验室资质等级及试验范围。

（8）审查工程所用的主要建筑材料、构配件、主要设备能否满足设计要求和符合规范、标准等规定的要求。

（9）审查确认承包单位按照施工合同的工期目标编制的各种工程进度计划，定期检查工程的进度，提出进度控制的措施。

（10）组织隐蔽工程验收；组织工程质量检验批、分项工程、分部（子分部）工程施工质量验收及单位（子单位）工程竣工预验收；参加建设单位组织的竣工验收，并提供相关监理资料。

（11）对涉及结构安全的试块、试件及有关材料，应按规定进行见证取样检测；在监理规划中确定见证工作内容和项目通知承包单位。分部（子分部）、单位（子单位）工程验收，在分项工程验收合格的基础上，对涉及结构安全和使用功能的重要分部工程应进行抽样检测。

（12）参与水暖工程的系统试压试验，通风、空调工程的单机试运转及无生产负荷联合试运转和电气照明、动力试验，以控制安装工程质量。

（13）监督施工单位严格遵守有关安全生产法律、法规的规定，做好安全防护、消防及文明施工工作；对违章指挥、违章操作应立即制止；发现存在事故隐患的应当要求施工单位整改。

（14）审查及会签设计变更、工程洽商文件；当工程变更涉及安全、环保等内容时，应按规定经有关部门审定，并对工程变更的费用和工期做出评估。

（15）主持召开工地例会，检查分析工程项目进度计划完成情况、工程质量状况和检查工程量核定及工程款支付情况，协调有关各方的关系，处理需要解决的有关事项。

（16）调解建设单位与施工单位之间的合同争议，签发合同争议处理意见。

（17）发现施工存在质量隐患应停工整改；组织有关各方进行工程质量事故分析，并责成事故责任方及时写出质量事故调查报告和提出处理方案，经设计单位等相关单位认可；并对质量事故的处理过程和处理结果进行跟踪检查和验收。

（18）对实际完成的工程量进行计量、计价；审查工程付款申请，确定工程变更的价款。

（19）组织编写并签发监理月报，提交阶段的工程质量评估报告、专题报告和项目监理工作总结。

（20）依据有关法律、法规、工程建设强制性标准、设计文件及施工合同，对承包单位报送的竣工资料进行审查，并按程序进行归档。

（21）做好监理记录，进行监理资料的日常管理，在各阶段监理工作结束后及时整理、检查与归档。监督检查勘察设计、施工资料的真实性、完整性、准确性，对施工单位的工程资料进行监督、检查并签署意见。

（22）工程保修期的监理。依据委托监理合同约定的工程质量保修期监理工作的时间、范围和内容，检查工程质量状况，鉴定质量问题，分析责任，督促保修工程责任单位修理，对修复的工程进行验收，合格后予以签认。

3.3 监理工作方法及措施

除执行《建设工程监理规范》（GB/T 50319—2013）施工阶段的监理工作有关内容外，应做好如下工作：

（1）由总监全面负责建设工程监理的实施工作，实行总监负责制，项目监理部的监理人员应专业配套，数量满足工程项目监理工作需要，并完善职责分工及有关监理工作制度的责任落实。项目监理部首要的任务是在充分了解工程设计、现场和施工等状况下编制项目监理规划，制定旁站监理方案，根据监理规划，各专业监理工程师编制监理实施细则。

（2）监理工作方式，是依靠自身的专业技术知识，管理工程建设的实施，因而监理工作具有公正、独立、自主的特点。在监理工作中涉及的工程专业技术，应当符合相关的国家现行工程建设标准强制性条文、规范的规定，监理单位依法执业，既要维护建设单位的利益，也不能损害施工单位的合法利益。

（3）监理单位根据所承担的监理任务，设立总监、专业监理工程师和其他监理人员，并采用见证、旁站、巡视、平行检验，指令性文件，工地会议，严格执行监理工作程序等手段进行工程施工监理。

（4）总监定期主持召开工地例会、专题会议，解决施工过程中的各种专项问题，做好项目的组织协调，协调贯穿于施工全过程。

（5）监理工作要采取主动控制与被动控制相结合的原则。主动控制是防患于未然，针对监理工程师分析目标偏离的可能性，拟定和采取各项预防措施，使目标得以实现；被动控制是工程建设计划进行时，监理工程师对计划的实施进行跟踪，并与原来的计划目标进行对比，从中发现偏差，从而采取措施纠正偏差。

（6）施工阶段的监理工作主要是实施工程项目的质量、进度、造价控制和合同与信息管理，以及实施建设工程安全生产管理等。

3.4　监理工作特色及亮点

（1）公司成立专家顾问组，在不同施工阶段去现场指导创优监理工作。

（2）公司职能部门在图纸会审阶段开始至竣工验收合格，不间断地到工地检查、指导，参与创优工作。

（3）现场监理部成立实体质量组、监理资料组等，分工明确，各负其责，确保了创优工作顺利完成。

4　监理工作主要创新和突出特点

4.1　质量控制亮点

（1）钢筋排布整齐，预埋管线准确。

（2）主体结构内坚外美，棱角清晰。

（3）砌体结构排砖合理、管线暗敷、灰缝饱满均匀。

（4）屋面整砖对缝铺贴，设缝合理，坡度坡向正确，细部精致美观。

（5）多材质墙面铺贴平整，色泽一致、缝隙均匀。

（6）多材质吊顶安装牢固、排布精准、交割严密。灯具、风口、烟感、喷淋等末端设施成行成线，排列有序。

（7）织物地毯、地砖、石材地面、木地板铺贴平整，拼缝严密，做工精细。

（8）卫生间、走廊、电梯前室区域墙地砖对缝设置。

（9）敞开式办公区采用无吊顶形式，采用哑光黑色喷涂，色泽均匀，简洁大方。

（10）楼梯间墙面平整、线角顺直，踏步高宽一致，踢脚线出墙厚度一致，栏杆安装牢固可靠。

（11）报告厅折线形吊顶高低错落有致，造型独特、风格典雅。

（12）车库环氧自流平地面，耐磨防滑，标线清晰，美观亮丽。

（13）采用成品综合支吊架，安装牢固可靠，抗震设置满足规范要求。

（14）装配式空调机房，应用BIM技术建立空调机房数字化3D模型，集成各类设备及管道，工厂加工，现场模块化组装。

(15）设备布置合理、安装规范、排列整齐、减震有效、运行平稳。

(16）设备支架牢固规范，防锈支墩、设备基座高度一致，成排成线；地面排水沟坡度正确，无积水。

(17）综合管线安装层次分明、牢靠整齐、封堵严密、标识清晰。

(18）配电柜排列整齐，线缆压接牢固、分色正确，接地安全、可靠；槽盒、导管布线整齐，排列有序，标识清晰。

(19）PVC保护壳做工精良，过渡自然，标识清晰。

(20）多媒体会议、数字化监控、综合布线、自动报警等系统技术先进、联动准确、响应灵敏，智能化程度高。

4.2 新技术应用与自主创新

（1）工程推广应用建筑业10项新技术（2017）（表2）

表2 工程推广应用建筑业10项新技术（2017）

序号	建筑业10项新技术	工程应用项目	应用部位	单位	数量
1	地基基础和地下空间工程技术	混凝土桩复合地基技术	地基处理	根	1169
2	钢筋与混凝土技术	混凝土裂缝控制技术	主体结构	m²	14875
		高强钢筋应用技术	主体结构	t	4314
		高强钢筋直螺纹连接技术	主体结构	个	66700
3	模板脚手架技术	集成附着式升降脚手架技术	主体结构	m	180
		组合铝合金模板技术	主体结构	m²	4200
		清水混凝土模板技术	主体结构	m²	4200
4	钢结构技术	钢结构防腐防火技术	主体结构	t	320
		钢与混凝土组合结构应用技术	主体结构	t	20
5	机电安装工程技术	基于BIM的管线综合技术	安装专业全过程	m²	71632.48
		可弯曲金属导管安装技术	安装专业全过程	m²	71632.48
		工业化成品支吊架技术	安装专业全过程	m²	71632.48
		机电管线及设备工厂化预制技术	安装专业全过程	m²	71632.48
		金属风管预制安装施工技术	安装专业全过程	m²	71632.48
		机电消声减震综合施工技术	安装专业全过程	m²	71632.48
		建筑机电系统全过程调试技术	安装专业全过程	m²	71632.48

续表

序号	建筑业10项新技术	工程应用项目	应用部位	单位	数量
6	绿色施工技术	封闭降水及水收集综合利用技术	施工全过程	套	1
		建筑垃圾减量化与资源化利用技术	施工全过程	套	1
		施工扬尘控制技术	施工全过程	套	1
		施工噪声控制技术	施工全过程	套	1
		绿色施工在线监测评价技术	施工全过程	套	1
		工具式定型化临时设施技术	施工全过程	套	1
		建筑物免抹灰技术	主体结构	m²	42000
7	防水技术与围护结构节能	种植屋面防水施工技术	装饰装修	m²	9258
		高性能门窗技术	装饰装修	m²	4611
		一体化遮阳窗	装饰装修	m²	450
8	抗震、加固与监测技术	深基坑施工监测技术	地基与基础	m	285
9	信息化技术	基于BIM的现场施工管理信息技术	项目施工全过程	套	1
		基于大数据的项目成本分析与控制信息技术	项目施工全过程	套	1
		基于云计算的电子商务采购技术	项目施工全过程	套	1
		基于互联网的项目多方协同管理技术	项目施工全过程	套	1
		基于物联网的劳务管理信息技术	项目施工全过程	套	1

（2）自主创新技术18项（表3）

表3 自主创新技术18项

序号	成果名称	自主攻关和创新项目
1	实用新型专利	一种破损法测量楼板厚度的装置
2	实用新型专利	一种用于铝模板的清水混凝土粗糙度检测模具
3	实用新型专利	一种用于铝合金模板的墙体压槽装置
4	实用新型专利	一种大型乔木排水透气装置
5	实用新型专利	一种绿化与铺装衔接不锈钢护角装置
6	实用新型专利	一种伸缩式接火斗
7	实用新型专利	一种伸缩防火板
8	实用新型专利	一种无横龙骨的玻璃幕墙玻璃承托组件

续表

序号	成果名称	自主攻关和创新项目
9	实用新型专利	一种屋面钢梁安全绳挂置装置
10	实用新型专利	一种室内高空管道安装电动提升装置
11	实用新型专利	一种适用于弱电机柜的网线安装工具
12	实用新型专利	一种可调节坡道
13	省级工法	装配式机房泵组减震消声施工法
14	省级工法	深基础降水后封井防水施工法
15	科技进步奖	公共建筑组合铝合金模板技术研究
16	科技进步奖	公共建筑装饰装修设计及施工中的BIM技术应用研究
17	科技进步奖	深基础降水后封井防水施工法
18	科技进步奖	河北建设商务中心项目商务办公楼及地下车库三区工程（科技示范工程）

4.3 工程难点

（1）施工场地狭小，临时设施布置及场地安排难度大。

（2）系统多，多专业交叉，设备管线密集，综合排布难度大。

（3）23、24层南侧室内花园，防水工程施工细部处理难度较大。

（4）敞开式办公区大面积裸露顶棚，管线布设和设备安装质量要求高。

5 监理工作成效

监理人负责本工程施工准备阶段和施工阶段质量、投资、进度控制，安全文明施工管理、合同信息管理，组织协调施工过程中有关的纠纷和施工合同全面履行。主要监理措施内容包括但不限于：

5.1 施工准备阶段监理

（1）项目监理机构进场，向本项目建设单位报送委派的总监理工程师及监理机构成员名单。由项目总监理工程师做好项目监理人员分工，确定其岗位职责。

（2）通过现场调查，掌握施工现场的自然条件及周围管线情况。

（3）熟悉施工图纸，参加会审，认真填写图纸会审记录，了解本工程的特点，以及建设单位对工程质量的要求。将施工图纸中的问题以书面的形式，由建设单位转交给设计单位。必要时，针对有些问题提出建议。对于涉及工程设计中的技术问题，按照安全和优化的原则提出建议，并向建设单位提出书面报告。如果由于拟提出的建议可能会提高工程造价或延长工期，要事先征得建设单位的同意。

（4）熟悉合同文件，重点做好建设工程中有关内容与条款的分析与研究。

（5）工程开工前，针对本工程特点及内容，按期编制、修改完成工程项目监理规划，经公司总工程师审核签字后，报送建设单位，在监理服务过程中全面落实执行，并视情况变化做必要的调整。本工程技术较复杂、专业性强，要编制有针对性的、操作性强的监理实施细则和旁站监理方案，确定质量控制点。

（6）工程开工前，确定适用于本工程的施工规范及验收评定标准，列出目录清单。

（7）组织与协调设计单位向参建单位的技术交底，了解建设单位对本工程的各项要求，以及设计人对本工程的要求，并认真在监理日志和日记中记录。

（8）准备并参加建设单位主持召开的第一次工地会议，确定监理例会的频次、时间及参加人员，并认真做好会议记录，负责编印会议纪要，按时分发有关各方。

（9）以分项工程为单位进行施工监理工作交底，贯彻项目监理规划，并编印会议纪要，分发有关各方。

（10）总监理工程师及时组织审查并核准承包单位编制、报送的施工组织设计（施工方案、技术方案）和总体施工进度计划及施工进度计划报审表，同意后建设单位复审。对项目施工组织设计和创优方案按照保质量、保工期和降低成本的原则进行审查，提出审查意见，并在1—2日内通知承包单位，同时向建设单位提出书面报告。

（11）参加工程测量交接桩，进行基础桩点复测，审核承包单位提交的基准点复测成果；检查承包单位专职测量人员的资质证书和测量仪器设备检定证书；审查批准承包单位报送的施工测量方案；检查承包单位对桩位采取的有效保护措施。

（12）核查承包单位的工程项目管理人员的到位情况；审查承包单位的常驻现场代表——项目经理以及其他派驻到现场的主要管理人员的资质；督促承包单位建立健全质量、进度、投资、合同、资料及安全等保证体系，过程中核查承包单位的各种保证体系的运转情况应良好。在监理过程中，如果发现承包单位的部分人员工作不力，建议承包单位及时调换有关人员，并向建设单位汇报。

（13）核查承包单位的施工作业人员、施工设备按其施工组织设计的计划进场情况，以及主要材料供应的落实情况。

（14）审查承包单位进场施工机械装备的规格、型号及需定期检定的设备的检定情况。

（15）对工程前期的临时设施工程有关临时项目的实施进行监督、检查。

（16）核查现场"三通一平"情况，确认施工现场场地平整，水、电、通信等是否达到开工条件。监理工程师审核认为具备开工条件时，在事先取得建设单位同意后，由总监理工程师在承包单位报送的工程开工报审表上签署意见，发布开工令，并报建设单位。

（17）协助建设单位监督总包单位进行材料、设备、系统的采购招标管理。

5.2 施工阶段监理

（1）协助建设单位与承包商编写开工申请报告。

（2）向承包商办理建设现场移交手续。

（3）协助建设单位审核和确认施工分包单位。

（4）审查承包商的施工组织设计和施工技术方案并提出修正意见。

（5）下达单位工程施工开工令。

（6）审查承包商提出的材料、构件及设备的采购清单，检查工程使用的材料、构件、设备的规格及质量，需要复查的，对进场材料、构配件、设备进行鉴定、取样送检，检测结果质量合格的予以质量认可。

（7）督促、检查承包商严格执行合同和严格按照国家技术规范、标准、地方建筑安装规程以及设计图纸文件要求进行施工；核查施工过程中的主要部位、环节以及隐蔽工程的施工验收签证，控制工程质量，关键部位实行旁站监理制度。

（8）坚持每周质量例会制度。监理组织每周召开质量例会，确定落实各项创优方案、深化设计，统一组织各参建单位共同实施，解决施工中相互交叉作业的矛盾，对各专业交叉的"死角"，明确责任人，并定期检查实施成果。

质量讲评放在例会的重要议事日程上，要对上周工地质量动态做一全面的总结，指出施工中存在的质量问题以及解决这些问题的措施。措施要切合实际，要具有可操作性，并要形成会议记录，以便在下周例会时逐项检查执行情况。

（9）每月质量检查讲评。每月底由监理组织对在施工工程进行实体质量检查，由施工方写出本月底在施工程质量总结报告交项目质量组长，再由施工质量组长汇总，以月度质量管理情况简报的形式发至项目部有关领导、班组和分包队伍。简报中对质量好的班组和分包单位要予以表扬，需整改的部位应明确限期整改日期，并在下次质量例会逐项检查是否彻底整改。

（10）对检验批、分项工程、分部工程进行质量检查和验收，质量合格的予以认可，同意进行下道工序施工。

（11）加强对隐蔽工程施工过程的旁站监理工作，确保质量合格。

（12）样板引路制度及可视化交底。坚持"样板间""样板工序"制度，新分项和新工序，工程开工前必须先做"样板"，要求施工单位采用多个班组做小块样板，经多方比较后确定方案实施，经施工项目部技术质量人员、监理人员、建设单位鉴定达标认可后方可大面积铺开，铺开后的工程不得低于"样板"的标准。

要求施工项目部以视频影像、图片文字、实物展示、样板间、样板构件等形式直观展示关键部位、关键工序的做法与要求，使施工人员掌握质量标准和具体工艺，利用二维码、BIM（Building Information Modeling，建筑信息模型）技术、手机小视频等信息技术进行技术交底，做到质量标准数据表格化、质量效果图示化、施工流程可视化。

（13）强制性条文执行管理措施。执行"工程建设强制性条文"，是鲁班奖/国优工程验收检查的"底线"。为便于检查，项目部首先要针对本工程涉及的规范标准，将每一个强制性条文列表明示，弄清条文含义，为制订达到该条文规定的措施做准备；其次，在制订各阶段施工组织设计时，将强制性条文纳入施工技术质量控制要点，并切实制订有针对性的保证措施，作为指导施工以及质量验收的重要依据；再次，在分部分项工程施工技交底时，应做重点强调，并明确反映条文要求及相应的措施；最后，在实际施工中对措施及条文实施进行检查，来判定达到的程度。

（14）搜寻并掌握当前使用国家明令淘汰禁止使用的建筑材料、设备，拉出警示清单防止误用。积极运用"新材料、新技术、新工艺、新设备"。

（15）公司定期监督指导。公司总工程师和工程项目管理部人员每月定期到项目部进行监督指导，对施工样板间、段、层进行检查，经验收合格后方可大面积施工。

（16）每月25日前编制当月监理月报，将每月的工地施工情况和监理工作情况向建设单位书面汇报，包括质量、进度、造价内容，安全文明施工内容，以及监理资料和施工资料内容等。

（17）根据创优方案主持协商建设单位、设计单位、施工单位或监理单位自身提出的设计变更。

（18）督促施工单位整理施工文件，抓好文件归档工作。

（19）组织承包商对工程进行阶段验收及竣工初验；督促整改，并协助建设单位组织竣工验收，参与工程竣工验收并签署监理意见。

（20）及时提供完整的监理资料，定期向建设单位编报监理月报；每月于28日之前提交工程形象影像资料。

（21）协助建设单位整理审核承包商合同文件、工程技术文件及竣工验收资料的归档并帮助其顺利完成。

（22）审核并签署项目竣工资料。

（23）配合创优工作。工程先后荣获河北省燕赵杯BIM大赛一等奖、龙图杯全国BIM大赛综合组优秀奖；获全国建设工程项目施工安全生产标准化示范工地；河北省新技术应用示范工程、河北省建设科技示范工程绿色建筑（三星级）验收通过；2020年度荣获河北省结构优质工程；2021年度荣获河北省建设工程安济杯奖；2022—2023年荣获中国建设工程鲁班奖。

（24）监理工作成效：

① 坚持"学习引进"。施工过程中，监理公司组织项目监理部成员到获"鲁班奖""国优奖"的工程项目参观学习，学习先进经验，引进先进工艺，指导施工单位创优。

② 坚持"样板引路"。要求施工单位在每个分项工程施工前做好样板，按创优规划和设计规范严格验收，然后再大面积展开施工，以保证质量优良。

③ 通过监理的组织和运作，达到了以下效果：顺利通过竣工验收，荣获保定市优质工程"古城杯"奖；荣获河北省建设工程安济杯奖；荣获中国建设工程鲁班奖；提高了监理公司声誉，培养了人才，积累了创优经验。

6 其他需要说明的内容

工程自投入使用，地基基础稳定，结构安全可靠，系统运行良好，功能符合设计要求，业主非常满意。

7　获奖情况及专利授权情况

（1）获河北省燕赵杯 BIM 大赛一等奖、龙图杯全国 BIM 大赛综合组优秀奖。

（2）获全国建设工程项目施工安全生产标准化示范工地。

（3）河北省新技术应用示范工程、河北省建设科技示范工程绿色建筑（三星级）验收通过。

（4）2020 年度荣获河北省结构优质工程。

（5）2021 年度荣获河北省建设工程安济杯奖。

（6）2022—2023 年荣获中国建设工程鲁班奖。

某研发生产楼

胡永利（保定建设工程监理有限公司）

摘　要：本文结合某研发生产楼项目监理的实践管理经验，浅谈该项目监理工作中如何控制质量，加强质量管理的方法和经验，并为今后在监理工作标准化管理上有所创新和发展，打下坚实的基础。

1　项目背景

项目建设条件的复杂性和挑战性体现在以下几点：

（1）本工程基坑形状不规则，且施工场地狭小，对临时设施布置及场地安排提出了更高的要求。

（2）大厅曲线梁精准定位难度大，铝装饰板多角度、多规格，加工、制作、安装难度大。

（3）幕墙采用"步步高"造型，多材质连接，施工难度大。

（4）研发楼主体为双子塔与裙房组合布局，空间结构丰富，功能分区明确。

项目建设单位对工程监理服务的要求：现场监理人员应具有相应的专业技术基础，熟悉监理工艺流程，敬业爱岗、自觉主动，恪守监理职业道德，不故意刁难、不索要好处。现场监理部应结合建设方要求以及发包合同的约定等，建立健全各类工艺流程、现场管理制度以及内部管理机制，加大日常巡视监督力度，切实做好现场监理工作。

2　项目简介

2.1　项目概况

（1）本工程为高层丙类厂房，地下 2 层、地上 25 层，具体数据见表 1。

表 1　项目数据

总建筑面积	地下建筑面积	地上建筑面积	建筑高度	基底面积	室内外高差
102093.14m²	25896.64m²	76196.5m²	99.90m	6430.94m²	0.3m

功能：屋顶局部凸出部分为楼梯间、水箱房、电梯机房。地下 2 层平时为地下车库和地源热泵机房，战时局部为核五常五甲类二等人员掩蔽所和抢险抢修人防专业队队员掩蔽

所，防化级别为丙类，以及人防移动柴油电站。地下1层平时为地下车库和员工食堂。地上1层至15层为研发车间和研发生产车间。

层高：地下2层层高4.5m，地下1层层高5.5m；地上1、2层层高5.3m，3层层高5.2m，局部层高9.2m，4层至25层层高3.8m，机房层高3.79m，局部4.5m。

(2) 建筑设计使用年限：3类，50年。

(3) 建筑耐火等级：地下一级、地上一级。

(4) 抗震设防烈度：7度。

(5) 结构类型：框架结构-核心筒结构。

(6) 建筑项目设计规模：大型。

(7) 基础类型：筏板基础。

(8) 地下室防水等级：一级。

2.2 参建单位

建设单位：保定市华科房地产开发有限公司

设计单位：保定广成建筑设计有限公司

施工单位：河北建设集团有限公司

监理单位：保定建设工程监理有限公司

2.3 项目特点

(1) 本工程基坑形状不规则且施工场地狭小，对临时设施布置及场地安排提出了更高的要求。

(2) 研发楼主体为双子塔与裙房组合布局，空间结构丰富，功能分区明确。

(3) 玻璃幕墙简洁明快，富于阳刚之美，竖向阵列错动，肌理效果丰富，充分体现了科技中心科学严谨的风格。

(4) 大厅曲线梁精准定位难度大，铝装饰板多角度、多规格，加工、制作、安装难度大。

(5) 幕墙采用"步步高"造型，多材质连接，施工难度大。

(6) 工程吊顶形式多样，末端设施数量多，排版设计要求高。

(7) 多专业交叉，设备管线密集，综合排布难度大。

3 服务过程和内容

3.1 监理组织机构（图1）

3.2 监理工作内容

(1) 总监组织监理人员熟悉设计文件，对图纸中存在的问题提出意见和建议；参加建设单位组织的图纸会审（设计交底）会议，提出建设性建议，对会议纪要进行签认。

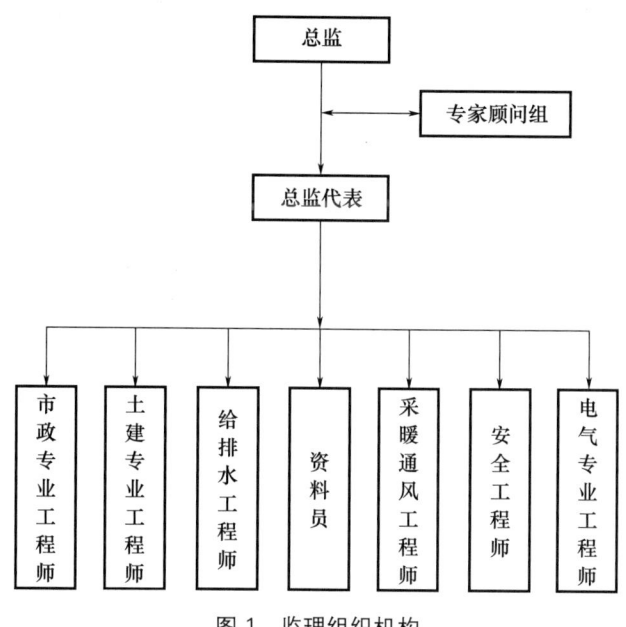

图 1 监理组织机构

（2）审查承包单位提交工程项目的施工组织设计（施工方案），审查包括工程项目施工安全技术措施和施工现场临时用电方案，以及达到一定规模的危险性较大的分部分项工程专项施工方案（指《建设工程安全生产管理条例》第二十六条内容），并提出审查意见，签认后报建设单位。

（3）审查承包单位现场项目经理部的质量管理体系、技术管理体系和质量保证体系确能保证工程项目施工质量时予以确认。

（4）审查并确认施工总承包单位报审的分包单位资格。

（5）审查各种测量放线方案，并在现场对测量放线控制成果及保护措施进行复验和确认。

（6）根据建设单位的授权，现场检查工程开工的各项准备工作及相关资料，施工现场质量管理做到"三有"（即有施工技术标准，有健全的质量管理体系，有施工质量检验制度和综合施工质量水平评定考核制度）。安全生产管理取得安全生产许可证，并具备安全生产条件规定的相关文件和资料。

（7）审查确认承包单位用于施工试验的试验室资质等级及试验范围。

（8）审查工程所用的主要建筑材料、构配件、主要设备能否满足设计要求和符合规范、标准等规定的要求。

（9）审查确认承包单位按照施工合同的工期目标编制的各种工程进度计划，定期检查工程的进度，提出进度控制的措施。

（10）组织隐蔽工程验收，组织工程质量检验批、分项工程、分部（子分部）工程施工质量验收及单位（子单位）工程竣工预验收；参加建设单位组织的竣工验收，并提供相关监理资料。

（11）对涉及结构安全的试块、试件及有关材料，应按规定进行见证取样检测；在监理规划中确定见证工作内容和项目通知承包单位。分部（子分部）、单位（子单位）工程验收，在分项工程验收合格的基础上，对涉及结构安全和使用功能的重要分部工程应进行抽样检测。

（12）参与水暖工程的系统试压试验，通风、空调工程的单机试运转及无生产负荷联合试运转和电气照明、动力试验，以控制安装工程质量。

（13）监督施工单位严格遵守有关安全生产法律、法规的规定，做好安全防护、消防及文明施工工作；对违章指挥、违章操作应立即制止；发现存在事故隐患的应当要求施工单位整改。

（14）审查及会签设计变更、工程洽商文件；当工程变更涉及安全、环保等内容时，应按规定经有关部门审定，并对工程变更的费用和工期做出评估。

（15）主持召开工地例会，检查分析工程项目进度计划完成情况、工程质量状况和检查工程量核定及工程款支付情况，协调有关各方的关系，处理需要解决的有关事项。

（16）调解建设单位与施工单位之间的合同争议，签发合同争议处理意见。

（17）发现施工存在质量隐患应停工整改；组织有关各方进行工程质量事故分析，并责成事故责任方及时写出质量事故调查报告和提出处理方案，经设计单位等相关单位认可；并对质量事故的处理过程和处理结果进行跟踪检查和验收。

（18）对实际完成的工程量进行计量、计价；审查工程付款申请，确定工程变更的价款。

（19）组织编写并签发监理月报，提交阶段的工程质量评估报告、专题报告和项目监理工作总结。

（20）依据有关法律、法规、工程建设强制性标准、设计文件及施工合同，对承包单位报送的竣工资料进行审查，并按程序进行归档。

（21）做好监理记录，进行监理资料的日常管理，在各阶段监理工作结束后及时整理、检查与归档。监督检查勘察设计、施工资料的真实性、完整性、准确性，对施工单位的工程资料进行监督、检查并签署意见。

（22）工程保修期的监理，依据委托监理合同约定的工程质量保修期监理工作的时间、范围和内容，检查工程质量状况，鉴定质量问题，分析责任，督促保修工程责任单位修理，对修复的工程进行验收，合格后予以签认。

3.3 监理工作方法及措施

除执行《建设工程监理规范》（GB/T 50319—2013）施工阶段的监理工作有关内容外，应做好如下工作：

（1）由总监全面负责建设工程监理的实施工作，实行总监负责制，项目监理部的监理人员应专业配套，数量满足工程项目监理工作需要，并完善职责分工及有关监理工作制度的责任落实。项目监理部首先的任务是在充分了解工程设计、现场和施工等状况下编制项目监理规划，制定旁站监理方案，根据监理规划，各专业监理工程师编制监理实施细则。

（2）监理工作方式，是依靠自身的专业技术知识，管理工程建设的实施，因而监理工作具有公正、独立、自主的特点。在监理工作中涉及的工程专业技术，应当符合相关的国家现行工程建设标准强制性条文、规范的规定，监理单位依法执业，既要维护建设单位的利益，也不能损害施工单位的合法利益。

（3）监理单位履行建设工程监理合同时，应在施工现场设立监理机构，监理机构的监理人员由总监理工程师、专业监理工程师、监理员组成。

（4）总监定期主持召开工地例会、专题会议，解决施工过程中的各种专项问题，做好项目的组织协调，协调贯穿于施工全过程。

（5）监理工作要采取主动控制与被动控制相结合的原则。主动控制是防患于未然，监理工程师分析目标偏离的可能性，并拟定和采取各项预防措施，以使目标得以实现；被动控制是工程建设计划进行时，监理工程师对计划的实施进行跟踪，并与原来的计划目标进行对比，从中发现偏差，从而采取措施纠正偏差。

（6）施工阶段的监理工作主要是实施工程项目的质量、进度、造价控制和合同与信息管理以及建设工程安全生产管理方面。

3.4 监理工作特色及亮点

（1）公司成立专家顾问组，在不同施工阶段去现场指导创优监理工作。

（2）公司职能部门在图纸会审阶段开始至竣工验收合格，不间断地到工地检查、指导，参与创优工作。

（3）现场监理部成立实体质量组、监理资料组等，分工明确，各负其责，确保了创优工作顺利完成。

4 监理工作主要创新和突出特点

4.1 工程亮点

（1）钢筋排布整齐，预埋管线准确。

（2）主体结构内坚外美、棱角清晰，达到清水混凝土效果。

（3）自主研发管线暗敷技术，应用CNC数控机械，砌筑墙体无开槽，整体性好。

（4）屋面坡向正确，无积水，不渗不漏，缝隙均匀。雨水管、爬梯、水簸箕造型美观、安全、实用。

（5）排气管造型以建筑外观为模板，创意独特。通风口采用石材防护，安装稳固。

（6）幕墙排列错落有致，线条挺拔顺直。胶缝细腻，宽窄一致，美观大方。

（7）大堂影壁墙阵列错动，造型独特，铝装饰板定尺加工，弧线流畅，美观大气。

（8）大堂、科技超市顶棚造型独特，美观大气。

（9）楼梯滴水线采用成品 GRC，线条顺直、实用。装配式栏杆安装牢固、造型优美。

（10）科技超市灰白色调，科技感强，充分体现项目生产研发的设计理念。

（11）报告厅折线形吊顶高低错落有致，造型独特、风格典雅。

（12）裙房办公区宽敞明亮，造型简洁明快不失稳重。

（13）多材质墙面铺贴平整、色泽一致、缝隙均匀。

（14）多材质吊顶安装牢固、排布精准、交割严密。灯具、风口、烟雾感应装置、喷淋等末端设施成行成线，排列有序。

（15）卫生间墙地砖配色合理，五居中、六对齐，套割精细，洁具定位精准、安装牢固。

（16）车库地面耐磨防滑，标线清晰、准确，美观亮丽。

（17）设备布置合理，安装稳固，运行平稳。

（18）金属保护壳做工精良、过渡自然、标识清晰。

（19）多媒体会议、数字化监控、自动报警等系统技术先进，智能化程度高。

（20）配电柜安装排列整齐，柜面平整，线缆压接牢固。

4.2 新技术应用与自主创新

工程推广应用了建筑业 10 项新技术（2010），完成自主创新技术 9 项。BIM 技术应用贯穿施工全过程。

（1）建筑业 10 项新技术（表2）。

表2 建筑业 10 项新技术

序号	大项名称	子项名称
1	地基基础和地下空间工程技术	水泥粉煤灰碎石桩（CFG桩）复合地基技术
2	混凝土技术	高耐久性混凝土技术、高强高性能混凝土技术、混凝土裂缝控制技术
3	钢筋及预应力技术	高强钢筋直螺纹连接技术
4	模板及脚手架技术	清水混凝土模板技术、早拆模板施工技术
5	钢结构设计	深化设计技术
6	机电安装工程技术	管线综合布置技术
7	绿色施工技术	施工过程水回收利用技术、预拌砂浆技术、外墙自保温体系施工技术、铝合金窗断桥技术、工业废渣及（空心）砌块应用技术
8	防水技术	遇水膨胀止水胶施工技术
9	抗震加固与监测技术	结构安全性监测（控）技术
10	信息化应用技术	虚拟仿真施工技术、高精度自动测量控制技术、施工现场远程监控管理及工程远程验收技术、工程量自动计算技术、工程项目管理信息化实施集成应用及基础信息规范分类编码技术、项目多方协同管理信息化技术

(2) 自主创新技术 12 项（表3）。

表3　自主创新技术 12 项

序号	创新技术或创新项目名称	获得奖项
1	硕铠劳务实名制系统 V1.0	软件著作一项
2	一种定距框	实用新型专利一项
3	一种建筑用加气块预加工设备	实用新型专利一项
4	一种人员实名制管理系统设备	实用新型专利一项
5	一种临边洞口防护固定装置	实用新型专利一项
6	一种电梯井施工平台	实用新型专利一项
7	一种构造柱混凝土定型浇筑装置	实用新型专利一项
8	BIM+VR 在施工项目中的研究	河北省建设行业科学技术进步奖二等奖
9	施工项目临水临电智能控制系统技术研究	河北省建设行业科学技术进步奖三等奖
10	结合 BIM 技术的坡道道面转弯处施工技术	河北省省级工程建设工法 河北省建设行业科学技术进步奖三等奖
11	基于 BIM 技术材料加工关键技术应用研究	河北省建设行业科学技术进步奖三等奖
12	基于 BIM 技术砌体结构预留线管关键技术研究	河北省建设行业科学技术进步奖三等奖

(3) 应用 BIM 技术服务工程全过程（表4）。

表4　应用 BIM 技术服务工程全过程

序号	应用 BIM 技术服务工程全过程	
1	深化设计	基于无人机测绘技术、3D 扫描生成点云模型，协助工程设计优化
2	BIM 施工	主体施工、装饰装修及设备安装，辅助工程质量提升

4.3　工程难点（表5)

表5　工程难点

序号	工程施工过程中难点
1	大厅曲线梁精准定位难度大，装饰铝板多角度、多规格，加工、制作、安装难度大
2	幕墙采用"步步高"造型，多材质连接，施工难度大
3	工程吊顶形式多样，末端设施数量多，排版设计要求高
4	多专业交叉，设备管线密集，综合排布难度大

5 监理工作成效

监理人负责本工程施工准备阶段和施工阶段质量、投资、进度控制，安全文明施工管理、合同信息管理，组织协调施工过程中有关的纠纷和施工合同全面履行。主要监理措施内容包括但不限于：

5.1 施工准备阶段监理

（1）项目监理机构进场，向本项目建设单位报送委派的总监理工程师及监理机构成员名单。由项目总监理工程师做好项目监理人员分工，确定其岗位职责。

（2）通过现场调查，掌握施工现场的自然条件及周围管线情况。

（3）熟悉施工图纸，参加会审，认真填写图纸会审记录，了解本工程的特点，以及建设单位对工程质量的要求。将施工图纸中的问题以书面的形式，由建设单位转交给设计单位。必要时，针对有些问题提出建议。对于涉及工程设计中的技术问题，按照安全和优化的原则提出建议，并向建设单位提出书面报告。若拟提出的建议会提高工程造价或延长工期，要事先取得建设单位的同意。

（4）熟悉合同文件，重点做好建设工程中有关内容与条款的分析与研究。

（5）工程开工前，针对本工程特点及内容，按期编制、修改完成工程项目监理规划，经公司总工程师审核签字后，报送建设单位，在监理服务过程中全面落实执行，并视情况变化做必要的调整。本工程技术较复杂、专业性强，要编制有针对性的、操作性强的监理实施细则和旁站监理方案，确定质量控制点。

（6）工程开工前，确定适用于本工程的施工规范及验收评定标准，列出目录清单。

（7）组织与协调设计单位向参建单位的技术交底，了解建设单位对本工程的各项要求，以及设计人对本工程的要求，并认真在监理日志和日记中记录。

（8）准备并参加建设单位主持召开的第一次工地会议，确定监理例会的频次、时间及参加人员，并认真做好会议记录，负责编印会议纪要，按时分发有关各方。

（9）以分项工程为单位进行施工监理工作交底，贯彻项目监理规划，并编印会议纪要，分发有关各方。

（10）总监理工程师及时组织审查并核准承包单位编制、报送的施工组织设计（施工方案、技术方案）和总体施工进度计划及施工进度计划报审表，同意后建设单位复审。对项目施工组织设计和创优方案按照保质量、保工期和降低成本的原则进行审查，提出审查意见，并在1～2日内通知承包单位，同时向建设单位提出书面报告。

（11）参加工程测量交接桩，进行基础桩点复测，审核承包单位提交的基准点复测成果；检查承包单位专职测量人员的资质证书和测量仪器设备检定证书；审查批准承包单位报送的施工测量方案；检查承包单位对桩位采取的有效保护措施。

（12）核查承包单位的工程项目管理人员的到位情况；审查承包单位的常驻现场代

表——项目经理以及其他派驻到现场的主要管理人员的资质；督促承包单位建立健全质量、进度、投资、合同、资料及安全等保证体系，过程中核查承包单位的各种保证体系的运转情况应良好。在监理过程中，如果发现承包单位的部分人员工作不力，及时建议承包单位调换有关人员，并向建设单位汇报。

（13）核查承包单位的施工作业人员、施工设备按其施工组织设计的计划进场情况，以及主要材料供应的落实情况。

（14）审查承包单位进场施工机械装备的规格、型号及需定期检定的设备的检定情况。

（15）核查现场"三通一平"情况，确认施工现场场地平整，水、电、通信等是否达到开工条件。监理工程师审核认为具备开工条件时，在事先取得建设单位同意后，由总监理工程师在承包单位报送的工程开工报审表上签署意见，发布开工令，并报建设单位。

（16）协助建设单位监督总包单位进行材料、设备、系统的采购招标管理。

5.2 施工阶段监理

（1）协助建设单位与承包商编写开工申请报告。

（2）向承包商办理建设现场移交手续。

（3）协助建设单位审核和确认施工分包单位。

（4）审查承包商的施工组织设计和施工技术方案并提出修正意见。

（5）下达单位工程施工开工令。

（6）审查承包商提出的材料、构件及设备的采购清单，检查工程使用的材料、构件、设备的规格及质量，需要复查的，对进场材料、构配件、设备进行见证取样送检，检测结果质量合格的予以质量认可。

（7）督促、检查承包商严格执行合同和严格按照国家技术规范、标准、地方建筑安装规程以及设计图纸文件要求进行施工；核查施工过程中的主要部位、环节以及隐蔽工程的施工验收签证，控制工程质量，关键部位实行旁站监理制度。

（8）坚持每周质量例会制度。监理组织每周召开质量例会，确定落实各项创优方案、深化设计，统一组织各参建队伍共同实施，解决施工中相互交叉作业的矛盾，对各专业交叉的"死角"，明确责任人，并定期检查实施成果。

质量讲评放在例会的重要议事日程上，要对上周工地质量动态做一全面的总结，指出施工中存在的质量问题以及解决这些问题的措施。措施要切合实际，要具有可操作性，并要形成会议记录，以便在下周例会时逐项检查执行情况。

（9）每月质量检查讲评。每月底由监理组织对在施工工程进行实体质量检查，由施工方写出本月底在施工程质量总结报告交项目质量组长，再由施工质量组长汇总，以月度质量管理情况简报的形式发至项目部有关领导、班组和分包队伍。简报中对质量好的班组和分包队伍要予以表扬，需整改的部位应明确限期整改日期，并在下次质量例会逐项检查是否彻底整改。

（10）对检验批、分项工程、分部工程进行质量检查和验收，质量合格的予以认可，同意进行下道工序施工。

（11）加强对隐蔽工程施工过程的旁站监理工作，确保质量合格。

（12）样板引路制度及可视化交底。坚持"样板间""样板工序"制度，新分项和新工序，工程开工前必须先做"样板"，要求施工单位采用多个班组做小块样板，经多方比较后确定方案实施，经施工项目部技术质量人员、监理人员、建设单位鉴定达标认可后方可大面积铺开，铺开后的工程不得低于"样板"的标准。

要求施工项目部以视频影像、图片文字、实物展示、样板间、样板构件等形式直观展示关键部位、关键工序的做法与要求，使施工人员掌握质量标准和具体工艺，利用二维码、BIM技术、手机小视频等信息技术进行技术交底，做到质量标准数据表格化、质量效果图示化、施工流程可视化。

（13）强制性条文执行管理措施。执行"工程建设强制性条文"，是鲁班奖/国优工程验收检查的"底线"。首先，为便于检查，项目部要针对本工程涉及的规范标准，将每一个强制性条文列表明示，弄清条文含义，为制订达到该条文规定的措施做准备；其次，在制订各阶段施工组织设计时，将强制性条文纳入施工技术质量控制要点，并切实制订针对性的保证措施，作为指导施工以及质量验收的重要依据；再次，在分部分项工程施工技术交底时，应做重点强调，并明确反映条文要求及相应的措施；最后，在实际施工中对措施及条文实施进行检查，来判定达到的程度。

（14）搜寻并掌握当前使用国家明令淘汰禁止使用的建筑材料、设备，拉出警示清单防止误用。积极运用"新材料、新技术、新工艺、新设备"。

（15）公司定期监督指导。公司总工程师和工程项目管理部人员每月定期到项目部进行监督指导，对施工样板间、段、层进行检查，经验收合格后方可大面积施工。

（16）每月25日前编制当月监理月报，将每月的工地施工情况和监理工作情况向建设单位书面汇报，包括质量、进度、造价内容，安全文明施工内容，以及监理资料和施工资料内容等。

（17）根据创优方案主持协商建设单位、设计单位、施工单位或监理单位自身提出的设计变更。

（18）督促施工单位整理施工文件，抓好文件归档工作。

（19）组织承包商对工程进行阶段验收及竣工初验；督促整改，并协助建设单位组织竣工验收，参与工程竣工验收并签署监理意见。

（20）及时提供完整的监理资料，定期向建设单位编报监理月报；每月于28日之前提交工程形象影像资料。

（21）协助建设单位整理审核承包商合同文件、工程技术文件及竣工验收资料的归档并帮助其顺利完成。

（22）审核并签署项目竣工资料。

（23）配合创优工作。工程先后获河北省结构优质工程、河北省安济杯奖、住建部绿色施工科技示范工程、全国建设工程项目施工安全生产标准化工地、河北省安全文明工地、河北省工程勘察设计项目一等成果、全国 BIM 大赛三等奖等多项荣誉。

（24）监理工作成效：①坚持"学习引进"。施工过程中，监理公司组织项目监理部成员到获"鲁班奖""国优奖"的工程项目参观学习，学习先进经验，引进先进工艺，指导施工单位创优。

② 坚持"样板引路"。要求施工单位在每个分项工程施工前做好样板，按创优规划和设计规范严格验收，然后再大面积展开施工，以保证质量优良。

③ 通过监理的组织和运作，达到了以下效果：顺利通过竣工验收，荣获保定市优质工程古城杯奖；荣获河北省建设工程安济杯奖；荣获中国建设工程鲁班奖；提高了监理公司声誉，培养了人才，积累了创优经验。

6 其他需要说明的内容

工程自投入使用，地基基础稳定，结构安全可靠，系统运行良好，功能符合设计要求，业主非常满意。

7 获奖情况及专利授权情况

工程先后获河北省结构优质工程、河北省安济杯奖、住房城乡建设部绿色施工科技示范工程、全国建设工程项目施工安全生产标准化工地、河北省安全文明工地、河北省工程勘察设计项目一等成果、全国 BIM 大赛三等奖等多项荣誉。

河北工程大学图书馆项目监理案例

王君璞（河北工程建设监理有限公司）

摘　要：河北工程大学新校区作为河北省教育提升行动计划重大项目之一，由河北省人民政府与水利部共建，其中图书馆工程更是校园迁建项目中的重点工程。该图书馆地下1层、地上7层，总建筑面积71202m^2，为河北省高校最大一座智慧化管理的大型综合图书馆。该项目以其独特的建筑风格和创新的设计理念展现了工程类大学特有的刚性建筑表情与工程化空间趣味：图书馆整体平面呈"工""大"字形布置，主体为钢筋混凝土框架结构，内廊由钢结构相连；双庭院布局的巧妙运用，使该图书馆功能更加完善，借阅更加便利；外墙陶板与玻璃幕墙呈"工"字形相间布置，尽显河北工程大学的特色；组合式幕墙形成"书架"造型，通过叠加组合的建筑几何形体，实现室内采光合理、自然通风，达到了绿色低碳的效果。总体设计使得图书馆在外观上大气且错落有致，内部空间充满了理性氛围与秩序感。该项目全程应用BIM技术，绿色施工，通过了住房城乡建设部绿色科技示范项目验收，并获得河北省结构优质工程奖（2019年度）、2023年河北省建设工程安济杯、2022—2023年度中国建设工程鲁班奖。

1　项目背景

河北工程大学图书馆项目作为河北工程大学的重点项目，于2017年5月1日开工，历经三年多的建设，于2020年7月28日竣工。河北工程大学图书馆作为大学建设的重要组成部分，不仅彰显了河北工程大学对教育资源配置的重视，也体现了其在推动教育现代化、信息化进程中的坚定决心。为广大师生提供更为丰富、多元的学习资源和便利条件，以便更好地满足他们在各学科领域的学习和研究需求。

河北工程大学图书馆坐落在新校区南北中轴线上，南侧面向校园主入口广场，建筑面积7万多平方米，为河北省高校最大一座智慧化管理的大型综合图书馆，现藏书约278万册，阅览座位约5000座。藏书涵盖工学、理学、管理学、医学、文学、农学、经济学、法学、教育学、艺术学等多个领域。该图书馆是集学习、研究、交流和创新于一体的现代化图书馆，不仅拥有丰富的馆藏资源，还提供了先进的技术设施与服务（图1）。

图1 河北工程大学图书馆正立面效果图

河北工程大学图书馆项目的建成极大地提升了学校的硬件设施和学术氛围，是河北工程大学发展的重要里程碑，为学校未来的发展奠定了坚实基础。

2 项目简介

2.1 项目概况

河北工程大学图书馆项目位于河北省邯郸市丛台区赵王大街以东、毛遂大街以西、太极路以北、规划路以南，河北工程大学中轴线上，总建筑面积71202m^2、其中地上59476m^2、地下11726m^2。建筑层数：主楼主体地上7层、局部地下1层，裙房主体地上5层。建筑高度：主楼34.4m、裙房23.90m（室外地坪至屋面结构标高）。主要建筑功能：图书储藏、阅读、164辆车位地下车库（战时核武常武二等人员掩蔽部）。外檐装修：采用玻璃幕墙和陶板组合幕墙。防水等级：屋面防水等级Ⅰ级、地下室防水等级Ⅰ级。外门窗：断桥铝合金外门窗，部分玻璃幕墙。基础结构形式：采用柱下桩基础＋承台＋隔水板（采用灌注桩后压浆技术）。主体结构形式：框架结构，并采用消能减震技术，消能器为黏滞型阻尼器。部分框柱梁采用型钢混凝土形式，楼顶采用钢筋混凝土现浇屋面，局部为钢网架，南北主楼中间连廊为钢结构。抗震等级为二级，混凝土强度采用C30、C35、C40、C45；地上结构楼板钢筋采用CRB600高强钢筋。

2.2 项目复杂性

首先，功能复杂：地下车库兼顾战时核武常武二等人员掩蔽部，图书储藏，图书阅览，智能借阅信息化系统，消防、安防、抗震系统等。

其次，建筑结构复杂：本项目深基坑开挖，桩基地基处理，采用消能减震技术框架结构，型钢混凝土、钢网架，钢结构及幕墙外装一应俱全。

最后，协调复杂：图书馆项目实施需要学校多个部门的配合与支持，基建、信息技术、教学科研等部门与设计、施工方密切配合，高效协作。

2.3 项目重点及难点

推广应用"建筑业10项技术"中的10大项，29个子项。高空球形网架水平滑移施工技术解决了网架在滑移过程中摩擦力较大的问题，提高了滑移效率。球形网架转换层内置提升吊顶施工技术解决了高空球形网架下吊顶施工困难的问题。

本项目质量目标为国家优质工程奖，所以要求测量放线、混凝土浇筑、钢结构加工安装、装饰装修、设备安装调试等所有环节均在满足设计及施工规范要求的同时精益求精，精雕细琢，满足高标准通过鲁班奖验收的标准。

3 项目组织

3.1 项目组织团队

中标该项目后，公司领导高度重视，积极筹备项目监理部，组建了精干的监理队伍进驻现场，成立了河北工程大学图书馆监理项目组，所有专业监理工程师均为国家注册；同时成立以公司技术负责人为组长，质量、安全、造价等相关专业技术人员为组员的工程保障团队。根据河北工程大学项目制定的质量目标——争创鲁班奖，项目监理部精心编制监理规划和监理实施细则，提前组织策划以及人员安排，确保该项目质量达到鲁班奖要求。坚持"守法、诚信、公正、科学"的行业标准，坚持事前指导、事中检查、事后验收等工作方法，全面开展监理工作；以精干的业务知识、实事求是的敬业精神、一丝不苟的科学态度和公正廉洁的工作作风，从严依法监理，在施工中不断加强监理内部组织管理，积极探索、总结工作经验，使监理工作真正体现出它的科学性、公正性、严谨性。在对业主的服务方面，监理部在不超出监理合同规定的监理范围内尽量满足业主提出的要求，努力做好业主的参谋和代理人。在对承包单位的管理方面，采取以管为主，以"监、帮、促"相结合的原则开展工作，同时督促承包单位推行全面质量管理，促进工程建设管理水平不断迈上新台阶。技术方面：建立完善的质量保证体系和安全保障体系，加强人员职业资格合规性审查；加强施工组织设计、施工进度计划、安全生产方案及专项施工方案先进性、针对性审查，鼓励督促施工单位施工中采用先进新技术、新工艺，鼓励创新，参与新技术、新工艺方案制订审核，监督实施，组织验收。

3.2 项目组织模式（图2）

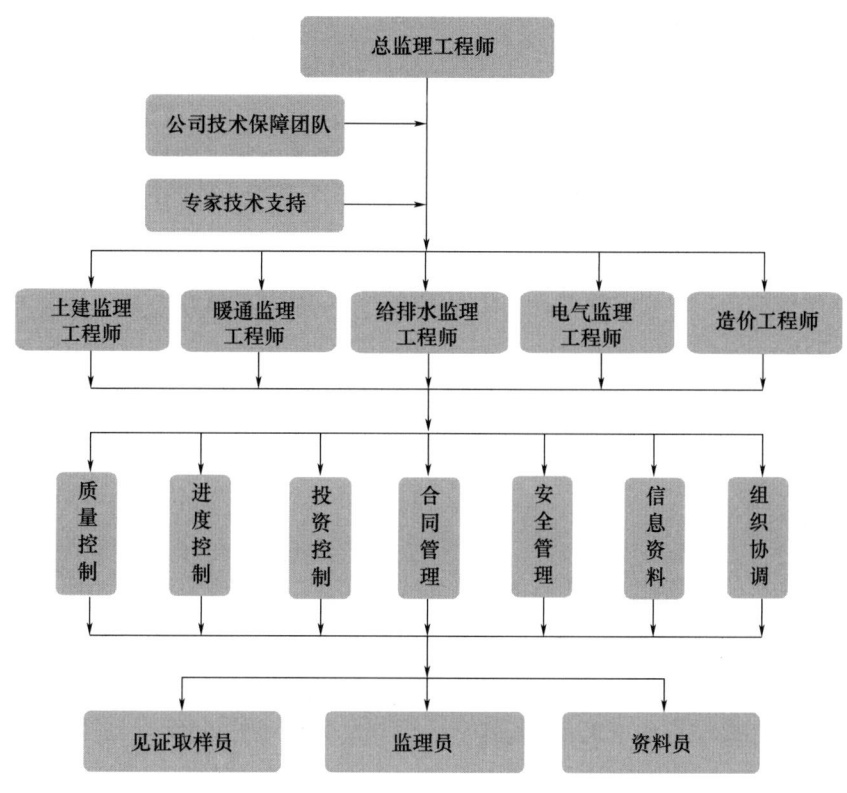

图2 项目组织模式

3.3 组织工作职责

总监理工程师职责：（1）代表监理公司履行监理合同，负责监理部的全面工作；（2）组建现场监理机构，人员分工，明确职责，指导检查监理人员工作；（3）主持编制监理规划，审定各专业监理工作实施细则、监理程序和工作制度；（4）签发由监理部发出的各种文件、报表、报告，并审核各专业监理工程师签认的各种文件资料；（5）审定施工单位报送的施工组织设计、施工方案和施工总进度计划；（6）按合同规定，签署暂停工令、复工令；（7）按合同授权，审核并签署施工单位申报的重要申请和工程支付凭证；（8）主持召开监理例会，签发会议纪要，检查督促有关方执行会议决定；（9）组织编制监理月报，定期向业主和监理单位报告监理工作情况；（10）组织工程竣工初验，参与工程竣工验收的竣工结算；（11）组织整理工程竣工监理资料归档，对工程项目的监控、协调等做出全面总结。

专业监理工程师职责：（1）编写本专业的监理实施细则，并记录好每天的监理日志；（2）熟悉本专业设计图纸和技术要求，掌握质量标准和验收规范；（3）对本专业范围内的工程部分进行质量、进度监理和检验；（4）对受监工程签证认可，并对签证负责；（5）涉及本专业的报告、文件进行核实，并提出建议报总监审批；（6）检查施工单位的技术交底，检查记录试验资料；（7）对关键和重要部位实施跟踪检查、旁站监理；（8）参与工程计量和审核工程支付凭证；（9）参加工程竣工初验，并提出本专业工程竣工评价。

监理员职责：（1）在专业监理工程师的指导下开展现场监理工作；（2）检查施工单位投入工程项目的人力、材料、主要设备及其运行、使用状况，并做好检查记录；（3）复核或直接从施工现场获取工程计量的有关数据并签署有关原始凭证；（4）按施工图及有关标准，对施工单位的工艺过程或施工工艺进行检查和记录，对加工制作及工序施工质量检查结果进行记录；（5）承担旁站工作，发现问题及时指出并向专业监理工程师报告；（6）做好监理日记和有关监理记录。

见证取样员职责：（1）取样时，见证人员必须在取样现场进行见证；（2）见证人员必须对试件进行监护；（3）见证人员必须和施工人员一起将试件送至检测机构检测；（4）有专用送样工具的工地，见证人员必须亲自封样；（5）见证人员必须在检验委托单上签字；（6）见证人员对试样的代表性和真实性承担相应责任。

3.4 组织协调措施

在图书馆项目实施过程中，项目监理部把工地会议作为组织协调的一种重要手段，监理工程师通过各种会议对项目实施进行协调、检查，并督促落实解决。

3.4.1 第一次工地会议

第一次工地会议在工程正式开工前进行，会议的目的是建设单位、施工单位、监理单位相互了解各方现场组织机构、人员及其分工，确定参加监理例会的主要人员及例会的周期、地点及主要议题，了解工程施工准备情况，建设单位代表和总监理工程师对施工准备情况提出意见和建议。

3.4.2 图纸会审与设计交底会

通过设计交底与图纸会审使监理人员和施工人员明白设计主导思想、设计构思；设计文件对主要工程材料、构配件和设备的要求，对该工程所采用的新材料、新工艺、新技术、新设备的要求，对施工技术的要求以及涉及工程质量、施工安全应特别注意的事项；通过参建单位技术人员对施工图纸进行详细审阅，整理会审问题清单提交设计单位，明确问题解决方案后形成纪要，确保工程顺利进行。

3.4.3 监理例会

监理例会是工程各参建单位交流信息、组织协调、处理工程建设实际问题的重要手段，通过监理例会总结上周生产计划的完成情况、完成施工部位的质量情况等。施工单位提出下周施工计划和需要协调解决的问题；监理单位提出现在存在的问题，质量、进度等方面完成情况的检查；建设方回复施工方需要解决的问题，及提出进度要求。

3.4.4 专题会

根据工程特殊情况召开有关各方参加的专题会，解决工程施工中存在的技术、质量、安全、进度等问题。

4 项目管理过程

4.1 施工准备阶段

在此阶段，监理部投入该工程的全部专业监理工程师在总监的领导下展开全面工作，熟悉施工设计图纸，参加业主组织的施工图纸会审，审查施工单位配备人力、材料、机械设备是否合理，审查拟定的施工方案、技术、质量保证措施，审查原材料检验的报验是否合乎要求等。从源头上杜绝或减少因施工方案不合理造成的施工过程中变更修改量大、投资修改量大、工期延长等现象。

（1）协助业主准备与移交施工现场，复测红线点、坐标与高程控制点，复核现场已有的供水、排水、排污、供电、道路、通信等条件能否满足施工需要，进行施工总平面的阶段性规划，协助承包商、业主办理有关用水用电、排水排污、消防、临时路口等手续，组织承包商进驻现场，办理书面移交。

（2）查承包商现场项目管理机构的质量管理和安全管理，以及质量和安全保证体系是否符合合同要求和有关规定，重点核查项目组织机构、管理制度、职能分工、协调关系和界面管理，主要管理成员的资格、经验、能力和数量配置，以及企业的安全生产许可证和三类人员安全考核合格证。

（3）参与设计技术交底与图纸会审，汇签交底会审纪要，对遗留问题负责跟踪协调解决。

（4）审查承包商的施工组织设计（方案），重点核查施工组织、施工方法、程序、工艺、进度计划、施工机具选择、施工平面布置的科学性、合理性，施工质量、进度、安全文明保证措施的可靠性，提出修改调整建议。

（5）核查承包商的特种作业人员的资格，督促承包商进行工人的入场教育培训，宣传业主的项目建设总目标，强化质量意识、安全意识，进行现场管理制度、安全、文明施工的交底检查督促。

（6）审查承包商的施工测量放线方案，检查测量人员的资格及测量仪器设备的检定证书，复核场内测量控制点的校核成果及保护措施，复核建筑平面控制网、高程控制网的测量成果。

（7）核查承包商进场的施工机械和设备，确认其型号、规格、数量、技术性能、完好状况是否合乎合同要求，是否满足施工需要。

（8）审查批准拟采购使用于本工程的原材料、半成品、成品及设备，必要时组织对供应商的考察评估，批准样品、样板和技术样本及供应商，作为日后进场验收的依据。

（9）督促承包商进行工程所需的半成品、混合料的标准试验，专业技术参数试验，批准确认有关配合比、技术参数。

（10）协助业主建立适合本项目的现场管理体系、运作程序和制度，根据合同拟定现场管理制度，质量、进度、安全、文明施工管理细则和奖罚制度，以约束各方，规范项目管理行为。

（11）对于采用的新技术、新工艺、新材料，审查其提供的鉴定证明和确认文件。

4.2 现场施工阶段

工程项目施工阶段是项目由立项、设计到形成工程实体的阶段，是工程建设最终实施阶段，是形成工程产品的最后一步。施工阶段工作的优劣对工程建设实体的影响无法更改，所以施工阶段项目管理尤为重要。

（1）指导监督施工单位按照审核通过的施工方案，组织专业施工人员，使用合格的机械设备、工程材料，按照工程施工计划，在保证安全前提下保质保量完成工程施工任务。

（2）通过旁站、巡视检查和平行检验，发现施工中的质量和安全隐患，并及时口头通知或下发监理通知，督促施工单位落实整改。对重大质量和安全隐患及时签发工程暂停令。巡视过程中发现的错误和瑕疵及时指正，避免工程返工。对施工过程中的关键工序、关键部位设立控制点进行重点控制，全过程旁站监理，做好旁站记录，留存好影像资料。

（3）检验批、隐蔽工程验收。承包单位按有关规定对隐蔽工程进行自检，在自检合格的基础上将隐蔽工程报验表报送监理部；监理工程师对其验收内容一般项目和保证项目到现场进行逐一抽检、核实。对不合格的隐蔽工程，由监理工程师签发监理通知，要求施工单位限期整改，整改合格后报监理工程师复查。对隐检合格的工程，监理工程师给予签认，并准予进行下一工序施工。

（4）分项工程验收。承包单位在一个分项工程完成后填写分项报审报验表报送监理部，监理工程师或建设单位项目负责人组织会同施工单位的项目专业技术负责人对报验的工程材料、检验报批资料进行审查，并到施工现场进行抽验，核查符合要求后，监理工程师签认。对不符合要求的工序，要求施工单位限期整改，整改合格后报监理工程师复查。分项验收合格的工程，监理工程师给予签认，并准予进行下一工序施工。防水等需进行施工试验进行验证的工序，须完成检测，数据合格后给予签认。

（5）分部工程验收。施工单位在分部工程完成后向建设单位和监理单位提交分部（子分部）工程验收申请报告，建设单位和监理单位收到分部工程验收申请后进行审查，决定是否同意验收并签署意见。

4.3 测试试运行阶段

河北工程大学图书馆项目设备先进、功能复杂，包括安防系统、消防系统、智能借阅系统、通信系统、给排水系统等。要实现项目各项功能稳定运行，设备的调试和试运行必要且关键。设备调试和试运行按照相关要求完成后，施工单位编制试运行报告，明确设备各项参数及试运行状态满足设计和使用要求，参建各方对设备运行进行验收确认。

4.4　竣工验收阶段

（1）对需要进行功能试验的项目（防雷、消防、安防、室内环境、节能、人防等），监理工程师督促承包单位及时进行试验，并认真审阅检测试验报告。对重要项目进行现场监督，必要时请监督管理部门、建设单位、设计单位参加。

（2）工程达到竣工条件时，总监理工程师组织各专业监理工程师对各专业工程的质量情况、使用功能进行全面检查，发现影响竣工验收的问题签发限期整改通知，要求施工单位限期整改。

（3）总监理工程师组织竣工预验收。承包单位在工程自检合格达到竣工验收条件后，编制竣工验收报告，填写工程预验收报审表，并将全部竣工资料（含分包单位的竣工资料）报监理部申请竣工预验收。监理进行核查，对发现的问题督促其完善整改；总监理工程师组织专业监理工程师对施工单位的工程实体质量和使用功能检查验收，经验收需要进行整改的，应在整改符合要求后再进行复验，复验合格后，总监理工程师签认工程竣工预验收报审表。预验收合格后，监理单位提交工程质量评估报告，并经总监理工程师和监理单位技术负责人审核签字。

（4）竣工验收。为参加建设单位组织的竣工验收，并提供监理工作总结等必要的监理资料。对验收中提出的问题，项目监理部督促承包单位整改。竣工验收合格后，总监理工程师会同参加验收的各单位签署竣工验收报告。

4.5　工程保修

（1）定期回访，及时征求建设单位或使用单位意见，及时发现问题。

（2）协调联系，建设或使用单位提出工程质量缺陷，监理单位检查记录。

（3）责任界定，监理单位组织相关单位进行界定，确定责任承担方。

（4）监督维修并验收，监督维修过程，参与建设单位或使用单位组织的验收。涉及结构安全的应报当地建设行政主管部门备案。维修记录等资料留存。

5　项目管理办法

5.1　质量控制方面

百年大计，质量为本。项目监理部制定了施工阶段质量控制程序、原材料质量控制程序、隐蔽工程验收质量控制程序。

（1）根据项目的总体要求和合同规定，确定质量监理目标和标准，分解编制监理质量计划和分部分项工程监理细则，落实质量监理责任人。

（2）督促承包商就重点部位、关键工序或关键分项分部工程等编制切实可行、技术可靠的专项方案或作业计划，制定确保质量的措施。监理工程师应针对质量控制的重难点，制定预控措施。根据施工条件的变化和设计、施工工艺、材料、设备的具体情况，本项目采用了住房城乡建设部推广的灌注桩后注浆、自密实混凝土、混凝土裂缝控制、盘销式钢管脚手架及支撑、管线综合布置等建筑业10项新技术（2010版）中的10大项29小项，其中应用较突出的是：①钢结构技术中的深化设计技术、大型钢结构滑移安装施工技术；②机电安装工程技术中的管线综合布置技术；③抗震与加固技术中的消能减震技术；④信息化应用技术中的虚拟仿真技术。球形网架水平滑移施工技术解决了网架在滑移过程中摩擦力较大的问题，提高了滑移效率；球形网架转换层内置提升吊顶施工技术解决了高空球形网架下吊顶施工困难的问题。2021年4月15日通过了河北省住建厅科技成果鉴定与验收。

（3）检查监控承包商的施工测量放线、放样，确认轴线、标高的建立及竖向传递的测量成果报告。监控承包商按设计及规范要求建立建筑变形观测点（沉降、位移、垂直度等），按规定的周期进行观测和记录，确认观察成果报告。

（4）按施工合同、法规和规范规定，对承包商组织进场的材料、构配件、半成品、设备进行验收，对材料、构配件、成品进行抽样和见证送检，确认符合质量要求后才能用于工程，对设备进行开箱检查或现场验证，并监控其保管状态。

（5）大型钢结构滑移安装。检查钢结构网架锚固节点质量，焊接质检、高空作业等人员特种作业证，检查设备状况。钢结构网架在建筑物前厅顶板设拼装平台进行拼装，待第一个拼装单元拼装完毕，将其吊装下落至滑移轨道上，用牵引设备将其滑移到预定位置。然后在拼装平台拼装第二单元，吊装连接第一单元后一同滑移，逐段拼装向预定位置滑移，直至整个网架拼装完成滑移就位，安装完毕。

（6）机电安装管线综合布置。利用BIM模型形象直观地把建筑内规划设计的给排水、强弱电、通风、空调、消防等管道合理排布。在确保建筑物功能正常运行的同时，还可提高建筑使用效率，降低全周期维护成本。

（7）消能减震技术。图书馆项目为人员密集型重要场馆，按建筑抗震7度设防。消能减震技术能有效减少地震对建筑物的影响，提高结构抗震性能。本项目采用新型更耐久、更经济的耗能元件，利用现代化传感器、信息技术实现消能减震系统的智能化和自动化。

（8）钢结构耐火涂料喷涂。本项目耐火等级为一级，施工前检查薄型防火涂料质量证明文件及复试结果，检查钢结构基层处理。施工中控制分层喷涂厚度，检查验收喷涂最终厚度、平整度及黏结强度。

（9）安装工程的关键设备进场安装、系统调试和联动调试。要求承包商和专业分包商共同编制安装测试、系统联动调试方案，经监理审查和批准后执行。监理工程师需见证其进场安装、调试、测定全过程，确保安装质量和技术参数符合设计要求。如消防联动调试、通风系统调试及测定、电气系统调试及送电试运行等。

（10）灌注桩后注浆。要求施工单位编制注浆技术专项施工方案，提供后注浆各种参数，依据施工图纸及注浆技术规程对方案进行审批。检查验收注浆导管材质、规格、数量、位置，见证旁站压水试验、浆液配比、注浆流量、注浆量及注浆压力。保证了后注浆质量，桩基承载力得以保证。

5.2 进度控制方面

（1）根据项目建设总进度目标的要求，审核总进度计划，把设备、材料采购供应、施工各阶段、各专业承包商的进度控制纳入其中，统筹规划，经业主审批后作为项目组织实施的依据。

（2）施工过程中，监理工程师跟踪监控施工单位的施工组织与管理工作、施工投入和施工作业动态，发现不符合施工组织设计和计划的施工组织方法、作业安排、工作面管理，施工投入不足或效率低下等影响月、周计划执行的问题，应及时通知施工单位采取改进措施。

（3）检查每周进度计划的执行情况，核查施工单位报送的每周进度计划执行报告，分析偏差原因，提出纠正措施，评价承包商的施工组织管理与进度控制能力，包括总包对分包进度的控制情况，月末汇总向业主提交月进度计划执行报告。当实际进度连续出现偏差，严重影响合同工期时，应向业主专项报告，共同商定采取进一步措施。

（4）检查设备材料供应商的供货准备情况，落实确切的发货到货时间，及时参与材料设备的进场验收和移交。提请业主配合施工进度按计划完成相应的工作，及时提供施工条件、及时完成甲方设备及材料的招投标工作，以免由于业主的责任导致工程延期和增加费用。

5.3 投资控制方面

（1）根据本工程承包合同，分析确定投资控制目标，并将施工阶段的投资总额按分部分项工程、专业进行分解，根据施工进展进行工程款支付控制。

（2）严格管理工程量清单，根据合同确定详细的计量支付规则和所需报表，严格按照合同规定和计量支付规则、工程量计算规则进行现场计量，确认当月实际完成的合格工程量，拒绝虚假和不合乎规定的计量与支付工程款申请。

（3）根据业主规定的工程变更、签证报批确认程序，认真审核工程变更对质量、进度和造价的影响，有责任和义务向业主提出建议，严格控制由工程变更、签证引起的费用增加。

（4）承包商提出采用新工艺、新技术、新材料施工，监理工程师应慎重审核，确认能保证质量、工期，且不增加投资。按照合同、工程量清单的规定，严格审核工程款支付（预付款、期中支付、材料设备预付款、变更、签证、索赔等），做到不超付、重付和提前支付。

5.4 安全履职方面

（1）坚持"安全第一、预防为主、综合治理"的方针，从源头上防范化解重大安全风险。严格检查施工单位的安全文明施工组织机构与保证体系、安全管理责任制、安全教育与检查制度，审核危险性较大工程专项安全文明施工方案（分阶段分专业编制）是否符合有关法规、规范要求，特别注意开挖与基坑支护、塔式起重机及施工电梯安拆、脚手架工程、施工临时用电、钢结构安装等安全技术措施。严格检查施工单位的安全生产许可证、三类人员安全考核合格证、项目专职安全员配备情况、安全文明施工措施费的使用情况。

（2）检查临边、洞口、人行通道、施工通道、临时通道安全防护措施警示标志的设置，检查用电安全、动火安全措施，检查起重吊装设备、施工电梯的运行状况等，检查特种作业人员上岗证及三级教育、安全交底记录，检查施工单位安全防护用品及安全设备配件材料是否齐全且符合国家标准，检查现场救援器材、设备配备，督促施工单位组织工伤救护、灾害抢险、火灾消防等应急演练。

（3）基坑开挖与支护。河北工程大学图书馆项目基坑深度超过5m，属于超危大工程。采用明挖法施工，主体基坑围护结构采用土钉墙支护体系。基坑开挖与支护作为该工程监理管控工作的重点之一，审查编制依据的准确性以及施工方案的完整性（包括施工工艺、施工机械设备、进度保证措施、安全保证措施和应急预案等）。根据住房城乡建设部《危险性较大的分部分项工程安全管理办法》的规定，要求施工单位对已编制的专项施工方案进行专家论证审查。施工单位根据专家意见对方案进行完善，由总包单位技术负责人审批、签字后报监理审批。审查基坑监测单位的监测方案。重点控制开挖过程中的成品保护、排水沟及集水坑的设置，加强基坑及周围邻近建筑物的变形观测。督促施工单位按照基坑开挖边坡支护设计文件、施工方案及专家论证方案进行施工，监理人员加强巡视与旁站，定期复测和校核其平面位置、水平标高和边坡坡度，做好数据记录和留存影像资料。

（4）脚手架支撑体系。材料到场检查，材料进场后查验产品合格证、检测报告等有关资料，测量架管壁厚，加强对钢管、紧固件的进场验收。架体搭设过程中检查场地障碍物清除情况，作为模板支撑基础地基必须承载力均匀，通过荷载计算编制专项方案审批后方能搭设。搭设的架体三维尺寸应符合设计及方案要求，搭设方法和斜杆设置符合规程规定；可调托撑和可调托座伸出水平杆的悬臂长度应符合设计限定要求；水平杆扣接头与立杆连接盘的插销应击紧至所插入深度的标志刻度；检查抱柱是否牢固。利用力矩扳手检查螺栓紧固是否合格。脚手架验收合格后，由现场施工单位安全员专门负责检查巡视。未经项目安全部、技术部同意，不得随意改动，不得任意卸掉架子与柱连接的拉杆和扣件。使用过程中检查地基是否沉降、架子是否位移、龙骨是否变形、立杆是否变形。脚手架的垂直度与水平度允许偏差符合规定要求。水平安全网等相应安全措施符合专项施工方案的要求，搭设的施工记录和质量检查记录应及时、齐全。

5.5 文明施工及环保管控

（1）文明施工检查。现场总平面布置合理，"七牌二图"符合要求，临时设施均按总平面布置图搭设，排水沟畅通，泥浆水、污水均经处理合格后再排入城市管网，场地按要求硬化；施工现场按标准文件要求进行封闭管理，进出口设置大门并建立门卫制度，现场围栏整洁、美观，高度符合要求；施工作业区与生活区必须隔离，办公、生活设施搭建符合要求；生活区宿舍应通风良好，采取低压供电，避免使用大功率电器；现场重视防火管理工作，消防器材配置合理，设有消防标识等明显标志；现场及生活区重视卫生管理，符合标准及文件要求；现场建立安全、保卫制度，建立现场来访登记制度，设值班门卫，管理人员与作业人员均应佩戴工作卡。

（2）环保管控。重点做好扬尘治理工作，项目监理部重点对以下几个方面进行管控：要求施工单位对工地主要道路必须进行硬化处理，且道路承载力应能满足车辆行驶和抗压要求。建筑工地材料堆放区、加工区及大模板存放区等场地采用硬化防尘措施。施工现场做到"六个百分百""两个全覆盖"。建筑工地主出入口处设置成套定型化自动冲洗设施，运输车辆驶离建筑工地前必须冲洗干净方可上路。工地道路、围挡、脚手架等部位均安装喷淋降尘装置。

6 项目管理成效

经过项目监理部与各参建单位的共同努力，图书馆项目取得了以下奖项及专利：
河北省结构优质工程（2019年度）；
2023年度河北省建设工程安济杯（省优质工程）金奖；
2022—2023年度中国建设工程鲁班奖（国家优质工程）；
河北省建筑业科技进步奖4项；
河北省省级工法4项；
获得实用新型专利5项。

7 交流探讨

三年多的图书馆项目施工，监理部人员深感肩上责任重大，监理人员在现场监理过程中，始终秉着"守法、诚信、公正、科学"执业准则，牢记"安全重于泰山、质量高于一切、进度就是效益"的管理宗旨，认真、细致做好质量、进度、信息与合同的控制与管理工作。依据河北工程大学图书馆项目争创鲁班奖的目标，质量过硬，精雕细琢作为监理工作的指导方针；按监理合同监理范围、质量目标，制订详细的工程质量监理细则，高标准把控材料进场复试验收；高标准把控检验批和观感质量验收；通过抽检、巡视、平行检验、旁站等措施确保工程实体符合奖项申请标准。建筑专业：表面观感质量如阴阳角平直度、饰面材料完好度及接缝、打胶等细部处理是否到位，是否有影响使用安全的现象。安装专业：重点检查设备机房总体布置美观合理性、管道排布美观性，各专业管道要求管道横平竖直、排列有序，支架固定牢固、吊杆顺直，油漆颜色一致、标示清楚，管道接口无渗漏、焊缝饱满，设备基础牢固且减震、防渗漏措施到位。质量把控还包括工程文档真实、规范、齐全。

回顾三年来，在行政主管部门、建设单位及监理公司的正确指引下，经过项目部全体人员的共同努力，在图书馆项目上，监理项目部的现场监理工作取得了显著成效，同时在工程建设中发挥了较大的作用，圆满完成了项目目标。

某地表水厂一期工程

吕瑞珍　赵凤谦（河北裕华工程项目管理有限责任公司）

摘　要：南水北调工程是为解决北方缺水情况，缓解水资源短缺对北方地区城市化发展的制约。为了早日达到这个目的，××水务集团把南水北调配套水厂工程建设作为重要战略工程、民生工程和生态工程抓紧抓实。建设单位要求必须在规定时间内完成，工期很紧张。加之工程采用的工艺先进，质量要求高、精，施工单位没有该项工艺的经验，许多项目的施工经验都是在建设、设计、监理、施工几方管理人员成立小组，多方多次讨论并经过实践摸索形成的。同时在工程中引入了BIM模型，使得监理单位的监督、管理，施工单位的施工，都在很大程度上借助了BIM模型，更大程度上节约了投资，同时使得BIM发挥了更大的作用。

1　项目背景

某地表水厂一期工程是某市南水北调配套工程，工程采用一次规划、分期实施的方式进行建设。总设计能力30万m^3，一期工程设计能力为日供水量15万m^3。

工程采用了大规模浸没式超滤膜处理工艺，自动化程度高，操作管理便捷；出水水质优于国家标准，可有效提高城市供水品质，为广大市民提供更优质的用水环境。

2　项目简介

2.1　项目概况

某市南水北调配套工程——某地表水厂占地238亩[①]，总规模为30万m^3/d，一期工程建设规模15万m^3/d，总投资4.997亿元。（水源以南水北调引江水为主水源，岗南、黄壁庄水库为备用水源。水源水经总干渠分水，加压泵站提升至本水厂。）

地基采用换填和灰土挤密桩复合地基，基础采用筏板、独立和条形基础。

厂区构筑物为抗渗、抗冻钢筋混凝土结构，建筑物为框架、砖混结构。共有混合反应

[①]　1亩≈666.67m^2，后同。

沉淀池超滤膜净水间、清水池、加氯加药间、送水泵房及变配电间、污泥浓缩及处理间、综合办公楼等 15 个单体工程。

厂区工艺设备 414 台（套）、电气设备 260 台（套）；各类工艺管线 19.4km；电缆 198km；道路面积 20413m^2。

生产工艺：水处理系统采用常规处理＋深度处理组合工艺，深度处理采用大规模浸没式超滤膜处理工艺。

净化工艺流程：机械混合—折板架凝—平流沉淀—超滤膜过滤—加氯消毒，并设置高锰酸钾复合盐预氧化和投加粉末活性炭的化学预处理工艺，原水净化后经送水泵房加压送入城市配水管网。

污泥处理工艺：采用重力浓缩-离心脱水工艺，泥饼运至生活垃圾填埋场进行卫生填埋。

开工日期：2015 年 7 月 31 日；

竣工验收日期：2017 年 4 月 25 日。

2.2 工程复杂性、重点、难点

工程综合单体多，功能不一，项目复杂。设计上工艺先进，要求标准高，从而在施工及监督中存在较多难点。

（1）池体混凝土抗渗控制难度大。

（2）沉淀池花格墙过水洞口间距小，混凝土浇筑时孔洞易移位。

（3）沉淀池长 90.1m、宽 18.5m，底板平整度控制难度大。

（4）沉淀池和高效浓缩池集水槽安装精度要求高。

（5）超滤膜车间管廊设备管线众多、走向复杂。

（6）具有数据采集、处理与控制功能的电气仪表一体化自动控制系统，自动化程度高，调试难度大。

（7）79 种厂区电缆，单根最大敷设长度达到 481m。

（8）设备多，场地狭窄，交叉作业多。

（9）施工场地大，安全管理点位多，路线长等多种情况混杂，项目应用了较多的新工艺、新材料、新设备，也因此增加了施工和监督的难度。

3 项目组织

3.1 项目组织模式

我公司在该项目中承担着施工阶段的监理工作。结合工程工期短、时间要求紧急的现实情况，公司在组织管理中采取了直线制组织形式。在确保工程安全、保证工程质量的前提下使项目指令能够及时快速地下达、执行。

项目机构组织模式如图 1 所示。

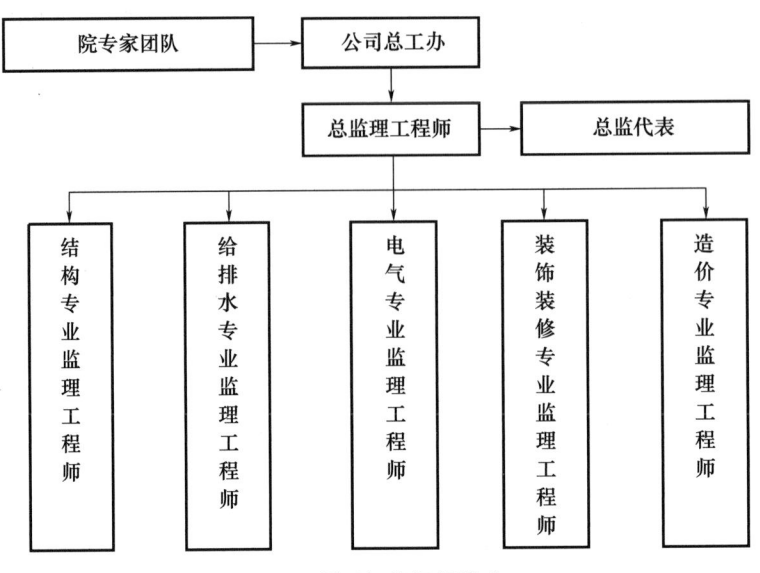

图1 项目机构组织模式

3.2 组织工作职责

项目初期在得知建设单位有创优目标时，我单位在项目机构中组织了相关专业的优势人员，并专门派遣具有创优经历的装饰装修专业监理工程师和工艺安装监理工程师到监理项目部，协助建设单位并监督施工单位在施工过程中高标准要求、高行动支持，采取多旁站监督的方式，保证项目最终目标的实现。

总监第一次工地会议持公司法定代表人书面项目监理机构组织任命书，任命书载明监理部各岗位人员及相应职责，明确岗位责任，并上墙。同时全部监理工程师证件的复印件存档。总监代表经单位法定代表人同意后，由总监明确总监代表的职责和权力并书面委托。

总监理工程师：作为工程的决策层，以公司总工为龙头担任工程总监理工程师，严格执行《建设工程监理规范》（GB/T 50319—2013），并以《河北省建设工程监理工作标准》[DB13（J）/T 161—2014]的要求，执行总监的职责。全面负责工程的策划、规划、组织、协调、控制、评价项目的整体，通过上联公司总工办、某院专家团队，下通各专业监理工程师及监理员，对监理组织机构及整个项目负责。

总监理工程师代表：结合项目特点，工程单体较多，工艺较为复杂，地域分散。另安排总监理工程师代表辅助总监工作并承担专业监理工程师职责。在总监书面授权的范围内行使权力。

专业监理工程师：作为工程的执行层和协调层，负责项目实施的具体组织、指挥、控制和协调，也是工程检查、监督、建议的主要力量。根据工程特点，前期安排结构专业监理工程师入场，在关键节点，难度大、难把控的部位比如池底的平整度、精确度、管线多的部位的预埋等关键节点，施工开始时专业监理工程师先旁站监督，以便出现偏差及时纠正。在保证质量的前提下又能保证工程的进度，并根据工程进度提前安排给排水、暖通、电气专业工程师以督促提前预留预埋管线。工程后期装饰装修部分，专门安排曾参与创优的具有装饰装修优势的监理工程师入场，以协助施工单位提前布控，减少工程浪费。

专业监理员：作为作业层和操作层，鉴于工程上时间的紧迫性，常有夜班施工。安排吃苦耐劳、沟通较好的专业人员作为专业监理员，对旁站、见证取样、复核有关数据等现场实际执行情况进行监督，对施工过程中发现的问题及时指出并向专业监理工程师汇报。

项目监理机构的组成以专家权威引领，以专业为基石，以经验、特长为核心力，从组织机构上具备了创优的可能。

4 项目管理过程

我公司承担项目实施阶段的监督管理，涵盖了工程质量、进度、造价三大控制目标，合同管理和信息管理，组织协调及履行建设工程安全生产管理的职责。

通过合同管理、信息管理和组织协调等手段，并通过巡视、平行检验、旁站、见证取样等方式来监督建设工程质量、造价和进度以达到既定目标。

4.1 项目前期准备阶段

项目监理部内部的准备：监理到达现场，提供并收集针对本工程的前期技术资料，包括前期批复文件、勘察文件、设计文件及相关图集、工程承包合同及其他相关合同、招投标文件等涉及工程的所有文件依据。全面了解工程情况，并针对情况采取相应的措施。

根据接到建设单位提供的文件，总监第一时间组织各专业监理工程师查看图纸相关文件，总结工程特点、难点、重点，并针对工程特点提出意见。同时对参与过评优的专业监理工程师提出要求，针对评优工程提出行之有效的施工、监督建议，根据施工单位的BIM图形建模的情况，形成符合项目特征的有针对性和可操作性的监理规划和细则。

对施工单位的审查：注重程序上的完整性。表现在程序的完整性、合规性，以及过程把关的严谨性。

施工单位进场，审查施工单位根据施工图纸编制的施工组织设计。在满足相关程序要求的前提下，重点审查施工进度、施工方案及工程质量保证措施能否达到工程总目标，质量措施在细节处理方面能否达到评优目标。资金、劳动力、材料设备等资源供应能否满足施工需要。同时我们结合招投标文件对施工组织设计进行了审查，尤其对特难点工艺，更加注重对预控方案的审核。审查项目采取的工艺和方法是否适合本工程，同时审查其与招投标文件是否一致，是否涉及质量、造价、进度等的索赔，减少争议的可能。把合同管理贯穿始终。

在BIM应用上，要求在施工前加大对BIM模型的应用，尤其在管线密集、交叉较多区域，核对、纠正或者调整设计数据的准确性，在距离较近区域采取措施减少偏差，以保证关键区域的准确性。同时以BIM模型与现场实际相结合，避免环境不一引起的偏差。

了解合同约定的分包内容。对施工组织设计提到的主要施工机具、设备的组织配备和技术性能报告、特殊工种人员的上岗证书核查是否满足工程需要，同时为机械进场验收做好准备。审核施工单位报送的开工报审表及相关资料。具备开工条件，经建设单位同意后，签署开工报告。

施工单位进场后及时辅助建设单位组织施工单位对施工图纸的审查，并协助建设单位组织第一次工地例会和图纸会审。

4.2 项目施工阶段

工程实施阶段主要的工作就是对项目三大目标工程质量、进度、造价的控制。

质量控制的重点在于预防，即在既定目标的前提下，遵循质量控制原则，知道总体质量控制措施、专项工程预控方案以及质量事故处理方案。明确施工质量、材料质量、设备质量及设备安装质量的目标，针对可能的风险进行分析并提出防范性对策。

达到质量控制的目标，首先是审查施工单位的质量保证体系、组织机构、管理制度，以及专职管理人员和特种作业人员的资格。过程中不定时核查专职人员在岗时间，并针对空岗的惩罚制度。组织措施上，严格控制工作流程，根据分解的目标编制质量控制工作流程图；技术措施上，协助施工单位完善质量保证体系，严格事前、事中和事后的质量检验监督；经济措施和合同措施上，严格质量检查和验收，不符合合同规定质量要求的，执行相应规定，直至达到评优的目标。

在施工时，加强旁站监督，明确主要施工过程及关键工序，保证施工过程质量处于受控状态。同时为了减少重复造成的浪费，由有创优经验的专业工程师现场把关主要环节，保证施工质量达到要求。现场项目工程较多，不同工程关键环节和节点不一。在综合楼里前期的关键环节是钢筋绑扎及隐蔽，后期则是装饰装修地面排砖，甚至是线脚的垂直、方正。而在工艺管道中，关键节点则是关键管道的标高确定，甚至管道水平管的相对位置。

工程造价控制中，工程造价受诸多因素影响。被动影响的因素无法控制，材料价格的提升、地下不明物等不可预见因素的影响等。一般在商谈时按约定执行。而对于主动影响因素，比如从方案上，在满足施工目标的前提下，避免与招投标文件的方案不一引起索赔；对于材料认价，通过对工程暂估价与实际价格的比对，同时对多厂家的价格进行对比，尽可能在满足投资控制的前提下向建设单位推荐性价比较高的材料或设备，同时也要对认价引起的合同价格的变化是否在控制范围之内向建设单位提出自己的意见或建议，尤其在价格超出暂估价时。工程变更也是引起变化的主要因素，对于主动的变更就要对风险进行分析并采取相应防范性对策。同时，还要考虑到整体资金使用计划对资金的整体控制，对施工进度盲目的提前或延迟所造成的资金拨付错位，应向施工方提出整改方案，并对可能的情况提出预控措施。

在进度控制中，加强施工进度计划的审查，督促施工单位制订和履行切实可行的施工计划。但施工进度难免会有纠偏，尤其对于本工程来说，时间要求紧张、难点部位较多，除了在前期督促施工单位考虑的预控，对于与实际情况不符的部分仍需要调整计划。实际进度严重滞后且影响合同工期时，除了发监理通知单更要召开专题会，督促施工单位分析原因找到方案，并及时采取调整措施加快施工进度。

安全生产管理的监理工作是根据法律法规、工程建设强制性标准履行建设工程安全生产管理的监理职责。项目监理机构根据工程项目的实际情况，一则加强对施工组织设计中涉及安全技术措施的审核，加强对专项方案的审查和监督，加强对现场安全事故隐患的检查，发现问题及时处理，防止和避免安全事故的发生。并重点审查施工单位安全生产许可证、项目负责人资格证、上岗证和特殊工种作业人员操作证的合格性和有效性。施工机械和设施的安全许可需在实施前组织检验检测机构进行验收。需要登记的按要求进行登记。

合同管理主要是对建设单位与施工单位、材料设备供应单位等签订的合同进行管理。合同管理的目的是督促合同双方履行合同，不仅是维护合同双方的正当权益，更是为了达到合同目标，实现合同目的。合同管理融入质量、进度、造价管理的过程中。

信息管理是监理的基础性工作，通过信息的收集、整理、处理、储存、传递和运用，保证能够及时、准确地获取所需要的信息；同时，也是监理工作的有据可依，更是对具体工作的过程体现。

组织协调是监理人员通过对监理机构内部人与人之间、机构与机构之间、监理组织与外部环节组织之间的工作进行的调和与联结，使工程参建各方相互理解、步调一致实现合同的目标。

建设工程监理目标的实现，需要监理工程师扎实的专业知识和对建设工程监理程序的有效执行。完善的组织协调能够使各方主体有机配合、协调一致，促进建设工程监理目标的实现。

无论质量控制、进度控制、造价控制，还是安全生产管理的监理，或是合同管理、信息管理，都是在相应合同、法律法规、规范标准的前提下执行的，是应用组织、技术、经济、合同措施保证目标实现的，同时又是科学的、合理的、有效的。

4.3 项目收尾阶段

组织各专业监理工程师对工程整体质量进行评估并做出相应的报告，对工程整体进行预验收。同时需要根据施工单位的竣工验收报告，协助建设单位组织施工、勘察、设计、图审、检测、质量监督等部门共同参与竣工验收。

在组织竣工验收的同时要收集齐全全部文件材料，对工程档案进行验收，且在相应验收报告中明确验收结论。

5 项目管理方法

对于项目工程目标的实现，归根结底离不开从组织、技术、经济、合同等多方面采取措施保证项目的顺利进行，同时达到既定的目标。

5.1 组织措施

组织措施是其他各类措施的前提和保障。包括建立健全实施动态控制的组织机构、规章制度和人员在工程中提前预防，制定预案，从程序上保证项目顺利进行。在管理过程中坚持原则，实事求是，按程序办事是管理的准则。

工程伊始，公司组建了优秀的项目管理团队，成立了由业主、设计、监理、施工等相关方负责人组成的创精品工程领导小组。明确了誓夺中国建设工程鲁班奖的创优目标，同时为确保创优工作优质高效，业主、监理、施工单位主要人员组成QC（Quality Control，质量控制）小组，以解决施工难点，保证了施工质量。

监理公司结合自身优势，组建以北方工程设计研究院专家团队为引领、以公司总工办为技术支撑、以总监理工程师为龙头（辅以总监理工程师代表）、以各特色专业监理工程师为臂膀、以专业监理员来辅助的结构组织形式，组成创精品的监理组织机构。

在自身组建创优机构的同时，也要求施工单位项目管理部人员在特色专业、施工经验、技术水平等方面合理搭配。在合同中约定了项目经理和技术负责人等人员实名到场，并规定违反约定的处置措施和方法。同时，为了使组织措施能够真正落实到位，明确各级目标控制工作考评机制，加强各单位（部门）之间的沟通协助；加强动态控制过程中的激励措施，调动和发挥员工实现建设工程目标的积极性和创造性。同时在出现工程质量或安全问题时，分类列举把责任落实到具体的管理人员的头上。对违背规章制度的也根据违反程度做出相应的经济处罚，做到有章可循、有据可依。

5.2 技术措施

为了对建设工程目标实施有效控制，总监、专业监理工程师同项目经理及技术负责人对多个可能的建设方案、施工方案等进行技术可行性分析。对各种技术数据进行审核、比较，对施工组织设计、施工方案等进行审查、论证。同时采用了建筑信息模型（BIM）进行比较，也使得BIM为工程监理信息化提供了重要技术支撑。为工程施工方案更加科学化、精细化、准确度提供了很好的参考依据。

我们借助于BIM技术进行实际施工模拟，在施工之前去发现施工阶段会出现的各种问题，以便能提前处理。也可提供合理的施工方案，合理配置人员、材料和设备，在最大范围内实现资源的合理运用。工程厂区工艺设备414台（套）、电气设备260台（套）；各类工艺管线19.4km；电缆198km。因为工程涉及管道线路多、交叉点标高难控、管道位置容易偏差等特点、难点，利用BIM技术模型对设计尺寸提前复核，对管道位置、排序综合优化，对施工顺序多次打磨，同时针对节点复杂、潜在施工误差较大的地方，又要求施工单位专门制定出详细的实施方案，专业监理人员与施工工长、技术负责人、质检人员、施工人员等共同研讨管线的施工方式、方法、先后顺序，并在实际施工前先模拟施工情况以准确确定关键节点的标高和管道的具体位置，达到最好的施工效果，使得技术方案更加科学化。通过研讨也避免了返工及原材料的浪费，节约资金14万元。

同时，针对施工各部位制定详细的实施方案，并与施工单位技术人员一起，依托方案的严密性、合理性、先进性等技术优势，对超长薄壁混凝土池体抗渗施工、超滤施工等难点进行技术攻关，对深基坑、高大模板等方案进行专家论证，使施工方案达到科学、安全、经济。严格监督施工单位执行"事前交底、样板引路、三检制度"等保证工程质量的制度，确保了工程建设顺利进行和施工方案落实，以最后达到施工效果，为整体创优提供条件。在使得现场施工质量满足要求的同时，观感也达到了优良的标准。在大家的共同努力下，重点难点问题均被解决且效果良好。

针对池体混凝土抗渗控制难度大的问题，创精品工程领导小组和QC小组成员多次商讨混凝土配合比、材料规格选用、外加剂比例，结合施工单位以前的技术经验和工法，形成最后方案。同时商讨止水钢板、橡胶止水带的设置位置，达成一致意见。通过试验数据和实际成果展示，抗渗效果非常理想。

针对沉淀池花格墙过水洞口间距小、混凝土浇筑时孔洞易移位难点，专业监理与施工技术人员、施工操作人员共同商量，最后确定采用预制洞口模板与墙体模板固定来保证了墙体尺寸。

沉淀池长90.1m、宽18.5m，底板平整度控制难度大。经过监理与施工方的讨论，决定在混凝土浇筑时采用轨道找平法施工，保证底板平整度，满足底部刮泥机安装要求。

沉淀池和高效浓缩池集水槽安装精度要求高，经过讨论决定采用两维多线找平调整工艺，水平误差控制在±1mm。

超滤膜车间管廊设备管线众多、走向复杂。通过要求施工单位建立BIM模型并经设计同意调整个别管线位置，进行综合优化、工程量统计、进度控制、深度预制及可视化技术交底，保证了安装质量。

项目具有数据采集、处理与控制功能的电气仪表一体化自动控制系统，自动化程度高，调试难度大。总监、专业监理工程师与施工单位项目经理、技术负责人经过整体评价论证，决定采用美国FLUKE过程认证校验仪等先进设备进行调试、复验，监理旁站复核，达到数据准确、高效。

针对厂区电缆品种多、单根最大敷设长度长的难点，通过BIM模型先行布置，并通过采用"先长后短、先集中后分散、先电力后控制"的敷设措施，达到了无交叉、动控分开、降低损耗的效果。

以上方案的实施，个别与原报审方案不一，在与原施工方案对比讨论，不存在索赔且能使效果达到更好的情况下，要求施工方对方案重新报审。

不仅需要从技术商讨、实际试验角度解决难点，创优工程施工过程的质量同样需要精细把控。

在抗渗混凝土构筑物施工中，需要定位准确、模板材料好、木工支模尺寸准确、模板支撑稳固，现场混凝土配比符合要求、施工振捣密实、后期养护到位等多方位、多环节把控，使得构筑物表面光滑密实、棱角挺拔、顺直，几何形状及断面尺寸正确，达到清水混凝土标准。

在平流沉淀池中，现场抄平、放线尺寸准确，施工标尺控制到位，施工质量要求高，监理监控精心、到位，甚至关键时候的旁站，使得地板平整度偏差不大于5mm（优于设计要求的不大于8mm），花格墙208个过水洞间隔均匀、排列整齐、尺寸正确。

在工程装饰中具有装饰装修专长的专业监理工程师，对基层质量再次检验，作为监理的交接检查。

对施工前的准备工作做出要求，墙地砖的铺设，要求单位工程到场瓷砖为同一批次，货号相同避免颜色偏差，施工前做出排砖方案，要求非整砖尺寸不小于整砖的1/3，阳角切角要求水刀切割等，并严格要求样板先行，以样板作为验收的标准。

施工检查中不仅要求材料的质量、数量等主控项目的质量达到标准，对一般检验项目要求更高。更加注重抹灰的垂直度、表面平整度、阴阳角方正、分格条的直线度及勒脚、踢脚上口的直线度、缝格平直、接缝高低等外观的要求。对施工质量很难把控的门窗跨口部位、大角方正方面更是紧跟施工，加强监督的力度和密度。

装饰装修专业监理工程师通过参与、建议、要求、督促等方式方法，使得工程在满足质量合格的前提下外观更加规整，整体划一。尤其是细节处的处理，37000m^2内外墙砖、地砖排列合理，缝隙均匀。

屋面施工中，专业监理工程师严格把关，施工拉线定位，使得各建筑物屋面排水组织明晰，无积水、无渗漏，节点做工精细。

19431m工艺管道，安装顺直、接口严密、光泽柔和、标识清晰；198km电缆布线合理，排列整齐、顺畅，绑扎牢固。

针对设备多、场地狭窄、交叉作业多的问题，利用BIM模型按图纸要求排位并结合订购设备的尺寸提前安排布置，不仅仅考虑设备的就位，同时排布配电箱和线路的位置，避免线路的交叉，使260台电气设备排列整齐、配接线规范且整齐美观、标识清晰、接地可靠。这些都是专业监理工程师、施工项目经理、技术负责人多次BIM模拟讨论并结合现场实际施工先后调整的结果。

5.3 经济措施

无论是对建设工程造价目标实施控制，还是对建设工程质量、进度目标实施控制，都离不开经济措施。经济措施不仅仅是审核工程量、工程款支付申请及工程结算报告，还需要编制和实施资金使用计划，对工程变更方案进行技术经济分析等。通过投资偏差分析和未完工程投资预测，可发现进度目标的实现程度，同时发现可能引起未完工程投资增加的潜在问题。

对变更的分析，还要分析对工程变更的性质，对于设计失误或者由现场实际限制引起的变更，要考虑多种方案的技术经济分析，选择合适的方法；对于因建设单位需求的变化引起的变更，不仅要考虑多种方案的技术经济分析，还要分析变更的紧迫感、必要性、符合性要求。

对于工程中暂估价的确定，需要对投资总额进行分析，以确定选择暂估价以内的产品还是寻找性价比高的产品。

总之，经济措施要以主动控制为出发点，采取有效措施加以预防。在投资目标得到控制的前提下以项目全寿命周期为时限考虑方案的执行。

5.4 合同措施

加强合同管理是控制建设工程目标的重要措施。在施工招投标阶段，与建设单位和招投标单位一起讨论招标文件和合同条款，减少合同条款存在的风险并把工程目标进行细化，约定到合同中；同时通过选择合理的承发包模式和合同计价方式，选定满意的施工单位及材料设备供应单位，拟订完善的合同条款。从合同约定中为工程创优创造条件。

合同措施不仅仅是合同的签订，更是实施过程中合同的执行，在公平、公正、诚信的前提下促进合同的实施，才是对合同的最大尊重，也是对合同双方行为的认可。

5.5 安全生产管理

项目监理机构在法律法规、工程建设强制性标准下履行建设工程安全生产管理的监理职责，在监理规划和监理细则指导下执行监理工作。

项目施工单项多，作业面大，材料品种多，体积大，安全管理点位多，路线长，安全管理问题突出。要求从施工方案中考虑材料、设备、机械，要求施工单位在场地布置中注重材料、设备、机械的堆放位置及路径，减少交叉运输。严格安全方案及专项施工方案的审核，同时保证施工单位安全生产管理体系的合规性、完整性及专项施工方案的可操作性。同时监督按方案实施，对于某些现场实际不能实施的情况，要对方案重新调整并重新审核。

管理中严格要求管理体系的落实情况、人员到位情况及施工单位工人岗前培训交底、三级安全教育、班前日督促，不管是施工单位还是监理单位，不管是组织结构的决策层、管理层还是作业层（执行层），时刻关注安全问题，注重安全操作，贯彻以老带新，形成规范操作、规范管理的理念。

施工中严格安全设施到位，对无安全设施人员禁止作业并驱赶出场，避免安全隐患。特殊工种持证上岗，现场的临水临电严格按照规范要求执行，区域安全负责人立牌责任到位。通过巡检过程重点关注乱堆乱放现象，坚决杜绝因"临时""很快""马上"而违规操作的现象。通过组织月度安全检查、检查结果上墙、检查奖罚制度等措施，在保证组织措施到位的情况下切实执行各项管理制度，以管理领导行动、以结果促进管理。在工程监理过程中，以精细化、全方位、全过程安全管理，安全措施落实到位，杜绝了安全事故。

6 项目管理成效

6.1 新技术应用

根据工程特点和存在的难点，在监理过程中鼓励施工单位采用国家推广的新技术。在整个施工过程中，应用住房城乡建设部推广的建筑业10项新技术中的9大项25子项，见表1。

表 1　建筑业 10 项新技术的 9 大项 25 子项

项目	序号	新技术名称	子项名称
建筑业10项新技术	1	混凝土技术	高耐久性混凝土
			纤维混凝土
			混凝土裂缝控制技术
	2	钢筋及预应力技术	高强钢筋应用技术
			大直径钢筋直螺纹连接技术
	3	模板及脚手架技术	清水混凝土模板技术
			早拆模板施工技术
	4	钢结构设计	深化设计技术
	5	机电安装工程技术	管线综合布置技术
			管道工厂化预制技术
			大管道闭式循环冲洗技术
	6	绿色施工技术	施工过程水回收利用技术
			粘贴式外墙外保温隔热系统施工技术
			工业废渣及（空心）砌块应用技术
			铝合金窗断桥技术
			外墙自保温体系施工技术
			预拌砂浆技术
	7	防水技术	遇水膨胀止水胶施工技术
			聚氨酯防水涂料施工技术
	8	抗震加固与监测技术	深基坑施工监测技术
	9	信息化应用技术	工程量自动计算技术
			施工现场远程监控管理
			虚拟仿真施工技术
			高精度自动测量控制技术
			塔式起重机安全监控管理系统应用技术

6.2　项目获奖情况

在建设、勘察、设计、施工、监理等多方共同努力、协同发展下，该工程勘察、设计施工获得河北省"结构优""安济杯"（省优）、"省优秀勘察设计一等奖"。荣获河北省省级工法 2 项、国家专利 6 项、省级以上 QC 成果 5 项。示范工程通过验收，荣获河北省住建厅科技进步二等奖。

监理公司获得"安济杯"（省优）、2018—2019 年度中国建设工程鲁班奖（国家优质工程奖）。

6.3 项目经济效益和社会效益

项目采用大规模超滤膜深度处理工艺的净水厂，工艺设计先进、布局合理，充分体现了"四节一环保"和园林化水厂理念。

在监理公司多位监理人员严密、认真的监督管理下，充分发挥了监理的作用，使得工程能够按质按量顺利交工，建设项目达到了预期的目标，充分展现了工程的诸多先进性。

6.3.1 自动化程度高，操作管理便捷

采用国际先进的DCS及SCADA系统，通过集中监督管理、分散控制的多层次控制模式，自动控制各处理段设备的运行，实现工艺过程和工艺设备的自动控制及全过程监控管理。

6.3.2 工艺先进，出水水质优于国家标准

采用大规模浸没式超滤膜深度处理工艺，总膜面积为23.1万m^2，有效孔径为$0.03\mu m$，出水水质优于现行国家标准。

6.3.3 布局合理，节约土地资源

厂区分为水处理工艺区、泥处理工艺区和厂前区，功能划分清晰，生产设施采用直线形布置，排泥水处理系统置于综合处理间内，布置紧凑，节约了土地资源。

6.3.4 风格现代，实现了水厂园林化

采用现代主义建筑风格，简洁、清新、淡雅，线条挺拔，凸显了建筑物强烈的现代感，体现了整体建筑群美妙的建筑韵律。（工艺厂房以超滤膜净水间为代表，外立面采用三段式，运用劈离砖、乳胶漆、真石漆装饰；公共建筑以综合楼为代表，外立面采用石材、建筑玻璃幕墙装饰，其他各建筑物与超滤膜净水间、综合楼相呼应。）

厂前区人工湖驳岸采用草坡入水、景观抛石及直立驳岸相结合，构建了多样的临水体验；树阵广场、人行小桥、休闲廊架等设施使水厂成为可赏、可游、可憩的园林化水厂。

6.3.5 多项节能环保技术

通过优化工艺设计、设备选型、材料选择等实现了技术、设备、建筑节能环保的实际效果。

技术节能：工艺布置及连接管线布置简洁，有效减少了水力损失。

生产废水经排水池调节后回收，重新进入水处理系统，药剂投加系统全部采用自动化复合环控制方式进行控制，根据水质及水量自动调节投加量，节约药剂20%~30%。

设备节能：选用高频可控硅调压装置、节能型变压器降低用电设备自身损耗，提高供电设备的能力。送水泵等主要用电设备均采用变频技术，变频调速设备使用率达52%，控制精确灵活，节能效果明显。灯具普遍采用LED光源，高效节能。卫生间均采用节水洁具，节水效果明显。

建筑节能：

（1）建筑防热、保温：建筑物布置合理，使建筑物获得良好的自然采光和自然通风，通过绿化的作用降低室外综合热效应。

墙体采用加气混凝土砌块，建筑物外墙保温材料均采用高效、阻燃材料，外门窗均采用断桥铝合金，中空玻璃。屋面保温采用挤塑聚苯保温板。

（2）环保降噪：鼓风机等机电设备采取消声、阻尼、减震等措施，厂界噪声低于国家《工业企业厂界环境噪声排放标准》（GB 12348），营造了舒适的工厂环境。

自投运以来，结构安全可靠，设备运行平稳，出水水质优良。水厂的建成，发挥了南水北调工程的巨大效益，大大减少了地下水的开采，涵养了地下水资源，支撑了该项目所在城市作为省会城市的可持续发展。功在当代，利在千秋。

7　交流探讨

（1）建设工程监理目标的实现，需要监理工程师扎实的专业知识和对建设工程监理工作规章制度的有效执行。

以准备工作的检查、实际执行的巡视、平行检验、旁站、过程质量的严控、偏差的纠正、实施后的试验数据的复核、质量的确认、成品的维护等各环节环环相扣、闭环管理来保证实施过程达到优质工程的目标。

（2）以新技术应用推广助推监理工作。通过新技术 BIM 模型的引入，从模型中提前发现矛盾、冲突，发现施工中可能存在的问题，提前预防，制定预案，在没有损失尤其是经济损失的情况下，好的方案更能执行。

（3）坚持原则，实事求是，按程序办事，用规范控制，以文字为准，拿数据说话，作为管理的准则，同时又是执行的手段和利器。

（4）把创优目标作为管理工具，以组织协调建设工程各方主体有机配合、协调一致，促进建设工程监理目标的实现。

8　结语

当下建筑行业面临着严峻的形势，但"危"和"机"任何时候都辩证存在，要强化机遇意识。

传统的监理服务模式将难以满足工程建设管理模式和国家高质量发展的规划布局需要，监理的转型升级势在必行。

在全国大力推广全过程统筹管理的新形势下，应紧跟发展大势，加强创新创造，加快转型升级，向管理变革要效益。我们要抓住国家政策机遇，主动应变求变，创新经营管理，积极开拓市场，不断打造精品工程、优质工程。立足业主需求，解决实际问题，以优质服务护航，打造核心竞争力，去对冲外部环境的不确定性。同时要加快信息管理平台的建设，提升行业基础信息的数字化水平。

在当前形势下，唯有保持韧劲、勇毅前行，以政策为指引，抢抓发展先机，稳中求进，方能促进监理行业的高质量发展。

参考文献

[1] 中国建设监理协会．建设工程监理概论［M］．北京：中国建筑工业出版社，2021.

某电力生产调度楼
（生产调度指挥中心）工程项目

常荣波　任建波（鸿泰融新咨询股份有限公司）

摘　要： 某电力生产调度楼（生产调度指挥中心）工程项目解决了某自治区电力管理分散、信息化管理滞后的现状，结合工程建筑体量大、平层建筑面积大、高跨空间多的复杂结构形式以及"创过程精品，获鲁班金奖"的工程创优目标，鸿泰融新咨询股份有限公司严把工程质量、安全，实现了"过程精品、一次成优、过程把控、一次到位"，荣获全国建筑业创新技术应用示范工程、全国建筑业绿色建造暨绿色示范工程、自治区建筑施工安全标准化示范工程、自治区新技术应用示范工程、自治区"草原杯"工程质量奖、中国建设工程鲁班奖等多项荣誉。

1　项目背景

为满足内蒙古自治区电力管理分散、信息化管理滞后跟不上高速发展的形势需要。

2　项目简介

建设单位：某电力集团有限责任公司

设计单位：某工大设计院

承建单位：某兴泰建设集团有限公司

监理单位：鸿泰融新咨询股份有限公司

本工程建筑面积 45197m^2，其中地上 36674.1m^2、地下 8522.9m^2，地上 7 层、地下 1 层，建筑结构形式为框架剪力墙结构，基础形式为筏板基础，东西长 170m、南北长 70m，建筑高度 33.2m，占地 45.8 亩（约 30533.33m^2）。

本工程建筑体量大，平层建筑面积大，且结构为超长无缝结构，建筑面积复杂，高跨空间多。主体结构施工时高大模板支撑体系多，共计高支模有 22 处，其中南北"门"字形结构支撑体系高度达 33.6m，沿结构外圈悬挑的结构顶标高为 33.2m，悬挑宽度为 3m，全部采用悬挑钢平台支撑体系，施工难度巨大，体量巨大。建筑整体为"回"字形结构，走廊为环形封闭走廊，且走廊宽度不一，墙地面、顶棚挑砖对缝难度大。

本工程分东部、西部、中部和地下部，东部1～7层是办公区域，西部1～7层是信息化设备间及操作室，中部是钢结构高悬空大厅、地下室设备间及停车场部分。

3 项目组织

本工程监理单位严格按照监理规范、监理实施细则、创优方案的要求落实监理工作，审查参建方的合法性以及建设过程中的严密性，尤其是抓好工作控制，确保一次成优。监理单位配置了经验丰富的总监和具有专业技能的监理工程师常驻工地现场。

项目监理合同签订后，本公司组建了监理部组织机构，设置原则是组织精干、资源充分、运作有效、制约有力。根据招标文件要求，结合本工程特点，本项目设立一级监理机构，按照直线职能形式运作，成立总监理工程师办公室，实行总监理工程师负责制。

3.1 监理机构组织架构

监理机构组织架构如图1所示。

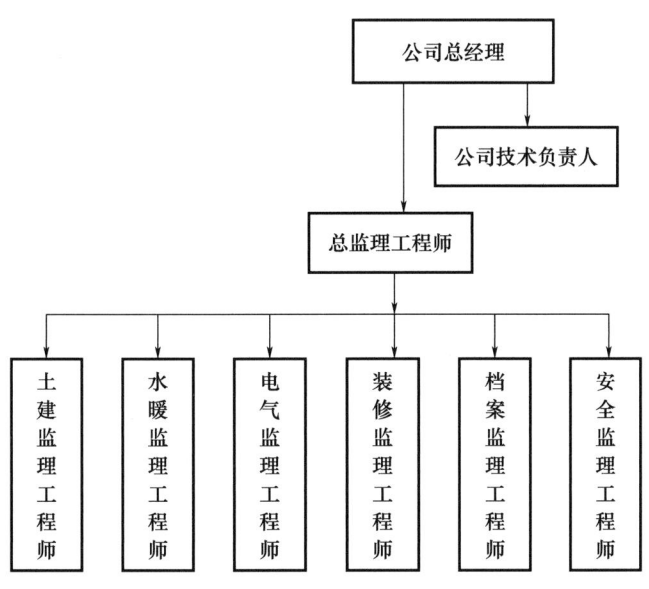

图1 监理机构组织架构

3.2 监理机构的创优职责

（1）工程监理部创优职责：负责整个工程创优工作统筹，将创优目标层层分解，建立每个监理人员的质量责任制，具体落实到每个人，制定奖惩和考核措施，并定期进行考核。在整个工程监理部形成良好的创优氛围，定期组织检查，发现创优不利因素及时纠正。

（2）总监理工程师创优职责：总监理工程师是整个创优工作的直接责任人，有效合理地调配人力资源，保证各项监理方案的实现，适时组织对分部、分项工程及检验批的检查、评比，对存在的问题及时要求施工单位整改闭合。

（3）专业监理工程师创优职责：专业监理工程师是整个创优工作的重要责任人，负责做好检验批、隐蔽工程、分项工程的验收工作。在日常的巡检过程中，做好重点、关键工序的质量控制，并对质量通病的预防实施监控；在施工单位自检、互检、专检合格的基础上，会同有关人员对检验批、分项、分部（子分部）工程进行质量验收。负责填写监理日志，按不同施工阶段对创优做法拍照、摄像，并交档案监理存档。

（4）档案监理工程师创优职责：负责将相关工程监理资料及时收集，按照规范要求进行整理汇总；认真对照规范及相关文件要求，对不符合要求的资料及时剔除，交由总监理工程师或专业监理工程师处理。

在公司总经理、技术负责人直接领导和总监理工程师统一安排下，按照监理程序开展监理工作。本项目建设的各个阶段，依据信息系统过程监理有关的国家政策、法律、法规、标准、规范、信息技术国家标准，建设单位和承建单位签订的项目建设合同、相关资料、建设单位与监理单位签订的监理合同对工程质量、进度投资、变更进行控制，对项目的合同和信息文档资料进行管理，定期召开监理例会，检查各项工作的完成情况，及时协调解决存在的问题，不定期地向业主提交阶段总结，及时把握项目存在的问题并提出监理建议，公平公正地协调处理项目实施中遇到的问题，保证施工质量、安全、进度顺利进行。

在施工前，建设单位、设计单位、监理单位、施工单位共同研究了本项目的创优方案的要求，由施工单位负责编写，设计单位、监理单位审核后开始实施。

监理单位根据方案中的各分项工程编写了有针对性、详细的监理实施细则，并且召开了专题讨论会，提出了具体详细的工作要求，落实考核责任制度。

创新之处：过程精品，一次成优；过程把控，一次到位。

本工程的总体目标：创过程精品，获鲁班奖。

4　项目管理过程

实施阶段的具体监理工作内容如下。

主体结构施工技术质量方面着重从以下五个方面进行监理管控：

（1）制定土建监理实施细则，使用合格的材料、构配件、设备，在施工过程中严格控制，确保正确使用，保证工程的总体强度满足设计要求。

（2）控制结构的平面和空间体系符合设计要求，保证结构设计的结构整体稳定性符合设计意图。

（3）严格控制结构的轴线、标高，确保结构的位置正确，保证结构的使用空间得到保证，保证使用功能符合设计意图。

（4）严格控制构件的几何尺寸，使结构强度和自重得到控制，为装饰创造良好条件。

（5）编制高支模监理实施细则，明确监理控制流程和关键节点控制要求。施工过程中严格审查施工方案、专业队伍资质、安全管理及特种作业人员资格、进场材料，落实方案实施情况，做好旁站监理，发现问题及时书面通知施工单位限期整改。本工程未出现重大安全隐患。

5 项目管理办法

5.1 主体结构控制

主体结构工程从以下四个方面进行控制：

（1）使用合格的材料、构配件、设备，在施工过程中并严格控制，确保正确使用，保证工程的总体强度满足设计要求。其中超长无缝混凝土重点控制如下：

① 本工程超长无缝混凝土为在混凝土中掺入适量 UEA 膨胀剂，制成补偿收缩混凝土，防止混凝土开裂。施工准备阶段，监理认真熟悉设计文件，熟练掌握 UEA 补偿收缩混凝土施工技术，组织设计、建设、施工参加设计交底。审核提供专利技术单位资质及 UEA 补偿收缩混凝土施工方案。

② 检查施工单位质量管理体系运转情况，把好原材料进场关。

③ 施工期间严格按照配合比要求计量检验，混凝土出厂后保证连续运输，及时运至现场，有高压车载泵通过水平垂直运输管道进行浇筑。浇筑过程中做好监理旁站，浇筑方法采用梁板同时浇筑，先将梁分层浇筑成阶梯形，达板标高时与板同时浇筑，特别注意加强带混凝土与两侧混凝土要交接好。

④ 做好混凝土的振捣和收尾抹压及养护，二次压面应在终凝前，养护期 14d。

超长无缝混凝土施工应注意：梁板结构上部的室内地面等装修层应间隔适当距离设置伸缩缝，尤其北方寒冷地区，以消除和避免因温度变化结构变形而装修层出现挤压破损或产生裂缝的缺陷。

（2）控制结构的平面和空间体系符合设计要求，保证结构设计的结构整体稳定性符合设计意图。其中高大模板支撑体系重点控制如下：

① 支撑安装按照施工方案和专家论证意见，保证位置准确无误、支撑系统牢固可靠。

② 支撑体系水平横杆、立杆、扣紧螺栓、连墙件、纵横向剪刀撑严格按照方案施工，单块梁板的模板支撑体系的周边必须设置剪刀撑，防止边缘失稳，造成质量事故。

③ 浇筑前，检查支撑体系各紧固件的紧固程度，并设专人看护，发现紧固件滑动或杆件变形异常，及时回顶加固，防止质量事故和连续下沉造成意外坍塌。应等同条件养护试块试验达拆模强度时，方可拆除，拆除遵守从上而下、先非承重模板后承重模板的原则，预留洞做好拆除后的安全防护。

（3）严格控制结构的轴线、标高，确保结构的位置正确，保证结构的使用空间得到保证，保证使用功能符合设计意图。

（4）严格控制构件的几何尺寸，使结构强度和自重得到控制，为装饰创造良好条件。

5.2 装饰工程控制

建筑装修工程从以下四个方面进行控制：

（1）制定装饰装修实施细则，完善装饰装修设计，进行多方案比较，从尺度、对称、对比、色差、环境等方面优化设计方案，提高装饰的完整性、协调性。

（2）采购选择合格的、环保的装饰材料，严格进场检验。使用前进行挑选，充分发挥材料的优良性质，来提高装饰效果。

（3）改进和完善装饰工程的足尺大样和样板工程的工作，达到体现和完善设计的意图和效果。

（4）注意装修的收尾整理和成品保护，使工程达到安全适用、美观、讲究和魅力质量。

5.3 安装工程控制

安装工程的安全适用要从以下四个方面来控制：

（1）制定安装监理实施细则，设备管道安装位置、标高正确，固定牢固可靠。

（2）设备管道安装坡度、强度、严密性、朝向正确合理，保证功能、开关方便和使用安全。

（3）接地、防护设施有效，使用安全标识清晰、检修维护方便。在可能条件下，注意美观协调。

（4）用资料和数据反映工程质量的水平。

5.4 强度、位置尺寸控制

强度的平均值、最大值和最小值及均方差值等反映其水平程度，水平、竖向位置尺寸及主要空间尺寸的控制程度在规范允许偏差值以内。

综合质量水平考核制度。各项技术措施的落实与实体工程质量相验证，各项措施包括施工组织设计、施工方案、有关技术措施、操作技术规程、企业标准、质量责任制等管理制度的实施有效性评价，以便不断提高工程质量及施工管理水平。

1. 亮点管理

选配高水准的、全国一流的、曾多次参加过鲁班奖工程的二次装修施工队伍，严格按照创优策划书组织施工。本工程的卫生间要做到"十六个对齐""十个居中"。外墙涂料要做到：颜色一致、喷点均匀、形象逼真，阴阳角顺直挺拔，滴水线宽深一致、线条整齐光滑，与门窗及幕墙相交处打胶宽度一致、光滑平顺。总体装修要做到大面和细部一致、地下和地上一致、室内和室外精细程度一致、主要房间和次要房间精细程度一致、设备用房和办公用房精细程度一致、屋面精细程度和室内精细程度一致、土建和安装一致、初装修和精装修精细程度一致等八个一致。鲁班奖工程必须做到"精品中的精品"，要突出创优的思路，突出预控、过程控制，突出过程精品，建立精品工程和经济效益并重，达到管理完善、工程质量完美、工程资料完整。

2. 控制重点

（1）思想认识的重点：树立"创新、创优、创高"的意识，将"鲁班奖工程为精品中的精品"的认识贯穿到工程施工的每个环节。要在观念、管理思路、技术进步等方面全面创新；要在施工过程中优化施工工艺、优化控制仪器、优化综合工艺，确实达到一次成活、一次成优；在项目管理上不断提高人员素质，不断提高企业管理水平，创造高的操作技艺、高的管理体系，实现高的质量目标。

（2）管理方法的重点：要认真进行工序质量控制的研究，编制企业工艺、操作规程，不断改进操作技艺，提高操作技能，用操作质量来实现工程质量。

要采取预控和过程控制、生产控制、合格控制到位，突出过程精品，一次成活、一次成优、一次成精品，达到精品、效益双控制。要注意整体质量，达到工序精品、环节精品、过程精品，用过程精品达到整个工程是精品。

6 工程质量创优标准

6.1 建筑工程质量创优标准

1. 屋面工程质量创优标准

符合《屋面工程质量验收规范》和《工程建设标准强制性条文》，并符合以下规定：

（1）防水层材料、铺设、搭接、压接、坡度和上卷收头高度及构造做法符合规定。防水层与基层粘贴牢固、结合严密，无滑移、无空鼓、无渗漏。屋面、阳台、雨篷排水口留置等安装符合设计要求，排水畅通，无翘边、倒泛水、积水等现象。

（2）女儿墙内侧及顶部抹灰不空裂。屋面排气管、孔留置的高度、位置符合上人屋面的规定。

（3）屋面排水的坡度、排水孔和伸缩缝做法符合设计要求，纵横缝顺直、均匀，嵌缝合格，无污染。

2. 外装修工程质量创优标准

符合《建筑装饰装修工程质量验收标准》和《工程建设标准强制性条文》，并符合以下规定：

（1）外窗台、纵横装饰腰线、台阶踏步、勒脚、散水和伸缩缝、沉降缝等部位的抹灰层与基层之间必须粘结牢固，面层光滑、平整、洁净，边角整齐，色泽一致，无空鼓。外窗台无倒泛水，台阶踏步高、宽度和散水的坡度、宽度、强度及其伸缩缝嵌缝做法符合要求。

（2）室外给、排水管道安装工程符合专业验收规范和设计要求。檐口、阳台、雨篷等有排水或引水要求的部位，做滴水槽，滴水槽顺直整齐、位置适宜，槽的宽度、深度均大于 10mm，槽端距墙面宜大于 30mm，且在同一建筑物的端距一致。

（3）雨水落斗、管的承插、连接、管箍固定方法正确，安装牢固，出水口与地面距离、弯度符合要求，排水畅通。

3. 门窗安装工程质量创优标准

产品材料质量、规格、尺寸和抗风压、空气渗透、雨水渗漏等性能符合规范和设计及《工程建设标准强制性条文》的要求，并符合以下规定：

（1）门窗框安装位置准确、牢固，门窗框与墙体间缝隙按设计要求材料填嵌饱满，外门窗框与墙体间隙填充保温材料。表面采用密封胶压缝，打胶黏结牢固、均匀顺直、宽厚一致，表面平整、光滑，接头或拐角处平滑。

（2）门窗扇安装牢固，合页位置准确、附件齐全、紧固螺钉平卧。开关灵活稳定、关闭严密、缝隙均匀，无回弹、无阻滞、无倒翘。门窗表面洁净、平整、光滑、色泽一致，无划痕、无碰伤、无污染、无锈蚀。

（3）玻璃品种、规格、裁割尺寸和色彩、涂膜朝向等符合设计要求。安装牢固，不得有裂纹、损伤和松动。固定玻璃的钉子或钢丝卡的规格、数量确保玻璃安装牢固。

密封条、密封胶与玻璃及其槽口接触紧密、牢固、平整。带密封的玻璃压条，其密封条与玻璃必须全部贴紧。镶钉木压条紧贴玻璃，压条连接紧密，裁口、割角平齐。

采用腻子的性能合格，玻璃底灰铺匀、挤实、压平，腻子填抹饱满、与裁口平齐、黏结牢固，不得外露卡子或钉帽。

（4）木门窗框与墙体安装连接必须牢固。在砖砌体上安装严禁用射钉固定。采用预埋木砖时，该木砖必须经防腐处理。胶合板门、纤维板门的上、下冒头各钻两个以上的透气孔，且透气通畅。门窗框、扇裁口、割角拼缝严密平整，油漆、腻子打磨工序到位。表面洁净、光滑、平整、色泽一致，无刨痕、戗茬、锤印，漆膜光亮均匀，无透底、无流坠、无刷痕。

（5）铝合金门窗的型材壁厚、防腐和密封处理等符合要求。推拉窗扇必须有防脱落措施。橡胶密封条或毛毡密封条安装位置准确、牢固，接头严密，无断条、错台。窗下框有畅通的排水孔。

（6）门窗套、窗帘盒、壁橱、扶手、护栏等，所用材料质量性能和制作、安装的造型、规格、尺寸、颜色及安装位置等符合规范和设计要求，必须安装牢固，表面平整、洁净、光滑、线条顺直、接缝严密、色泽一致、美观，不得有裂缝、变形、翘曲、损坏，油漆无透底、透锈、流坠等。

（7）各种门窗安装的留缝限值和允许偏差值符合专业规范和设计要求。

4. 玻璃幕墙工程质量创优标准

所用各种材料、五金配件、构件、组件的品种、规格质量、性能和安装质量，及幕墙的抗风压、空气渗透、雨水渗漏、平面变形等性能，符合《建筑装饰装修工程质量验收标准》《玻璃幕墙工程质量检验标准》《工程建设标准强制性条文》和设计要求。

5. 室内地面工程的垫层、找平层质量创优标准

符合《建筑地面工程施工质量验收规范》和《工程建设标准强制性条文》，并符合以下要求：

（1）现浇混凝土楼板或地面，均原浆一次抹面，找平、压光，不得采用铺水泥砂浆层二次抹面，且面层平整、光滑、洁净，不得有空鼓、裂缝、脱皮、起砂等质量缺陷。

（2）玻化砖铺设地面，其基层、结合层等工艺做法符合规范及设计要求。表面平整洁净，缝格平顺，缝宽均匀，周边镶嵌顺直，图案清晰，色泽一致。板块无裂纹，无缺棱掉角，无翘曲、无磨痕、无空鼓。

（3）木地板工程，其木格栅、垫木、毛地板等的选材、含水率、防腐、防蛀处理和铺设方法符合规范及设计要求。接缝对齐、钉孔严密、接头错开、缝隙宽度均匀一致，面层磨光，表面光滑洁净，无明显刨痕、毛刺。

（4）踢脚板表面洁净、高度一致、结合牢固、厚度一致。楼梯踏步和台阶，表面平整、齿角整齐、防滑条顺直牢固，无缺棱掉角，踏步高、宽尺寸偏差符合要求。

（5）地漏、立管、套管、阴阳角部位和卫生洁具根部均不得有渗漏及其痕迹，地面不得倒泛水。

（6）室内墙面、顶面、门窗洞口、地下室、厨房、厕浴间等均不得有渗漏（含地面积水）、洇水及其痕迹。

6. 吊顶工程质量创优标准

暗龙骨吊顶工程所用材料及构造做法符合规范及设计要求，并按规定对吊顶内管道设备安装，吊杆、龙骨安装等项目通过隐蔽工程验收合格。

（1）龙骨经过防腐、防火处理。金属吊杆、龙骨及钢埋件、型钢吊挂件，经过表面防腐（防锈）处理。

（2）饰面材料表面洁净、色泽一致，搭接（交接）平整、吻合，压条纵横平直、宽窄一致，拼缝严密、安装牢固，不得有翘曲、裂纹、缺损、划痕、擦伤、锤印、钉孔，不得有变形、松动。

（3）饰面板上安装的灯具、烟感器、喷淋头、风口箅子等设备的位置合理、牢固、美观，与饰面板交接吻合、严密。重型灯具、电扇、音响等重物不得直接安装在吊顶龙骨上。填充吸声材料有防散落措施。

7. 轻质隔墙工程质量创优标准

板材隔墙、骨架隔墙、活动隔墙和玻璃隔墙工程等，所用材料、规格、性能（隔声、隔热、阻燃、防潮等）和安装质量符合规范及设计要求。

（1）各种隔墙的板材、骨架安装和与周边墙体的连接均牢固，墙位准确、垂直平整。隔墙上的孔洞、槽、盒位置正确，套割吻合，边角整齐。填充材料密实，嵌缝顺直平整，无脱层、翘曲、断裂、缺边、掉角。活动隔墙推拉平稳、灵活、安全，推拉无噪声。玻璃隔墙胶垫安装正确，勾缝密实平整、顺直，深浅一致。

（2）隔墙表面平整光滑、洁净、色泽一致，接缝均匀平整，图案线条清晰美观，无裂痕、脱皮、粉化、划痕等缺陷。

8. 油漆涂料涂饰工程质量创优标准

所用油漆、涂料、腻子等材料的品种、型号、颜色、性能和施工基层处理及其涂饰方法符合规范和设计要求。涂层表面涂饰均匀，粘结牢固，平整、光泽、洁净，分色线顺直清晰，颜色均匀一致，不漏涂、起皮、透底、返锈。涂料涂饰不泛碱、咬色、掉粉，点状疏密均匀,无流坠、疙瘩,无砂眼、刷纹。油漆涂饰光滑、光亮、柔和,无刷纹、流坠、裹棱、皱皮,不透钉眼、刨痕、腻子痕迹。各种涂饰均不得污染墙面或其他饰物。

9. 钢结构的防腐和防火质量创优标准

涂料、涂装工程质量符合现行专业规范的规定。防火涂装不得有误涂、漏涂,涂层闭合无脱落、空鼓、明显凹陷,并不得有粉化、松散和浮浆等外观缺陷。

10. 建筑材料(含结构、装饰材料)释放的有害气体、放射性比活度的限量和室内环境质量符合现行有关规范的规定。建筑工程室内环境污染物浓度限量见表1。

表1 建筑工程室内环境污染物深度限量

污染物	Ⅱ类民用建筑工程
氡(Bq/m^3)	≤400
游离甲醛(mg/m^3)	≤0.12
苯(mg/m^3)	≤0.09
氨(mg/m^3)	≤0.5
总挥发性有机物 TVOC(mg/m^3)	≤0.6

11. 外装修装饰工程质量允许偏差和检查方法符合有关专业规范,并符合表2的规定。

表2 外装修装饰工程质量允许偏差和检查方法

项次	项目		允许偏差值(mm)		检查方法
			国家规范标准	创优标准	
1	墙面	平整度(层)	4	3	2m靠尺、塞尺
2	阴阳角	垂直度(层)	4	3	2m托线板、尺量
		垂直度(层)	4	3	方尺、塞尺
		方正(层)	4	3	
3	分格条(槽)平直度		4	3	拉线、尺量
4	勒角上口平直度		4	3	尺量
5	饰面砖粘结强度(MPa)		≥0.40	≥0.45	面砖拉拔检测报告

12. 内装修装饰工程质量允许偏差符合有关专业规范的规定,并符合表3的规定。

表3 内装修装饰工程质量允许偏差和检查方法

项次	项目	允许偏差值(mm)		检查方法
		国家规范标准	创优标准	
1	普通装修墙面、顶面平整度(高级)	4	3(2)	2m靠尺、塞尺
2	墙面、阴阳角垂直度	4	3	2m托线板、尺量
3	阴阳角方正	3	2	方尺、塞尺
4	分格线(缝)平直度	4	2	拉线、尺量

续表

项次	项目		允许偏差值（mm）		检查方法
			国家规范标准	创优标准	
5	饰面板（砖）装贴	表面平整度	3	2	2m靠尺、塞尺
		接缝平直度	2	1	拉线、尺量
		接缝平整度	0.5	0.5	钢板尺、塞尺
		接缝宽度（纵、横缝）	1	0.5	钢尺
		上、下接口平直	1	1	拉线、尺量
		阴阳角方正	3	2	方尺、塞尺
6	地面	木、塑地面平整度	2	1	2m靠尺、塞尺
		板块铺设地面平整度	3	2	
		板块缝格平直度	2	1	拉线5m、尺量
		接缝高低差	1	0.5	钢直尺、塞尺
7	栏杆扶手护栏	垂直度、高度	3	2	吊线、尺量
		栏杆间距	3	3	尺量
		扶手直线度	4	2	拉线、尺量

6.2 电气设备安装工程质量创优标准

（1）建筑电气设备安装工程，所用材料、电器、设备、成品、半成品的铭牌、型号、规格、性能和施工工艺安装质量必须符合设计要求和《建筑电气工程施工质量验收规范》及有关专业规范、标准。按有关规定出具相关的产品合格证、检验、测试报告及文件记录，并经有关专业主管部门检验认可，有认可证明。

（2）电气线路、设备和器具的支架、螺栓等部件，与建筑钢结构件的连接固定不得采用熔焊（电气焊），且严禁热加工开孔。

（3）电气设备上的仪表装置，确保其功能准确有效，计量和具有保护性的仪表经检定合格。

（4）接地（PE）或接零（PEN）干线的连接必须具有不可拆卸性，支线必须单独与接地或接零干线相连接，不得串联连接。

（5）金属导管敷设的位置、走向、连接、固定方法等必须符合有关规定。非镀锌钢导管内外壁均做防腐处理（埋入混凝土中导管外壁除外）。塑料线槽须有阻燃标记。塑料电线保护管及接线盒必须是阻燃型产品，外观不得有变形及破损。金属电线保护管及接线盒外观不得有折扁、裂缝，管口平整，管内无毛刺。表面涂层均匀，无污染、无锈蚀，金属导管严禁对口熔焊连接。镀锌和壁厚小于2mm的钢导管不得套管熔焊连接。三相或单相的交流单芯电缆不得单独穿于钢导管内。

（6）电线、电缆的敷设、连接、标识、固定方法等必须符合设计、规范要求。配线分色，同一建筑工程的电线绝缘层颜色选择一致，接地保护线（PE）是黄绿相间双色线；零线（N）用淡蓝色线；相线中，A相——黄色、B相——绿色、C相——红色，严禁使用黄绿双色线做相线使用。导线绝缘电阻值必须符合规范要求。电缆与开关、设备、母线等连接全部采用热缩电缆头。三相或单相的交流单芯电缆不得单独穿于钢导管内。矿物质绝缘电缆进场必须做好防潮工作，严格检查每段封口的严密性。调直必须采用厂家配套工具，电缆的连接、电缆与设备的连接采用配套专用的中间接头和线鼻子，电缆头剥削处仔细用绝缘胶进行封口且绝缘电阻值不小于200MΩ。电缆固定采用现场设计的胶木支架（厂家加工）。电缆外层的铜皮必须全部做接地处理。

（7）桥架敷设安装的位置、走向、连接、固定方法等必须符合有关规定。支托架安装根据施工图的要求与土建密切配合，搞好预埋铁的埋设。支架在金属构架上和混凝土构筑物上的预埋件上应采用焊接固定，混凝土上宜采用膨胀螺栓固定。支架应固定牢靠，横平竖直，整齐美观，在同一直线段的支架间距应均匀。各横撑间的垂直净距不应大于5mm，沿桥架走向左右的偏差不应大于10mm。水平安装的桥架支架间距宜为2m。桥架的安装应横平竖直排列整齐，不得有明显的弯曲。直线段钢制电缆桥架超过30m应有伸缩缝，其连接宜采用伸缩连接板，桥架转弯处的转弯半径不应小于桥架上的电缆最小允许弯曲半径的最大值。现场加工的桥架及弯通、三通、异径接头等平整，内部光洁、无毛刺，并符合同等规格桥架制造厂的标准，加工应采用机械或手锯切割，不得用电、气焊切割。桥架必须和支吊架用螺栓固定。桥架之间、盖与盖之间的连接处应对合严密。桥架应具有可靠的电气连接并接地，首末端必须接地处理。

（8）电源插座、照明开关的接线和安装符合规范和设计要求，线盒内保证清理干净，卫生间内瓷砖墙面、走廊石材墙面上的开关插座必须和缝隙相对应居中或对缝。楼内所有插座安装接线完成后必须用专用的漏电及接线检测仪进行全数检查，保证100％合格。灯具开关必须控制其火线，多控开关控制线必须接成鸡爪形。

（9）各种灯具、风扇安装牢固，固定牢靠，不得使用木楔。花灯钢吊钩直径不小于灯具挂销直径，且不小于6mm。大型花灯的固定及悬吊装置，按灯具质量的2倍做过载试验。灯具的布置必须根据设计院设计的各专业蓝图现场二次进行排列设计，保证其布局合理，不与消防探头、广播喇叭、喷淋头、风口等相互冲突，并且做到成排成线。楼内低于2.4m的用电设备必须按照设计要求设接地线。

（10）成套配电柜、控制柜（台）和动力、照明配电箱（盘）安装所用的电器设备和导线、端子等器材产品，必须是经过有产品生产许可证厂家的合格产品。产品的型号、规格和安装质量必须符合规范和设计要求。盘柜在搬运时应采取防震、防潮、防止框架变形和漆面受损等措施，必要时应将怕震和易损元件拆下单独包装运输，当产品有特殊要求时，应符合产品技术文件的规定，进场后必须做好开箱检查记录。首先必须保证基础型钢的安装质量，基础槽钢不得少于2处接地。盘柜的接地应牢固良好，装有供检修用的接地装置。盘、柜及盘、柜内设备与各构件间连接应牢固。柜体不得与基础型钢焊死，用螺栓连接。进出柜内电缆孔必须用防火泥填实。照明配电箱内应分别设置零线和保护接地

（PE 线）汇流排，零线和保护接地线应在汇流排上连接，不得绞接，并应有编号，箱内配线整齐。进出箱内的钢管必须和箱体做跨接接地线。配电箱、柜上应标明用电回路名称。

（11）避雷引下线的敷设和接闪器安装及测试接地装置的接地电阻值必须符合《建筑电气工程施工质量验收规范》和设计要求。屋面凸出的金属构件、设备等全部做防雷接地保护，屋面避雷网要保证平直、美观，连接可靠。电话、电视、消防自动报警等设备、装置安装及功能符合其专业规范、标准和设计要求，并经有关专业主管部门检验认可。烟感、温感探头，火灾喷淋装置等，安装位置正确，紧贴吊顶表面，周围无裂缝、破损，安装牢固，纵横排列顺直美观。

（12）建筑电气安装工程质量允许偏差符合现行规范的有关规定，一般项目质量允许偏差和检查方法符合表 4 的规定。

表 4　建筑电气安装工程质量允许偏差和检查方法

项次	项目		允许偏差值（mm）		检查方法
			国家规范标准	创优标准	
1	明配管	支架间距	2.5	2.4	
		垂直度、平直度	3	2.7	
2	线槽垂直度、平直度		2/1000，全长 20	1.7/1000 全长 18	
3	配电柜箱盘	垂直度（每米）	1.5/1000	1.3/1000	吊线尺量
		成排盘面平整度	5	4.2	拉线尺量
		盘间接缝	2	1.3	塞尺
4	成排灯具中心线偏移		5	3	拉线尺量

6.3　建筑设备安装工程质量创优标准

（1）管道和设备安装位置正确，排列合理整齐，坡度、坡向、减震、伸缩等符合要求。支架、吊架、托架（含设备基础）的构造形式、规格尺寸、间距、位置符合有关规范、规程和设计要求，安装固定牢固、平整，与支承物或垫层接触紧密、平稳，不得与管道直接焊接，防腐处理良好。

（2）管道及设备连接接口平整、严密、无渗漏，其备接甩口封闭严密。采用柔性接头的管道、设备不得使其接头和管道接口承重。

（3）室内给水管道必须采用与管材相适应的管件。生活给水系统所涉及的材料和设备必须达到饮用水质检验卫生标准。给水系统的阀门、配件、器具、水表安装位置正确，接口合格，出水方向合理，规格、型号符合设计要求。水泵、水箱、消防设备等安装质量符合规范，管道穿墙处的保护连接合格。表面涂层光滑整洁、色泽均匀，无漏涂透底、返锈、流坠，无裂缝、起皮，无滴水、渗漏。

（4）室内冷、热水、气等压力管道和设备系统安装后，管道保温前进行压力试验（有记录),试验方法和试验压力符合规范规定。

(5) 散热器及风机盘管安装位置正确、固定牢靠,距墙面尺寸一致。组装散热器使用的垫片的耐热、抗伸缩变形性能符合要求,其厚度不大于1.5mm。散热器的规格、数量符合要求,拉条安装紧固,表面洁净,无变形、损伤。

(6) 排水系统的无压管道、设备在隐蔽前,按规定进行灌水试验。室内排水管道按有关规定做通球试验,确保排水畅通。

(7) 地漏设置在有防水地面,地面排水坡度、流向符合要求,无倒泛水。地漏卧入地面的位置、深度正确,周边封严密、平整、光洁、美观。水封深度不小于50mm。

(8) 卫生器具等设备安装平稳牢固,器具符合节水型,与支架接触紧密、平稳,位置、标高、坡度、管径符合要求。成排器具排列整齐一致,排水口与排水管连接牢靠、封闭严密、无渗漏。表面光滑洁净,实用美观,嵌缝胶均匀顺直,黏结牢固,无堵塞、不渗水、不滴漏,无污染、无裂纹、无破损。

(9) 建筑设备安装工程质量允许偏差和检查方法符合规范和表5的规定。

表5 建筑设备安装工程质量允许偏差和检查方法

项次	项目		允许偏差值 (mm)		检查方法
			国家规范标准	创优标准	
1	水平管道安装弯曲度(每米)	钢管	1	0.8	尺量
		铸铁管	2	1.6	
2	立管安装垂直度(每米)		3	2.3	吊线、尺量
3	平行距墙面		≤10	8	尺量
4	套管出地面高度差		±5	4,-2	尺量
5	套管穿墙及中心偏差		±2	1,-1	尺量
6	弯管褶皱不平度		4	3.3	外卡钳、尺量
7	管道甩口坐标标高差		±10	7,-6	拉线、吊线、尺量
8	成排器具水平度		2	1.7	拉线尺量
9	器具及附属设备	坐标	-15	-12	拉线、吊线、尺量
		标高	±5	4,-3	
10	保温层表面平整度	卷材	5	4.2	靠尺、塞尺
		涂装	10	8.3	

(10) 通风、空调安装工程所使用的材料、成品、半成品、设备及其型号、规格、性能和施工安装质量符合《通风与空调工程施工质量验收规范》和设计要求。

(11) 通风与空调安装工程质量允许偏差和检查方法符合规范、规程和表6的规定。

表6 通风与空调安装工程质量允许偏差和检查方法

项次	项目		允许偏差值（mm）		检查方法
			国家规范标准	创优标准	
1	风管安装	水平度（每2m）	3/1000	2.3/1000	拉线、尺量
		垂直度（每2m）	2/1000	1.7/1000	吊线、尺量
		总偏差	≤20	14	尺量
2	风口安装	水平度	3/1000	2.7/1000	拉线、尺量
		垂直度	2/1000	1.4/1000	吊线、尺量
3	风机安装	中心线、平面、位移	10	8	尺量
		标高	±10	+7，-5	尺量
4	保温板表面平整度		5	4.2	靠尺、塞尺

7 安全监理

根据施工现场的具体情况，监理项目部提出了具体详细的安全管理要求，并且配置了专业安全监理工程师，严格监督检查管理安全措施、方案、交底的落实情况，严密控制现场安全操作行为。

7.1 安全管理要求

（1）遵守安全生产、劳动保护、文明施工等有关法规，配置必要的安全施工设施与保护器材，设立安全警告标示牌，为职工提供必要的安全防护和劳动保护用品。

（2）作业人员未经安全生产教育培训不得上岗作业。禁止无关人员进入施工现场。除遵守国家、行业现行有关工程施工安全生产管理规定外，还须执行地方政府有关部门和业主针对本工程制定的安全生产有关规定。

（3）项目部设置专职的安全生产主管。

7.2 安全防护

制定有关安全措施的文件交监理工程师批准，安全措施包括用电、防火、防洪、救护、警报、治安及炸药管理等。

（1）劳动保护：工作人员根据作业种类和特点，按照《劳动保护法》发给相应的劳保用品，包括安全帽、水鞋、雨衣、工作服、手套、手灯、防护面具、安全带等。为从事危险作业的职工办理意外伤害保险，并支付保险费。

（2）照明安全：在各施工区、生活区和道路设置照明系统。明挖、不作业地段和成洞区电压可用220V，暗挖作业地段照明电压不得大于36V。

(3) 用电安全：临时设施及变压器等外电设施，按《施工现场临时用电安全技术规范》及《内蒙古自治区建筑施工安全管理条例》的有关规定采取防护措施，包括增设屏障、遮栏、围栏或保护网等。可能漏电伤人或易受雷击的电器设备及建筑物、构筑物均应设置接地或避雷装置，定期派专业人员检查这些措施的效果。

(4) 气象灾害的预防：根据气象特点制定气象灾害的防护预案送监理工程师批准。发现有可能危及人身、工程和财产安全的灾害预兆时，立即采取切实可行的防灾害措施，确保人身、工程和财产的安全及保证施工按计划有序进行。

(5) 防火：配备消防人员和足够的消防设备器材。除与当地消防部门取得联系，必要时请予协助外，还在施工现场的油库、器材室、车间、生活住房区及施工机械、车辆上配备适当的有效灭火器。消防设备器材的型号和数量应满足消防任务的需要，消防人员应熟悉消防业务，训练有素。消防设备器材应随时检查保养，始终处于良好的待命状态。向监理工程师提交施工组织设计的同时，递交一份包括上述内容的消防措施和计划的报告文件，送监理工程师审批。

(6) 信号：在施工区内设置一切必要的信号装置，这些信号装置包括标准的道路信号、报警信号、危险信号、控制信号、安全信号、指示信号。经常维护自己和业主在工程区内放置的所有信号装置。若监理工程师认为所提供的信号系统不能有效地保证安全，必须按照监理工程师的要求补充、修改或更换该系统。

(7) 安全会议和安全防护教育：组织有关人员学习防护手册，并进行安全作业的考试，考试合格的职工才准进入工作面作业。定期举行安全会议，有关管理人员、工长和安全员需全部参加，做好记录。各作业班组在班前班后对安全作业情况进行检查和总结，及时处理安全作业中存在的问题。对于危险作业，加强安全检查，建立专门安全监督岗，在危险作业区附近设置醒目的标志，以引起工作人员的注意。

(8) 消防安全：贯彻执行消防安全的法律法规，编制消防安全计划书，计划书中应有防火措施（包括预防纵火的保安措施）和应急方案，并保证该计划的落实、执行。在正式开工前，火灾探测、临时消防给水、灭火器材配置、火灾撤离通道、火灾应急照明、疏散指示标志等必须到位。实行电、气焊等明火作业的许可证制度。可能危及相邻单位的消防安全时，采取分隔、防护措施；与同一区域内同时作业的其他单位签订安全管理协议。优先安排永久性消防安全设施的施工，在施工中不得降低建筑物的防火等级，不得损坏消防设施、设备或妨碍其正常使用。

7.3 施工现场安全生产交底

(1) 贯彻执行劳动保护、安全生产、消防工作的各类法规、条例、规定，遵守工地的安全生产制度和规定。

(2) 施工负责人必须对职工进行安全生产教育，增强法制观念和提高职工的安全生产意识及自我保护能力，遵守安全纪律、安全生产制度，服从安全生产管理。

(3) 施工人员必须严格遵守安全生产纪律，正确穿、戴和使用好劳动防护用品。

（4）认真贯彻执行工地分部分项、工种的施工技术交底要求。施工负责人必须检查具体施工人员的落实情况，并经常性督促、指导，确保施工安全。

（5）施工负责人对所属施工及生活区域的施工安全质量、防火、治安、生活卫生各方面全面负责。

（6）做好"三上岗""一讲评"活动，即做好上岗交底、上岗检查、上岗记录及周安全评比活动，定期检查工地安全活动，做好检查活动的有关记录。

（7）对施工区域、作业环境、操作设施设备、工具用具等必须认真检查，发现问题和隐患，立即停止施工并落实整改，确认安全后方准施工。

（8）机械设备、脚手架等设施，使用前需经有关单位按规定验收，并做好验收及交付使用的手续。租赁的大型机械设备现场组装后，经验收、负荷试验及有关单位颁发准用证方可使用，严禁在未经验收或验收不合格的情况下投入使用。

（9）安全设施、安全标志和警告牌等不得擅自拆除、变动，必须经指定负责人及安全管理员的同意，采取必要可靠的安全措施后方能拆除。

（10）特殊工种的操作人员必须按规定经有关部门培训，考核合格后持有效证件上岗作业。起重吊装人员遵守"十不吊"规定，严禁不懂电气、机械的人员擅自操作使用电气、机械设备。

（11）必须严格执行各类防火防爆制度，易燃易爆场所严禁吸烟及动用明火，消防器材不准挪作他用。电焊、气割作业应按规定办理动火审批手续，严格遵守"十不烧"规定，严禁使用电炉。

（12）工地电气设备在使用前先进行检查，不符合安全使用规定的及时整改，整改合格后方准使用，严禁擅自乱拖乱接电气线路。

（13）未经交底人员一律不准上岗。

7.4 现场安全生产技术措施

（1）在职工中牢牢树立起安全第一的思想，认识到安全生产、文明施工的重要性，每天班前教育、班前总结、班前检查。

（2）严格执行安全生产三级教育，强化施工人员安全意识，自觉遵守安全规章制度和技术操作规程，做到"三不伤害"（不伤己、不伤他人、不被他人伤）。

（3）进入施工现场必须戴安全帽，2m以上高空作业必须佩戴安全带。吊装前起重指挥要检查吊具是否符合规格要求，所有起重指挥及操作人员必须持证上岗。

（4）高空操作人员应符合超高层施工体质要求，开工前检查身体。高空作业佩戴工具袋，工具应放在工具袋中，不得放在钢梁或易失落的地方，所有手工工具（如手锤、扳手、撬棍）应穿上绳子套在安全带或手腕上，防止失落伤及他人。

（5）钢结构是良好导电体，四周应接地良好，施工用的电源线必须是胶皮电缆线，所有电动设备应安装漏电保护开关，严格遵守安全用电操作规程。

（6）高空作业人员严禁带病作业，禁止酒后作业。

（7）吊装时应架设风速仪，风力超过 6 级或雷雨时应禁止吊装，夜间吊装必须保证足够的照明，构件不得悬空过夜。

（8）氧氯、乙炔、油漆等易爆易燃物品妥善保管，严禁在明火附近作业，严禁吸烟。

（9）焊接平台上做好防火措施，防止火花飞溅。

成品保护要求：

本工程外墙涂料施工前，要求对所有的门窗、幕墙、屋面、安装工程、水落管、设备、室内工程等成品进行全面遮盖，可以选择工程用一次性塑料布遮盖严密，在操作过程中应随时检查其完好性，发现破损应及时更换。应在本工程未交付总包方前承担全部成品保护责任。

本工程屋面工程施工前，要求对所有的雨水口、屋面管道等成品进行全面遮盖，选择工程用一次性塑料布遮盖严密，在操作过程中应随时检查其完好性，发现破损应及时更换。应在本工程未交付前承担全部成品保护责任。

对施工中的过程和细节进行严格把控，主要从质量、成品保护、安全等方面掌控大局，各项验收检查符合要求，达到了创优标准。

8　项目管理成效

本项目获得以下奖项：

2016 年全国建筑业创新技术应用示范工程。

2017 年全国建筑业绿色建造暨绿色施工示范工程。

2016 年度自治区建筑施工安全标准化示范工地。

2018 年度内蒙古自治区"草原杯"工程质量奖。

2018 年被授予内蒙古自治区新技术应用示范工程称号。

2018—2019 年度中国建设工程鲁班奖（国家优质工程）。

本工程的圆满完成得到了内蒙古自治区、呼和浩特市、自治区电力集团领导的肯定和表扬，解决了电力管理的短板，为自治区的经济腾飞做出了贡献。

9　交流探讨

本工程的圆满完成依靠的是各级领导、建设单位的大力支持，与设计单位的细致、精准、规范、经济可行的设计图纸，施工单位的队伍选择、管理人员和管理制度的齐全到位、考核制度的坚决落实是分不开的，监理单位的综合实力、业绩、对项目的重视程度、对人员配置和过程完善、细化管理至关重要。

参考标准及文件

（1）《屋面工程质量验收规范》（GB 50207—2012）

（2）《工程建设标准强制性条文》房屋建筑部分（2013 版）

(3)《工程建设标准强制性条文及应用示例》(房屋建筑部分——电气专业)
(4)《建筑装饰装修工程质量验收标准》(GB 50210—2018)
(5)《玻璃幕墙工程质量检验标准》(JGJ/T 139—2020)
(6)《建筑地面工程施工质量验收规范》(GB 50209—2010)
(7)《建筑电气工程施工质量验收规范》(GB 50303—2015)
(8)《通风与空调工程施工质量验收规范》(GB 50243—2016)
(9)《施工现场临时用电安全技术规范》(JGJ 46—2005)
(10)《内蒙古自治区建筑施工安全管理条例》

河北某体育中心综合训练基地项目

李 娜（河北中原工程项目管理有限公司）

摘 要：本文以河北某体育中心综合训练基地项目监理过程为研究对象，重点分析本项目的特点和监理措施，作为监理案例，供大家参考。

本文简述了项目特点、管理模式、人员配备、项目重难点和监理控制方法等，通过前期、中期和后期的控制要点，逐项介绍控制方案。

项目部圆满完成项目的监理任务，质量合格，无任何安全事故，得到参建各方的认可。

列举了文明施工、场地狭小、土方开挖支护、钢结构工程、新型材料等难点问题的监理管控措施，对建筑工程中类似事件管理有一定的参考意义。

1 案例背景

1.1 建设背景

体育事业是现代化建设的重要组成部分，反映国家综合国力和社会文明程度。改革开放以来，我国全民健身活动普及，竞技体育成绩显著，体育产业发展迅速，国际交往日益扩大。在2008年北京奥运会和《全民健身条例》的推动下，石家庄市竞技体育和全民健身蓬勃发展，政府加大投入，设施不断完善。2006年8月9日，省委、省政府主要领导就体育中心和体育学院合建问题进行了专门研究。2006年10月17日，该项目正式启动。

1.2 投资模式

河北某体育中心项目总投资21.4亿元，其中10亿元由河北省投入（包括3亿元体育彩票收入），其余11.4亿元由石家庄市投入。本工程（综合训练基地）项目总投资2.2亿元。

2 项目简介

2.1 项目概况

河北某体育中心综合训练基地是一个甲级大型的综合性体育场，建筑规模达到

$47069.57m^2$。这个基地是省体育局为强化运动员食宿、教学、康复医疗等一体化服务而建设的，旨在提供一个专门用于运动员训练和比赛的场所。

本工程包括主体结构、装饰装修、通风与空调、给排水及采暖、室外管线、室外景观、室外电力。

2.2 项目重、难点

2.2.1 场地狭小

本项目北侧距离基础外边线约22m为体育中心北围墙；东侧距离基础外边线约4.5m为体育中心东围墙；南侧距离基础外边线约12m为消防车道，距离约30m为体育馆综合体工程；西侧距离基础外边线约9m为消防车道，车道以西为体育中心停车场。现场场地狭小，可利用场地不充裕，工程人员办公和住宿用房以及料场、大型机械等布置困难。需要对办公、生活、加工、堆场、库房、机械停放等平面布置进行科学统筹，同时要考虑平面布局的占用、腾挪时间对室外管线、道路施工的影响，对施工方和监理方管理水平都提出极高的要求。

2.2.2 地下车库面积大，安装工程多交叉

本项目地下车库面积大，场地狭小（其中东侧地下室侧墙紧贴施工围挡）；多功能厅钢结构为钢桁架结构，位于地下车库顶板之上，整体吊装困难，没有散拼的空间；机电安装专业齐全，系统繁多，通过统一设计综合支吊架，将相互间的交叉影响降到最低，实现各类管线的独立安装难度大。对施工方和监理方现场人员技术水平要求较高。

3 项目组织

3.1 项目管理模式

针对本工程特点，根据监理工作内容，项目采用直线式管理模式，以保证高效、有序地开展监理工作，如图1所示。

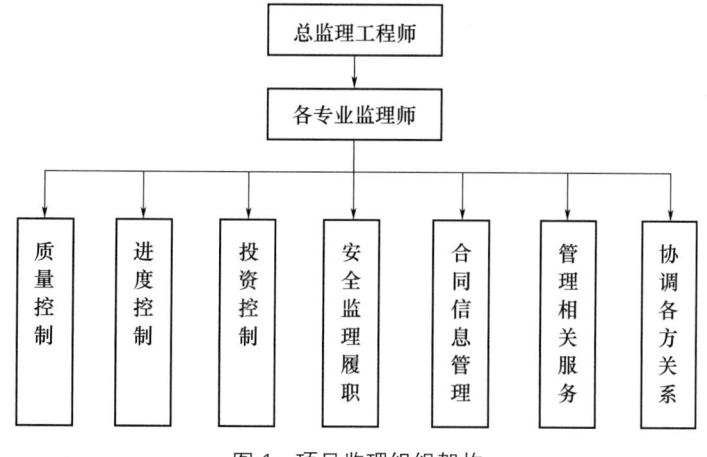

图1 项目监理组织架构

3.2 本项目监理工作范围

我公司根据项目特点及监理合同组建了项目监理机构。

对于监理工作，我公司以总监理工程师为核心，全方面负责施工阶段监理工作，总监理工程师为土建专业的高级工程师，具有国家注册监理工程师证书资格，管理经验和专业技术功底扎实，能够熟练处理施工现场各类事宜。施工监理组配备12名（土建、电气、给排水、机电、暖通、监理员）具有丰富驻场监理工作经验的人员。

3.3 项目组织工作职责

项目监理机构是由总监理工程师主持，受监理企业法定代表人委派，执行项目监理任务的派出组织。总监理工程师主要工作职责包括：

（1）组织编制监理规划，审批监理实施细则；

（2）根据工程进展及监理工作情况调配监理人员；

（3）主持或参加各类有关的会议，并督促检查会议决定事项的执行情况；

（4）对涉及监理业务的合同进行分析和跟踪管理；

（5）审批重大的设计变更及工程洽商文件；

（6）主持重大工程质量事故的调查与处理；

（7）组织编写和签发监理月报、监理会议纪要及其他项目监理部文件；

（8）审批施工组织设计、专项施工方案，签发工程开工令、暂停令和复工令；

（9）进行工程款支付证书的签发，以及组织审核竣工结算；

（10）调解建设单位与施工单位之间的纠纷。

此外，项目监理机构还需要监督并检查施工现场的安全防护、消防、卫生及文明施工情况，以确保工程质量和安全。同时，在项目实施过程中，项目监理机构需要进行质量、进度、投资和安全文明施工等方面的控制，以满足工程建设的需求。

4 项目管理过程

在项目实施阶段，监理管理过程主要包括以下几个方面。

4.1 施工准备阶段的监理工作

根据项目需要，组建项目监理机构进驻建筑工程施工现场，并配备必要的基础资料和设施；参加由建设单位组织的图纸会审及设计交底，重点考虑安全可靠性、适用性和各专业协调一致等问题；审核施工组织设计，检查落实所有的施工条件，以确保施工过程能够顺利进行；审查施工单位的企业资质和安全生产许可证，检查现场安全生产保证体系管理机构的建立是否符合有关规定；参加建设单位组织的第一次工地会议；依据资料满足开工条件后发布工程开工令。

总体而言，施工准备阶段的监理工作是全面而细致的，旨在确保工程能够顺利、安全地进行。这需要监理人员具备专业的知识和丰富的实践经验。

4.2 施工阶段的监理工作

4.2.1 基坑开挖及支护

本项目基坑工程主体部分南北向长度约为94.4m、东西向长度约为144.1m，基坑开挖深度为6.5～8m，主体基坑围护结构采用土钉墙＋护坡桩＋锚索支护体系。人防车库顶板覆土约为1.5m，主楼地下车库顶板覆土约为1m。采用明挖法施工，分两次开挖，第一次开挖主楼及多功能厅下土方，第二次开挖东侧人防车库地下土方，分区如图2所示。

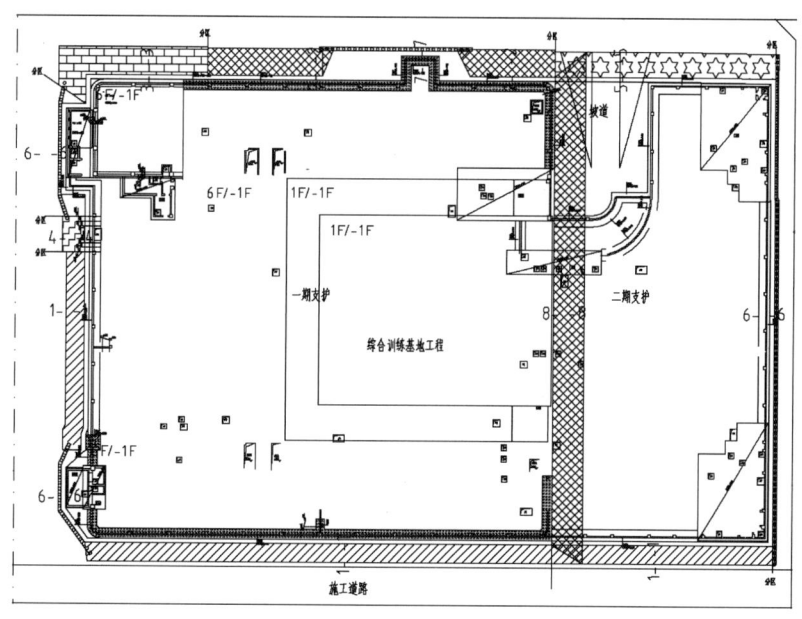

图2 基坑施工分区

项目施工现场场地狭小，使基坑开挖工程风险相当大。同时，基坑开挖施工与前后施工环节搭接密切，前期支护结构没有保证质量或后期基坑底板没有及时施工，都可能引起工程事故。因此，充分了解该项目基坑开挖工程特点并对其风险进行分析，采用多方面对策和措施，以提高支护技术水平和保证基坑开挖工程的正常施工。主体基坑围护结构采用土钉墙＋护坡桩＋锚索支护体系，这种支护体系能够有效地提高基坑的稳定性，防止土体滑坡和变形，并且具有较好的工程效果和经济效益。

监理应对措施如下：

（1）审查专家论证前、后的专项施工方案并结合专项施工方案编制有针对性的监理实施细则；审查施工单位的环境保护措施、排水和降水方案、应急救援预案。同时，需要审查施工单位的安全生产管理体系、三类人员的安全生产上岗证、特种作业人员上岗证以及督促施工单位建立健全安全生产责任制。

（2）审查第三方监测单位的资质、监测方案。主要内容包括监测目的、监测内容、测点布置、观测仪器、观测方法、监测项目报警值、监测结果处理要求和监测结果反馈制度等。此外，还需进行泥浆质量的检测、成孔垂直度的检查、终孔检查验收等，以确保施工质量和安全；维护监测方案，确保其可操作性，定期检查围护体水平位移监测记录、地下水位线记录等，以及基坑四周建筑物、道路及地下管线的沉降观测记录，并定期上报监测成果。

（3）根据现场实际情况监理建议项目优化围护桩施工方案，采用先钻孔浇筑混凝土后插钢筋笼的施工工艺，相比传统旋挖桩的施工，极大地加快了施工进度，省去了传统成桩工艺的泥浆制备过程，极大地减少了水、土资源的浪费和垃圾的产生。后插钢筋笼工艺实施顺利，在后期土方开挖过程中桩体成型效果良好，此工艺施工每根桩须在 10min 内完成钻孔、浇筑混凝土、插钢筋笼等全部工序。因此施工过程中，现场监理人员提前检查每根桩混凝土、钢筋材料准备情况，钢筋笼绑扎工艺、钢筋间距、钢筋型号使用等是否符合设计要求；严格控制成孔深度、钻孔质量；严格控制混凝土外加剂的使用、坍落度和易性，防止产生离析现象，确保混凝土施工质量。

（4）基坑开挖后应按《建筑施工土石方工程安全技术规范》（JGJ 180—2009）的要求，做好临边防护。针对超危大工程施工实施专项巡视检查，每三天填写一次巡视记录，做好施工监控工作。

（5）加强对原材料的质量监管，确保土钉、护坡桩、锚索等材料的质量达到设计要求。对于进场的原材料，应及时进行抽检，对不合格材料严禁使用。

（6）加强对施工现场的监督，确保施工工艺符合设计及规范要求。对于关键工序，如土钉墙的锚固、护坡桩的打入、锚索的张拉等，要进行重点监控。

（7）督促施工单位制定并落实基坑施工的安全措施，防止事故发生。重点关注施工现场的围挡、基坑周边的排水、监测设备的设置等。

（8）监督施工单位按照计划进行施工。对于施工过程中出现的进度偏差，要及时进行分析、调整，确保工程按时完工。

（9）与建设单位、设计单位、施工单位、监测单位等保持良好的沟通协调，确保各方的意见和建议能够得到及时反馈和处理。

（10）认真组织基坑围护结构的验收工作，确保工程质量达到设计要求。同时，加强对竣工资料的审核，确保资料完整、准确。

4.2.2 底板防水工程施工

地下室底板防水，采用 APF-C 预铺式高分子自粘胶膜卷材防水。相比改性沥青防水，省去了防水保护层的施工过程。防水施工完成后可直接定位放线，安装绑扎基础钢筋，且不需要动火热熔，减少了"动火、易燃易爆品存放等"安全隐患，减少了施工现场能源消耗和降低了碳排放量。高分子防水卷材"磨砂面"朝上，与混凝土结合在一起，杜绝了防水层与混凝土结构底板之间间隙的产生，有效地防止了"窜水"现象，对基层含水率没有太大要求，十分适合基础底板防水，尤其适用于筏板基础。需要注意的问题是后浇带处防水的覆盖与保护，以及浇筑后浇带时对防水面层的冲洗。

监理采取的措施如下：

(1) 检查施工单位的施工计划，防水施工尽量避开雨季。

(2) 检查所有采用的防水卷材，审核材料的合格证和检测报告，并按规范要求进行见证取样送检复试，复试合格后才允许用于本工程。

(3) 检查防水施工人员持证上岗情况，并重点观察人员的实际操作能力和操作的娴熟度，对不符合要求的人员，第一时间要求施工单位进行更换，以确保防水施工质量。

(4) 防水卷材铺贴前检查所有使用的卷材是否是新的、完整的，并且没有任何损伤或变形。同时，要检查卷材的厚度、宽度和长度是否与设计要求相符。确保基层干净、平整、无积水，并对其进行适当的处理以增强与卷材的粘结效果。

(5) 对底板防水施工实行旁站监理，卷材应平整铺设在预定的位置，不能有皱褶或气泡。由于卷材的自粘胶层能与混凝土基面产生物理吸附和卯榫作用，形成"皮肤式"满粘，因此，卷材的铺设是极其关键的一步。管根、泛水、变形缝等细部铺贴的卷材应平整顺直，搭接尺寸准确，不得扭曲、皱折。

(6) 防水施工完毕后，需要进行严格的质量验收，包括检查防水层的搭接尺寸、平整度、阴阳角的增强处理等方面。

4.2.3 混凝土施工

考虑到石家庄地区近年来极为严格的重污染天气管控政策，以及对历年来管控时间的掌握，预判 10 月底、11 月初石家庄当地行政主管部门会对建筑工地采取停工、停止商品混凝土供应等措施。

监理应对措施如下：

(1) 与施工单位共同商议，提前确定混凝土浇筑节点，过程中严格控制各项工序完成时间，确保既定节点时间必须能进行混凝土浇筑。

(2) 要求施工单位于混凝土浇筑当日安排专人进驻混凝土搅拌站，督导混凝土供应问题，保证混凝土能正常供应。

(3) 运输途中，准确掌握车辆安检情况和车辆所在位置、预计抵达时间。

(4) 现场做好各项浇筑前的准备工作（包括安全防护、人员、夜间照明、工机具、施工通道等），同时要求施工单位实行"人休息，设备不能停"的轮流工作制度，避免人为因素造成的混凝土浇筑停滞问题。

(5) 加强混凝土浇筑的交底管理，参加施工单位交底会，实现交底工作及时、准确，保证混凝土浇筑质量。

(6) 对混凝土浇筑过程进行旁站监理，及时处理过程中出现的混凝土供应、振捣不到位等问题。

4.2.4 钢结构工程

屋面钢结构采用立体桁架结构，共 22 个抗震球铰钢支座，球节点采用 $\phi 400\times 18 \sim \phi 600\times 30$（mm）的焊接球，共计 3 种规格。杆件采用 $\phi 89\times 6 \sim \phi 299\times 26$（mm）的圆管，共计 13 种规格。南北向最大跨度 39m、东西向最大跨度 48.6m，属于超危大工程。

监理应对措施如下：

（1）审查专家论证前、后的专项施工方案并结合专项施工方案编制有针对性的监理实施细则，检查应急救援预案。

（2）组织设计、业主和施工单位进行施工前专项会议。由于现场场地狭小，商讨场内交通运输及构件摆放位置，最大限度地减少场内运输，特别是减少场内二次搬运；同时，关注施工技术准备，确保施工单位做好各项技术准备工作。

（3）去工厂实地考察材料储备情况，生产周期是否满足施工计划时间节点要求；在钢结构构件焊接前去加工厂考察是否符合设计要求、钢材厂家合同要求，对钢材进行见证取样，待复试结果合格后要求钢结构构件加工厂组织人员加工，同时查看操作人员证件是否齐全、施工工艺是否符合要求、操作是否规范。定期联系钢材加工厂了解钢结构构件加工进度情况。

（4）检查施工人员三级安全教育、安全防护设施准备情况，吊装机械设备准备及运转情况，特种作业人员证件是否齐全、人证合一，吊装所需材料是否已就位；钢结构安装所需的钢材、焊条、螺栓等材料应符合国家产品标准和设计要求，具有质量证明文件。钢材的品种、规格、性能等应符合规定，以确保结构的稳定和可靠。

（5）由于施工场地较为狭小，为实现工程质量的保证以及对每一位施工操作人员的安全保障，对钢构件的进场和堆放进行严格的管理。提前协调运输单位及安装单位，第一批构件安装完成前，通知下一批构件运输，合理安排工期，保证安装工期。

（6）安装前检查安全教育情况，参加技术交底。

（7）检查焊接质量，重视焊接工艺评定，做好焊前及焊接过程的控制和焊后处理；焊接材料与母材的匹配、焊接对作业环境的要求等方面都需要严格把控，要求施工单位申请第三方检查实验室进行探伤试验，监理进行旁站。检查防火、防腐涂料涂装质量，是否刷涂均匀、透底，漆膜厚度是否符合设计要求。

（8）钢结构安装过程中，检查高空作业人员佩戴安全帽、安全带和工具袋情况，临时用电设备线路敷设是否符合规范要求，消防器材和灭火设施配备情况。在钢结构安装过程中，应不断监控安装质量，并留出足够的时间进行调整和校正，确保每一个环节都符合设计要求和安全标准，以提高整体结构的稳定性和耐久性。

（9）在钢结构安装过程中，要注意防止对环境的影响，如噪声、粉尘等。必要时，应采取相应的环保措施，确保施工现场的环境卫生。

（10）人员素质：钢结构安装涉及焊接、吊装等特殊工种，检查相关工作人员相应的技术资格证、操作安全证，并核对证书签发单位的资格及有效期限。

综上所述，钢结构安装注意事项涵盖了材料质量、施工准备、安装顺序、连接工艺、焊接质量、安全防范、现场管理、质量监控、环境防护和人员素质等多个方面。只有严格遵循这些注意事项，才能确保钢结构安装的顺利进行和建筑的安全稳定。

4.2.5 各专业系统调试

本工程系统调试包括消防系统、采暖系统、给水系统、配电系统、通风与空调等几个方面，系统调试直接关系到本工程功能的实现、使用效果，应重点监理。

监理应对措施如下：

（1）火灾报警及消防联动系统：检查烟感、温感、燃气报警探头灵敏度是否满足要求；挡烟封口是否动作；检查报警位置、火灾显示盘显示位置、消防控制室显示位置是否一致；检查应急照明系统、声光报警装置、强切非消防电源、消防泵启泵、排烟风机、正压送风机联动功能是否按设计要求实现。

（2）采暖系统：检查调试人员资格情况，最好为厂家人员；调试调整的方法是否正确；调试记录是否完整；调试过程是否按方案进行；调试进度是否满足使用需求；检查末端采暖设备区域温度是否符合设计要求。

（3）给水系统：检查调试前的准备情况（系统完成冲洗、消毒、压力试验）；检查阀门的开闭是否符合设计要求；检查变频泵是否运转平稳、控制可靠。

（4）配电系统：检查漏电保护开关是否灵敏、可靠；检查电缆线路是否有异常发热现象；检查线路电压、电流是否在正常范围内；检查插座回路极性、连续性，及对接地回路阻抗进行测试。

（5）通风与空调：系统调试可由施工单位或委托具有调试能力的其他单位进行；检查测试仪器是否在校准合格有效期内；调试过程是否按方案进行；检查系统总风量调试结果和设计风量的偏差范围是否符合设计要求；各运行模式转化时，检查系统控制方式是否符合要求，系统各设备（制冷机、蓄冷装置、泵、阀门等）转换运作是否正确、无异响。

4.2.6 项目变更

监理在项目中扮演着重要的角色，对变更控制起着关键作用。为了确保项目的顺利进行和达成预期目标，监理在项目中对变更控制应关注以下几个方面：

（1）变更前的审查和确认：在项目变更之前认真审查和确认变更内容的合法性、合规性以及技术要求。需要评估变更对工期、质量、安全、成本等方面的影响，并制订相应的管理措施和监督计划。

（2）变更后的监督和检查：变更实施后密切关注变更情况的执行，确保变更按照批准的内容进行。对变更过程中出现的问题进行跟踪和处理，确保变更对工程的影响得到有效控制。

（3）变更申请和批准程序的管理：对变更申请和批准程序进行严格管理。审核变更申请，确认变更的合理性和必要性，制定变更实施方案并提交给业主审批。同时，确保变更申请和批准程序符合法律法规和规范要求，防止违规行为的发生。

（4）变更造成的影响评估和处理：在变更实施过程中，可能会对工程质量、进度、成本等方面产生影响。对这些影响进行评估和处理，及时向业主和承包商提出建议和措施，协调解决问题，避免因变更引起的不良后果。

（5）随时关注国家政策法规的变化：监理应密切关注国家政策法规的变化，尤其是设计、施工的规范、规程的变化，以及有关材料或产品的淘汰或禁用。将这些信息尽快通知设计单位和建设单位，避免产生设计变更的潜在因素。

（6）加强对设计阶段的质量控制：监理工程师应重点关注设计阶段的质量控制，尤其是施工图设计文件的审核。确保设计质量，从源头上减少设计变更的需求。

（7）严格控制设计变更的签批手续：监理单位要严格控制设计变更的签批手续，明确责任，减少索赔。设计阶段的设计变更由该阶段监理单位负责控制，施工阶段的设计变更由承担施工阶段监理任务的监理单位负责控制。

通过以上措施，监理可以在项目中有效地实施变更控制，确保工程质量和项目进度得到保障。

4.2.7 主要材料设备的确定和供货周期

本项目具有施工工期紧、设计周期短、场地狭小等特点，所以采购工作也变得尤为重要。许多工程项目前期主体施工阶段进度很快，到了后期安装和装修阶段经常是受材料设备的采购订货影响工程进展。

（1）根据我们的经验，结合现场实际施工进度情况，要求相关单位提前做好材料设备采购计划，对有复试要求的材料，提前进场一部分取样送检，对钢筋、砌块、钢结构等用量多、体积大的材料进行统一购买分批进场，既保证现场材料供应充足，又不占用过多的施工场地。

（2）受场地限制，机械设备的摆放尤为重要，提醒相关单位提前规划布局，遵循安全原则及环保规定，做好标识及警示牌。

5 项目管理办法

本项目在传统的监理管理模式基础上运用了建筑信息模型（BIM）技术，优化建筑工程的监理流程，提高了监理工作效率。使用无人机对施工现场进行定期巡检，监控现场安全状况，减少人员直接接触危险区域，保障人员安全。

5.1 工程质量的管理

通过 BIM 模型，能够更直观地了解项目的结构、布局、管道、电气等细节，精准监督与控制。如将施工现场的一些关键环节和部位与 BIM 模型进行比较，及时发现工程中存在的问题，尤其是隐蔽工程的质量问题，从而提高施工效率和保证工程质量。施工过程中，利用无人机搭载的高清相机和各种传感器获取的高精度图像和数据信息，为我们提供更加准确的项目评估和质量检查结果。

5.2 工程进度的管理

应用 BIM 技术对建设工程建设进度进行全面控制，无人机能够迅速飞越施工现场，获取实时的图像和数据信息，大大提高了信息获取的效率。通过 BIM 模型与 Project 等进度计划软件结合，实时更新工程进度，实现实际进度与计划进度的对比，做到工程进度的动态管理。

5.3 工程造价的管理

利用 BIM 三维模型进行碰撞检查，提前发现并解决设计和施工问题，避免成本浪费；通过 BIM 模型更准确地统计工程量，减少因工程量计算不准确导致的变更和索赔。

5.4 工程安全的管理

利用 BIM 进行施工模拟，对关键节点的施工流程进行预演，把控安全控制要点，增强安全管理的针对性。通过航拍技术和视频监控技术实现施工现场全覆盖监理管理，提前发现现场人员视觉范围外不易被发现的安全隐患。同时在高坡、陡坡等难以到达的施工现场使用无人机，减少监理人员攀爬频率，并通过无人机搭载的远程喊话系统及时在空中喊话制止不规范、不安全的作业行为，降低了安全风险和意外事故带来的损失。

5.5 工程信息的管理

BIM 模型包含了工程建设中所需的各种信息，我们可以通过 BIM 平台查询所需信息，实现信息的有效应用和共享，解决信息传递不及时或遗漏的问题，提高数据交互性，降低合同纠纷和索赔事故的概率。

5.6 全面组织协调

BIM 技术可以将建设项目以三维模型的形式展现，并将所有项目相关方的信息整合到一个统一的平台上，实现多方数据共享和协同工作。项目建设过程中可以实时查看建筑模型，更直观地了解项目的结构、布局、管道、电气等细节，从而在与设计单位、施工单位等的沟通中减少误解，提升沟通效率，更好地监督和控制工程进度和质量，为项目顺利进行保驾护航。

5.7 建立项目管理制度

建立完善的项目管理制度，包括质量管理体系、进度控制体系、成本控制体系和安全生产管理体系等。通过这些制度的建立和执行，确保项目管理的科学性和有效性。

根据 BIM 技术的特点和优势调整监理工作制度，以更好地发挥 BIM 技术的优势。例如，将 BIM 技术融入图纸会审、设计交底、施工方案审查、竣工验收等各个环节中。

5.8 提高人员技术水平

学习和熟悉相关法律法规和标准；积极参加项目相关的培训和研讨会，了解新技术、新方法和新理念，深入施工现场，了解工程进展、施工工艺、安全生产等情况，观察并学习现场管理、沟通协调等方面的经验。与项目团队成员、施工方人员进行沟通交流，探讨在施工现场遇到的问题和解决方案。在确保安全的前提下，参与施工现场的部分实践操作，增强感性认识；保持持续学习的态度，关注行业动态，更新知识体系，提高自身能力。

5.9 定期报告和记录

定期向建设单位报告工程进展情况、质量情况、费用情况和安全生产情况等，同时做好相关记录和资料归档工作，以便日后查阅和处理。

综上所述，监理单位在项目施工中的管理办法需要全面考虑工程质量、进度、成本、安全生产等多个方面，并与各方保持密切沟通和协调，确保项目管理工作的顺利实施。监理运用BIM等现代化工具在项目管理中发挥着核心作用，不仅需要具备专业的技术知识和管理能力，还需要不断学习和适应新技术的发展，以推动建筑行业的数字化转型和升级。

6 项目管理成效

6.1 获奖情况

2021年度河北省创建智慧工地示范工程三星；2022年度河北省建设工程绿色建造水平评价一等成果；2022年度河北省结构优质工程。

6.2 项目社会效益和经济效益

综合训练基地的建成有利于完善城市功能，改善城市环境，提升城市形象，增强城市活力，推动全民健身运动广泛开展，促进经济社会科学发展。同时，它不仅为河北省体育发展带来蓬勃动力，也将成为省会城市石家庄的一座崭新地标。

该综合训练基地自建成后将大幅改善河北省体育基础设施保障水平，彻底改变体育基础设施特别是标志性体育场馆严重落后的现状，有效实现体育资源的优化整合，为河北省体育发展提供硬件支持，实现省体院体育教学与体育训练融合发展的最佳效应。项目建成后有利于举办各类大型活动，承办国际国内高水平赛事，摆脱因无场地而难以举办活动、承接赛事的窘境，达到通过举办赛事展示河北形象、扩大城市影响的目的。

7 交流探讨

7.1 项目启示

（1）本项目2021年6月2日开工，于2023年6月27日竣工交付。该项目被河北省住房和城乡建设厅评为河北省结构优质工程，离不开建设单位、施工单位、项目监理、设计单位各参与方凝心聚力的付出。

（2）作为项目监理机构，对建设项目运作的整体流程进行全面的监督管理是监理机构的重要职责。引进先进的项目管理软件，能够有效整合项目资源，优化项目计划和进度管理，实现资源的最优配置。通过这种方式，监理机构可以确保项目各环节的顺利进行，保障建设单位、施工方以及使用方的项目效益。

（3）监理机构应加强监理团队对智能建筑技术的了解和应用能力，鼓励不同专业背景的团队成员之间的合作，运用高级数据分析工具，通过组织协调，使项目参与各方彼此沟通，促进相互了解和理解，在项目总目标和各分目标之间寻求平衡，达到统一思想与行动，使各项工作能够顺利进行。

通过上述方式，监理机构可以有效地提高项目参与各方之间的"配合度"，从而提高项目的绩效。

7.2 项目经验

由于当前环境下工程设计环节普遍存在"设计阶段时间短、工作量大、费用低"等情况，设计与施工易产生脱节，给项目带来极大风险，鉴于此，作为监理单位应注重前期策划与沟通及运用现代化的管理方式，这对进度保障、成本降低等方面尤其重要。

（1）技能扎实：项目监理部十分重视监理人员日常工作和能力的培养，每日晨会必须做到图纸清楚、现场清楚、问题清楚，勤巡视、多检查，工作效率有了非常大的提高。

（2）方案先行：在各分部分项工程施工前，所有方案必须按照规定履行审批手续，才能施工。方案先行，做到施工有据可依，防止施工可能出现的盲目性和随意性，减少了不必要的人、财、物浪费，保证了施工质量。

（3）样板引路：在分部分项工程施工前，监理部监督施工单位进行样板施工，并经过甲方、监理、总包单位联合验收后作为对照标准。基于设计要求，本项目做了主体阶段和装饰装修阶段中各分项工程的具体施工顺序、工艺做法、实际使用材料的工程实样，特别是关于防水渗漏方面的，如屋面、卫生间必须实现样板制。监理人员使用样板作为实物进行技术交底，为质量检查和验收提供直观的判定尺度，有助于消除建筑通病，并有效提升工程施工质量的整体水平。

（4）反向交底：专业工程开工前，项目监理部牵头组织专业分包单位召开反向交底会，对总包单位、监理单位、建设单位相关人员进行专业工程安全技术交底，使得各参建方对专业工程施工及工序质量有更加深刻的理解，对施工管理和监理管理都有非常好的指导性和实际意义。

（5）技术支持：公司技术委员会以总工程师为带头人的技术团队给予项目部硬核支持，及时解决了项目施工过程中的诸多技术难题。譬如底板防水工程施工、屋面立体桁架结构安装等，指导项目实施安排及不同阶段质量安全监管重点，对项目进展起到了技术支撑。

（6）信息化助力：项目部自建立以来就纳入公司信息化管理，日常管理行为及所有的过程资料均在信息化平台上数字化体现，做到了日常化、规范化、数字化，通过对信息检索和数据分析，可实现对进度、质量、成本、安全的有效控制和管理。

"双碳"背景下首家新能源高校新校区建设项目"项目管理＋监理"模式管控研究

慈慧强（河北理工工程管理咨询有限公司）

摘　要：在当今市场环境下，数据中心 EPC 项目对于企业发展意义重大，不仅是实现"高效监理、完美履约"的关键路径，更是企业适应市场趋势、提升客户服务水平、增强自身竞争力、激发发展潜能的核心驱动力。本文聚焦廊坊某大型数据中心项目，从项目设计的精准规划、采购环节的精细把控、建造过程的高效实施，到收尾阶段的严谨验收，全方位深入剖析该项目实现完美履约的完整流程。旨在通过对这一典型案例的研究，为后续大型数据中心项目监理工作在起始筹备、中期推进及末期收官等各个关键节点，积累可借鉴的实践经验，助力行业整体发展迈向新高度。

1　项目背景

近年来随着中国正式提出"双碳"目标，即力争在 2030 年前实现碳达峰，2060 年前实现碳中和，我国在新能源领域已经走在了世界的前列，其中以光能光伏板、风储能等为主导的领域随之发展和壮大。在全球领先的国内某新能源民营企业以"开发太阳能、造福全人类"为主要目标，企业独资创办了国内首家新能源职业技术学院，依托企业发展平台，为社会为国家培养和输送大批新能源领域人才。受建设单位委托，公司在此类特殊项目担任"项目管理＋监理"的工作，真正做到"化腐朽为神奇"，仅用 14 个月时间将原有废弃砖窑土坑建设成新校区，综合进度、投资管控、安全、质量等达到了最优平衡状态，如期交付。

随着国家大力倡导和推进高质量发展，监理企业面向全过程咨询方向转型，为业主单位提供常态化咨询业务已成为未来的趋势，其中采取的"项目管理＋监理"模式可以从源头更好地把控相关风险，从现场实际把控安全、质量以及投资管控和如期交付，针对不同项目，早介入、提前布局、提前谋划，将有利于向以设计方案为前驱的动力源头，实现专业化运营。项目的成功实施将从高校新校区建设基本项目管理经验方面增加和引入新内容。

2　项目简介

项目新校区（一期 A）规划总用地面积 159428.12m²（约 240 亩），项目总建筑面积 133505.8m²，其中地上 128336.77m²、地下 5169.03m²，设计使用年限 50 年，企业自有资金总投资 6.5 亿元（无贷款）。新校区建设分为以下单位工程：综合教学楼，新能源实训楼 1、2，学术交流中心 1、2、3，学生宿舍 1、2、3，教师公寓，体育馆，食堂，行政楼，大学生活动中心，人防及地下车库，雨水调节池及泵站，以及市政管网工程。合同工期 11 个月，力保 2024 年 3 月春季招生，同年 9 月新生入学。抗震设防烈度为 7 度，设计基本地震加速度为 0.15g（g 为重力加速度），抗震措施按 8 度设计。场地地貌单元属于太行山前冲积平原，场地中部为大坑，平均深度约为 10.00m，坑内最低点位于南部，孔口最低标高为 17.20m；北侧和南侧场地较为平坦，孔口标高在 30.04～31.13m 之间。区域地质资料显示，该地区地下水位埋深在自然地表下 40m 左右，本工程拟建建筑物基础预估最大埋深为 7.40m，本工程可不考虑地下水影响。本区土壤冬季标准冻结深度为 0.60m，场区内无地下管线，场区外东侧临近滨河西路，有污水及雨水管线；场区外西侧紧邻红线位置，有高压线，附近无拟建建筑；场区周边无通信、热力等其他管线。

2.1　项目复杂性

本项目为省重点工程，地处原有废弃砖窑深坑，开工即处于疫情管控阶段，因封闭原因各种建筑材料无法抵达，工期极其紧张，因涉及新校区建设，立即请省教育厅专家进校教学评估环节，待通过后方可进行招生，且招生时间不会因建设时间而改变。合同整体工期（含市政景观道路园林）仅为 14 月，其中的行政楼、大学生活动中心、食堂、体育馆、操场均为异形环抱结构，行政楼为被动式超低能耗建筑，体育馆为大跨度钢网架，外装修为异形铝板幕墙。不同类型建筑内设置均为抗震阻尼器（减震技术），操场中部采用智慧能源地源热泵技术，大平面屋顶、体育馆屋顶、宿舍楼屋顶、车棚等大平面部位采用建设单位自行生产的光伏太阳能电池板组件并网发电，实训楼部分为光伏板组件、电池切片等洁净度、通风等要求较高的实验室和实训中心。

2.2　项目各专业概况

2.2.1　建筑设计概况（表1）

表1　建筑设计概况

序号	项目	内容			
1	建筑功能	公共建筑			
2	建筑面积（m²）	占地面积	129428.12	总建筑面积	80606.48
		地下建筑面积	5510.26	地上建筑面积	75096.22

续表

序号	项目		内容	
3	建筑高度	±0.00绝对标高（m）	28.9/31.95/31.65	室内外高差	0.3/0.45
		基底标高（m）	－2.3	最大基坑深度（m）	4.326
4	耐火等级		地下一级，地上二级	
5	保温工程		绿色建筑设计等级：二星级	
6	外装修	外墙	真石漆涂料饰面/涂料饰面/水泥砂浆/金属幕墙	
		屋面	保温细石混凝土板/防滑地砖板/保温不上人砂浆/不保温不上人浅色涂料	
7	室内装修	内墙	无机涂料/乳胶漆/耐水腻子/面砖/穿孔板吸声墙面	
		顶棚	粉刷石膏无机涂料/耐水腻子无机涂料/耐水腻子/铝合金方板吊顶/板底吸声顶棚/乳胶漆	
		地面	细石混凝土/地板采暖防滑地砖/细石混凝土防水地面/防滑地砖/石材/不发火细石混凝土/PVC/环氧薄涂/实木集成地板	
8	防水	屋面防水	防水等级：Ⅰ级 防水做法：SBS改性沥青防水卷材/聚氨酯防水涂料	
		厕浴	JS-Ⅱ型聚合物水泥防水涂料	
		地下室防水	防水等级	二级
			电梯基坑、集水坑、排水沟	抗渗混凝土＋JS防水涂料

2.2.2 结构设计概况（表2）

表2 结构设计概况

序号	项目		内容
1	结构形式	基础形式	独立基础/条形基础/筏板基础
		主体结构形式	钢筋混凝土框架/剪力墙
2	地基	地基形式	人工地基/天然地基
		地基承载力（kPa）	120/110
3	混凝土强度等级	基础	基础垫层　C15
			筏板基础　C35
			独立基础　C30/C35
		地下结构	墙、柱、梁、板：C35（底板、外墙：C35，P6）
		主体结构	柱：C40；梁、楼板：C35、C30；墙：C45、C40、C35
		其他	楼梯：C35、C30； 构造柱、过梁、抗震扁带及预制盖板：C25

续表

序号	项目		内容
4	抗震设计	设防烈度	7度
		抗震等级	二级/三级
9	楼梯结构形式		现浇混凝土结构
10	二次结构		ALC轻质隔墙板
11	混凝土结构环境类别		与水、土接触的部分及地上的外露构件环境类别为二b类,地下室外墙内侧及卫生间为二a类,室内正常环境为一类
12	钢结构	设计部位	体育馆屋盖、看台罩棚
		跨度（m）	59.5×77.7

2.2.3 经同建设单位商议拟定最优承包业务划分（表3）

表3 拟定最优承包业务划分

序号	划分范围	承揽项目内容
1	总承包方自施	土石方工程、基坑支护工程、主体结构工程、钢结构工程、二次结构工程、初装修抹灰工程、防水工程
2	建设单位直接发包	装饰装修工程、保温工程、门窗工程、幕墙工程、电梯、水源热泵、智慧校园、光伏板、相关节能设备的采购

2.2.4 项目重点及难点

(1) 工期紧张,项目土石方作业及主体结构施工处于冬季施工期间。总工期紧张,各专业穿插较多。

(2) 异型结构较多,食堂、活动中心等自基础开始即为曲面,极大提高了放线及施工难度,项目包含大量异型外幕墙。

(3) 体育馆施工难度较大,本工程体育馆包含4000m^2整体焊接球网架屋面,对安装精度要求较高。

(4) 现状土标高下地下车库开挖深度超5m；实训楼1、实训楼2、综合教学楼门厅上空、大学生活动中心阶梯教室及中庭上空位置超高支撑；地下车库超限梁等均属于超危工程,危险性较大的分部分项工程11处。

(5) 市政园林景观绿化道路等穿插时间紧张,项目平面内无闲置土地。

(6) 涉及光伏板发电、洁净度实验室、被动房等多项新内容。

2.2.5 项目管理部拟定下达任务工期管理难度目标（表4）

表4 任务工期管理难度目标

序号	工期节点工程名称	时间	工期（天）
1	项目前期准备阶段（大坑回填强夯、水泥土桩施工）	2022年9月15日—2022年12月15日	90
2	土方工程及临建布置	2022年12月16日—2023年1月20日	30
3	基础工程	2023年1月1日—2023年2月18日	49
4	主体结构	2023年2月4日—2023年5月2日	88
5	二次结构（穿插屋面工程）	2023年3月31日—2023年5月22日	53
6	主体验收	2023年5月20日—2023年5月21日	2
7	幕墙及门窗工程	2023年2月18日—2023年9月18日	213
8	装饰装修（机电安装）	2023年5月22日—2023年9月18日	120
9	市政、园林工程	2023年7月5日—2023年10月2日	90
10	消防、绿建、节能、装配、人防验收	2023年9月19日—2023年10月3日	15
11	规划验收	2023年10月3日—2023年10月4日	2
12	竣工验收	2023年9月22日—2023年10月6日	15

3 项目组织

该项目为民营光伏企业自有专项资金建设新校区，在招标文件中建设单位按照要求对项目管理单位提出要求，我公司中标后按照相应人员进行配置，其中结构模式类似于强矩阵制（其中建设单位基建处纳入项目管理部工程师3人）：①配置项目管理部项目经理1人（同时为总监理工程师），履行总监理工程师相应职能及项目管理部项目经理职能，全面负责造价、质量、进度、安全等全面管控；②配置现场造价工程师1人，负责施工等参建方招标限价的管控、变更签证洽商处理、跟踪审计、施工结算等，在项目经理带领下开展工作；③配置土建、机电、给排水、暖通、园林景观、安全专业工程师共计11人；④配置项目管理部及监理部资料员1人，负责收集整理各类资料；⑤配置合同管理专职人员1人，负责所有合同审阅、编制、修订、合同履约违约等处理；⑥按照当地要求配置扬尘专员1人，全面负责扬尘治理和管控、与政府对接和检查。以上高峰期人员达16人（含建设单位纳入3人，主要对接建设单位集团内部各项事宜，人员成本由建设单位独立核算）。

4 项目管理过程

4.1 前期招标阶段

项目管理部接到平面图后随即对新校区进行分解。该校区分为三大区域,即核心教学文娱区、宿舍区、行政办公区,并在下凹区域实现标准操场功能,按照以往新校区建造经验及项目管理经验,向建设单位提出标段划分建议:①因图纸相似、楼层相同,将 7 栋宿舍楼打包招标,拟采用邀请招标方式进行,折合 5.4 万 m^2,同时开工同时交付,测算合理交付期限 270 天,并将智慧校园、弱电智能化、通信电信部分拟采用新型模式(因后期会产生收益,计划不动用建设投资资金,按照后期师生使用后持续收益为现金流偿还贷款),初步测算节约造价及当期建设投资 1200 万元左右;②教学文娱区,根据分析,该部分均为 3~5 层框架结构,其中文娱区的大学生活动中心、食堂、体育馆类型独特,为环抱型,其余教学楼实训楼为规则框架结构 5 层,因此建议一并打包招标,同时考虑市政管线工程因进度原因需要抓紧穿插,拟计划主体施工二次结构后即进行邀请招标(同时为减少协调量和考虑最低价中标,选择或优先选择上述两家中标单位中的一家),后续经过建设阶段实际反馈,得到了良好的效果。同时暂列金部分得到了良好的控制。

4.2 设计评审及方案评价阶段

通过对以往项目管理及监理发现,不同设计方案带来不同造价的变化差距很大,在建设单位委托完设计院后,项目管理部分阶段组织了由建设单位参加的设计方案内部评审会,主要目的在于在设计方案阶段控制投资,其中分别体现在如下阶段:建筑方案完善后阶段、结构图完善后阶段、内外装饰精装阶段、景观方案完成阶段、视觉导视设计阶段、夜景照明设计阶段,其中项目管理部从节约、满足使用功能阶段重点提出如下方面把控点审查:平米含钢量、建筑外形装饰材料选择、体形系数、后期使用耐久度、景观平米单价、苗木类型树龄选择、夜景耗能分析、后期校园维护成本及使用成本等,多方面进行设计方案优化建议评审,初步估计从设计方案源头阶段在满足使用功能方面降低造价预估 200 万元。

4.3 现状土坑回填、强夯地基、水泥土桩阶段

该项目经第三方测绘公司 GPS 实测,现状废弃砖窑坑需要 45 万 m^3 土方需要外购,回填量较大,且处于新冠疫情防控阶段,外购土方及实际施工受很大影响,且当地项目累计出土量不足以满足本项目需求,除提前介入招标定单位及考察土场以外,项目管理部综合向建设单位提出,因地制宜拟会同设计单位结合,更改部分设计原则和理念,将此部位改为"下沉式操场"将整体标高降低。同时考虑降雨汇水面积排水接入市政排水的因素,建议采取市政工程原有理念,设计该部位增加雨水调节池。经测算,回填方量整体节约 10 万 m^3,标高降低 2.3m,节约造价 311 万元。

考虑后期施工进度所需，项目管理部将整体区域划分为三部分地块，分阶段施工及后期强夯，已达到节约时间及加快土方作业进度的目的。该项目同年11月疫情管控封闭1个月，未有任何产值发生，机械设备大量闲置窝工在场，因之初签订合同阶段考虑了不可抗力因素，且招投标阶段答疑过程中明确表示如发生不可抗力等均包含在合同价中，故未产生索赔费用，初步测算预估约45万元。

强夯阶段，强夯区域经回填后测算约为1.5万m^2，强夯后建筑物承载力满足120kPa，操场区域满足100kPa。通过静载预压检测，针对强夯夯能及深度影响范围，本项目部及时与建设单位沟通及联系，先后制订了分区域强夯的整体计划要求施工方实施。操场区域第一要求承载力低，且强夯后上部无过多施工内容及工程量，随即安排建筑物区域回填6m左右，先行夯填，夯实合格后再行二步回填再夯实；另外，考虑建筑物区域北侧为学生宿舍区域（此部位不需要强夯，基础处理为水泥土桩夯实地基），但距离强夯部位较近，容易引起夯击水平波横向扩展，影响水泥土桩。因此，向建设单位提出，马上要求地基处理队伍暂停靠近强夯部位区域的施工，防止桩体受水平影响因而影响质量。此时兼顾整体进度考虑及疫情期间施工的连贯性，项目管理部提出挖设避震沟的方法，通过物理方法隔绝夯击波水平传播的影响，进而收到良好效益，同时也加快了宿舍区域地基处理时间。经初步测算，约节约工期20d，减少机械台班闲置（2台夯机）16台班。

水泥土桩阶段，水泥土桩的选择初期及确定之初，项目管理方根据查看原始地勘资料及现场土质情况，原为废弃砖窑的黏土，通过与设计院、地勘单位沟通了当前承载力情况，并评判差值后结合当地现状、地基处理方式决定采用水泥土桩夯实地基进行处理：第一，在疫情管控期间便于少采购建筑材料（仅为水泥），且干作业成孔有利于施工；第二，充分利用原有黏土与水泥搅拌互相作用达到理想效果。经测算，8m水泥土桩夯实地基施工效率约为40根/d，6~7d即可完成单栋楼地基处理工作，同比其余方法节约工期15d左右。

4.4 基础、主体、二次结构、内外装饰施工阶段

新校区工程建设阶段在基础、主体、二次结构施工阶段因重点考虑结构安全稳定系数原因，从进度上不会有很大的加速和提高。在建工程最高为5层框架结构，其宿舍楼为9层，按照平均施工经验进展6~7d/层，因此只从加快主体结构角度压缩幅度不大，项目管理部将宿舍区与教学区分开管理，给出如下建议并得到了良好的效果：①在措施费不变的情况下要求施工单位采取盘扣架体搭设满堂支架，分两段流水段施工，盘扣架体因材质为Q345且壁厚比一般架体厚，经计算，立杆间距使用数量同比较少，另因紧固件标准化，大幅度减少了架体搭设占用的时间；②将二次结构原有砌筑砌块改为ALC条板，大大节约了安装时间，实际穿插约为4天/层；③将宿舍区外架由原来的从2层悬挑改为从3层悬挑，落地搭设两层（因没有地下室），加快因悬挑架体搭设造成的层间组织间歇时间2天/次；④所有回填土及房心回填土主体阶段停止回填，避让主体建造，以免影响主体建造进度，待主体施工至4层以上方可穿插底部作业；⑤人为因素，与当地住建系统沟通和

联系，将主体认证人为分为两次进行（其保护层厚度扫描、结构回弹需要早做安排）；⑥宿舍楼在招标文件中明确，使用模板快拆体系，节约主体建造速度中支设、拆除、传递模板占用的不必要时间；⑦删除优化设计图纸中的抹灰工艺，合理化建议为剪力墙免抹灰做法，减少工作作业时间。

4.5 市政管线道路、市政铺装、园林景观绿化穿插阶段

当工程进展到主体工程封顶之时，项目管理部向建设单位提出尽早计划和完成市政道路、绿化外网、景观等招标和采购考察工作，目的在于加快穿插作业并不增加工程造价。其中，项目管理部共做出了如下方面工作：①依据当地地形和资源优势，前期方案设计阶段及评审提出校园主干路结构层做法由原来的灰土基层改为级配碎石（因当地环保管控，采购石灰极其不容易），部分铺装道路由原来的混凝土改为水泥稳定碎石5％加石材铺装；②项目管理部景观工程师同建设单位共走访了4家高职院校并充分调研了附近容易采购的苗木，最终确定了景观方案，将图纸设计中距离工程所在地500km范围以内乔木在不影响景观效果情况下优先选取，如五角枫、对节白蜡、法桐、紫叶李、海棠等；③调整和优化总平面布置图中主要材料进场和周转材料退场通道，实现进场和退场各行其道，沿校园活动区的操场区域暂时设定为材料周转区，实现材料有序退场处理，减少进出场之间的冲突；④将楼宇、小广场所用的混凝土结构均建议变更为钢结构，实现工厂化加工、现场安装原则，较少现场施工减少了不必要的时间浪费；⑤对操场区域，合理化建议建设单位调整为混凝土垫层基层架构上部为硅PU集成操场＋人造草皮，大大节约标准化操场实际施工占用的时间，经测算节约为25d工期。

4.6 工程交付阶段

工程交付阶段往往面临大量整改和遗留质量通病防治及后续使用问题。根据本新校区特点，办学教师已经完成组建队伍和招聘等工作，项目管理部和建设单位结合制定出如下方案：①将后勤部教师暂时列入交付测评和交付检查小组，针对着急使用的第一批教师公寓、食堂、行政楼等制订分层交付计划销项表，监理、建设、施工、校方共同随层检查随层记录，限期销项、限期整改复查；②向建设单位资产处提出提前进行教学设备、教学仪器招标工作，尽早穿插进入完善硬件办学条件的配套内容；③建立健全质量通病概率发生管理办法，针对后期装饰装修阶段建立楼栋号负责人带班制度，每周单日下班后召开项目管理交付测评会，排名奖罚，实行末位淘汰制。

5 项目管理办法

5.1 被动式超低能耗建筑管控思路和基本要点

本工程设计行政楼为被动房项目，建筑类型为多层公共建筑，总建筑面积为$4005.77m^2$。地上三层，首层层高5.40m，二、三层层高均为4.20m；主要功能为行政办

公用房、会议室等。建筑结构形式为钢筋混凝土框架结构，建筑高度为 14.55m。本工程外墙：钢筋混凝土梁柱 100mm＋90mm 厚岩棉板双层错缝施工，采用 $\phi 10\times275$ 被动式锚栓固定。断热桥部位采用 100mm 岩棉板施工，采用 $\phi 10\times175$ 被动式锚栓固定。填充墙：35mm 厚喷涂砂浆层＋340mm 厚钢丝网片喷涂砂浆岩棉复合保温板＋35mm 厚喷涂砂浆层。

遵循被动房管理思路和理念依次进行：设计评审—细化完善—实施施工—相关试验检测—竣工阶段评价论证等环节。其中被动房施工过程中重点按照交底内容做好现场管控，核心点为：①被动式超低能耗建筑观摩学习，项目管理部组织前往省住建厅推广的示范项目进行学习，充分了解被动房建成后的现状及各节点做法。②提交完善方案，包含被动式外墙、内部装饰以及细部节点。③被动式能耗材料留存封样复试抽检等环节重点关注，例如石墨聚苯板等。④重点关注被动式超低能耗建筑过程试验检测，如热成像、传热系数等。⑤针对热桥控制和气密性保障等关键环节重点把控：如保温板之间错峰粘贴，避免出现通缝；内层保温板与基层墙体采用"点框"法粘贴，有效粘贴面积率不小于70%，外层保温板与内层保温板采用满粘法粘贴。重点检查第二层岩棉板上墙后应及时进行界面层、抹面层的施工，抹面层施工前，岩棉板严禁受潮、雨淋。⑥重点管控位于现浇混凝土墙体上的开关、插座线盒，应直接预埋浇筑；位于有气密性要求的砌筑墙体上的开关、插座联合，应在砌筑墙体时预留孔位；在墙体内预埋套管时，接口处应使用专用密封胶带密封，与线盒接口处同时使用石膏灰浆封堵密实；套管内穿线完毕后，应使用密封胶封堵开关、插座、配电箱等的管口。构件管线、套管、通风管道等穿透建筑气密层时需进行密封处理。

5.2　装配式楼承板应用过程中的管控

本工程设计之初为响应推行的装配式建筑要求和对工程产生有利影响，初设计施工图设计阶段项目管理部即介入，进行了评审、评价和专家论证环节。为初步降低施工造价、过程中加快施工进度、满足装配率要求，拟定在新校区的综合教学楼、实训楼采取一体化楼承板装配式结构用于水平构件：①一体化楼承板为镀锌铁皮与桁架筋电阻点焊连接成品构件，施工过程中直接铺设，节约楼板施工整体模板面积的支设，只需按照要求完成节点部位和均匀性的简支；②楼承板采购半径 500km 以内，满足绿色建筑的要求；③应用于公共建筑施工中，因不需要楼板模板支设，带来工期节约预估 2 天/层时间；④因楼承板成品构件自带部分桁架筋即为受力筋，减少现场钢筋绑扎工作量，节约和减少钢筋绑扎占用时间约为 1 天/层；⑤实际施工中因成品构件原因对楼板厚度及保护层控制极为有利，经后期主体认证，楼板检测结果表明，成功率约达到96%。

楼承板在实际应用中同样也带来机电管线交叉相关问题。一般设计在机电电气管线部位为 JDG 刚性电气线管（需现场加工弯折），本工程在实际施工之初，现场弯折及机电管线穿插工序因楼承板自带桁架筋导致施工效率直线下降，首层预估计施工效率下降50%，项目管理部即刻组织与设计衔接和电气管线产品采购咨询，后续以"多自由度 JDG 管线"

代替刚性传统 JDG 管线，解决了施工难、效率低的问题，且并未增加总价造价。多自由度 JDG 管线可实现现场手工任意三维角度弯折，无须借助弯管器，机电穿插中穿越楼承板桁架筋时可避障。通过该产品的应用，目前已经申报工法 1 项。

5.3 减震技术黏滞阻尼器应用管控

本工程采用的消能器是速度相关型之非线性黏滞流体消能器，产品必须满足设计方提出的各项性能要求（表 5）和抗震专项验收要求。

表 5 消能器各项性能要求

消能器型号	最大阻尼力（kN）	阻尼系数〔kN/（m/s）〕	速度指数 α	行程（mm）
VFD-NL×650×70	650	800	0.45	±70

项目管理部首先结合设计对阻尼器减震方案优越性进行分析，考察了相关厂家并咨询了注册结构师，比较了传统设计方案和消能减震设计方案的情况。

传统的延性抗震设计方法目前在国内外被广泛采用，但该方法也存在以下主要问题：

（1）安全性难以保证：以既定的"设防烈度"作为设计依据，当发生超烈度地震时，房屋可能会严重破坏，并且由于地震的随机性，建筑结构的破损程度及倒塌可能性难以控制。

（2）适应性有限制：容许建筑结构在地震中出现一定程度的损坏，只考虑结构本身的抗震，未考虑内部设备等。

（3）经济性欠佳：通过加大结构截面、增加配筋来抵抗地震，结果是断面越大，刚度越大，地震作用也越大。

采用消能减震方案结构消能减震体系，在风或小地震时，这些消能构件或消能装置具有足够的初始刚度，处于弹性状态，结构物仍具有足够的侧向刚度以满足使用要求。当发生中、强地震时，随着结构侧向变形的增大，消能构件或消能装置率先进入非弹性状态，提供较大阻尼，大量消耗输入结构的地震能量，从而保护主体结构及构件在强震中免遭严重破坏，确保结构安全，节约造价预估约 112 万元，最终达到理想效果，满足抗震要求。后续经省地震局评定通过了抗震专项验收。

5.4 大跨度钢网架顶升技术及光伏板大面积拼装的应用

本工程的体育馆焊接球网架工程，网架采用正放四角锥，下弦支承，主要网格尺寸 3m×3.075m，结构找坡，最高点网架厚度 3.377m，下弦中心标高约 18m，节点为焊接空心球节点。该工程网架，跨度为 39.2m，长度为 88.759m，网架杆件材质为 Q355B，空心球及其肋板、支座节点板、埋件及前述未包含的构件、板材采用《低合金高强度结构钢》（GB/T 1591—2008）规定的 Q355-B 钢。屋面主檩、次檩、支托及其连接件采用《碳素结构钢》（GB/T 700—2006）规定的 Q235-B 钢。网架除锈等级为 Sa2.5 级，无机富锌底漆二遍、中间漆二道、脂肪族聚氨酯面漆二道，干膜厚度不应小于 $200\mu m$。经借鉴以往工程管理经验，拟批准采取整体顶升施工工艺进行施工，最大限度地保证施工安全。

经项目管理部要求必须采用有限元分析方法得出反作用力，如图1所示。

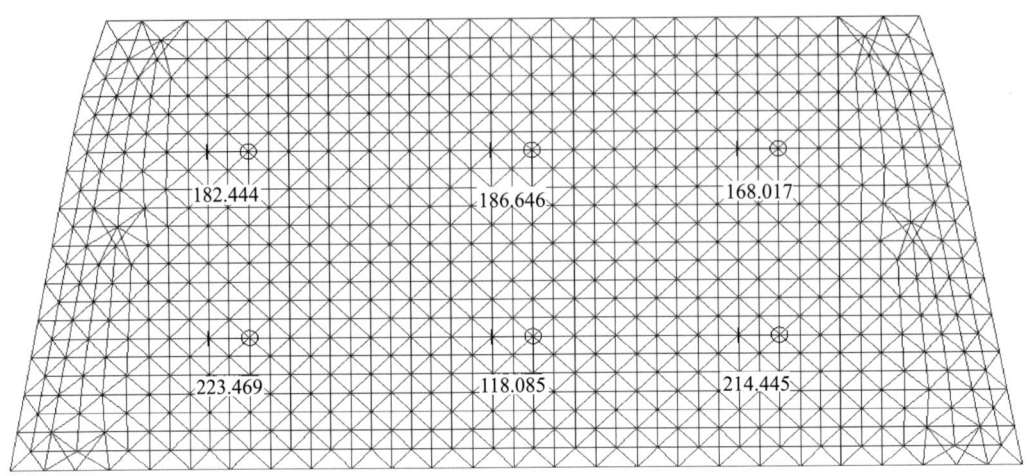

图1 体育馆钢网架有限元分析网架反作用力

现场管控制定顶升过程中的注意事项的内容主要为：

（1）在顶升期间除操作人员外，其他人一律不可进入作业区。

（2）顶升过程由现场总指挥一名统一进行协调。

（3）在顶升开始时必须控制速度，派专人对钢网架进行观察，待钢网架离开地面30cm后才算开始正常顶升。

（4）待网架与支座离开100mm时，应悬停30min，对钢网架进行检查。检查内容包括：下部的顶升支架是否正常、有无严重的偏斜，网架杆件有无弯曲现象，网架与地面离开是否基本等高等。

（5）在试顶阶段，必须对千斤顶的油泵压力进行记录，根据此数据计算出每个支撑点的支座反力，并把此数据与网架的设计支座反力进行对比；如果两者的数值基本相符，则证明网架验算无误；如果中间的油泵压力基本稳定，2个角点支撑反力交替增大，说明千斤顶发挥了自我调节作用，即受力小的顶升得快，受力大的顶升得慢；记录的数据填表备查。

（6）在顶升过程中，控制开始阶段，每顶升500mm应对钢架进行检测，如果网架各个顶点标高差距不大（在25mm内），即在每次更换支架标准节前进行，如此可以保证在整个顶升过程中钢架基本水平，各个顶点的高差不大于50mm；记录的数据填表备查。

5.5 异形建筑光伏板BIVV并网供配电模式的机电安装管控要点

本工程施工区域是能源学院项目院内体育馆，屋面为网架结构，跨度大，挑檐高34.3m，屋面高29m。太阳能光伏组件采用铝合金夹具、导轨固定，沿彩钢瓦屋面平铺安装，设计安装组件数量1035PCS，直流侧容量564.075Wp，并入校园网发电。项目管理部初次接触光伏板安装内容，首先要求总包单位对网架结构进行挠度复测及数据跟踪，见表6：

表6　挠度复测及数据跟踪

序号	复测项目	数据
01（初始）	E-F/5-6	15.669
02（初始）	D/5-6	15.712
03（初始）	E-F/4	15.640
04（初始）	E-F/7	15.645
05（初始）	G/5-6	15.716

项目监理部制定材料进场验收流程及标准：材料进场应查验设备材料的产品合格证、出厂质检报告是否齐全有效，材料进场应按照设备采购合同、设计文件、技术协议等进行检查验收，核验设备材料供货规格、型号、数量、主要电气部件技术参数、性能等是否满足要求，桥架、接地扁钢等镀锌材料应进场检测其镀层平均厚度，不低于 $65\mu m$ 为合格，电缆进场应经项目部见证取样送检，由有资质的第三方检测并出具合格报告。

控制检查夹具、支架施工（拉拔力、扭力检测）：彩钢瓦屋面采用夹具加导轨的支架方案，夹具固定在屋面压型钢板上，检查导轨与夹具通过螺栓铰链连接，组件通过压块与导轨螺栓连接，确保不损坏破坏屋面原结构及防水。

检查电池组件安装：本工程电池组件方阵组件平铺安装，待光伏发电组件基础验收合格后，进行光伏发电组件的安装、支架安装和光伏组件。电池阵列支架表面应平整，固定电池组件的支架面必须调整到同一平面；各组件应排列整齐并成一直线。安装太阳光伏组件前，应根据组件参数对每个太阳光伏组件进行检查测试，其参数值应符合产品出厂指标。一般测试项目有开路电压、短路电流。应挑选工作参数接近的组件在一子方阵内。随机挑选额定工作电流相等或相接近的组件进行串联。组件在基架上的安装位置及接线盒排列方式应符合施工设计规定。检查光伏组件电缆连接：按设计的串接方式连接光伏组件电缆，插接要紧固，引出线应预留一定的余量。

全数检查逆变器设备安装，逆变器支架一般采用镀锌角钢或镀锌花角铁制作，落料、开孔等不应采用气割和焊割，就地控制箱支架安装高度以箱体中心线离地面1.2~1.5m为宜，就地控制箱支架焊接及接地线连接必须牢固可靠。设备并网前与电力局保持联系，确保可以并网间歇供电。

5.6　BIM技术在异形楼综合机电、市政地下管线碰撞技术应用管控

项目管理之初，项目总监理工程师主张和提出针对综合教学楼、实训楼、异形楼、地下管线，自设计开始建立BIM技术，工程主要管线涵盖消防水电、电力桥架、热力、中央空调、宿舍冷热水、喷淋、食堂燃气、中水；市政部分为雨污水、中水、电力、燃气、热力。主要目的为解决管线冲突、降低施工交叉带来的不便、节约工期、降低过程中签证洽商变更。建模部分为降低设计费及不必要部位带来的模型较大，仅对公共区域及外网沿线部位较多处进行了轻量化设计，其中主要针对有压管道和电缆桥架方面冲突处理较为明显。本工程设计之初汇总管线碰撞点450余处，解决地下不同标高无压管道和专业管道避

让 120 余处，充分为工程建设提升速度、质量和管道工艺水平提供了便利。

5.7 弱电智能化智慧校园、水源热泵热投资回收期内项目管控

设计之初新校区并未完全考虑新校区建设后运营费用等费用效果和师生占比对当期投资的直接或间接影响，工程建造到 2/3 时，建设单位提出外出考察其余民办高校的工程。发现本新校区的差距在于，未实现产能排放降效和能源回收，也未对首届招生后后续进校师生消费购买能力、人均耗能产出占比进行评价。而建设单位集团公司主营业务即为光伏能源产业，因此经过集团教育公司、能源公司等综合预评价，项目管理部在不增加造价投资、增加使用功能情况下综合提出如下方案：①以首届招生 3000 人为计算基数，三年制专科三年 9000 人消费购买能力为预期收益，拟招标智慧校园系统（含网络、通信、信息、校园卡一卡通）施工＋运营模式，后期纳入校园资产部及后勤部管理，以未来 15 年净收益为计算基准，拟采用同类专科院校综合咨询评价的市场延伸预测法得出的结论招标，合同签订期为计算投资回收期结束后，并不增加任何不可预见费用。②采取比较类推法同比其余规模在运营高校的冬季热能消耗费用占比、夏季空调使用等占比和寒暑假低温运营情况，项目管理部结合初始设计方案，将市政热力供暖方式更改为：市政集中供暖为主，辅以水源热泵方式，降低运营成本，其中利用下凹绿地操场闲置区域为基础，在操场区域增设水源热泵方式。同样采取设计＋施工＋运营方式进行招标，以未来新校区冬季供热费降低幅度 5：5 进行各自分摊招标，确定单位，签署设计＋施工＋运营合同。经项目管理部测算，15 年内可达到投资回收预期效果，达到节能减排的目的，为 2030 年实现碳达峰、2060 年实现碳中和做出相应措施。

5.8 新能源数字化模拟仿真光伏板电池切片实训基地实验室管控

新校区的实训楼 1、实训楼 2 为新能源数字化模拟仿真光伏板电池切片实训基地实验室，实训室、办公室、休息区及走廊等空间，对通风换气恒温、厂房实验室洁净度、地面平整度等要求极高，既可机器人行走，又要满足电池切片拉晶拉丝等工艺要求，因此该部位按照常规建筑设备设计难以满足光伏及切片设备要求。项目管理部、设计方均为未有类似经验的参建方，因此对于该部位，项目管理方与建设单位商议决定：①招标阶段即将该部位纳入单独招标范围列为暂列金范畴，然后建设单位和总包单位共同组织单独招标；②进场参观实际生产设备获取真实设备运转数据后再行反向设计；③要求设计后，专业施工方利用数值模拟软件分析照明、通风、换气、光照以及机器人行走路线模拟，如图 2、图 3 所示。

其间项目管理部最多的工作在于对实验环节的提出、光伏板生产车间的考察、还原模拟实际厂房车间、监督换气通风风量的测定、投标单位的比选，以及最优设计＋施工＋运维＋保修方式的招标限制方案。

最后，根据设备运转要求，采用四出风卡式风机盘管，房间内吊装的卡式风盘面板高度与教室内灯管安装高度齐，距地高度约 3m，局部门厅有吊顶的位置高度同吊顶。配置三速风量调节装置，室内设数字式液晶温控器。为提高房间和走廊内凝结水管高度，卡式风盘设备自带冷凝水提升泵（扬程高度 1m）。

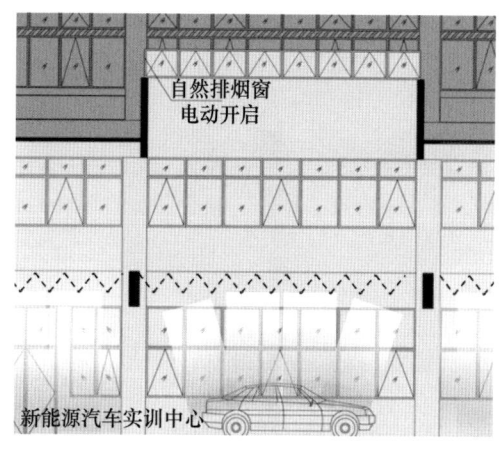

图 2　新能源实训中心照明分析模拟

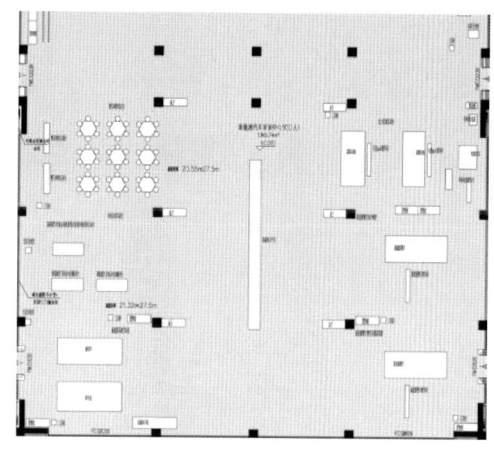

图 3　切片车间获取照明数据模拟

实训楼 1 的首层"新能源汽车实训中心"和实训楼 2 的首层"光伏工程实训中心"均为高大空间，采用全空气系统：空气处理设备为组合式空调器，落地安装在三层的空调机房内；气流形式顶送顶回，送风口采用自动温控可变旋流风口，回风口采用单层百叶。

组合式空调器：回风经回风管道进入机组后，经粗效过滤后与新风混合，再经中效过滤、表冷器（带挡水盘）送风机段，经送风管最后送入室内。

全空气空调系统，在过渡季可全新风运行，排风机设在房间顶部，采用静音型风机外包隔声箱。实训楼 2 的二层化学实验室补风采用新风机，新风量按实验排风量的 80% 计算。新风机设在实验准备室内，新风从室外直接引入，先经粗、中效过滤，冷/热处理后，由新风管道送入化学实验室内。新风处理到室内状态的等焓点，承担新风负荷；卡式风机盘管负担房间负荷。

材料选择和通风模拟如图 4、图 5 所示。考察原有工厂生产车间，机器人走动行走路线及使用寿命，最终定义为环氧彩砂地面，每平方米造价约为 65 元。

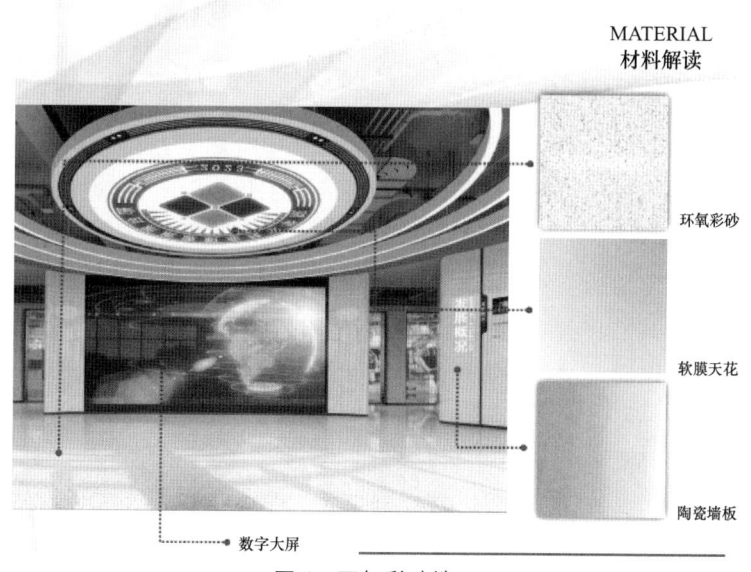

图 4　环氧彩砂地面

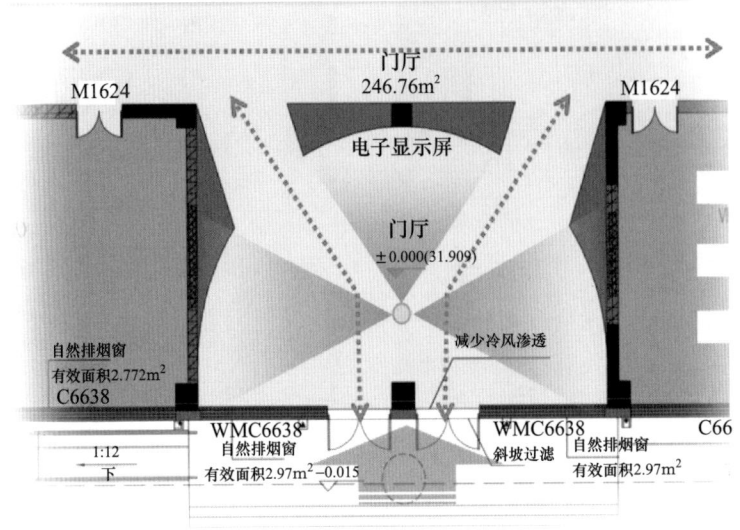

图 5　通风换气数值模拟

6　项目管理成效

本省重点工程经过各参建方共同努力，荣获了省结构安济杯、省安全文明工地、钢结构优质工程等多项奖项，其中新能源领域建造的屋面光伏技术、BIVV 光伏车棚、水源热泵热回收循环、智慧校园等在后期新校区运营过程中对节能减排、降低碳排放起到了良好的社会效益。2024 年即将招生的首家新能源领域高校将为社会输出大量的新能源人才，填补国内空白，经项目管理部初步测算，未来净收益及社会经济评价，将带来地方财政显著增加和周边经济的带动，将优先推动产业结构优化升级，提升新质生产力，增加当地 GDP 指数，提高就业率及实现就业结构政策性改革。

通过参加本工程的管理，共计向建设单位提出合理化建议 67 条，节约造价 1300 余万元，合理化建议中关于进度影响，节约和加快 40 余日历天，为尽早交付使用和招生办学做出了应有的贡献和责任担当。

其中，本项目的项目管理＋监理模式在过程管控中有如下方面优势可供借鉴：①可以切实深入建设单位的工程部从设计方案审核开始介入工程，对提前管控造价十分有利；②项目管理＋监理模式能够在过程中更好地进行决策和任务分配，其中体现进度管控十分有利；③从项目的验收角度能够从源头把控验收风险、验收交付阶段弊病；④项目管理＋监理模式在工程建设尤其是自有资金投资管控不超投资情况下，有非常大的主动性和客观性；⑤对监理人员积极向全过程咨询模式转型和人员素质提升起到了推进作用。

7　交流探讨

国内首家新能源高校新校区的建设对实现新能源领域专业人才的培养起着举足轻重的

作用，其中该项目的项目管理＋监理的模式，也充分实现了向全过程咨询方向的迈进、监理咨询企业向高质量发展和提升的过程。其中有如下建议和收获：①早介入、充分介入到设计方案评审阶段，对控制整体造价十分有利，特别是建筑方案、园林景观方案等；②高校新校区建设从项目管理角度应充分重视和提升造价管控痕迹和过程，如：各类装饰功能性材料主材定价、变更签证洽商的控制、措施费中可竞争部分的直接竞争报价、签署部分总价包干合同规避风险、暂列金暂估价中涉及的内容完成厂家提前考察询价再定价等；③合理划分施工标段及市政外网衔接穿插时间对节约工期十分有利，减少业主协调量；④因本工程为企业自有资金，无贷款无商业承兑等任何融资因素，因此在项目管理初期编制与进度相吻合的资金动态投入分析计划表对项目实施十分有利，同时支付施工企业产值进度款的比例适当提高对加强和提高施工企业施工积极性起着至关重要的作用；⑤详细优化设计，图纸会审前给设计院充足设计时间和审图时间，对减少不必要的人为错误而引发的后续索赔、签证等十分有必要，本工程对于BIM技术在综合地下管线、公共区域综合管线的应用，也起到了减少施工困难、降低因管线冲突引发的工期延长的概率等方面的作用。

通过对新能源职业技术学院的建设，本公司成功地完成了该新校区的项目管理业务，也积累了大量的新能源领域新校区管理经验。因篇幅及个人能力有限，以上为相关经验和管控主要内容，敬请各位读者、建筑行业同仁提出宝贵意见。

参考文献

[1] 张步诚.建设工程项目设计管理模式创新探索［J］.中国勘察设计，2015（2）：84-89.
[2] 全国一级建造师编写委员会.建设工程项目管理［M］.北京：中国建筑工业出版社，2023.
[3] 全国注册咨询工程师（投资）资格考试编写委员会.工程咨询概论（2023版）［M］.北京：中国计划出版社，2023.
[4] 周子炯.建设工程项目设计管理手册［M］.北京：中国建筑工业出版社，2012.
[5] 杨卫东.全过程工程咨询实践指南［M］.北京：中国建筑工业出版社，2020.

某信息中心 EPC 项目工程总承包监理实践

方新党　李志霞（河北瑞池工程项目管理有限公司）

摘　要：工程概况；管理的意义；关于数据中心 EPC 项目管理策划内容、基本要求；"高效监理、完美履约"是企业适应市场发展、提升服务客户能力的必然要求，是企业提升发展质量、激发发展活力的必然选择。本文以廊坊某项目为例，在设计、采购、建造、收尾等诸多方面，探讨大型数据中心项目实现完美履约的全过程，以期为今后大型数据中心的监理在项目初期、中期、末期提供经验参考。

1　项目背景

（1）业务发展需求：随着集团业务的不断发展，对数据中心的需求也在不断增加。数据中心需要具备更高的性能、可靠性和安全性，以支持业务的快速发展。

（2）技术创新驱动：信息技术的不断创新为数据中心的建设提供了新的机遇。云计算、大数据、人工智能等技术的应用，促使集团建设更加先进的数据中心，以提升数据处理和分析能力。

（3）客户体验：为了提供更好的客户服务，需要建设高效的数据中心，实现业务的快速处理和响应，提高客户满意度。在保险行业竞争日益激烈的背景下，数据中心的建设有助于提升核心竞争力，更好地应对市场挑战。

（4）合规与监管要求：金融行业对数据安全和合规性要求较高，建设符合监管要求的数据中心是集团必须面对的任务。

2　项目简介

2.1　工程基本信息

工程名称：某公司北方信息中心项目南区数据机房工程。

工程地点：廊坊开发区经七路以东、经八路以西、纬三道以南、纬二道以北。

建设单位：某公司北方信息中心管理有限公司。
设计单位：中国建筑东北设计研究院有限公司。
施工单位：中国建筑第五工程局有限公司。
勘察单位：河北裕融地球物理勘察有限公司。
监理单位：河北瑞池工程项目管理有限公司。

2.2 工程概况

本项目位于河北省廊坊市经济技术开发区经七路以东、经八路以西、纬三道以南、纬二道以北。南区一期建设用地约为 30108.2m^2，包括 ECC 和运维楼、数据机房一、门卫及埋地油罐，一期总建筑面积约为 54889m^2。两座主体建筑面积为 54616m^2，其中地上面积约 46276m^2、地下面积约为 8340m^2，远期规划用地作为绿化用地及临时停车用地。ECC 和运维楼地上共 5 层、地下共 3 层，总建筑面积为 16234m^2。数据机房一位于 ECC 和运维楼南侧，地上 4 层，总建筑面积为 38382m^2。

工程参数指标：

（1）结构类型：现浇钢筋混凝土框架结构。

（2）抗震设防烈度：8 度。

（3）建筑结构安全等级：二级。

（4）地基基础设计等级：数据机房一为甲级，ECC 和运维楼为乙级，门卫及埋地油罐为丙级。

（5）建筑结构安全等级：ECC 和运维楼以及数据机房一为一级，门卫及埋地油罐为二级。

（6）地下室防水等级：一级。

（7）结构耐火等级：ECC 和运维楼地下为一级、地上为二级，数据机房一为一级，埋地油罐为一级。

（8）结构的设计使用年限：50 年。

2.3 工程奖项

（1）河北省智慧工地示范工程（三星）。

（2）工程建设质量信得过班组。

（3）河北结构优质工程奖。

（4）BIM 优路杯银奖。

（5）BIM 燕赵杯三等奖。

（6）河北省工程建设质量管理小组竞赛活动一类成果 1 项、二类成果 2 项。

（7）全国工程建设质量管理小组活动成果大赛一等奖 1 项。

（8）河北省安全文明工地。

3 项目组织

3.1 EPC项目监理管理策划内容

传统模式下的监理工作，主要是根据业主的授权进行现场管理，整个现场的施工管理主要由监理来完成，业主负责勘察、设计、设备、施工、材料等各承包商的招标，监理单位控制的对象是施工、设备、材料各承包商。但是，随着市场的发展，EPC总承包管理模式在项目中逐渐被采用。EPC模式将设计、采购和施工等环节整合在一起，由总承包商统一管理和协调，减少了中间环节和协调成本，提高了项目的运作效率。在EPC总承包管理模式下，对监理工作的责任、权利、义务与传统的模式相比有了更高的要求。

从市场发展趋势来看，代表建设单位进行全过程的项目管理服务，将是我国工程监理发展的主要趋势。要做好EPC模式下的监理工作，必须结合项目特点制定切实可行的相关对策。

(1) 项目组织：

党建引领项目建设：以建党100周年为契机，加强建设单位、施工单位、监理单位团队组织建设，以党建活动促团结，为项目建设保驾护航。

(2) 管理目标设定：

① 总体质量管理目标：合格，并争创鲁班奖或詹天佑奖，或国家优质工程金奖。配合相关单位取得UptimeT4设计认证、国家A级机房认证。

② 总体安全管理目标：无重大安全事故。

③ 文明施工管理目标：获得省（市）级文明工地称号。

④ 环境管理目标：ECC和运维楼达到国家级"绿色建筑三星"。

⑤ LEED银级认证，数据机房按照"绿色建筑一星"标准，达到国家级"绿色建筑一星"标准。

⑥ 职业健康管理目标：杜绝因施工现场管理问题造成的重大疾病事故，无重大伤亡事故。

3.2 进度计划管控

以合同工期为前提制订总体进度计划；以年计划、月计划、周计划、专项计划保证总进度计划的实施；图纸及深化设计的确认，专业会审，快速解决问题，业主、设计对样品确认的时间把控，不同分区平行流水式施工，加强协调配合。处理控制好各个专业之间的交叉施工，对项目的进度保证起着至关重要的作用。例如，吊顶内装饰装修与机电安装之间的交叉施工，交叉工作面大，内容复杂，如果处理不当将会出现相互制约、相互破坏、相互推卸的不利局面。调控原则是，机电安装的进度必须服从总体进度计划，选择合理的穿插时机，保证主导工序施工进度，按总进度计划统一组织、安排、协调，使工程形成一个高效、和谐的有机整体。

3.3 质量保障

施工前重点分析各关键工序、施工难点，对重点技术措施，提前编制监理规划。各参建方建立质量管理体系，制定现场管理手册、样板引路制度，建立材料样板封样清单，落实现场验收制度等作为质量保障的前提。数据中心在建设过程中建设的各个模块系统较多，可分为土建、装饰装修、配电系统、暖通系统、给排水系统、消防系统、智能控制系统、弱电系统等，涉及十几个专业，是一个接口众多且具有高技术特点的系统工程。按本工程定位要求，质量符合国家标准，必须实行方案先行样板引路，明确标准，增强可操作性，便于检查监督，及时暴露问题，把问题解决在大面积施工之前。同时也有更多的机会通过优化设计和施工方案来降低成本和提高效益。项目施工坚持方案先行，实行样板引路制度，包括关键节点、重要部位的处理。控制要点：关键工序控制、隐蔽验收控制、质量关键点报验控制等做具体阐述（如天花、墙地面、钢混凝土结合、石材铺贴及干挂等工程）。

3.4 安全文明管理

搭建智慧工地 5D 平台指挥中心辅助现场安全、质量、进度、劳务等方面，智慧管理与智慧决策，提高工程管理信息化、智能化水平，进一步实现项目全生命周期精细化管理。针对工程项目特点，制定强有力的安全生产保证体系，既注重安全思想宣传教育和安全技能培训，又注重日常的安全生产工作检查落实，抓管理、抓制度，制定每周现场安全联查制度，周二检查问题并下发问题通知单，限期整改，周五复检落实整改情况，做到检查、整改、复查的闭合。同时，盯住现场关键部位作业，对于危险性较大的分部分项进行旁站监督，做到超前预防安全隐患的发生。检查施工单位对作业人员的安全技术交底、入场及岗前教育培训记录。检查施工现场各种安全标志和安全防护措施是否符合强制性标准。审核施工单位应急救援预案及演练情况。

3.5 投资控制

数据中心建设项目的面积相对其他建设项目面积小、造价高，设备和技术的高度集中，导致单位面积投资造价相当昂贵，一般每平方米造价几万元人民币。EPC 模式下采用总价合同，业主和总承包商在合同中约定项目的总价和交付标准，总承包商需要在总价范围内完成项目，有利于控制项目成本。项目管理以合同为基础控制变更、减少签证，及时防范、杜绝索赔。本工程施工阶段的造价控制，在合同价款的基础上，应着力控制施工阶段由变更而引起的新增费用，以及正确处理索赔事宜，达到对工程实际值的有效控制。工程造价控制是工程监理工作的重要组成内容，通过组织技术、经济和合同等方面措施，使建设工程的各项费用按预定限额实施，做到工程进度款不超拨、基建费用不超标，防止和杜绝高估冒算抬高工程造价，使工程造价控制在工程预算之内。投资控制依据如下：

（1）国家和本地区有关经济法规和规定，工程概（预）算定额、取费标准、工期定额等；

(2) 当地工程造价主管部门颁发的有关文件、资料（费用定额）；

(3) 施工组织设计和施工措施方案；

(4) 建设单位与施工单位签订的《建设项目工程总承包合同》；

(5) 本工程的初设文件、招投标文件；

(6) 建设工程工程量清单计价规范；

(7) 市场价格、造价信息；

(8) 分项/分部工程质量报验认可单、工程设计图纸、设计说明及设计变更、洽商；单位工程设计与设计概算。

3.6 科学组织协调

因采用EPC总承包模式，本工程施工专业和施工内容多，包括施工图设计、BIM设计、设计变更、土建工程、装修工程、机电安装工程，以及弱电工程之综合布线系统、计算机网络系统、语音通信系统、视频监控系统等内容。本工程结构复杂、施工难度大，涉及地下室、钢结构柱、大跨度及高空间结构、大型玻璃幕墙、机电安装、超复杂智能化系统等。本工程分包队伍多，涉及专业设计、基坑支护降水、桩基础工程、防水工程、机电工程、钢结构、门窗、幕墙工程、建筑智能化、通风与空调、消防、市政园林景观、暖通工程、照明工程、电梯采购原装、标志标向、试验检测、设备安装、人防等专业分包队伍。本工程施工安全风险高，涉及立体交叉、高空作业、大型施工机械设备等。

项目监理需要具备较高的专业技术和管理能力，能够协调各个环节的工作，确保项目的顺利进行。

在项目建设过程中，监理要不断地进行组织协调，它是实现项目目标不可缺少的方法和手段。组织协调与目标控制是密不可分的，协调的目的就是实现项目目标。当施工进度影响到项目交付目标时，监理就要及时与施工单位进行协调，或改变投入，或修改计划，或调整目标，直至拿出一个能理想解决问题的方案为止；当发现承包单位的管理人员不称职，给工程质量造成影响时，监理要与承包单位进行协调，及时替换相关人员，确保工程质量。

3.7 信息管理

技术资料归档：内容完整、齐全、真实，保证资料的可追溯性尤为重要，资料包括申报资料和工程实体资料。工程特点、难点、技术措施、质量效果和亮点以及所采用的新技术，都要在资料中有所反映，并要求附有相关的图片和影像资料。

(1) 安全可靠：数据中心承载着大量敏感信息，其安全性至关重要。通过采用安全的物理和逻辑措施，包括严密的访问控制、加密技术、网络防火墙等手段，确保数据得到最佳的安全保障，维护用户的隐私权。

(2) 创造价值：数据中心管理通过系统分类、多元整合等方式对信息进行优化提升，从而创造价值财富。

（3）高效运营：数据中心管理的核心精神是讲求效率，只有高效准确地掌控和管理来自四面八方的信息，才能在信息运营中占据有利位置。

（4）灵活应变：数据中心需要具备灵活性，以应对业务需求的变化。通过采用模块化设计和灵活的硬件资源增加，数据中心能够快速满足业务增长的需求。

（5）集中管理：数据中心通常涉及大量的设备和系统，需要进行资产集中管理。通过采用集中管理的方式，可以实现对数据中心的统一监控、配置和管理，提高管理效率和可靠性。

（6）数据中心技术不断发展，需要不断进行技术更新和升级。数据中心管理人员需要关注技术发展趋势，及时采用新的技术和设备，以提高数据中心的性能和竞争力。

4 项目管理过程

4.1 建筑设计特色

该信息中心目前已经获 Uptime Tier Ⅳ 设计认证，达到全球数据中心最高等级标准水平，标志着项目数据机房设计方案的先进性与可靠性获得专业认可，项目在数据中心领域的专业服务能力跻身行业领先地位。项目管理集成信息系统，建立了以 BIM 为中心的施工管理平台，基于 BIM 技术进行施工图设计，如图 1 所示，工程技术管理、建设现场管理交付运维等实现全员信息共享、管理联动，项目创建应用全专业标准化 BIM 模型对各专业模型进行碰撞检查，利用三维模型进行可视化交底辅助深化出图及工程量统计。体量和规模最能呈现建筑物的特色，是建筑施工质量水平的重要载体，所以，没有一定的体量和规模，建筑物就会出现施工同质化的趋势，很难表现出建筑物的特色。此外，体量和规模最能引起人们的重视和关注，增加建筑物的吸引度，自然增强最后的竞争力。

图 1 BIM 可视化模型展示

4.2 水暖、通风设备安装

安装规范、安全可靠，管线布置合理美观，系统运行平稳，支架形式统一。专业机房：配电房、冷冻机房、生活及消防泵房、中水机房、热力站、风机房等内部总体布局、管道走向、穿墙节点构造、设备基础布置整齐，标高尺寸一致，排水沟槽整齐精细，排水走向清晰。设备安装布置整齐、标高一致，操作检查检修通道空间合理、整齐、明亮，使得管道系统布局、走向科学合理。

4.3 专业冷水机房

数据中心机房满足国家 A 级机房标准，满足 Uptime Institute 的 Tier Ⅳ 要求。配备了 2N 容错的空调制冷系统，该系统以高安全性、高可靠性为前提，结合先进性与经济性，具备易维护性和可扩展性，采用自然冷却、冷热通道隔离、变频、高温冷冻水等绿色、节能技术，创建绿色数据中心。制冷机房是数据中心空调系统的核心部位，本工程专业冷水机房管道排布合理，管道彩壳美观，空间层次感突出。

(1) B 路自然冷却功能的风冷式冷冻水系统设置 14 台自然冷却风冷螺杆式冷水机组。

(2) A 路水冷式冷冻水系统设置 6 台变频离心式冷水机组、6 台自然冷却板式换热器、6 台开式冷却水塔。

(3) 制冷系统：数据中心采用 2N 冗余制冷系统。A 路冷源采用水冷式冷冻水系统，并设置冷却塔自然冷却系统。冷却塔的极端最高湿球温度 30.9℃，冷却水进、出水温度为 39.5℃、33.5℃。冬季冷却塔运行湿球温度 6℃，进、出水温度 15℃、10℃。水冷式冷水机组的冷冻水供、回水温度 12℃、18℃，以降低冷水机组能耗，延长自然冷却使用时间。B 路冷源采用带自然冷却功能的风冷式冷冻水系统。风冷式冷水机组的极端最高干球温度 41.3℃，冷冻水供、回水温度 12℃、18℃。

(4) 自然冷却系统：A 路水冷式冷冻水系统采用板式换热器与冷水机组串联运行的方式，充分利用自然冷却；B 路风冷式冷冻水系统自带自然冷却功能。在过渡季节以及冬季室外温度较低的情况下，不开启冷冻机或降低冷冻机负荷，减少机械制冷运行时间，达到节能运行的目的。

(5) 连续制冷：为了防止因制冷中断，导致机房温度快速上升而引发 IT 设备故障。A、B 路冷冻水系统中均设置了水蓄冷装置，保证在断电等紧急情况下能连续供冷。A、B 路蓄冷装置的蓄冷量不间断电源的供电时间不少于 15min。A、B 路冷冻水系统中均选用 2 台 $422m^3$ 的闭式蓄冷罐，安装在冷冻水供、回水总管之间，系统正常运行时，维持蓄冷罐温度，制冷系统故障时可快速切换至水蓄冷装置供冷。

(6) 热通道：数据机房热通道气流组织采用下送风、上回风的方式，封闭的热通道隔离冷热气流，提高送、回风温度和制冷效率。

(7) 本工程制冷系统采用的亮点设备：克莱门特自然冷却机组。

① 结构简单、操作方便：无冷却塔，无冷却水系统，不消耗水资源，机组置于室外，占地面积较小，无须另建冷水机房且空调系统维护简单。

② 可靠性高：每台机组均有 2 个完全独立的制冷回路，互为备用。

③ 维护费用低：系统简单，维护方便。

④ 扩展性高：根据使用情况，后期扩容方便。

⑤ 节能环保：

a. 机组根据室外环境温度自动调节自然冷却量，完全实现压缩机制冷、自然冷却+压缩机制冷、全部自然冷却三种工况的无缝连接。综合能效比在 20 左右，节能性好。

b. 可实现无级调节，能很好地适应IT负载率较低的情况，节能效果明显。

（8）气体灭火系统：本工程数据机房楼共设7个IG100气体灭火系统，保护53个气体灭防护区，保护范围为模块机房、测试机房、变配电室、电池室、运营商接入机房、电力值班室、动环监控机房等不宜用水扑救的重要电气设备房间。

施工过程中对气体灭火系统安装全程质量把控，严要求、重安全。其中对管道焊接、焊口及管道试压重点检查，施工过程中没有出现严重的焊接质量问题，没有发现使用四通管件。管道安装完成后，按照《气体灭火系统施工及验收规范》（GB 50263—2007）等国家相关标准、规范以及系统设计要求，对本工程管道进行气压强度试验，试验介质采用了安全性较高的氮气。施工单位提交的气体灭火管道试压方案符合相关规范要求，试验准备充足、试验方法合理、试验程序正确，有试压安全预案及措施并编制了应急预案。审核通过后，对试压过程全程旁站，钢瓶间选择阀后至各防护区前的气体灭火剂输送主管道全部试验合格。钢瓶间钢瓶排列整齐，落地支架安装美观、固定牢固。瓶头阀位置维修方便，瓶头压力表显示面面向检修通道，角度统一，观察方便。

（9）管线综合排布及安装：本工程为智能化数据机房，系统多管线排布复杂。施工处于新冠疫情防控期，工期紧、任务重，管线作为连接各设备的"桥梁"，对系统运行质量起关键作用。管线综合排布的目的：①发现并解决机电专业蓝图中出现的疏漏；②发现并解决机电系统内部各专业之间出现的疏漏；③发现机电系统和其他专业的冲突和疏漏，并找到解决的方法；④合理排列机电设备及管线的位置走向，施工方便，节省材料及人工，避免返工，节约工期；⑤结合精装修标高图等其他图纸，对建筑物内的机电管线进行最佳排位，最大程度减少管道所占空间；⑥有利于各专业安排工序，达到统筹的目的；⑦深化设计是配合协调外部工作的枢纽；⑧确保系统能够正常运行。管线综合排布的基本要求是建筑物内的机电管线进行最佳排位，最大程度减少管道所占空间，提高天花的吊顶高度，在有限的空间内使管道布局合理。避免管线过分集中，或者机电管线空间浪费。因此，在机电工程管线安装前利用BIM技术建立模型，对管线的交叉碰撞进行检查，及时做出调整，避免不必要的返工。在实际安装过程中，因管道的连接方式、拐弯半径过大、操作空间狭小等问题又出现一些新的管线碰撞、布局不合理等问题，为了保证安装质量及工期，组织各专业人员召开现场碰头会。

管线布置原则：

①总体原则：风管宜布置在上方，桥架和水管在同一高度时，水平分开布置，在同一垂直方向时，桥架在上、水管在下进行布置，综合协调，利用可用的空间；

②避让原则：有压管让无压管，小管线让大管线，施工简单的避让施工难度大的；

③管道间距：考虑到水管外壁，空调水管、空调风管保温层的厚度，电气桥架、水管，外壁距离墙壁的距离，拐弯大管径管道、风管及有消声器、较大阀部件等区域，根据实际情况确定距墙柱距离，管线布置时考虑无压管道的坡度，不同专业管线间距离，尽量满足现场施工规范要求；

④考虑机电末端空间，整个管线的布置过程中考虑到以后送回风口、灯具、烟感探

头、喷洒头等的安装，合理地布置吊顶区域机电各末端在吊顶上的分布。现场解决问题。

（10）无缝管安装质量控制：本工程大量使用无缝钢管，对无缝管安装质量控制是本工程质量控制的一项重要工作。首先，无缝管进场验收严格管控，不符合国标要求的坚决不允许进场（检查进场资料，核对品牌是否符合要求，对外观及壁厚管径进行实测）；其次，管道进场后做好存放，管道安装前严格做好除锈刷漆，减少安装后管道出现返锈；安装过程中检查焊工证件，严禁无证人员进行焊接作业。无缝管壁厚较厚，管道破口加工质量直接影响焊口质量，因此本项目采用坡口机对管道破口加工。通过控制，使焊口质量较好，减少焊口咬边、焊缝表面气孔、未焊透、裂纹、未焊满、焊瘤、焊穿等质量缺陷。

4.4 雨水收集系统

中国水资源现状：资源严重短缺、水资源分布不均匀、水污染严重、水资源浪费严重。国家提倡水资源利用，因此本工程设有雨水收集系统。雨水收集可以达到节能减排、绿色环保，减少雨水的排放量，使干旱、紧急情况（如火灾）时能有水可取。另外，可以用到生活中的杂用水，节约自来水，减少水处理的成本。雨水收集系统将雨水收集通过初期弃流、过滤、储存、回用四个阶段完成雨水的循环利用。雨水收集系统包含雨水管道、截污管道、雨水弃流过滤装置、雨水自动过滤器、雨水蓄水模块、消毒处理、用水点。初期雨水经过多道预处理环节，保证了所收集雨水的水质。采用蓄水模块进行蓄水，有效保证了蓄水水质，同时不占用空间，施工简单、方便，更加环保、安全。通过压力控制泵和雨水控制器可以很方便地将雨水送至用水点，同时雨水控制器可以实时反映雨水蓄水池的水位状况，从而到达用水点。

4.5 机电安装

机电安装是数据中心建设的核心，更是数据中心能否如期、平稳投产运行的关键。机电安装工程自实施以来，项目部各专业监理人员严格按照合同文件、招投标文件、设计文件及标准规范等要求，以"抓铁有痕、踏石留印，高效管理、充分履职"的管理理念，从人员管理、材料进场验收管理、施工工序监督、单机调试、联合调试跟踪、资料管理等方面进行了重点管理，取得了良好的效果，为工程的顺利投产运行奠定了坚实的基础。

绿色节能：随着人工智能技术在云计算中的广泛应用，数据中心作为重要的电力用户，其能量管理是重要一环。通过优化各个能量管理环节，实现节能减排，符合绿色经济发展的需求。

（1）严把设备、材料进场关。

各类施工设备及材料是构成工程实体的基础，设备及材料质量的好坏直接关系到工程实体质量的成败。为确保项目机电安装施工质量，监理在现场管理过程中严格把关，所有进场设备及材料均严格按照设计、规范及招投标文件等相关要求进行进场前验收，验收合格方能允许进场。对于大型设备，在做好进场前验收的同时，要求并督促总包单位做好设备安装前的开箱验收，确保设备质量证明文件齐全、外观质量合格。对于个别设备材料质量、规格、品牌或型号不符合要求的，一律要求退场，从根本上保障施工质量，为建设优质、精品工程奠定基础。

因本工程建设规模大、建设周期长、技术难度高，所涉及材料设备种类繁多，建设过程中有部分设备材料已停产或既定规格型号无法满足现场技术安装需求。为确保项目顺利实施，同时确保机电安装的顺利实施，由总包单位上报品牌或型号变更申请，监理及甲方对其进行审核，确认满足设计及规范要求后进行及时审批，确保了本项目机电安装技术先进、质量可靠，成果满意。

（2）严格人员管理，加强人员持证上岗管理。

施工过程中，监理要求并督促总包单位持续加强对各专业分包施工人员的资质管理，机电安装作业人员尤其是特种作业人员必须持证上岗，过程中监理除做好日常检查外，定期对人员持证情况进行专项检查，对无证上岗的一律清理出场。通过持证上岗管理，进一步强化了现场作业人员素质水平，确保了施工质量在可控范围内。

（3）加强工序监督，做好隐蔽及专项验收。

为确保工程实体质量符合设计及规范要求，监理在现场管理过程中明确工序报验制度，严格按照电气安装工程质量验收规范相关要求开展工序隐蔽验收及检验批、分部分项等专项验收，对验收不合格的工序严禁进入下一道工序，直至整改验收合格。对于已验收合格的项目或工序，监理在日常巡检过程中仍会进行二次抽检，避免遗漏，确保工程实体质量严格可控。

（4）密切跟踪单机调试、联合调试。

进入调试阶段，现场监理根据调试进度做到随时跟踪，并针对调试过程发现的问题及时督促总包单位进行整改落实，确保调试进度满足总体工期要求，为阶段性目标的顺利实现发挥了重要作用。

（5）建立销项清单，做好销项管理。

为确保日常巡检、专项检查及调试过程中发现的问题能够及时整改闭合，监理在管理过程中针对现场巡视、验收提出的问题建立了销项清单，并针对不同专业问题进行详细分类，明确整改时限及整改责任人，整改完毕后由总包单位报请监理及甲方进行现场核查，核查通过予以闭合销项，确保问题有提出、有落实，形成完整闭环。

4.6 架体搭设

本工程因其特殊性，在承建过程中涉及深基坑、高大模板支撑等危险性较大的分部分项工程，为保证支撑体系的稳定及安全性，工程中采用盘扣式脚手架进行搭设。盘扣式脚手架由立杆、横杆、斜杆等杆件组成，立杆圆盘上具有 8 个孔，4 个小孔为横杆专用、4 个大孔为斜杆专用，且孔位布置均匀，使杆件在受力过程中更加均匀。其优点具体如下：

（1）盘扣式脚手架采用了统一的 500mm 盘距，搭配它的立杆、横杆、斜杆可以搭设出不同跨度、不同截面的支撑体系；相对于传统的支撑体系来讲，它的应用面更加广泛。

（2）盘扣式采用自锁式连接盘和销子，销子插接后靠自重即可锁紧，且它的横向和竖向斜杆使每个单元内都是固定的三角形结构，架体受到横向和纵向力之后都不会变形，且整个架体是一个完整体系，大大提高了整体安全性。

（3）盘扣脚手架使用了统一的热镀锌表面处理，这种不掉漆不生锈的处理方式不仅减少了保养成本而且增加了整体美观性。

（4）相对于传统的模板支撑体系搭设完成后因立杆间距小，不好进行操作及进入内部验收，盘扣脚手架的固定式间距无形中加大了内部立杆之间的空间，大大提高了工人操作空间及验收的空间。

为了增加本工程的安全性，在盘扣件模板支撑体系搭设过程中，我们又增加了横向及竖向剪刀撑，使所有的架体在本身安全性的基础上又上了一道保险锁。

4.7 工程经过全面验收

工程必须按合同内容规定全部完竣，并满足使用要求，包括规划、人防、消防、节能、档案等单位验收，并经当地建设行政主管部门竣工验收备案。

5 项目管理办法

建立健全的内部管理制度，制定一本手册、两个体系；以数据中心建设为契机，推进信息化建设，利用信息技术提高工作效率和管理水平，实现信息共享和协同工作；加强现场各参建单位沟通与协调，建立良好的沟通机制，及时沟通与协调解决工作中出现的问题；注重风险管理，识别和评估单位面临的各种风险，制定相应的风险管控及预防措施，降低风险损失。

5.1 现场管理手册

项目部依据国家现行相关法律、法规，围绕项目建设目标，结合项目实际情况，通过对项目招标文件、EPC总承包合同、监理合同等编制了《现场管理手册》。《现场管理手册》设定项目的管理方针和管理目标及应用范围，重点对各方文字资料往来、隐蔽工程验收、工程材料进场使用与验收、新材料、新工艺投入应用的规定、安全文明施工、HSE和QMS体系实施办法、主要工作控制程序、处罚与奖励等16项内容进行了重点阐述及明确，定期对现场质量及安全进行检查评估和总结，发现问题及时整改，持续改进，不断完善内部管理制度和流程。

5.2 微信工作平台

（1）建立微信管理群，包括现场材料进场、分部分项工程质量验收群，定期安全联查、维保群等，及时反映现场质量、安全及重要工序施工情况。施工现场微信管理群具有多方面的作用。

（2）提高沟通效率，所有参建人员均可以在微信群里发布现场发现的问题，方便群成员实时交流，快速传递信息，减少信息延误。

（3）实时掌握施工动态，群成员可以通过照片、视频等形式，及时了解施工现场的进展情况。

（4）加强现场管理，有助于及时发现和解决施工中的问题，确保施工质量和安全。

（5）促进团队协作，方便参建各方进行沟通协调，提高工作效率。

（6）提升管理效能，管理者可以随时随地掌握施工现场情况，及时做出决策。

（7）信息共享与交流，群内可以共享施工图纸、技术要求等文件，方便各方查阅。

（8）增强沟通透明度，所有群成员都能看到信息，避免信息不对称。方便问题追溯，聊天记录可作为问题追溯的依据。及时应对突发情况，如遇紧急情况，能迅速通知相关人员并采取措施。

对总承包方实施对各专业分包方的管控起到了积极的促进作用，同时也对监理方、总承包方对项目质量安全的精细化管理起到了积极的促进作用。

5.3　HSE 和 QMS 体系

在职业健康、安全、环境（HSE）、质量（QMS）管理的过程中，需要坚持"安全第一、质量第一、预防为主"的方针；必须使工地全员遵守有关安全生产、职业健康和环境保护的法律、法规，建立、健全 HSE、QMS 责任制度，加强 HSE、QMS 管理，完善生产条件，从而确保各项无死亡事故、无重伤事故、无《生产安全事故报告和调查处理条例》规定的火灾事故。

本项目加大建设管理力度，提高工程管理水平，使各项目建设的质量、安全、环境得到有效控制，保质保量按期完成任务，尽快发挥投资效益。特此制定《HSE》和《QMS》，供 HSE、QMS 体系小组全体成员共同遵守使用。

5.4　项目管理公司在现场管理中辅以相应的管理手段

规划与制度制定：制定了详细的监理规划和监理实施细则，明确工作流程、质量标准、安全要求等，建立健全的现场管理制度，确保各项工作有章可循。

现场巡视：定期或不定期对施工现场进行巡视，检查进度、施工质量、安全等情况，及时发现问题并要求施工单位整改。

旁站监理：对关键工序、关键部位和隐蔽工程进行旁站监理，全程监督施工过程，确保施工符合规范和设计要求。

平行检验：利用一定的检查或检测手段，在施工单位自检的基础上，按照一定比例独立进行检查或检测，以验证施工质量。

工程例会：定期组织召开工程例会，协调解决施工过程中的问题，沟通各方工作进展和需求。

指令文件：以书面形式向施工单位发布指令，提出整改要求、工程变更等，确保施工单位按照要求执行。

计量支付控制：严格审核施工单位提交的工程款申请，根据工程进度和质量情况进行合理支付，以经济手段控制施工单位的行为。

风险管理：对施工现场可能出现的风险进行识别、评估和应对，制定风险预案，降低风险对工程的影响。

信息化管理：利用信息化技术，如项目管理软件、视频监控等，提高现场管理的效率和准确性。

沟通协调：保持与建设单位、施工单位、设计单位等各方的良好沟通，协调解决矛盾和问题，促进工程顺利进行。

6 项目管理成效

6.1 按时交付，业主满意

经过项目全体人员的不懈努力，提前12d完成1634根工程桩施工，主体按计划封顶；单月内完成245台高压柜、368台低压柜、292台列头柜、14台风冷螺杆设备进场并完成接驳，电缆10d完成10万m敷设，30d完成超过12000多平方米干挂石材施工，取得业主的高度认可。

6.2 验收谋划，完美收尾

项目通过精心谋划，一个月内完成了规划验收、消防验收、节能验收、联合验收，助力项目如期竣工验收。

6.3 调试有法，一次成优

项目多次组织测试团队、厂家的专家会议，利用各类新媒体开展学习活动，学习数据中心项目调试关键思路及相关专业知识，最终圆满完成业主1228系统试运行及业务上线需求。

6.4 初心不改，服务为魂

项目交付使用并不意味着履约的结束，而是质保履约的开始；我方主持编制总分包资源一览表，收集整理分包厂家三级联系人信息，确保质保问题责任明确；并与业主建立响应机制，到业主单位办公，对现场质保问题第一时间沟通，协调总分包及厂家到场解决；建立质保维修台账，固化质保证据，为后期质保金拨付提供足够材料支撑。

6.5 现场亮化，品牌彰显

项目在建设过程中，多次在当地新闻进行报道；获得多个考察业主的认可，充分践行了现场出市场。

6.6 筚路蓝缕，玉汝于成

项目全体监理人员有幸参与了数据中心的全过程监理，在监理过程中学习、成长。一段旅程的结束意味着新征途的开始，我们必将秉持着攻坚克难、使命必达的初心，心怀着排除万难、铸就精品的决心，时刻准备着为下一个目标全力以赴。

7 交流探讨

在现场管理过程中，监理项目部制定相应管理制度，健全质量保障体系，明确岗位职责，将过程控制措施落实到位，运用现代化管理方法和信息技术，实行目标管理，将管理目标按专业分解到人，是项目管控到位的关键。

同时，工程管理综合能力提升，增强企业实力、做大做强内在需求，是企业综合实力、创新能力、企业文化、企业精神培育的集中体现。良好的工程管控成果是对企业最好的宣传，是增强企业征服力、巩固市场、开阔市场最有力的武器。项目监理、工程咨询能否创新、创优，关键在于对人的把控，有优秀的人才，更有利于工程的建设；同时在创优的高要求、高标准的项目管控过程中，也能创造更好的条件、更多的平台，以赢得更多业主的青睐。

秦皇岛侨商大厦被动式超低能耗建筑监理实践

郝 娜（河北广德工程监理有限公司）

摘 要：真正卓越的建筑，不仅仅是俯瞰全城的高度，更源于尊重生命的初心，以及对当代办公模式的超越和进化。在当今社会，随着科技的发展和环保理念的深入人心，绿色科技建筑已成为现代城市建设的重要组成部分。侨商大厦位于秦皇岛经济技术开发区核心CBD地段，秦皇西大街与六盘山路交会处，交通畅通、配套成熟。这座大型被动式超低能耗科技建筑，不仅节约能源高达70%以上，而且为入驻企业提供了舒适的办公环境，大大降低了办公成本。这正是被动式建筑的魅力所在，它适应气温特征和自然条件，最大程度降低建筑供冷供热需求，同时充分利用可再生能源，实现更少的能源消耗。

1 工程概况

工程位于秦皇岛市经济技术开发区六盘山路以东、牡丹江道以南。抗震设防烈度为7度第三组。结构安全等级为二级，结构设计使用年限50年。建筑抗震设防类别为丙类。抗震设防等级为二级，地基基础设计等级为甲级，砌体砌筑等级为B类。本工程结构形式为框架-核心筒结构，基础类型为筏板基础。

本工程主楼部分，地上24层（含机房层），A座、B座建筑长度均为34m，结构高度105m，为办公楼，地上层高为一层层高6.1m、二层及以上层高为4.2m。地下两层为人防工程、设备用房及车库。筏板底标高到地下一层顶板的距离为8.5m，筏板厚500mm。

建设单位：秦皇岛侨企房地产开发有限公司。
施工单位：河北中铸爱军建设集团股份有限公司。
监理单位：河北广德工程监理有限公司。
设计单位：秦皇岛华成建筑设计咨询有限公司。
勘察单位：秦皇岛市建筑设计院。
本工程于2020年9月22日开工，2023年11月16日竣工，投资35000万元。

2 被动式超低能耗住宅建筑的特点

被动式超低能耗住宅建筑,简称为被动房,是指适应气候特征和自然条件,采用保温隔热性能和气密性能更好的围护结构,运用高效新风热回收技术,最大程度地降低建筑供暖供冷需求,合理利用可再生能源,以更少的能源消耗提供更舒适室内环境的住宅建筑。

2.1 超厚外保温

普通建筑外墙保温约为80mm厚,被动式超低能耗住宅建筑保温厚度一般超过200mm,相当于为被动式超低能耗住宅建筑穿上"羽绒服",减少了室内冷热量向外的散失。

2.2 隔墙保温

与普通建筑只外墙设置保温不同,被动式超低能耗住宅建筑所有户间隔墙、楼板均设置保温层,相当于为房间穿上了"保暖内衣",有效地防止户间传热,避免因相邻用户"蹭暖"而造成室内温度的波动。在分户隔墙两侧设置20mm厚保温砂浆,分层楼板设置60mm厚挤塑板保温层,楼梯间、前室隔墙设置10mm厚的真空绝热板,使得内部隔墙、楼板的保温效果与普通建筑的外墙保温效果相当,甚至更好,保证每一户的空调采暖效果。

2.3 节能外门窗

被动式超低能耗住宅建筑采用高保温节能的被动式保温密闭门,保温性能隔热比传统外门提高了2~3倍,保证其表面与室内温差不超过3℃,维持室内舒适的温度环境。设置大面积外窗,采光效果好,将外景纳入室内,满足人员身心健康要求。

2.4 高气密性

被动式超低能耗住宅建筑的外门窗除了高隔热性能,还具有良好的气密性能;另外,门窗框处、隔墙顶部均设置防水隔汽膜。相当于又给房间穿了一件防水防风的"冲锋衣"。在室内外压差50Pa时,由于门窗的渗透,普通建筑的换气次数约5~7次/h;被动房可以做到换气次数少于0.6次/h,气密性效果要好上10倍,有效地防止室外冬季冷风和夏季的热风通过缝隙渗透到室内,引起室内温度和湿度的波动。

2.5 避免热桥

普通建筑为防止热桥产生,一般会在外墙和屋面等围护结构中外挑的部分设置0.3~0.5m的构造保温,并不能完全避免热桥的产生。而被动式超低能耗住宅建筑则需要所有的构筑物外全部设置保温层,而且连续,不可间断。大到阳台、女儿墙,小到一个穿线管、固定锚栓,均要做保温处理,完全做到了防止热桥的产生。

2.6 新风热回收

为保证密闭效果良好的房间内空气清新，被动式超低能耗住宅建筑为每户设置了新风换气机，并设置 CO_2 含量检测装置，保证室内 CO_2 含量≤1000ppm（0.1%）。新风设备内置 PM2.5 净化装置，保证室内空气的洁净。同时新风换气机还配置空调室外机，通过对空气的加热或制冷，给室内提供所需的热量或冷量，保证室内恒定的温度。

2.7 室内恒静

门窗的高密封性能能有效地隔绝室外噪声，户间楼板、隔墙的保温层除了具有保温效果，还能有效地起到隔声的作用，降低住户间的声音传播。另外，新风设备吊装在厨房或储藏间吊顶内，卧室、客厅区域仅设置送风口，不需另外设置空调室内机，避免了室内空调设备噪声的产生，保证了室内安静舒适的环境。

3 工程建设重（特）点

3.1 基坑支护

本工程基坑开挖深度为 9.22~9.72m，属于超过一定规模的危险性较大的分部分项工程，基坑开挖选择降水帷幕，西侧采用排桩支护，其他三侧为放坡+外花管支护的围护方案，基坑内采用井点降水。施工前编制专项施工方案并通过专家论证。

3.2 混凝土工程

本工程主楼部分筏板厚度为 1m、1.4m，为大体积混凝土。在施工前完善专项施工方案，以有效避免因混凝土中胶凝材料水化引起的温度变化和收缩而导致有害裂缝产生。

地下室主楼负一、负二层混凝土强度较高，根据地下室外墙、顶板抗渗要求，需要在施工前做好混凝土浇筑计划，做好混凝土的有序浇筑。

地下室基础顶至 18.5m 的范围内剪力墙及框架柱混凝土强度等级为 C50。强度的提高，给混凝土原材、配合比、运输、施工、养护各环节增加了质量控制难度。

3.3 被动式技术措施

本工程节能标准为被动式超低能耗公共建筑，可以适应气候特征和自然条件，通过被动式技术措施大幅度降低建筑供暖、空调、照明需求：

（1）外墙、架空层楼板、被动区隔墙等保温构造。

（2）外门窗：ES91 系列铝合金隔热内开窗（6 双银 Low-E＋16Ar＋5mm＋16Ar＋6 双银 Low-E 暖边全钢化）。

（3）屋面保温：150mm 挤塑聚苯板。

（4）气密层连续完整地包绕整个被动区域。

（5）无热桥设计：外墙、外窗、屋面、地下室、管道等部位。

（6）总平面规划布置：科学综合考虑日照条件、自然通风、立面造型。

4 监理措施

4.1 双挂网内置保温墙体

4.1.1 墙体工艺特点

现浇混凝土点连式双挂网内置保温墙体是通过限位连接件在保温层一侧与双层镀锌电焊网可靠连接，在工厂预制成型，形成用于外墙保温的板状制品。其由双层镀锌电焊网、保温层和限位连接件构成的防护层和内置双挂网保温板构成，具体构造为110厚钢筋混凝土墙＋200厚石墨聚苯板保温层＋60厚现浇混凝土保护层，并以拉结件与现浇钢筋混凝土基层墙体形成有效连接，起保温、防护作用的构造系统。

4.1.2 监理措施

现浇混凝土点连式双挂网内置保温墙体，选用图集为《被动式超低能耗建筑节能构造（三）》（J21J245），施行日期为2021年11月1日。本项目为第一批使用该被动式构造图集的项目，分别于2021年9月16日和11月20日完成现场工艺样板段和工程实体样板段，其间监理项目部与建设单位、设计单位、施工单位、保温生产厂家进行多次设计会审和节点论证，最终形成一系列符合本工程特点的外墙构造节点和施工方案。

监理项目部在施工开始前就认真审查施工组织机构资质，并对施工准备阶段技术和材料准备情况进行审查，重点依据保温板使用材料的规格和数量，审查施工单位上报的加工订货计划，按照施工进度的要求，对进场材料组织验收，随车材料要齐全。材料进场后由专业监理工程师按提料单对品种、外观、尺寸等进行验收。尤其对现场细石混凝土、拉结件、镀锌电焊网按规范要求进行检查。例如混凝土浇筑时需特别注意外侧60mm混凝土密实情况，选用30振动棒，分层浇筑，紧插慢拔；施工时增加现场监理工程师巡视次数，并对关键节点进行旁站记录。

在模板计划加工时间前，监理要求施工单位的加工设备要提前进场安装调试。模板安装前必须完成钢筋、保温板安装部位、楼板基层处理验收工作，并办理完验收手续。复合保温系统的模板上穿墙螺栓孔应有侧向室外侧打孔，室外侧模板底部应留设清扫口，在穿墙螺栓固定、保温板碎块清扫干净后进行封堵。复合保温系统的混凝土应严格控制粗骨料粒径，初次浇筑前应对泵车及混凝土输送管道进行清洗，浇筑时应在泵车进料口设置筛网，浇筑过程中应设置挡板，防止污染墙面和外架。专业监理工程师对工程重要节点进行全过程审核检查，并形成检查记录。

施工过程中石墨聚苯板安装进度缓慢，监理项目部与施工单位研究采用先编号排板再按图加工，到现场后按编号进行安装的方法，大大提高了施工效率。首先将石墨聚苯板结构图对大样图逐项复核，将框架梁位置按照每层的分类，与保温排板图相结合，并在相应位置标注梁高、梁宽等信息。所有预留孔洞，尤其是占用两块保温的预留洞要结合立面图分析，并利用BIM技术将异形板样式和尺寸进行直观表达和验证，让异形板下料和生产过程都不出现问题。安装过程中进场的内置双挂网模块均带有编号，按照厂家提供的排板图纸进行安装，排板图有对应编号。保温板下料单和深化图纸结合起来，每个编号对应相应的大样图，保证从技术人员的深化图到生产工人实际下料之间的转换不会出现理解的偏差。

连接桥在内置双挂网模块内外侧安装。安装时尽量做到连接桥处在一水平线上，上下对齐，呈梅花形布置，内侧连接桥间距300mm，连接桥应与墙体钢筋进行绑扎。外侧电焊网根据内置双挂网模块长、宽、高尺寸裁剪好，将夹芯连接桥在网片上根据规定数量及间距安装完成后，将网片挂到内置双挂网模块上自带的连接桥上的十字卡扣内。因前期已将石墨聚苯板进行编号排板，在具体安装过程中大大提高了施工效率，节约了工期。

安装效果如图1所示。

图1 安装效果

本工程墙体采用细石混凝土浇筑，混凝土拆模时间应为混凝土浇筑完成24h后。防护面层与结构墙体同时浇筑时，防护面层浇筑应始终先于结构墙体。这是缘于结构墙体一侧的保温层有连接桥压盘的承托，结构墙体一侧抗变形刚度大于防护面层一侧，当防护面层的混凝土浇筑速度先于结构墙体时，保温层有足够的抗变形刚度，混凝土浇筑的冲击和挤压不会造成保温层的变形、位移和破裂。施工过程中监理项目部重点要求施工单位把握这一点，保证施工质量。由于防护面层的厚度只有60mm，为了保证混凝土浇筑速度和减少施工损耗，监理项目部建议采用分配器或漏斗配合施工。浇筑时，防护面层浇筑必须始终先于结构墙体，将防护层及墙体的混凝土分次浇筑至楼层设计高度。混凝土浇筑现场，监理项目部要求施工单位设专人对泵送前混凝土的性能进行检测，坍落度、扩展度满足相关要求且无泌水、离析的混凝土方可入模浇筑。

为防止保温板因两侧混凝土液面高差产生的侧压力导致的偏移，内置双挂网模块现浇混凝土剪力墙中任一截面处，在保温板两侧因混凝土的阻力、流速不同而产生的混凝土液面高差h（图2）不应大于150mm。混凝土浇筑过程中，监理项目部要求施工单位应设专人对各截面混凝土液面高度进行观测，观测时可通过手电筒照射、插杆测量等方式进行。

当某一截面处混凝土液面高差接近 150mm 时，应立即在该点补浇混凝土，即浇筑顺序可按图 2 中浇筑点 1→浇筑点 3→浇筑点 2 的顺序进行，以达到两侧液位平衡的状态。

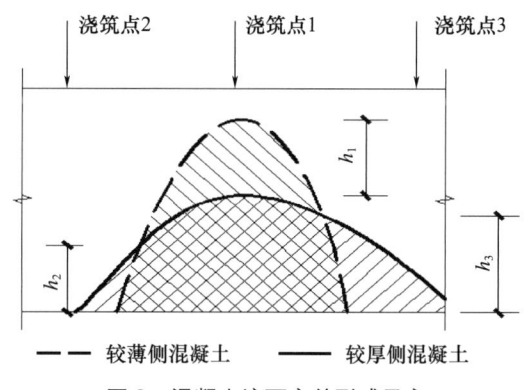

图 2 混凝土液面高差形成示意

4.2 被动式门窗

4.2.1 工艺特点

侨商大厦为被动式建筑，窗户安装施工对整个建筑被动式性能实现要求非常重要。本工程使用被动式门窗，断桥隔热铝合金窗型材、隔热条、平开窗开启系统、平开内开窗开启系统、密封胶条、中空玻璃等。其中中空玻璃选用 6 双银 Low-E＋16Ar＋5＋16Ar＋6 双银 Low-E 双暖边三玻两腔中空玻璃，中空玻璃符合《中空玻璃》（GB/T 11944—2012）。

4.2.2 监理措施

监理项目部在施工前审查门窗班组作业人员培训记录和技术交底，确保外窗洞口基层表面清洁到位，外窗安装位置放线完毕，并核验准确无误。门窗主框进场前就督促施工单位进行门窗复检，保证门窗气密性能 8 级、水密性能 6 级、抗风压性能 9 级、保温性能等级为 10 级［传热系数 1.0W/（m²K）］。督促施工单位进行中空玻璃露点试验，由于侨商大厦属公共建筑，按照要求需要做遮阳系数和可见光透射比的检测。在门窗全部施工完毕后，要求进行门窗现场试验。其中窗框侧边、内侧粘贴防水隔汽膜这一工序尤为重要。粘贴前，监理项目部要求施工单位应先用干净抹布把窗框侧边擦拭干净，擦去窗框侧边的浮灰，保证窗框侧边干净整洁。防水隔汽膜的粘贴应从窗框角处开始。粘贴时应在框角处预留约 100mm 长（保留该部分防水隔汽膜的自粘保护膜），然后边撕开自粘保护膜边，沿着室内侧窗框的周边将防水隔汽膜与窗框侧边粘贴严密。当沿窗框粘贴一周后，撕开框角处预留的自粘保护膜，并与之相互粘贴严密。

此工序中窗框转角部位是易发生质量问题的薄弱环节，监理项目部为了保证防水隔汽膜在窗框转角处的严密性，要求施工班组在窗框的转角部位，将防水隔汽膜对折搭接，在窗口周边的水泥砂浆面层上均匀涂刷一道专用黏结剂，然后按照自上而下的顺序粘贴防水隔汽膜。用刮板将防水隔汽膜刮平，排除隔汽膜与砂浆面层间的空气，使防水隔汽膜与水泥砂浆面层黏结严密。对此关键工序进行旁站监理，并制作专项检查表格，对每一个窗户进场登记检查。

4.3 保证气密性施工

为保证建筑整体气密性，外门窗应采用三道耐久性良好的密封材料密封；依据国家标准《建筑外门窗气密、水密、抗风压性能检测方法》(GB/T 7106—2019)，其气密性等级不应低于8级、水密性等级不应低于5级，抗风压性能应按现行国家标准《建筑结构荷载规范》(GB 50009) 计算确定。

侨商大厦为被动式超低能耗建筑，对气密性要求极高。监理针对以下工程中涉及气密性节点的施工重点关注：外门窗与结构墙之间的缝隙应采用耐久性良好的防水隔汽膜进行密封，构件管线、套管、通风管道、电线套管等穿透建筑气密层时需进行防水密封布密封处理。开关、插座线盒、配电箱等穿透气密层时，必须进行密封处理。位于现浇混凝土墙体上的开关、插座线盒，应直接预埋浇筑；位于有气密性要求的砌筑墙体上的开关、插座、线盒，应在砌筑墙体预留空位，安装线盒时应先用黏结砂浆封堵孔位，再将线盒底座嵌入孔位内，使其密封，套管内穿线完毕后，应使用密封胶封堵开关、插座、配电箱等的管口。建筑内卫生间排风竖井及新风竖井采用成品风道时，应在风道每节的接口处、风道穿楼板处进行气密性封堵，与建筑内卫生间排风竖井及新风排烟竖井连接的管道、管道与竖井接口处应进行气密性封堵，管道均设置自闭阀。

4.4 无热桥施工节点

本工程外围护结构保温层连续设置，外墙无热桥设计要求是外墙采用现浇混凝土内置双挂网保温板墙体。监理项目部提出墙角处采用成型保温构件，避免角部开裂。固定保温层的锚栓应采用断热桥锚栓。不宜在外墙上固定导轨、龙骨、支架等可能导致热桥的部件；必须固定时，应对构件进行防腐处理，且应采取有效阻断或削弱热桥措施。外墙外保温系统中的穿透构件与保温层之间的间隙，应采用保温材料填实。地下室外墙外侧保温层应与地上部分保温层连续，并应采用防水性能好的保温材料；地下室外墙外保温层应延伸至冻土层以下；地下室外墙外侧保温层内部和外部应分别设置一道防水层，防水层均应延伸至室外地面500mm及以上。

针对施工过程中易产生热桥的部位加强日常巡视检查，对采取阻隔或削弱热桥的要求施工单位提前提出方案，在方案中明确具体位置，方便日后检查。加强隐蔽工程检查验收制度，保证工程质量。

本项目为被动式超低能耗公共建筑，监理项目部在施工前就组织项目部监理人员学习了《河北省公共建筑节能设计标准》[DB13（J）81—2016]、《被动式超低能耗公共建筑节能设计标准》[DB13（J）/T 263—2018]、《现浇混凝土内置双挂网保温板应用技术标准》[DB13（J）/T 8370—2020]等规范标准。在施工过程中积极参加建设单位组织的样板工地参观学习，审查好施工单位报送的各项专项施工方案，并编制专项监理细则，分别对各项重要工序和关键节点进行质量控制，保证了工程施工质量。

5 项目管理成效

侨商大厦是一个国内领先的大体量被动式超低能耗 5A 甲级写字楼项目，总体设计通过了世界建筑领域最为严格的德国 PHI 超低能耗建筑体系认证，整体采用被动式节能六恒系统（恒温、恒湿、恒氧、恒洁、恒静、恒智）建设，率先国内百米高度框架结构外墙被动式保温结构一体化设计及施工案例。通过全热回收和冷凝热回收，PM2.5 颗粒物的过滤效率大于 98%，项目全年可节能减排标准煤 330t，可减少二氧化碳排放 858t，可为入驻企业主节约公司运营成本 70% 以上。

自开工建设以来，侨商大厦吸引了来自社会各界的目光，尤其是建筑行业的关注并获得业内广泛认可，与侨商大厦项目直接相关的奖项和荣誉层出不穷——分获 2021 年和 2022 年河北省第二届和第三届建设工程燕赵杯 BIM 技术应用大赛优秀奖和优秀成果奖项、荣获 2022 年第五届"优路杯"全国 BIM 技术大赛铜奖、荣获 2023 年第四届智能建造创新大奖赛铜奖、获评河北省建设工程绿色建造水平评价二类成果等，多达十余项，见表 1。

表 1 侨商大厦项目申报荣誉汇总

序号	荣誉名称	申报进程
1	国家优质工程奖	准备申报中
2	河北省建设工程安济杯金奖	准备申报中
3	河北省建筑优质结构工程	已获得
4	河北省工程建设质量管理小组竞赛	已获得二类成果奖
5	河北省智慧工地示范工程	已获得三星级智慧工地
6	河北省安全文明标准化工地	已获得河北省安全文明标准化工地
7	建筑业科学技术奖	准备申报中
8	河北省建设工程绿色建造水平评价	已获得二等成果
9	河北省科技进步奖	准备申报中
10	第三届信息技术服务业应用技能大赛建筑信息模型（BIM）技术应用赛项	已获得二等奖
11	2021 年信息技术服务业应用技能大赛建筑信息模型（BIM）赛项	已获得三等奖
12	河北省第二届建设工程燕赵杯 BIM 技术应用大赛	已获得优秀奖（监理单位）
13	河北省第三届建设工程燕赵杯 BIM 技术应用大赛	已获得优秀成果奖（监理单位）
14	2023 年河北省第四届建设工程燕赵（二十二冶）杯 BIM 技术应用大赛	已获得三类成果
15	2023 第四届智能建造创新大奖赛	已获得铜奖
16	秦皇岛市建设工程港城杯奖	申报中

续表

序号	荣誉名称	申报进程
17	秦皇岛市优质结构工程	初步验收已通过
18	2023年度"支部建在项目上,党旗飘在工地上"标杆创建活动	已获得优秀项目部
19	发明专利2项	正在审查阶段
20	实用新型专利2项	已下证

6 工程监理启示

6.1 监理目标与原则

在工程施工过程中我们确立了明确的目标和原则。目标在于确保建筑在设计、施工、运营等各个环节均达到超低能耗标准,提升建筑能效,减少环境负荷。原则包括:遵循国家及地方关于超低能耗建筑的法规标准,确保工程质量与安全,强化过程控制,注重细节管理,积极推广绿色建材与节能技术,促进可持续发展。

6.2 被动式建筑监理控制中心

加强设计文件管理,按照单体工程进行分类,从图纸会审、答疑到设计变更进行系统性管控,建立详细的台账,根据现场施工进度定期进行翻阅查漏,避免设计中的错漏。

加强被动式建筑学习,梳理大量的被动式建筑相关标准,定期总结被动式建筑实际经验,稳固提升团队技术力量,为被动式建筑提升夯实做出贡献。

加强被动房方案审批,施工方案是否切实可行,审核保证工期、质量、安全、文明施工、被动房的技术组织措施的可行性、合理性,能否满足设计和规范要求,进度计划与施工方案是否协调合理。

加强被动房施工过程管控,按照被动房施工工序进行分解验收,逐项、逐点、分层检查验收,并建立验收台账,督促施工单位严格落实被动房相应节点工艺,坚决做到上道工序验收不通过,不得进行下道施工的原则。

定期总结,在整个参与过程中要不断总结现场出现的各类问题及经验,并及时通过多个途径寻找问题存在的原因,分析寻找解决问题的最优办法,为被动式建筑管理提升提供素材。

发展被动式超低能耗建筑,是推进节能减排、实现碳达峰和碳中和的重要举措,是促进产业转型升级、培育新的经济增长点的重要途径,是提高群众生活品质、满足人民对美好生活向往的重要载体。我单位通过侨商大厦被动式超低能耗公共建筑项目的监理工作,积极参与到全省新旧动能转换、实现经济高质量发展的历史进程中,为推动我国建筑业向智能化转型升级,实现高质量发展贡献力量。

浅谈政府购买第三方巡查服务中的经验总结

王明亮（河北冀科工程项目管理有限公司）

摘　要：住房城乡建设部下发了关于促进工程监理行业转型升级创新发展的意见，主要为完善工程监理制度，更好发挥监理作用，促进工程监理行业转型升级、创新发展，解决政府主管部门监管技术力量不足的问题，提高监督人员业务水平。本文结合雄安新区政府购买第三方巡查服务的经验，从巡查工作开展的多维度论述其在工作中发挥的作用、形成的成果等，为后续类似情况政府购买第三方巡查服务提供实例参考。

1　项目背景

建设雄安新区是以习近平同志为核心的党中央做出的重大战略决策，是千年大计、国家大事。雄安新区坚持高标准、高水平、高质量的建设要求，打造一座绿色智慧的现代化新城，成为新时代高质量发展的标杆。

为进一步加强工程质量监管力度，强化新区各项目质量提升意识，质安中心在日常监管中不定期抽查工程材料及工程实体质量。目前，质安中心从事房建监管的人员平均监管面积超 200 万 m^2，远高于国内各地监管面积。其中，在监管的房屋市政工程 286 个、房建工程 138 个、市政工程 148 个；另外，目前新增大量房建工程项目，包括大河片区安置房、区科学园南部居住片区东区、区滨水商业商务区住宅项目等项目，以及四校、疏解单位总部等重点项目，建设体量大、异型结构多，监管难度大，急需专业力量补充。为进一步加强质量管控，增加专业技术能力，需购买第三方服务。

我公司承接第三方质量安全巡查服务（房建与市政工程质量监督）技术服务。

2　巡查工作重点、难点分析

（1）本工程巡查服务范围广，需对整个雄安新区的在建房屋市政工程项目进行质量巡查；巡查工程量大，需巡查的项目有 286 个；质量要求标准高，既要满足规范的相关要求又要体现雄安质量。

（2）如何在确保工程质量的同时，保证该工程按期投入使用，也是一个重要的课题；如何做到合理控制，及时发现工程中存在的问题，保证工程按质、按量实现各项目标是巡查工作最突出的特点与难点。

（3）本工程使用功能不同，结构体系多样，交叉施工较多，因此，要结合各功能的特点，做好本工程的巡查工作，督促施工及监理做好施工开工计划及进度计划，是工作的重点。

（4）本工程施工队伍较多，涉及总包、分包及各专业施工队伍，作业水平参差不齐，如何在巡视过程中树立标杆、引导施工、保证质量是巡查工作的重点。

（5）该建筑群所处区域，对"三废排放""环境空气质量""区域环境"都有国家标准，要求在施工安装、调试中一定要达标，这也是本工程巡查的重点之一。

（6）本工程巡查过程中需要控制好外部各点的尺寸、标高等，也是巡查工作测量巡视监控的难点。

（7）本工程建设规模大、工程投资大，如何有效地使用建设资金，实现项目全过程投资费用管理，不仅是业主关心的问题，也是巡查工作管理的工作难点。

3 巡查工作开展的内容

3.1 巡查服务内容

（1）巡查施工单位、监理单位执行法律法规和工程建设强制性标准的情况。

（2）巡查工程实体质量的情况：现场采取看、摸、敲、照、靠、吊、量、套等方法对地基与基础工程、主体结构工程、建筑装饰装修工程、建筑屋面工程、建筑给水排水及采暖工程、建筑电气工程、智能建筑工程、通风与空调工程、电梯工程、节能及轨道交通工程等进行检查。

（3）抽查工程质量责任主体和质量检测等单位的工程质量行为的情况。

（4）抽查主要建筑材料、建筑构配件质量的情况。

（5）对工程竣工验收前的质量情况进行检查。

（6）参与工程质量事故的调查处理，定期对本地区工程质量状况进行统计分析。

（7）建立完善房建市政工程质量监督台账，统计周报、月报等信息，完成委托巡查台账整理等工作。

（8）协助本组人员依法对违法违规行为实施处罚。

（9）进行报监资料整理，对质量监督备案的资料进行梳理、归档，及时跟进项目备案进度，完善档案管理制度。

（10）协助制订工作计划及实施。

（11）对工程实体质量、工程质量责任主体和质量检测等单位的工程质量行为进行抽查、抽测。检查完后，重大质量问题及时汇报委托方，一般质量问题每次检查完毕汇总后报委托方。

（12）形成工程质量巡查报告。

（13）建立工程质量巡查档案。

（14）跟踪新区监督巡查系统信息维护，及时补充项目信息及后台人员管理、项目分配录入等工作；集中攻坚开展省监督系统信息补录工作，按照委托方工作要求，全面启动信息补录工作。

（15）完成质量组委托的其他事项（如五大指挥部的月度考核、临时任务等）。

3.2 工作依据

《中华人民共和国建筑法》《工程质量安全手册（试行）》《建设工程质量管理条例》《建筑工程安全生产管理条例》《园林绿化工程建设管理规定》《房屋建筑和市政基础设施工程质量监督管理规定》《河北省房屋建筑和市政基础设施工程质量监督管理实施办法》《河北雄安新区建设工程质量管理规定（试行）》《雄安新区建设工程第三方质量安全巡查机构管理试行办法》等相关的法律法规、条例、办法与政府相关文件及雄安新区建设主管部门就工程监督制定的有关规定。

3.3 巡查机构设置

公司结合现场的实地考察情况，本着对工程质量高度负责的态度，并根据以往从事类似工程的经验，考虑到多个工作面及相关的因素，实行三级管理。公司下设巡查管理办公室，办公室含公司工程部、咨询部、造价部等，多部门协同人员配合，同时组成专家顾问组进行定期指导。第三方巡查机构设置如图1所示。

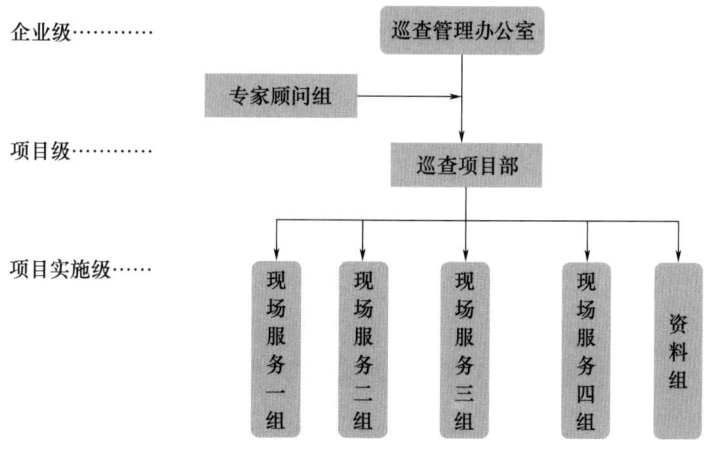

图 1　第三方巡查机构设置

3.4 巡查人员岗位职责

3.4.1 项目负责人岗位职责

（1）确定巡查机构人员的分工和岗位职责。

(2) 主持编写巡查方案等，并负责管理巡查机构的日常工作。

(3) 检查和监督巡查人员的工作，根据工程项目的进展情况可进行调整。

(4) 主持巡查机构工作会议。

(5) 参与工程质量事故的调查。

(6) 组织编写季度、月度巡查报告。

(7) 审查巡查项目档案整理。

(8) 巡查机构人员的调配等。

(9) 定期向本公司及治安中心汇报巡查人员日常工作情况。

(10) 参加委托方组织的相关会议，完成其委托的相关工作。

3.4.2 巡查工程师岗位职责

(1) 认真贯彻执行国家、行业、地方颁布的工程质量验收规范、标准、规定等，在项目负责人的领导下，对所巡查工程项目的质量负现场监督责任。

(2) 根据质量管理体系的要求和相关职能分配情况，以工程质量检验评定标准和施工验收规范为依据，对工程质量进行检查监督。

(3) 审查施工单位涉及本专业的报审文件，并向巡查组报告。

(4) 指导、检查现场工作，向巡查组报告本专业工作实施情况。

(5) 审查进场的工程材料、构配件、设备是否及时见证取样并送检，检查结果是否合格。

(6) 审查检验批、隐蔽工程、分项工程、分部工程、单位工程、竣工验收等。

(7) 审查发现的质量问题和质量事故隐患处理结果。

(8) 在项目施工过程中，巡查质量控制的情况，对违反质量规定和有关质量法规的行为，在巡查报告中予以记录。

(9) 检查督促质量整改的落实情况，参加工程质量事故调查分析，并提出处理意见和防范措施的建议。

(10) 定期向项目负责人汇报日常工作情况。

(11) 认真完成项目负责人布置的其他各项工作。

3.4.3 资料员岗位职责

(1) 负责对每日收到的管理文件、技术文件进行分类、登录、归档。注意保密的原则。来往文件资料收发应及时登记台账，按文件资料的内容和性质准确、及时递交项目经理批阅，并及时送有关部门办理。

(2) 负责审查工程档案整理移交工作。

(3) 负责整理发放巡查报告以及巡查工作总结等过程资料，并整理归档。

(4) 负责工程项目的后勤保障工作，负责做好文件收发、归档工作，负责部门成员考勤管理等工作。

(5) 完成项目负责人及质安中心交办的其他工作。

3.5 工作的原则

(1) 坚持诚信、科学、公正、守法的执业准则。

(2) 严格巡查、热情服务的原则。第三方巡查机构一方面坚持按合同办事,严格巡查的要求;另一方面又立场公正地为质量组提供热情服务。

(3) 预防为主的原则。由于工程项目的"一次性、单件性"等特点,使工程项目建设过程存在很多风险,第三方巡查机构具有预见性,并把重点放在"预控"上,防患于未然。在巡查过程中,对工程项目质量控制中可能发生的问题提出预见性的意见,予以防患。

(4) 实事求是原则。巡查工作中尊重事实,判断有事实依据,有证明、检验、试验资料。

(5) 坚持质量标准。严格按合同规定的质量标准进行检查,确保工程质量。以质量为中心,以承包合同、监理合同、技术规范、设计图纸及有关文件为依据,坚持"铁面无私、严格要求、一丝不苟、实事求是、公正合理、热情服务"的原则,通过事先控制、动态管理、跟踪监控,实现工程质量目标。

3.6 巡查队伍廉洁建设

巡查服务工作开展得好坏,巡查队伍是关键。必须有一支专业技术水平高、能打硬仗的队伍,才能不摆样子、走过场,真正起到"专家"和"协警"的作用,而廉洁巡查、公正巡查又是巡查工作顺利开展的生命线。

在履职过程中,坚持原则、公私分明,做到客观公正、公平透明,不以任何手段谋取私利。开展业务时做到服务高效,不以任何借口推脱工作,严格执行工作纪律,维护巡查人员的良好形象。不对外宣称自己是第三方巡查人员,不借第三方巡查人员优势承揽、介绍相关业务。

3.7 建立从"被动质量安全到主动质量安全"的服务理念

传统的质量巡查服务,只是简单地提供工地现场质量隐患的巡查工作,为了巡查而巡查,属于被动的质量巡查服务,无法从根本上杜绝和减少质量安全违规行为的重复发生。因此,第三方安全巡查服务应以"主动质量安全"为服务目标,帮助各方责任主体提高,充分发挥他们的主观能动性,主动作为,营造良好的质量安全生产文化氛围和你追我赶的质量优先环境,从"要我质量安全"到"我要质量安全",从"要我达标"到"我要优先"。

3.8 巡查工作流程

巡查工作流程如图 2 所示。

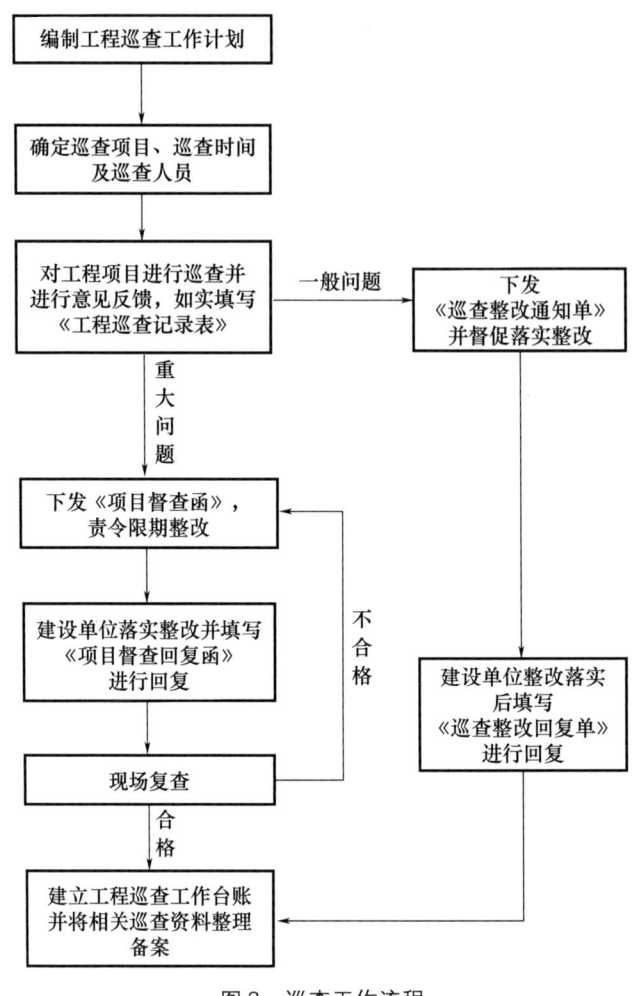

图 2　巡查工作流程

3.9　工作开展情况

3.9.1　现场服务一组

技术人员配合监督一组开展监督检查、档案整理、问题整改跟踪、投诉处理，陪同委托人检查、联合检查等技术支持工作。该组合同期内完成监督项目 27 个，目前正在监督项目 74 个，其中房建项目 35 个、市政项目 39 个；合同期内共计开展检查 379 次，查出问题 992 项，跟踪整改 992 项。

3.9.2　现场服务二组

技术人员配合监督二组开展监督检查、档案整理、问题整改跟踪、投诉处理，陪同委托人检查、联合检查等技术支持工作。该组合同期内完成监督项目 39 个，目前正在监督项目 70 个，其中房建项目 28 个、市政项目 42 个；合同期内共计开展检查 401 次，查出问题 1507 项，跟踪整改 1507 项。

3.9.3 现场服务三组

技术人员配合监督三组开展监督检查、档案整理、问题整改跟踪、投诉处理，陪同省厅检查，配合各区指挥部的联合检查等技术支持工作。该组合同期内完成监督项目38个，目前正在监督项目82个，其中房建项目45个、市政项目37个；合同期内共计开展检查487次，查出问题1192项，跟踪整改1192项。

3.9.4 现场服务四组

技术人员配合监督四组开展监督检查、档案整理、问题整改跟踪、投诉处理，陪同委托人检查、联合检查等技术支持工作。该组合同期内完成监督项目29个，目前正在监督项目60个，其中房建项目30个、市政项目30个；合同期内共计开展检查462次，查出问题888项，跟踪整改888项。

3.9.5 资料组

负责完成房建市政组的各项综合管理工作，主要包括：一是报监资料整理，对质量监督备案的资料进行梳理、归档，及时跟进项目备案进度，完善档案管理制度。二是数据统计工作，建立完善房建市政工程质量监督台账，统计周报、月报等信息，完成委托人巡查台账整理等工作。三是信息化工作，跟踪新区监督巡查系统信息维护、及时补充项目信息及后台人员管理、项目分配录入等；按照委托人工作要求，集中攻坚开展省监督系统信息补录工作。

3.10 检查问题分析

经过一年的工作，公司在技术服务的同时，对巡查发现的问题进行了梳理、分类、汇总，具体问题分布情况见表1、表2。

表1 问题梳理分布情况

资料	钢筋工程	二次结构	地下防水	主体工程	装修工程	水电工程	市政工程	其他	合计
977	621	393	42	505	634	246	534	627	4579

表2 问题占比分布情况

资料	钢筋工程	二次结构	地下防水	主体工程	装修工程	水电工程	市政工程	其他
21％	13％	9％	1％	11％	14％	5％	12％	14％

通过以上统计可以看出，现场问题中资料、钢筋工程、主体工程、装修工程、市政工程方面的问题所占比重较大，在下一步监管中应作为重点监管部位，加大巡查力度。

4 巡查工作成果

4.1 高效开展巡查工作

通过实际工作过程中各专业巡查人员及各组之间的协调、沟通等，展示出我公司人员自身的业务素养和工作能力，取得了质量组的信任、理解和大力支持，不仅为质量组提供了专业、客观、公正的质量安全监管服务，同时也显著提升了质量安全监督检查的精度和深度。我公司始终以"优质的服务、优秀的技术、优异的人员"配合房建市政组相关工作，从而高效地开展了各项巡查等工作。

4.2 编制常见问题手册

为雄安新区建设工程质量安全检测服务中心编制了质量常见问题手册，用于指导施工。

4.3 建立了"三级质量安全巡查服务体系"

（1）建筑工程质量安全巡查体系

① 督促整改、巡查复查。根据巡查时发现的安全隐患和提供的相关整改意见，督促整改，进行二次安全巡查复查。

② 出具巡查服务的速报、周报、月报、季度报告、年度总结报告等。根据巡查相关的检查资料、数据、结果进行整理分析，出具符合要求的检查情况报告等。

③ 数据分析。利用信息化管理平台，收集巡查记录，对数据进行多维度、多层次全方位分析。

④ 形成标准化工程巡查流程。

（2）建设工程质量安全标准化达标体系

在前述完善日常安全巡查基础体系的基础上，配合政府质量安全监督机构，协助建设各方主体树立标准化管理的理念，减少和杜绝重复性违规行为，建立工程建设质量安全生产标准化的管理体系。其主要工作内容如下：

① 开展建设工程标准化达标创建工作。成立辖区建设工程标准化达标创建工作小组，组内完成学习，并向各工地发布相应的工程标准，随即开展标准化创建工作，巡查小组通过日常巡查、监督、培训、宣贯等多种手段保证创建效果。

② 实施建设工程标准化达标评定。各建设工程完成标准化创建后，经过工地自检合格，向巡查项目组发起评定申请，巡查小组每季度结合巡查记录以及建设工程标准化评分表进行综合评分，科学评价项目安全状态，对建设工程质量安全管理现状进行评级。

③ 执行评定结果应用。根据建设工程的标准化评定结果，更新发布建筑工地质量安全指数，对于质量安全管理较差的建设工程项目，采取扣分、约谈、停工、列入黑名单等措施；对于质量安全管理较好的建设工程项目，给予通报表扬、年度表彰等。

（3）建设工程质量安全管理提升体系

建设工程质量安全管理提升体系是在质量安全巡查体系和标准化体系的基础上，通过知识积淀、培训宣贯、竞赛活动等多种方式，促进辖区工程项目建立质量安全文化，形成质量安全的良性循环。其主要工作思路如下：

① 编制《质量应知应会手册》《月度工地问题汇编》等总结材料，内容包含质量安全知识应知应会、当月巡查建设工程发现的各类问题汇编，下发给各参建单位进行全员学习，并且进行抽查以确保学习效果。

② 组织召开质量安全培训会议、质量安全生产工作会议，公布公司在巡检中发现的安全隐患和各类分析数据成果，表扬先进、批评落后。

③ 组织开展样板工地评比、参观，现场经验分享，根据辖区内建设工程标准化达标评定结果，选出"优质样板工地"，组织所有在建工地单位负责人、质量员到优质样板工地进行参观，由优质样板工地负责人现场分享安全管理经验，树立行业标杆，激励各单位达到更高的标准。

④ 开展质量安全知识竞赛，有针对性地编制满足辖区质量安全需要的知识题库，采用知识竞赛的方式提升各在建工地负责人、质量员的质量安全管理水平。

4.4 实施每月一次质量安全生产状况排名

依据每月巡查发现隐患数目、整改情况、综合评分等，对工地实行月度排名末位扣分（质量安全动态扣分和诚信扣分），加大检查频次以及停工处罚等。

4.5 每月开展一系列履职督察活动

主管部门及我公司逐步转变监管方向，除了开展日常工地安全隐患排查外，更注重从通过查到岗率、查履责台账资料、查建设单位履责的"三查"活动，检验参建单位主体责任落实情况。

4.6 每月推动一系列执法处罚行动

对于个别工地安全隐患较多、长期拒不整改或者参建责任主体履职不到位的，主管部门会同其他执法部门对该工程的建设单位、施工单位、监理单位做出书面警告、通报批评、动态扣分、诚信扣分、约谈企业法人、停工整顿等措施。

4.7 开展一系列教育培训工作

每年、每半年、每季度、每月组织大型专家培训，同时巡查组既是巡逻纠察队，又是宣传培训队，日常检查工地时除了履行各项检查督促职责外，还对各工地送政策、送宣传、送文件，并进行微培训，成为连接治安中心与各建筑工地的宣传纽带。

4.8 实施一套信息化解决方案

建立质量安全巡查信息化解决方案，通过信息化管理平台建立完善的数据台账，对常见问题、责任主体履责、作业人员能力、总体工地评价等进行分析，实施精准安全管理，抓住核心关键问题进行决策。

5　关于巡查服务合理化建议

(1) 从深度上来讲，应不断总结完善当前已经成形的第三方安全巡查服务体系，形成可复制化的服务方案，在此基础上继续挖掘其他服务类型（如监测服务、验收服务等）并形成可行性方案，形成一套完整的政府购买第三方巡查服务体系。

(2) 从广度上来讲，目前政府购买第三方巡查服务已经初步成形，但应用的区域和范围还比较小，对全国各地政府质量安全监督机构的服务支撑作用还不能很好地体现，应加大在全国复制和推广的力度，同时促进除安全巡查服务以外的其他类型服务的落地，加速企业转型升级工作。

(3) 从技术创新角度来讲，工程建设领域应加快适应互联网时代发展的步伐，依托现有成形的信息化应用经验，加大投入，实现包括第三方巡查服务在内的各类智慧工地、智慧安全、智慧质量等信息化应用，同时配合无人机、VR、智能测量等新技术工具应用，实现全行业的智能化升级。

6　政府购买第三方巡查服务的体会

(1)《河北雄安新区总体规划（2018—2035年）》提出，到2035年，基本建成绿色低碳、开放创新、信息智能、宜居宜业、具有较强竞争力和影响力、人与自然和谐共生的高水平社会主义现代化城市；到本世纪中叶，全面建成高质量高水平的社会主义现代化城市，成为京津冀世界级城市群的重要一极。由此可以看出，雄安新区将持续进行大规模建设，行政监督主管部门受单位性质的制约，人员数量相对稳定，技术力量将持续短缺，政府购买第三方巡查服务前景广阔。

(2) 政府向企业购买第三方巡查服务模式的优点是：解决了政府主管部门监督人员不足的问题；聘请的专家与监管部门联合开展监督检查，提高了巡查质量，通过以查代训等方式，提高了监督人员的专业技术水平；将检查权与处罚权分离，能够更好地发挥第三方巡查服务的技术优势。

(3) 政府向企业购买第三方巡查服务模式的缺点是，会造成个别监督人员的惰性心理，各种工作较为依赖第三方人员。

(4) 政府针对第三方巡查服务的规章制度不完善、操作性不强，对业务开展起不到指导作用；相反，相关制度及要求重复或者增加了巡查人员的无用功，可操作性不强，制度有待完善。

(5) 预算编制不够规范。目前没有形成规范性的预算编制，预算编制内容与合同要求的范围偏差较大，部分情况影响巡查服务质量。

（6）监理人员长年奋战在建设工程施工监管第一线，在工程质量和安全监管方面有充足的人力资源和技术储备，第三方质量安全巡查单位作为独立于其他参建单位以外的咨询服务方，通过对巡查服务发现的问题进行总结，有利于企业的业务延伸和水平提升，同时拓宽了企业的工程管理视野，培养和锻炼了一批技术骨干，给企业转型升级增添了新动能。

某港口自动化装卸运输煤炭堆场工程项目

赵趁圈（中基华工程管理集团有限公司）

摘 要：某港口自动化装卸运输煤炭堆场工程项目包括：煤炭堆场 5 个，转运站 6 个，14 段栈桥，4 条轨道，防风抑尘网，堆料机、堆料筛分机，堆取料机 6 台，皮带机 16 条，变电所 2 座，污水处理站 3 座，流动机械库，维修车间，生活区的生产调度楼（控制楼）、食堂及候工楼，进场门卫 5 座。项目占地面积较大，我集团公司承担该项目范围内的施工准备阶段、施工阶段、验收及保修阶段监理，在此期间对该工程提供施工过程中的质量控制、进度控制、费用控制、安全管理、环境保护检查、合同管理、信息管理、组织协调管理、保修期内检查和记录工程质量缺陷，对缺陷原因进行调查分析并确定责任归属，审核修复方案，监督修复过程及验收等相关监理服务。在委托人管理和协调下对工程施工阶段提出合理化建议，在专业化、精细管理模式下监理工作中积累了一定的经验。

1 项目背景

该项目为港口水运工程，既包括水运项目，又包括辅建区项目，为国家重点投资项目，社会影响力度大。本工程为大宗散货物流园区，主要建设煤炭（兼顾矿石）的场区内储运设施和相关配套工程。该项目作为港口煤炭码头和矿石码头的物流配套设施，具有煤炭的专业化储存、输送及配套筛分、洗等增值服务和功能，建成后可有效地缓解港内堆存压力。

2 项目简介

本工程用地呈梯形，陆域纵深 500m，陆域面积 42.66 万 m^2，预计项目 2030 年货运量达到 1500 万 t。为提高场区内部效率，港区陆域布置结合建设内容，功能分区主要包括生产区和生产生活辅助区。

该项目煤炭堆场规划建设主要包括煤炭储运设施和堆场区域的相关配套设施（实现自动化装卸功能，等待铁路、船舶运输线路接通，相应负荷的电力设施接入）。堆场内部采用斗轮堆取料机方案，堆场间共布置4条堆取料机轨道基础，散货进、出园区采用皮带机运输方式。1号轨道设1台堆料机和1台斗轮取料机分别进行堆料和取料作业，3号轨道设1台筛分堆料机和1台斗轮取料机分别进行堆料（筛分）和取料作业，2号、4号轨道各设1台斗轮堆取料机分别进行堆料和取料作业，采用防风抑尘网围蔽。其中堆场面积24.9万 m^2，大型堆取料设备6台，运输皮带机16条，防风抑尘网2194m。主体结构为现浇混凝土框架结构。从各参建方陆续进场到项目进入运营期，总体持续15个月。地基基础阶段施工持续4个月，主体结构阶段施工持续10个月，精装修、室外工程阶段施工持续6个月，随后工程进入竣工验收和运营期，基本按监理合同节点完成相应工作。监理团队高峰期人员进场16人，平均在场人数14人。本工程实行"总监负责制"，各阶段按照监理工作内容组建项目监理机构，配备监理人员，挑选具有丰富理论与实践经验的专业监理人员到场监理，人员配套齐全，满足现场监理工作需求。人员安排计划见表1，堆场平面如图1所示。

表1 按工程进度分阶段监理人员安排计划

工程阶段	总监	港口与航道	房屋建设工程	安全	造价	监理员兼资料员
施工准备阶段	√	√	√	√	√	
施工阶段	√	√	√	√	√	√
竣工验收阶段	√	√	√	√	√	√
保修阶段	√	√	√			√

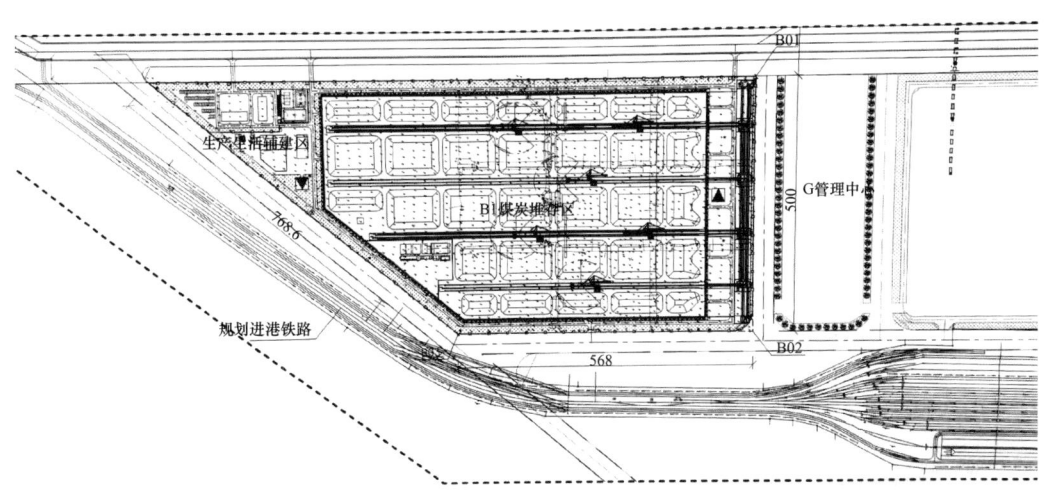

图1 堆场平面

确定接到监理任务后，公司技术质量中心、监理项目部结合项目所处外部环境和工程本身的特点，从技术管理、施工组织管理、外部环境管理三个角度对项目进行了综合分析。

（1）技术管理方面，根据本工程特点、监理任务和监理招标文件要求，本监理单位配备了专业配套齐全、具有丰富理论和实践经验的监理人员，数量满足监理工作需要的现场监理班组，以及满足现场监理工作需要的检测仪器和设备。

（2）施工组织管理方面，针对该项目单体建筑多，设备多、大，占地面积大的特点，从整个公司管理制度上，我们采取切实可行的控制措施。在该项目监理中，项目组织采用职能式管理结构，公司各职能部门的管理深入到项目监理部，总工办定期进行现场检查，其他职能部门定期召开专题研究会。公司制定了严格的岗位责任制和质量责任制，从公司总经理至一般工程监理人员均实行对工程质量终身负责制。公司对项目部实行动态管理，对项目部定期进行整体能力的评价，评价结果如不满足项目要求，及时对项目部人员予以调整和补充。

（3）外部环境方面，多专业分包施工，项目用地为吹填土（淤泥基础不稳定），外部进场交通环境较差，项目监理部必须具备组织实施和控制协调设计、合同、造价、采购、施工和试运行全过程的职能。项目监理部应对项目的质量、安全、造价和进度目标全面负责。在项目全过程监理范围内，项目监理部应具备与业主、设计单位、施工单位、材料供应单位、行业主管部门以及其他各相关方沟通与协调的能力。

综上所述，项目管理的难点主要表现在施工组织管理和外部环境管理方面。

3 项目组织

3.1 项目组织模式

本项目有生产生活辅助区、水运工程堆料区、转运区域，各区均需要各专业人员配置齐全，完成监理工作任务。本工程配备总监理工程师1名、港口与航道工程监理工程师2名、房屋建筑工程监理工程师6名、造价监理工程师2名、安全监理工程师1名、水土保持监理工程师1名、监理员及资料员3名。职能组织机构职责内容明确、专业性强，项目获得整个职能部门的支持，资源利用率高，有利于整体协调，项目可以从全局出发协调工作，管理权力高度集中。通过分工设定的职能职责，对各区人员从技术、能力、办公资源等进行分工管理，对各区域内的监理人员有完全的领导和指挥权。专业监理工程师、监理员在进度、质量、安全协调管理等方面各司其职，各负其责，协调统一。具体组织架构如图2所示。

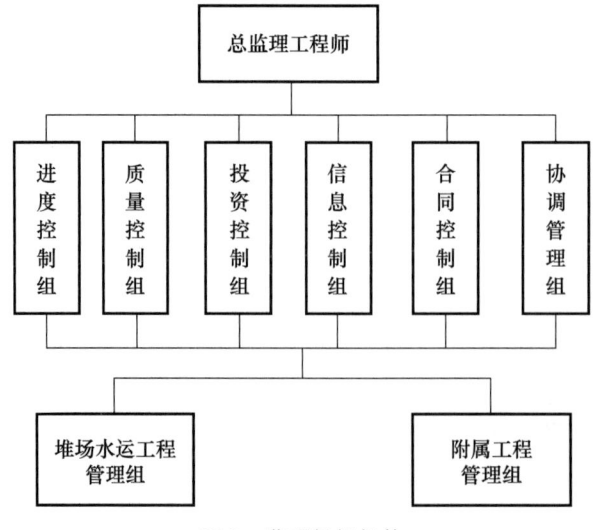

图2 监理组织机构

3.2 工作职责分工

3.2.1 总监理工程师主要职责

（1）确定项目监理机构人员、分工和岗位职责；

（2）组织编写项目监理规划，审批监理实施细则；

（3）根据项目进展情况调配监理人员，指导、检查和考核监理人员的工作；

（4）组织召开项目监理工作会议；

（5）组织审核分包单位资格，签署意见后报建设单位审批；

（6）组织审查施工组织设计和施工方案；

（7）组织检查施工单位现场质量、安全生产和施工环境保护管理体系的建立及运行情况；

（8）对现场进行巡视检查，掌握工程实施及现场监理工作情况，及时发布监理指令；

（9）组织审查开、复工报审表，签发工程开工令、工程暂停令和工程复工令；

（10）组织审核施工单位的付款申请、签发工程款支付证书，按合同约定组织审核工程结算；

（11）根据建设单位授权，组织审核和处理工程变更；

（12）参与调解建设单位与施工单位的合同争议，参与处理费用与工期索赔事宜；

（13）组织分部工程验收，审查施工单位的交工验收申请，协助建设单位进行交工验收，参加工程项目竣工验收；

（14）参与、配合对工程质量、安全和环境污染事故的调查和处理；

（15）组织编写监理日志、监理工作月报、工程质量评估报告、项目监理工作总结报告；

（16）组织项目监理资料的整理、归档工作；

（17）根据合同授权签发缺陷责任期终止证书。

3.2.2 专业监理工程师主要职责

（1）参与编制监理规划，负责编制本专业监理实施细则；

（2）负责本专业监理工作的实施，通过巡视、旁站、平行检验等手段，掌握本专业工程实施情况，及时发布监理指令，指导、检查监理员的工作；

（3）及时向总监理工程师汇报本专业工程实施及监理工作情况；

（4）审查涉及本专业的专项技术方案，审查签认施工单位提交的涉及本专业的工程资料；

（5）协助审查分包单位资格；

（6）对进场材料、设备、构配件进行检查验收；

（7）负责本专业隐蔽工程验收、检验批及分项工程验收，对相关工程资料进行审核签认；

（8）发现质量、安全和施工环境保护问题或隐患及时提出整改要求并督促处理，必要时向总监理工程师报告；

（9）负责本专业的工程计量工作，审核工程计量的数据和原始凭证；

（10）参与审核工程变更、工程延期和费用索赔；

（11）负责本专业有关监理资料的收集、汇总及整理；

（12）组织编写监理日志，参与编写监理工作月报、工程质量评估报告和项目监理工作总结报告；

（13）参与工程竣工预验收和竣工验收。

3.2.3 监理员主要职责

（1）在专业监理工程师的指导下开展现场监理工作；

（2）检查施工单位投入工程项目的人力、材料、主要设备及其使用、运行状况，并做好检查记录；

（3）复核并签认施工单位工程计量的原始凭证；

（4）按施工组织设计、施工方案、设计图纸及有关标准，对施工工序进行检查和记录；

（5）承担旁站工作，填写相关记录，对旁站中发现的质量、安全和施工环境保护问题或隐患，及时要求施工单位整改，并向专业监理工程师汇报。

4 项目管理过程

4.1 项目策划阶段

4.1.1 总体工作思路策划

本单位接受业主委托后承担本项目监理工作，将组建以项目总监理工程师为首、各专业监理工程师及其他监理人员各司其职的职能式项目监理部。计划的人员根据各阶段施工情况不同，适时进驻工程现场展开监理工作，以保证监理目标的实现。每周根据现场情况，项目总监组织职能部门及专业监理工程师召开内部会议，审核计划进度完成情况、工程质量控制情况、安全问题、资金投入情况，分析总结，提出有效措施，在监理例会上对施工单提出进度、质量、安全、资金措施对比，采取最优方案执行，使监理工作在施工过程中发挥关键作用，达到工程质量、进度、投资、安全四大目标的有机结合，实现本工程整体效益的最大、最优化。具体工作如下：

（1）成立工作策划小组。策划小组由3人组成，由项目总监理工程师担任组长、专业监理工程师为策划小组组员。策划小组成立后立即制订工作方案，明确策划工作内容，策划由准备工作、项目信息分析、编制方案等内容组成，并明确了小组成员的职责分工，在接到监理任务后进驻项目所在地。

（2）策划准备工作。我公司已通过质量管理体系认证，在工程开工之前，我们对该项目的工程特点进行了细致的分析；同时为了配合合同要求的工期目标，我们对施工单位上报的工期计划安排及工程实施过程中的潜在问题进行了严谨的分析，针对有可能造成的工程质量、进度、安全问题，均要求施工单位提前拿出解决预案，针对预案进行了认真分析并提出修改意见，过程中要求施工单位严格执行。公司将严格按照管理体系标准和质量手册的程序进行项目监理工作，以使业主委托我们所监理的工程达到100%处于受控状态，并用科学的方法使项目监理工作标准化、规范化，实现工程质量、造价、工期、安全、环境等方面达到业主预定的目标。

信息收集由组长、项目专业监理工程师完成，现场踏勘。根据区域地质资料及前期资料，本场地内不存在地震时可能发生的滑坡、崩塌、地陷、地裂等不良地质作用；根据勘察成果，本场地内存在的特殊土为人工填土及软土，拟建建筑物采用桩基础，4条轨道采用水泥搅拌桩。项目地下吹填土，地基松软，有积水、淤泥，进出困难，施工更困难，通过与工程施工人员沟通了解到，想施工必须先垫路。

（3）项目信息分析。信息收集完成后，工作策划小组立即召开专题会议，对收集到的项目建设条件、环境信息进行了汇总，同时结合招标文件中的工程技术信息、工程施工组织预判信息对项目进行了初步的综合分析，将监理工作在技术管理、施工组织管理、外部环境管理三个维度设定难度权重。

（4）总体工作思路策划。本工程建设规模大。根据工程具体情况，我们将派出经验丰富的专业监理人员组成现场监理队伍，特别是工程早期的桩基工程、基坑支护降排水工程、地下室施工以及随后的主楼主体结构施工，派出房屋建筑工程师担任，水运堆场工程将派出水运航道专业人员担任。同时考虑到工程的复杂性，配备熟悉法律、具备丰富合同管理经验的人员担任本工程的合同管理与信息资料管理。

4.1.2 项目管理架构及人员安排策划

（1）管理架构选择。

项目部组织架构已选择，不再赘述。需按组织架构要求、工程各阶段施工专业内容、持续时间、工作量等因素配置专业结构合理、执业资格合规的监理人员来组建团队，确保项目管理体系有效建立，筹划小组对人员需求、安排进行了总体策划。

（2）人员安排策划。

人员安排方面，工作策划小组首先确定已进驻工程所在地的8人，作为项目部骨干派驻现场，同时根据投标文件中在各阶段承诺的监理人员人数、专业构成要求，专业工程师进场，按总体需求数量和阶段进场计划时间进场，形成人员需求计划。人员需求策划见表2。

表2 某堆场项目阶段人员需求计划

阶段	计划人员总数	预计时间阶段	投标人员组成		人员需求计划					
			岗位	数量	堆场区	转运区	辅建区	合计	实际	需求
开工阶段	16	××—××	总监	1				1	1	1
			港口与航道工程师	2	2			2	2	2
			房屋建筑工程师	6	2	2	2	6	6	6

续表

阶段	计划人员总数	预计时间阶段	投标人员组成		人员需求计划					
			岗位	数量	堆场区	转运区	辅建区	合计	实际	需求
开工阶段	16	××—××	造价工程师	2	2			2	2	2
			安全工程师	1	1	1	1	1	1	1
			水土保持工程师	1	1			1	1	1
			监理员及资料员	3	1	1	1	3	3	3

4.1.3 公司管理体系与现场管理兼容策划

（1）公司"双控"嵌套管理体系。

公司"双控"管理包含项目运行管理体系和监理工作管控运行体系，监理项目部按照公司程序文件和作业指导书确保两个体系在监理工作开展过程中有效嵌套运行，确保监理服务质量。两套管理体系具体内容如下：

① 项目运行管理体系：项目运行管理体系中，重点工作内容包括项目分析、项目策划、团队组建、文件编制、"三控三管"运行、资料系统等，通过公司体系文件约束各项工作目标按标准达成，保证监理项目各阶段工作受控或高质量运行，从而确保监理任务完成。

② 监理工作管控运行体系：监理工作管控运行体系中，重点工作内容包括建设工程监理规范中明确规定的质量、进度、造价、安全、合同、资料管理六项。工作思路为，依据《监理规划》制定《质量控制监理细则》，突出质量控制的重要性，并在质量方面对工程实施提出具体要求：严把质量关，做好隐蔽工程验收和分项分部工程验收工作，所有隐蔽工程均经监理工程师检查合格后才进行下道工序，同时项目监理部侧重对关键工序、关键部位的预控和旁站监理；做好费用控制，严格控制设计变更，必须履行变更程序；强化各参建单位的安全意识，做好预控，加强巡查，发现安全隐患要求施工单位及时处理。加强前期策划，重在预控，加强主动控制，同时也注重被动控制；真正做好"三控、三管、一协调"，以保证本工程在质量、进度、安全、费用上达到合同的要求；合理构建组织机构、调整管理模式、制定工作方法、理顺工作程序。

（2）工程项目特点。

① 本工程占地面积大，在大面积施工期间，随着流水作业的开展，各类施工机具、材料运输量大，汽车吊、材料运输车辆较多，交叉作业多，统一协调组织管理难度较大。

② 堆取料大机吊装属于危险性较大的分部分项工程，同时焊接作业特殊工种人员较多，焊接质量要求较高，质量、安全控制难度较大。

（3）参建单位状态。

由于项目是国企和港务局合资工程，规模体量大，建设单位对工程建设实施过程的管理尤为重视，施工阶段委托参与管理的单位包括设备制造、检测、监理、施工，参建管理单位均将从各自不同的角度参与，为项目制定一套有针对性、可操作性的管理体系，项目的多管理体系必须作为监理工作管理体系策划的重要考虑因素。

4.2 项目实施阶段

4.2.1 管理体系建立

（1）团队组建。

前期阶段工作任务包括项目部监理部的建立，按照监理合同本单位接受业主委托后承担本项目监理工作，组建以项目总监理工程师为首、由各专业监理工程师及其他监理人员组成的职能制项目监理部，按工作目标和工作流程完成人员职责分工，结合监理单位的要求完成管理制度的制定，组建管理体系内容及要求。根据工作任务，前期项目部到场8人，包括总监理工程师、职能部门、专业监理工程师、安全工程师、资料员等岗位。

工程建设正常实施阶段工作任务包括按工程实施各阶段的人员需求计划及实际情况增配相应的人员，支撑总监理工程师调配合格的监理人员，以确保管理体系按预定目标、标准正常运行。

（2）管理流程

内部管理流程方面：项目按照公司的项目运行管理体系程序文件建立，管理流程按公司的"三控三管"运行体系建立，工作标准按相关作业指导书完成，总监理工程师与项目监理人员总体衔接，通过工作流程图明确参与衔接工作监理人员和工作流转关系，并向监理工程师宣贯工作流程和工作关系。

外部管理流程方面：总监理工程师负责总体外部对接工作，具体包括参建方工作指令、工程建设运行数据参数、文件等外部信息的收发、分析、流转等，必要时将外部信息分析成果形成内部工作指令，按统一标准执行、实施。监理工作总流程如图3所示。

（3）职责分工及授权。

本监理单位实行"总监负责制"。总监理工程师是本监理单位法定代表人任命的对建设项目工程监理全面负责的管理者，是本监理单位法定代表人在该建设项目的代理人。

职责分工完成后，形成书面授权书，授权书中明确岗位名称及职责设定，同时明确履行工作职责时享受的工作权利，确保各岗位工作衔接顺畅，工作按流程顺利推进。授权书由总监理工程师和岗位被授权人共同签字确认后生效。

（4）工作制度。

为保障各项工作流程顺利衔接、工作内容按职责分工完成，同时为了配合外部要求的信息化管理要求，监理项目部建立了如下管理制度：

① 施工图纸会审及设计交底制度；

② 工地例会制度，总监理工程师或专业监理工程师应根据需要及时组织专题会议，解决施工过程中的各种专项问题；

③ 材料和半成品质量检验验收制度；

④ 设计变更审核处理制度；

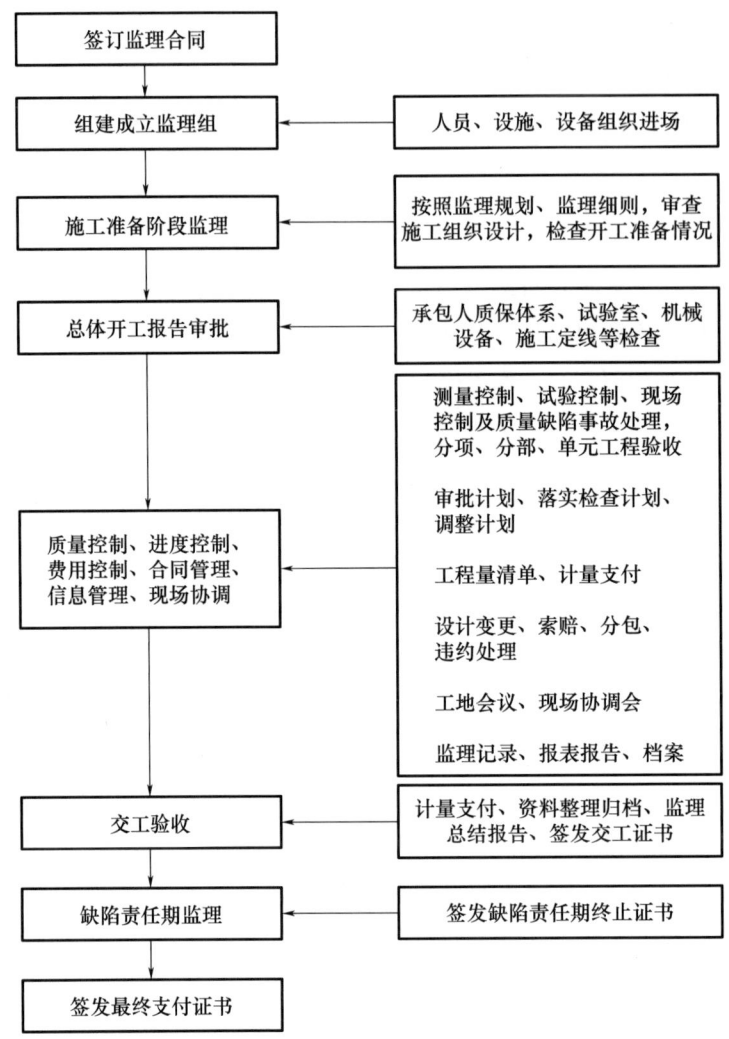

图3 监理工作总流程

⑤ 隐蔽工程分项（部）工程质量验收制度；

⑥ 施工现场紧急情况处理制度；

⑦ 施工技术复核制度；

⑧ 监理工作进度控制管理制度；

⑨ 监理工作安全控制管理制度；

⑩ 资料归档制度。

（5）项目部管理体系试运行及初步完善。

监理项目部组织架构设计、工作内容识别、工作目标设定、工作流程制定、岗位职责分工、管理制度制定等工作全部完成，建立管理体系的理论基础准备工作基本完成，前期阶段人员按计划到岗，团队组建完成，至此，监理项目部管理体系基本建立完成。

4.2.2 资料系统的建立

进场一周内，由资料员、总监根据公司文件归档及影像资料管理作业指导书，结合工程设计特点，监理资料系统。具体工作思路如下：

（1）资料系统总体架构为：综合运行管理类文件、进度控制文件、质量控制文件、造价控制文件、工期管理文件、合同管理文件、安全控制文件。

（2）资料系统除考虑工程运行相关资料外，还包括公司管理体系要求的内部流程、项目运行管理、绩效考核等文件，作为一个系统统一、分类编号进行管理。

（3）项目部管理体系试运行阶段（进场后第一个月），资料员按照业主提供的水运表格完成资料系统内容、格式、建档要求等，指导本项目资料系统管理。

4.2.3 "三控三管一协调"工作运行

（1）进度管理。

根据建设单位要求，与参建各方共同配合，在确保质量和安全的前提下，以工程承包合同确定的工期和项目里程碑为进度控制目标，督促所有承包单位按批准的进度计划组织施工，确保整个工程在计划工期内完成，满足业主的要求。

（2）质量控制。

依据《水运工程质量检验标准》（JTS 257—2008），以工程承包合同签订的工程质量等级为控制目标，督促检查承包单位严格按国家工程技术标准、施工验收规范以及经批准的设计文件施工，对各单位工程进行分部工程、子分部工程、分项工程的划分并确保本工程的所有分部工程、分项工程全部合格。

首先，工程质量监理是工程监理的核心，是受业主委托，按照合同文件、设计文件、技术规范和质量标准的规定和要求，对工程施工全过程实施的全面质量控制和管理。监理工程师应按照规定的工作程序，对施工各阶段的工程质量和各施工阶段中的各道工序实施全面的质量控制和管理，使各施工项目和各分项工程的施工质量符合设计要求，使承包人提交的工程项目符合合同图纸、技术规范、使用要求和施工验收技术规范的各项检测验收标准，外观质量良好，工程施工资料完整、齐全，从而保证工程建成后能安全、舒适、高效地投入使用。其次，工程质量监理应对一项工程实施全过程、全方位、全天候的质量管理，强调事前监理与主动监理，严把开工关，严格施工过程监理，以便及早发现问题，防患于未然，把质量问题消灭在萌芽，以尽量减少和防止不应有的事故、损失的发生。再次，实行质量一票否决权。质量监理与工程支付挂钩，只有经监理工程师检查验收并签字认可的质量合格工程才可支付。最后，按照有关规定和标准进行工程质量分级验收，按质量等级逐级评定。质量监理贯穿工程施工的全过程，根据不同的时间段和施工内容，质量监理划分为三个阶段，即施工准备阶段、施工阶段和完工验收阶段。对工程质量的控制必须采用科学的方法和手段，其方法主要是检查、旁站、平行检测、测量、试验的监理程序的控制。监理部各专业监理工程师在组成工程的各个单位、分部或分项工程开工前，据此提出工序检查程序说明，以供现场旁站人员及施工人员共同遵循。

（3）造价管理

费用监理主要依据有关规范及业主有关实施细则及管理办法，监理过程中控制程序和方法主要注意加强工程量清单的管理、计量与支付、工程变更的控制和管理。监理工程师进场后，先熟悉工程量清单及其说明的有关内容，掌握工程具体项目的工作范围以及内容、计量方式、原则和方法。工程量清单的管理主要是核查清单工程数量及工程实施中的工程数量变更、修改等工作，以便于进行计量。

（4）安全管理。

① 日常安全管理：强化安全意识，重视和加强安全文明施工管理，严格执行国家及省市有关安全文明的法规、条例及规定，督促承包单位完善安全保证体系和工作制度，使安全文明施工规范化、标准化和制度化；坚决杜绝重大事故，避免一般事故，以强有力的手段实施安全文明施工监理，尽可能减少对周围其他单位的干扰，使现场安全文明施工满足本地区的有关要求，确保本工程在施工和验收期间不发生重大伤亡事故和火灾事故。具体步骤包括：

通过日巡查收集施工单位安全管理人员到位情况、各安全管控项安全隐患数量情况、前一日安全隐患整改情况等数据，并对前一日安全隐患整改情况、本日巡查中管理状态、发展趋势进行描述，对施工单位安全管理体系运行状态进行定性判定。

除了每日安全检查数据的动态变化外，每周三对现场安全运行情况进行周检。对施工单位安全管理存在的问题下发监理通知单。

② 月度、季度安全管理：月安全管控模式主要依据行业标准和地方文件要求展开。具体步骤包括：

依据《建筑施工安全检查标准》（JGJ 59—2011），每月 25 日，与建设单位对现场进行安全联合检查。依据《公路水运工程平安工地建设管理办法》，我监理单位按照 JGJ 59—2011 的要求，每季度对监理范围内的合同段平安工地建设管理情况进行监督检查，发现问题及时督促整改，整改后仍不符合要求的合同段责令停工，并向建设单位报告；情节严重的直接向监管的交通运输主管部门书面报告。

按《建筑施工安全检查标准》（JGJ 59—2011）对现场安全内业、外业进行检查，按该标准附录 A、附录 B 进行打分，按其第 5 章评定等级并要求整改。

按《公路水运工程平安工地建设管理办法》（交安监发〔2018〕43 号），对施工现场水运部分、公路部分、通用部分、基础管理进行考核评价，按其附表 3.1、附表 3.2、附表 2 进行打分，按其第二章、第三章评定等级考核评价。

按《河北省安全生产风险管控与隐患治理规定》《建筑施工安全风险分级管控与隐患排查治理指导手册》的要求，施工单位报送一个台账、三个清单，按报送的清单进行隐患排查和限期整改。

4.3 项目竣工验收阶段

由于过程工作相对周密，项目竣工验收工作推进较顺利，按照国家规范及公路水运验收规范及房建规范等行业标准等正常推进。

5 项目管理办法

为了高效完成项目管理过程中各项工作内容，监理项目部在项目策划阶段制定了相关的项目管理办法，并在工作推进过程中根据实际推进过程进行了完善。现将质量验收、进度管控、安全管理具体办法介绍如下。

5.1 质量验收管理办法

根据本工程内容和特点，确定质量控制监理工作要点，包括：

（1）土方工程；

（2）地基与基础工程；

（3）道路堆场工程；

（4）信息与通信工程、控制工程；

（5）钢结构（流动机械库、维修车间、防风抑尘网）安装工程；

（6）设备（堆取料机、皮带机、变电设备）安装工程；

（7）供电照明系统工程；

（8）给排水及消防工程；

（9）配套建设生产调度楼、食堂及候工楼、转运站房和变电所等房建工程；

（10）其他附属工程。

具体步骤如下：

① 质量数据收集。将现场验收数据填表完成收集、提取工作。

② 统计并确定主要质量问题。表格会根据所输入的数据自动计算出合格率，并结合验收项目标准合格率判断是否合格，输出样本分析、合格率、结论分析表格，监理工程师可根据图表得出主要问题分布的情况。

③ 分析质量问题的主要原因。根据识别出的主要问题，通过文案调查（日志、验收资料）、现场调查（实测实量、试验检测）方式分析出问题产生的原因。

④ 问题整改措施。根据实际数据、现场闭环分析，有理有据提出整改要求和建议，可以尽可能地争取施工单位的认可度，有利于现场问题整改闭合，提升了工作效率。

⑤ 质量问题整改复验，给出验收结论。

5.2 进度管控管理办法

（1）专业监理工程师应依据施工合同有关条款、施工图及经过批准的施工组织设计制定控制方案，对进度目标进行风险分析，制定防范性对策，经总监理工程师审定后报送建设单位。

（2）专业监理工程师应检查进度计划的实施，并记录实际进度及其相关情况，当发现实际进度滞后于计划进度时，应签发监理工程师通知单指令承包单位采取调整措施。当实际进度严重滞后于计划进度时应及时报总监理工程师，由总监理工程师与建设单位商定采取何种进一步措施。某周进度控制目标见表3。

表3 某周进度控制目标

序号	项目	单位	总体工程量	原分解目标	上周偏差	本周调整分解目标
1	堆场	m^2	249000	45000	2000	4700
2	PHC管桩	根	2425	825	30	855
3	基坑支护	m^2	66000	2574	75	2649

（3）总监理工程师应在监理月报中向建设单位报告工程进度和采取进度控制措施的执行情况，并提出合理的建议，预防由建设单位原因导致的工程延期及其相关费用索赔，进度偏差如图7所示。

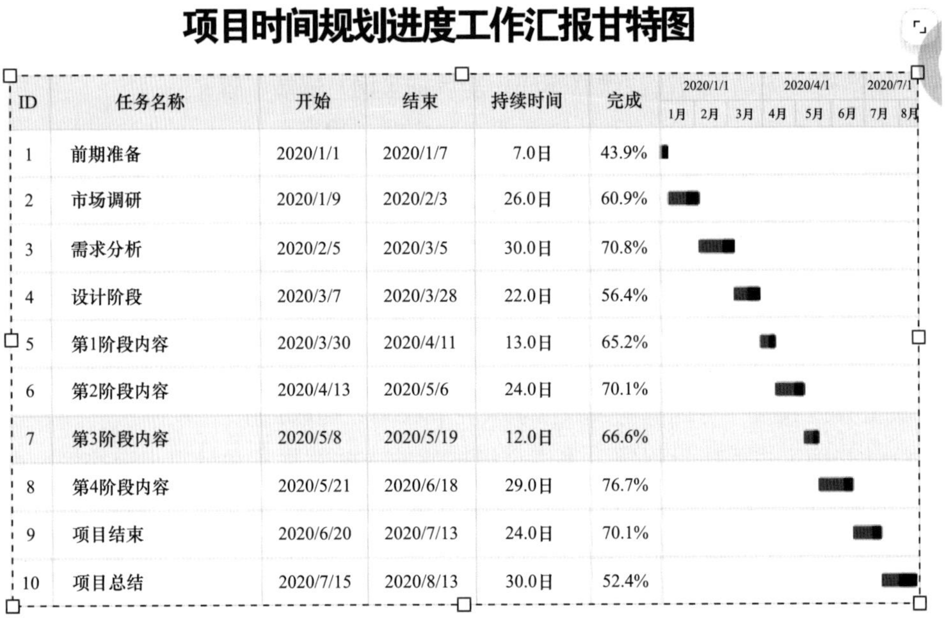

项目时间规划进度工作汇报甘特图

ID	任务名称	开始	结束	持续时间	完成
1	前期准备	2020/1/1	2020/1/7	7.0日	43.9%
2	市场调研	2020/1/9	2020/2/3	26.0日	60.9%
3	需求分析	2020/2/5	2020/3/5	30.0日	70.8%
4	设计阶段	2020/3/7	2020/3/28	22.0日	56.4%
5	第1阶段内容	2020/3/30	2020/4/11	13.0日	65.2%
6	第2阶段内容	2020/4/13	2020/5/6	24.0日	70.1%
7	第3阶段内容	2020/5/8	2020/5/19	12.0日	66.6%
8	第4阶段内容	2020/5/21	2020/6/18	29.0日	76.7%
9	项目结束	2020/6/20	2020/7/13	24.0日	70.1%
10	项目总结	2020/7/15	2020/8/13	30.0日	52.4%

图7 进度偏差

（4）将本周产生的偏差全部分解到下一周的进度控制目标中，并针对本周分析得出的偏差原因要求施工方在下一周采取有效措施纠偏，同时针对因进度偏差在下一周纠偏所需采取的措施向施工单位提出要求；跟踪纠偏结果，每周循环。

（5）如遇重大进度偏差或出现进度计划总体调整，重新作出部署。

5.3 安全工作管理办法

5.3.1 日巡查及数据整理

（1）描述施工单位安全管理人员到位情况。对施工单位安全管理人员到岗人数进行描述，并按照有关文件判断到岗人数是否与工程规模匹配。

（2）安全隐患情况描述。描述煤炭堆场部位及安全管理项目数量和内容，通过巡视发现安全隐患，并对其中隐患数量最多、占比最大、后果严重的隐患项目进行单独描述，提出限期整改要求并明确整改责任人。

（3）前一日安全隐患整改情况描述。包括安全隐患合计数量、整改完成数量，通过隐患数量变化判断整改完成情况，并描述现场安全运行是否处于受控状态。

（4）通过巡查中隐患数量、发展趋势等数据的动态变化，判断施工单位管理状态，对施工单位安全管理体系运行状态进行判定。

5.3.2 安全生产监理的主要内容

（1）控制施工人员的不安全行为。

（2）控制物的不安全状态。

（3）作业环境的安全防护。

5.3.3 文明施工监理的主要内容

工程建设文明施工监督的主要内容，就是对施工过程中的各种不文明因素进行控制，概括起来讲就是：控制施工人员的不文明行为和控制施工环境的不文明状态。监督的目标：参照工程建设行业的文明施工条例，争创文明施工的样板工地。

5.3.4 安全文明施工监理工作程序

安全生产、文明施工监理工作的任务主要是贯彻落实国家安全生产方针政策，督促施工单位按照施工安全生产和文明施工规范和标准组织施工，消除施工中的冒险性、盲目性和随意性，落实各项安全生产技术措施，有效地杜绝各类不安全隐患，杜绝、控制和减少各类伤亡事故，实现安全生产和文明施工。施工阶段安全文明施工监理工作程序如图8所示。

5.3.5 安全施工监理工作方法及控制措施

在工程施工阶段，安全生产监督工作可分为两个阶段，即施工准备阶段的安全监理和施工阶段的安全监理，各阶段的工作内容如下所述。

（1）施工准备阶段的安全监理。

本阶段的主要任务是安全的事前控制，制定安全监理的程序，对不安全因素进行预控。

① 制定安全监理程序。根据工程施工的工艺流程制定出一套相应的、科学的安全监理程序，对不同结构的施工工序制定出相应的检测验收方法，只有这样才能达到对安全的严格控制。在监理过程中，安全监理人员对监理项目做详尽的记录和填写表格。

② 调查可能导致意外伤害事故的其他原因。在施工开始之前，了解现场的环境、人为障碍等因素，以便掌握障碍所在和不利环境的有关资料，及时提出防范措施。

③ 掌握新技术、新材料的工艺和标准。施工中采用的新技术、新材料，应有相应的技术标准和使用规范。安全记录人员根据工作需要对新材料、新技术的应用进行必要的了解与调查，以求及时发现施工中存在的事故隐患，并发出正确的指令。

④ 审批分包单位安全资质和证明文件。监理工程师应审查分包合同中是否明确了承包人与分包人各自在安全生产方面的责任。

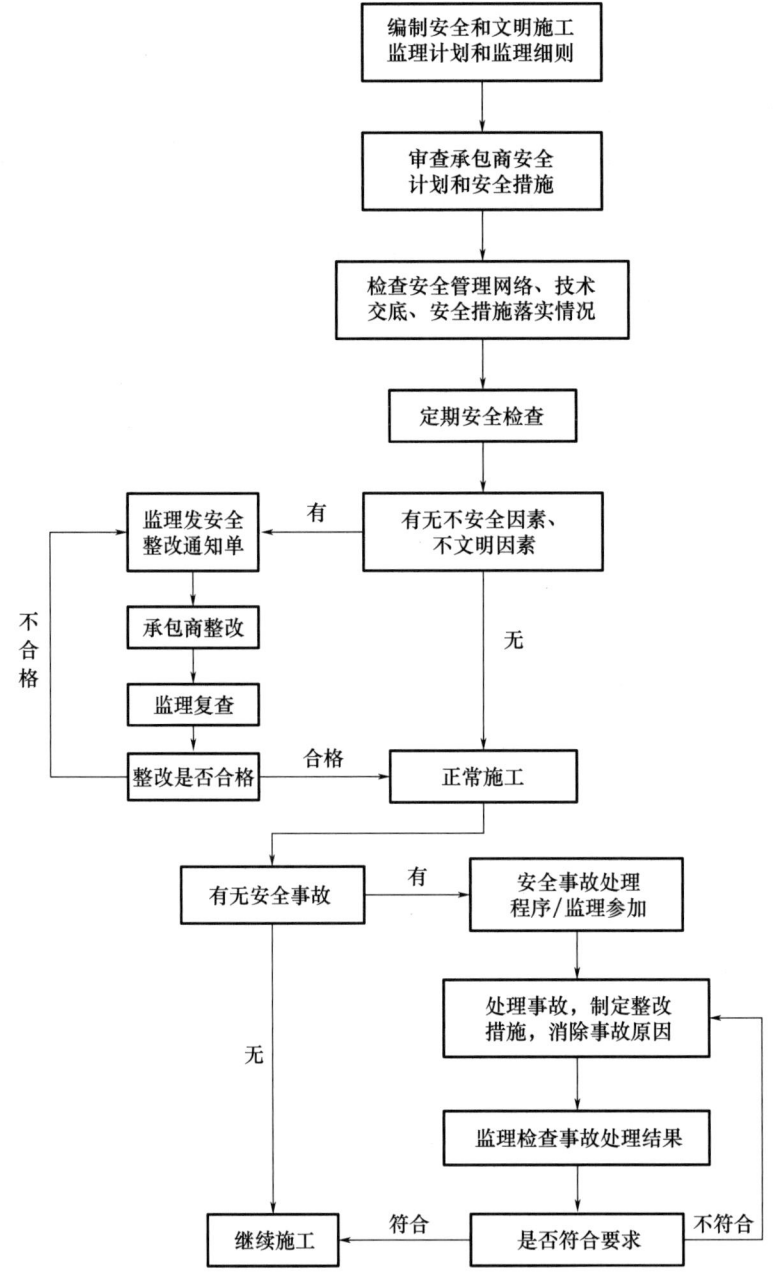

图 8 施工阶段安全文明施工监理工作程序

⑤ 审查安全技术措施。对施工单位编制的安全技术措施进行审查。

⑥ 检查施工单位开工时所必需的施工机械、材料和主要人员是否到现场，是否处于安全状态，施工现场的安全设施是否已经到位。

⑦ 审查施工单位的安全保证体系。在工程正式开工之前，督促建立完善的施工安全保证体系，对进场人员进行安全教育。

⑧ 对施工单位的安全设施和设备在进入现场时进行检查，避免不符合要求的安全设施和设备进入施工现场，造成人身伤亡事故。

(2) 施工阶段的安全监理。

① 核查各类有关安全生产的文件的执行情况。

② 检查施工单位提交的施工方案和施工组织设计中安全技术措施的落实情况。

③ 检查工地的安全组织体系和安全人员的配备。

④ 检查新工艺、新技术、新材料的使用安全技术方案及安全措施的落实情况。

⑤ 审核施工单位提交的各阶段工程安全检查报告。

⑥ 审核并签署现场有关安全技术签证文件。

⑦ 现场监督与检查。

⑧ 日常现场跟踪监理。根据工程进展情况，安全监理人员对各工序安全情况进行跟踪监督、现场检查、验证施工人员是否按照安全技术防范措施和按规程操作。

⑨ 对主要结构、关键部分的安全状况，除进行日常跟踪检查外，视施工情况，必要时可做抽检和检测工作。

⑩ 对每道工序检查合格后，做好记录并给予确认。

⑪ 建立施工安全监理台账。监理办应建立施工安全监理台账，并由专人负责。监理人员应将每次巡视、检查、旁站中发现的涉及施工安全的情况、存在的问题、监理的指令及承包人处理的措施和结果及时记入台账。总监理工程师和专业监理工程师应定期检查施工安全监理台账记录情况。

⑫ 分项、分部工程交工验收时，如安全事故的现场处理未完成，不得签发交工验收证书。

6 项目管理成效

通过分析识别项目的重点和难点，项目部制定了前述项目运行和监理工作运行双控体系，预期可取得较好的管控效果。为确保管理体系高质量运行，实现对项目重点、难点的管控目标，监理项目部制定了以下措施并取得了一定的管理成效：

（1）动态调整工作中的冲突。监理部成立平行检测试验室（监理委托检测公司），按见证取样数量的10%进行平行检验，取得第一手试验数据；施工过程中混凝土控制是关键任务，也是质量的重要节点、难点，依据《水运工程商品混凝土质量控制与措施》，监理对混凝土搅拌站厂家选定、所用原材、配合比、进场、施工、养护、试验进行控制，保证工程所用混凝土产品质量合格。

（2）钢结构工程施工控制。厂家选定，三方考察。原材料控制：规格型号平行检验，见证送检。制作过程控制：依据规定进行无损检测，进场验收。安装过程控制：检测合格，签订资料，信息反馈。

（3）堆取料机设备监造。委托单位编写技术规格书，派驻合格的专业监理工程师驻场，依据规格书现场监造，原材料检测、送检确认、焊接、无损检测旁站，进场验收，安装过程控制，信息反馈总结。

6.1　工序样板段施工

每道工序施工之前，做样板，编制施工程序、控制措施，明确实验、检验方法，样板完成后，总结样板施工过程中的成功经验，对不足进行分析，改进施工方法，直至达到进度合理、质量合格、费用最低、安全使用，后部工序严格按合格样板施工，保证了进度、质量、安全、费用的有机结合。

6.2　监理人员管理措施办法

（1）安排专业监理工程师，按区域划分责任范围，进行控制。

最初兼容体系按照合同要求召开监理例会，由总监理工程师汇总例会的数据和信息，完成总体统计、分析、预测，将总体分析成果、意见形成会议纪要在全项目部范围内流转，形成经验、教训的互相借鉴。

（2）通过专业工程师制订工程质量、安全监理工作预控计划，通过专题会议将预控计划与参建各方进行沟通，并通过会议讨论形成计划管理，统一意见，形成会议纪要，对各方进行工作预控约束。

商品混凝土因具有降低施工物资、降低生产成本、提高生产效率等优点，为保障工程质量，加强混凝土生产过程、施工过程管控，结合水运工程项目建设特点，我监理部采取以下管控方法及措施：

① 拌合站选定控制。

② 原材料控制。

③ 水泥控制。

④ 胶凝材料掺合料（粉煤灰、粒化高炉矿渣粉、硅灰）控制。

⑤ 细集料（砂）控制。

⑥ 粗集料控制。

⑦ 外加剂（高性能减水剂）控制。

⑧ 配合比控制。

⑨ 混凝土现场验收：包括交货检验；现场混凝土抽样制件，专业监理工程师旁站见证。

⑩ 试件养护和混凝土抗压试验控制

⑪ 混凝土养生控制：通过对混凝土厂家选定、原材配合比控制、进场控制、施工过程控制，收集数据，混凝土质量原因分析，找出混凝土质量的问题所在，监理例会确定混凝土质量控制措施。

6.3　监理人员管理成效

（1）各区域监理人员划分责任范围，明确了人员管理职责，确保各区域监理人员出现变化时能够在预期时间内顺利完成对接，保证了各方管理体系的动态兼容。

（2）召开监理例会，形成了有会议有决议、有决议有行动、有行动有结果的有利局面。

（3）通过预控工作计划、专题会议，实现了各方在工作预控方面的意见统一。各方按会议纪要动态微调与管理体系相关的组织架构、分工、制度等内容，实现管理体系的动态兼容。同时在质量管控方面实现了进场材料、方案、样板、验收等工作内容两周左右的预控管理。在安全管控方面，实现了安全按施工阶段的预控识别，从而达到集中精力、有针对性地开展不同阶段、不同安全内容的预控管理。

6.4 监理人员教育考核措施

加强支撑、强化考核、动态补充资源，确保体系各工作过程有效，从而实现管理体系的高质量、有效运行。具体措施如下。

（1）针对现场施工不同阶段组织项目部进行专项安全培训，培训计划为当地政策、法规、现场，专业培训一个月一次；

（2）集团监理业务考核周期为每季度考核一次，对该项目人员考核周期调整为一个月。

6.5 监理人员教育考核管理成效

（1）有计划、有针对性的培训有效提升了项目人员的业务能力，同时确保项目部监理人员了解动态管理规定，工作不脱节，保证管理体系各环节工作运行有效，从而确保整体管理体系的有效运行。

（2）加大考核频次，依据《公路水运工程平安工地建设管理办法》加强监理单位考核评价，可以相对充分地了解现场人员工作状态，为调整提供依据，同时通过考核了解现场工作薄弱环节，可以有效制定跟进措施。

7 交流探讨

对大宗设备、构配件、原材料，协调业主、施工单位一起考察确认厂家的生产能力和质量情况，确保大宗设备、构配件、原材料合格，为工程合格打下坚定的基石；对外加工过程进场见证试验、平行检验，保证施工过程符合标准要求，对进场设备、构配件、材料平行检验、见证送检；施工过程专人控制，保证施工过程的合规性和施工细节控制的成效性，进而保证整体的合规性。专监细节控制、总监每个过程到岗控制，是项目取得成效的关键。监理过程控制文件见表4。

表4 监理部控制文件

序号	资料明细	份数
1	监理规划	1
2	监理实施细则（方案、措施）	47

续表

序号	资料明细	份数
3	监理例会纪要	94
4	专题会议纪要	18
5	监理周报	89
6	监理月报	22
7	安全监理通知单	103
8	质量监理通知单	97
9	监理工作联系单	79
10	平行检测	182
11	监理日志（64本）	按单体每日记录
12	旁站记录	1700余份

样板工序实施，解决施工的盲目性。增强了施工人员的积极性、主动性，保证施工单位与监理单位协调统一、无争议，得到业主的认可。

内部管理体系方面，首先重视前期策划准备工作，充分挖掘影响体系建立的影响因素，做到整体管理体系化、管理流程系统化、工作内容标准化，充分保证管理体系自身的合理性和先进性。其次通过沟通、协作、自我完善，达成与外部管理系统的兼容，完成自身工作任务的同时，确保整体建设目标的顺利实现。监理单位抽检和见证情况汇总见表5。

表5 监理单位抽检或见证情况汇总

序号	试验名称	见证检验次数	检验合格率（%）	平行检测次数	检验合格率（%）	备注
1	素土压实度	511	100	13	100	外委
2	级配碎石压实度	45	100	2	100	外委
3	水泥稳定碎石压实度	101	100	2	100	外委
4	无侧限抗压强度	101	100	2	100	外委
5	固体体积率	336	100	39（压实度）	100	外委
6	钢筋	239	100	16	100	外委
7	填隙碎石	187	100	1	100	外委
8	石灰	83	100	8	100	外委
9	联锁块	207	100	21	100	外委
10	给水用聚乙烯（PE）管	5	100	—	—	外委
11	水泥	151	100	13	100	外委
12	钢筋机械连接件	167	100	50	100	外委
13	高强螺栓	3	100	—	—	外委
14	混凝土抗渗试件	35	100	—	—	外委

外部协作方面，主动保持与相关参与方保持有效沟通，互相尊重，通过努力营造友好、顺畅的外部管理系统运行环境，将自身管理体系融入其中，最大限度地为总体建设目标的最终实现发挥积极作用。

按照《水运工程质量检验标准》（JTS 257—2008）的检验原则，经监理对外业工作工序旁站、验收和内业资料的审核，煤炭堆场工程包括 35 个单位工程，其中分部工程共 185 项，分项工程共 1219 项，检查合格率 100%，全部评定为合格。

煤炭储运设施和堆场区域的相关配套设施施工完成，实现了自动化装卸功能、运输功能、等铁路、船舶码头运输线路接通，相应负荷的电力设施接入，堆场项目 2030 年设计货运量达到 1500 万 t。

引用规范、标准如下：
(1)《水运工程测量规范》（JTS 131—2012）
(2)《水运工程混凝土结构设计规范》（JTS 151—2011）
(3)《水运工程混凝土试验检测技术规范》（JTS/T 236—2019）
(4)《水运工程地基设计规范》（JTS 147—2017）
(5)《水运工程结构耐久性设计标准》（JTS 153—2015）
(6)《水运工程混凝土施工规范》（JTS 202—2011）
(7)《建设用卵石、碎石》（GB/T 14685—2022）
(8)《建设用砂》（GB/T 14684—2022）
(9)《水运工程质量检验标准》（JTS 257—2008）
(10)《水运工程项目商品混凝土管控方法及措施》（2023 年 11 月 1 日）
(11)《公路水运工程平安工地建设管理办法》（交安监发〔2018〕43 号）
(12)《建筑施工安全检查标准》（JGJ 59—2011）
(13)《水运工程施工监理规范》（JTS 252—2015）

农村电网改造升级项目

周剑波（中基华工程管理集团有限公司）

摘　要：本项目采用的是EPC总承包模式，其中含有新建35kV、110kV变电站及配套线路工程，10kV台区改造工程，新建10kV线路工程等。农村电网施工是一项综合性的工作，需要多工种配合，多种设备同时投入。因此，人员、材料、设备等方面的准备工作将直接影响工程的进度和工程质量。我集团公司承担本工程的施工前准备、施工、竣工、质保期全过程的监理工作。根据工程特点，建立矩阵式管理组织架构，本着科学性、独立性、公平性的原则，在农配网改造升级项目的实践中积累了一定的经验。

1　项目背景

本工程为农村电网改造升级项目，通过本次改造升级，可改变该地区农村电网设施陈旧落后、供电能力差、供电可靠性低等问题，同时可满足日益增长的供电需求，促进地区经济的发展，促进乡村振兴，改善网架结构，提高农网智能化，提高电压质量。

2　项目简介

本项目地处山区，东西最大横距84km，南北纵距82km，属南亚热带季风气候，全年夏长冬短，气候湿润，降雨量适中且比较集中，6月份到8月份的降雨量占全年的75%左右，平均年降水量1115mm。

本项目包括以下工程：110kV输变电新建工程5个；35kV输变电新建工程2个；10kV及以下农村电网改造升级共有528项，其中新建及改造10kV线路512km；新建及改造配变512台；配电容量为103097kV·A；新建及改造0.4kV线路636km；抄表自动化装置512台；安装配网自动化基站10座；安装低压电杆12575基、断路器437台、组合互感器437台、线路FTU 437台、台区TTU 512台。本工程采用的是EPC总承包模式，由设计单位和施工单位联合体组成，以施工单位为主。本项目施工作业范围较广，地势险要，环境较为复杂，工程建设过程中外部协调难度较大。

例如，与村民、林业、公路、水利交通、电力、水电供应部门等协调方面，没有政府的支持工程很难推进。

项目确定后，公司组织相关人员进行了现场实地考察，并组建了监理项目部，结合项目所处外部环境和工程本身的特点，编制了具有针对性的监理规划及实施细则。经过分析，我们把本工程的控制重点放在了质量控制、安全管理和外部协调工作以及相关工作方面。

3 项目组织

3.1 项目组织模式

本项目是由职能系统和子项目系统组成的，所以公司采用了矩阵制监理模式。按子项目分解的矩阵制项目监理组织形式如图1所示。

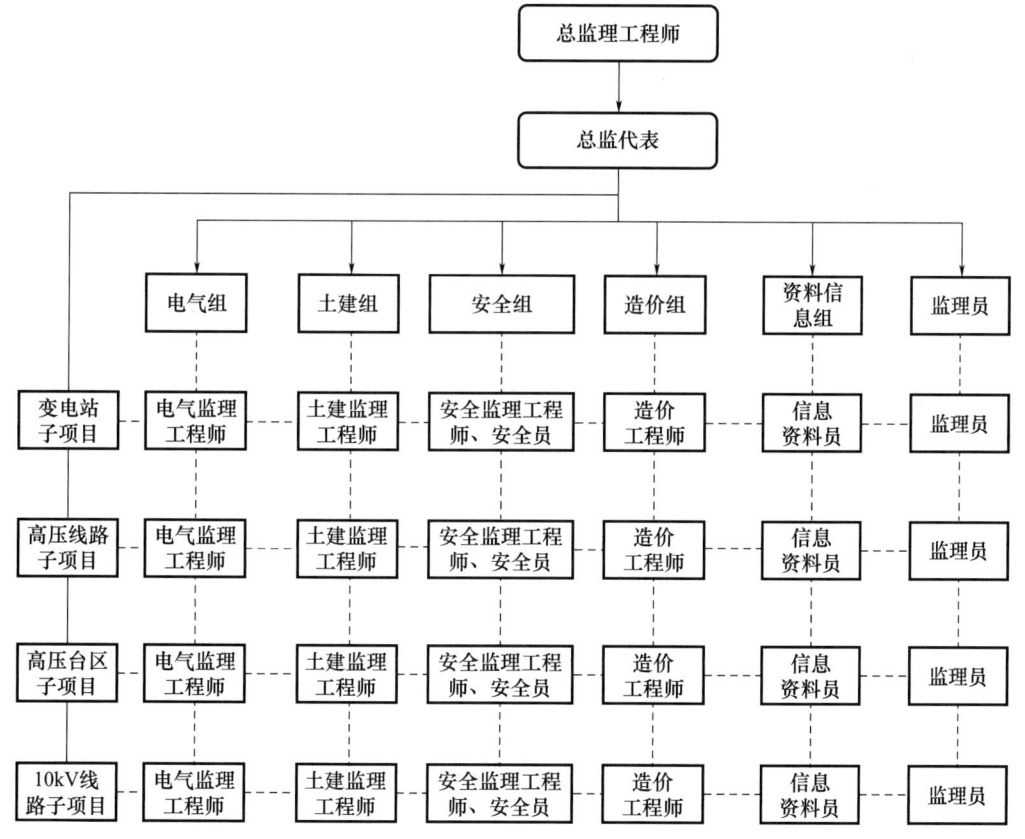

图1 按子项目分解的矩阵制项目监理组织形式

3.2 工作职责分工

3.2.1 总监理工程师

首先，总监理工程师必须具备全面的领导能力和管理能力，要制定有效的管理策略，监督子项目部以及专业监理组的执行过程，并做好外部协调工作，合理调配监理人员，优化配置，提高工作效率。总监理工程师是工作总体绩效第一责任人，对工作授权人负责，对项目总体管理体系运行的有效性负责，确保监理委托合同顺利履约。

3.2.2 总监代表

由于农村电网改造子项目多、施工作业区分布远，设总监代表协助总监理工程师管理项目，负责日常监理工作的协调和管理。在矩阵制组织架构中，行使总监部分权力，监督监理团队的工作，确保各项监理任务的顺利执行。

3.2.3 专业监理工程师

监理工程师是项目监理团队的核心成员，对施工过程进行全面的监督和管理，横向与变电站子项目、高压线路子项目、高压台区子项目、10kV线路子项目联系，解决各子项目上专业复杂问题，同时促进各子项目上监理人员的业务能力，确保施工质量和安全符合标准和规范。协助总监、总代进行项目协调和资源整合，提供专业的意见和建议，促进项目的顺利进行。及时发现和解决施工过程中的问题，提出整改意见，并跟进整改情况，确保问题得到妥善解决。

3.2.4 造价工程师

造价工程师的主要职责是：

（1）成本核算与预算管理：造价工程师负责对建筑工程项目进行全面的成本核算，并根据项目需求，对材料、人工、设备和其他相关费用进行合理的预估和计算，制定出合理的项目成本预算。同时，他们需要对项目的成本预算进行全程管理，与项目团队密切合作，监控项目的成本支出情况，并及时提出调整建议。

（2）造价咨询：在建筑工程项目中，造价工程师扮演着重要的咨询角色，根据项目需求，向业主和项目团队提供专业的造价咨询服务，包括成本控制策略、采购方案和合同管理等方面的建议。

（3）变更管理：在建筑工程项目中，变更是难以避免的。造价工程师需要负责对项目变更进行评估和管理，对变更造成的成本影响进行分析，并与相关方进行协商和沟通，确保变更过程的合理性和透明度。

（4）全过程参与：造价工程师在工程实施过程中，全过程参与工程变更签证的备案及审核，及时到现场了解工程变更实施情况，并审核变更工程报价，对施工过程进行动态造价控制，努力降低工程建设成本。

（5）合同管理与结算：负责施工、分包等合同管理，施工图预算和投标报价编制，落实过程结算制度，开展工程材料分析，复核材料价差和工程量等工作。

（6）编写或初审施工合同：编写或初审所分管专业工程施工合同。

（7）对变更和签证进行估算和经济分析：同现场工程师一同核定工程量，定期汇总变更和签证总金额。

（8）委托或自行编制工程预算：委托中介机构编制或自行编制工程预算，对内部编制预算进行互审。

（9）与乙方核对工程量、审核结算；或协调中介与乙方核对工程结算，结算内部互审。

（10）把结算与目标成本做对比分析：为后期开发的项目工程提供成本控制方面的建议。

造价工程师的工作不仅涉及项目的成本控制和预算管理，还包括为项目团队提供专业的造价咨询服务和变更管理，确保项目的经济效益和顺利实施。

3.2.5 监理员

监理员主要在项目现场执行日常监理任务，如现场巡查、资料收集、见证取样、数据记录等，协助专业监理工程师进行现场监督，确保施工按照规范进行；横向与各专业监理工程师联系，及时向专业监理工程师汇报施工现场发现的问题并接受专业监理工程师的指导。

矩阵制组织结构模式能根据项目需求，快速调整资源配置，提高工作效率。同时，跨部门的合作和沟通更加紧密，有利于资源共享和知识交流，能充分发挥各部门的专业优势，提高工作质量。

4 项目管理过程

4.1 项目策划阶段

4.1.1 总体工作思路

首先进行现场实地考察，组建了监理项目部，然后确定了监理项目部的工作目标，编制了监理规划及实施细则。然后进行工作重点及难点分析，确定工作重点及难点，即本工程重点放在了质量控制、安全管理和外部协调工作。因业主未催促工期，且施工合同采用EPC总承包模式，变更少，所以把进度、造价放在第二位，资料随着工程进度随时收集。

4.1.2 项目管理架构及人员安排

（1）管理架构选择：项目管理架构选择矩阵制监理模式，已在第3节阐述。由于该工程作业面较广且分散，子项目较多，流动性强，监理机构设置了变电站子项目部、高压线路子项目部、台区子项目部、10kV线路子项目部。为了更好地完成合同目标，结合监理公司监理人员的业务能力，优先选择矩阵制组织模式。

（2）人员安排策划：本项目是专业性较强的生产项目，必须配备能够承担监理任务的专业人员，并设置合理的监理人员专业结构，以提高管理效率和经济性。同时，根据工程特点和监理工作需要，确定项目监理机构中监理人员的技术职称结构，并与监理工作需求相适应。本项目配备总监理工程师1名，总监代表1人，安全监理工程师1人，专业监理工程师17名，安全监理员4人，监理员12人，造价工程师1人，信息资料员4人，合计41人，见表1。

表 1　人员安排情况

计划人员总数（人）	预计时间阶段	投标人员组成 岗位	人员需求计划（人）								
			数量	职能	变电站子项目部	高压线路子项目部	台区子项目部	10kV线路子项目部	合计	实际	需求
40	开工—完工	总监	1	1					1	1	1
		总代	1	1					1	1	1
		安全监理工程师	1	1					1	1	1
		安全监理员	4	1	1	1	1	1	4	4	4
		专业监理工程师	17	9	2	2	2	2	17	17	17
		监理员	12		3	3	3	3	12	12	12
		造价工程师	1	1					1	1	1
		信息资料员	4	1	1	1	1	1	4	4	4

① 变电站子项目部：根据施工进度要求，先安排土建监理工程师 1 名、监理员 1 名、安全员 1 名，在土建施工完成后再安排安装监理工程师进场。

② 高压线路子项目部：因高压线路为变电站的配套线路，线路最长距离不超过 5km，根据作业地点的不同，每条线路安排 1 名线路专业监理工程师、1 名安全监理员。

③ 台区子项目部：因作业地点分散，流动性较强，各施工班组作业人员的技术水平差异较大，施工安全危险性较大，是施工外部环境最难协调的地方，同时也是监理项目部工作重点管理的地方。所以，监理项目部依据分包单位的数量和施工区域，在每个分包单位或每个施工区域安排 1 名监理工程师和 1 名监理员。

④ 10kV 线路子项目部：10kV 线路子项目部与台区子项目部一样，作业地点分散，流动性较强，各施工班组作业人员的技术水平差异较大，施工安全危险性较大，协调困难，所以监理部也是在各施工区域安排 1 名监理工程师和 1 名监理员。

4.2　工程项目特点

本项目是 EPC 总承包模式，由设计和施工联合体承包，以施工单位为主，因工程子项目较多，并且可平行施工，总承包单位又邀请招标了多家分包单位。为推进项目顺利完成，业主成立了项目专项协调小组。施工作业环境较差，作业地点地势险要，大多数在山坡上，社会治安环境一般，施工过程中有材料丢失情况。

4.3　项目实施阶段

根据工作目标和工作侧重点不同，将实施阶段分为工程施工准备阶段和工程施工阶段。

4.3.1　施工准备阶段

（1）根据工程特点及前期现场勘察掌握的资料以及合同、业主要求、有关法律法规文件等条件，编制包括安全监理内容的监理规划。监理规划作为监理项目部开展监理工作的纲领性文件，其内容要有针对性、指导性和可操作性，要明确实施过程中各个阶段的工作内容、工作人员、工作时间和地点。

（2）对危险性较大的分部分项工程，监理部应依据审核通过的施工方案编制监理实施细则。例如，变电站的消防水池、消防泵房基础深度均超过 5m，高压线路的主塔架线、高压线路的交叉跨越等均编制了监理实施细则。

（3）审查施工单位编制的施工组织设计中的安全技术措施和危险性较大的分部分项工程安全专项施工方案是否符合工程建设强制性标准要求。内容包括：分部分项工程的专项施工方案、施工现场临时用电施工组织设计及安全用电技术措施和电气防火措施，冬期、雨期等季节性施工方案的制定，施工总平面布置图，临时设施设置以及排水、防火措施；

（4）检查施工单位在工程项目上的安全生产规章制度和安全监管机构的建立、健全及专职安全生产管理人员配备情况，督促施工单位检查各分包单位的安全生产规章制度的建立情况。

（5）审查施工单位资质和安全生产许可证是否合法有效。

（6）审查项目经理和专职安全生产管理人员是否具备合法资格，是否与投标文件相一致。

（7）审核特种作业人员的特种作业操作资格证书是否合法有效。

（8）审核施工单位应急救援预案和安全防护措施费用使用计划。

随着项目的有序展开，进驻现场的监理人员逐渐增多，根据工程特点和项目分布情况，按矩阵制组织模式进行监理人员配备，加强了专业性和适应性，重点又做如下工作：

（1）现场踏勘与评估。对施工区域进行详细的地形、地质、气象等条件调研，评估施工难度和风险。在安全管理上做到预防为主，防患于未然。

（2）施工方案审查。让专业监理工程师参与审查施工单位提交的施工组织设计，为总监理工程师当好参谋，确保施工组织设计具有合理性和可执行性。针对山区特殊环境，审查施工方法其内容对现场施工是否具有针对性以及是否满足技术要求，并能够确保施工现场的安全。

（3）资源协调与管理。审查施工单位材料进场计划是否与进度计划一致，审查其供应商的资信情况，以保证稳定的材料供应以及材料质量。

（4）环境保护措施。审查施工现场环境保护措施，如废弃物处理、杆塔组立后邻近地貌恢复情况等。

（5）风险管理。建立风险评估体系，对施工中可能出现的自然灾害、技术难题等进行预测和评估。

（6）培训与教育。监督施工人员进场前的专业技能和安全培训，确保他们适应山区施工环境，在施工过程中不受到人身伤害及损坏设备。

4.3.2 施工阶段

监督施工单位按照施工组织设计中的安全技术措施和专项施工方案组织施工，及时制止违规施工作业；定期巡视检查施工过程中的危险性较大工程作业情况；检查施工现场自升式架设设施和安全设施的验收手续；检查施工现场各种安全标志和安全防护措施是否符合强制性标准要求，并检查安全生产费用的使用情况；督促施工单位进行安全自查工作，并对施工单位自查情况进行抽查，参加建设单位组织的安全生产专项检查。监理项目部管理流程如图2所示。

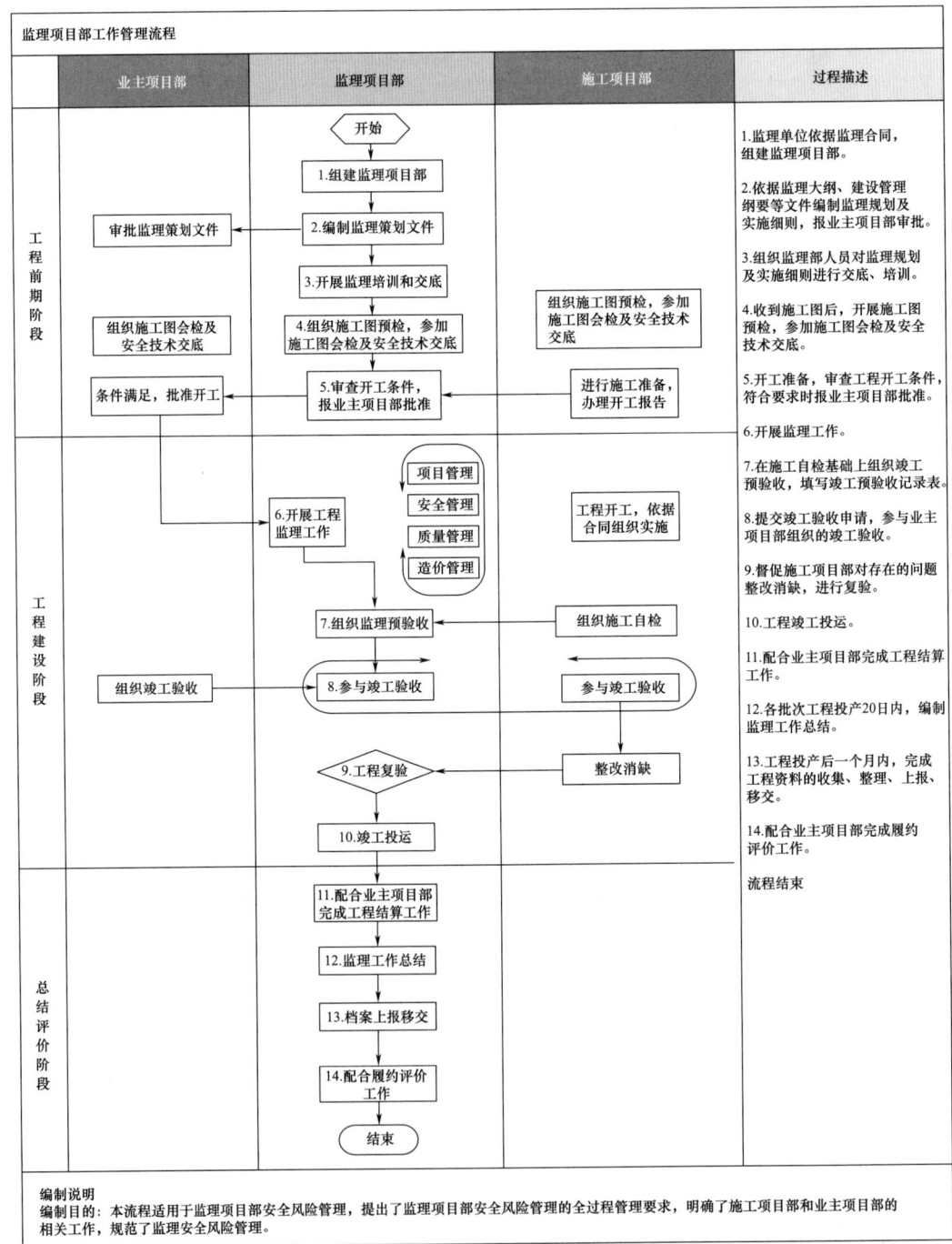

图 2 监理项目部管理流程

4.4 岗位职责

根据项目监理部人员的专业、技术水平、工作能力、实践经验等细化和落实相应的岗位职责。职责分工完成后，形成书面授权书，授权书中明确岗位名称及职责设定，同时明确履行工作职责时享受的工作权利，确保各岗位工作衔接顺畅，工作按流程顺利推进。授权书由总监理工程师和岗位被授权人共同签字确认后生效。

为全面履行监理工作职责，确保监理服务质量，监理项目部建立了如下管理制度，对相关工作过程进行约束和绩效考核：

（1）监理交底会议制度；

（2）监理例会制度；

（3）监理工作日志制度；

（4）监理工作质量控制管理制度；

（5）监理工作进度控制管理制度；

（6）监理工作安全控制管理制度；

（7）职能、信息化管理制度。

4.5 工程质量控制

这也是本项目监理工作的重中之重。工程质量控制在于预防，即在既定目标的前提下，遵循质量控制原则，制定总体质量控制措施、专项工程预防方案，以及质量事故处理方案。其主要内容包括施工质量、材料、设备、安装质量、目标风险分析等。

质量控制主要任务：

（1）审查施工单位是否建立了质量管理机构及管理制度，专职管理人员和特种作业人员的资格是否满足工程需要；

（2）审查施工组织设计及专项施工方案；

（3）审查用于本工程的材料、构配件、设备的质量证明文件；

（4）采用旁站、巡视检查、平行检验等方式对施工过程进行检查监督；

（5）对隐蔽工程、检验批、分项工程和分部工程进行验收；

（6）对质量缺陷、质量问题、质量事故及时进行处置和检查验收；

（7）组织工程预验收，参加业主组织的竣工验收。

4.6 质量管理

质量管理主要包括质量检查管理、设备材料质量管理、质量旁站管理、隐蔽工程管理、质量验收管理等。

4.6.1 质量检查管理

（1）根据施工进展，开展现场的日常巡视检查，填写监理检查记录表，发现问题及时纠正。

（2）发现施工单位施工工艺采用不当、施工不当或施工存在质量问题等造成工程质量不合格的，应及时签发监理通知单，督促施工项目部闭环整改。

（3）发生质量事件，现场监理人员应立即向总监理工程师报告；总监理工程师接到报告后，应立即向本单位负责人和业主项目部报告，并配合质量事件的调查、分析、处理。

（4）发现存在符合停工条件的重大质量隐患或行为时，应签发工程暂停令，并及时报告业主项目部，督促施工项目部停工整改。施工项目部拒不整改或者不停止施工的，应填写监理报告。

（5）配合业主项目部开展各类质量检查活动，按要求组织自查，督促责任单位落实检查整改要求。

（6）检查、验收应用情况，及时纠偏；督促施工项目部开展工厂化预制、成套化配送、装配化施工、机械化作业等标准化工艺应用。

4.6.2 设备材料质量管理

（1）组织施工项目部开展甲供主要设备材料开箱检查，如发现设备材料质量不符合要求，配合业主项目部和物资管理部门进行更换。

（2）按规定对进场的乙供工程材料、构配件、设备进行实物质量检查，审查施工项目部报送的质量证明文件、数量清单、自检结果、复试报告等，符合要求后方可使用。

（3）按规定见证施工项目部对试品、试件的取样，审核试品/试件试验报告报验表，符合要求后予以签认。

（4）对已进场的材料、构配件、设备质量有疑义时，按合同约定检验的项目、数量、频率、费用，对其进行平行检验或在征得业主项目部同意后进行委托试验。

（5）检查核实测量成果及保护措施。

（6）审核施工项目部提交的后续新进场的主要测量计量器具/试验设备检验报审表、乙供工程材料/构配件/设备进场报审表。

4.6.3 质量旁站管理

对关键部位、关键工序进行旁站监理，填写旁站监理记录表。质量旁站包括但不限于以下内容：

（1）土建施工：开关站（配电室）的基础及主体结构混凝土浇筑、屋面防水及保温；配电设备（箱式变压器、环网单元、电缆分支箱）基础的混凝土浇筑；杆塔基础的混凝土浇筑、钢筋笼入孔等。

（2）电缆施工：电缆中间接头（终端头）制作及试验等。

（3）配电变压器施工：变压器就位等。

（4）配网设备：调试及试验等。

（5）配网自动化装置施工：终端调试等。

4.6.4 隐蔽工程管理

（1）在施工单位自检基础上，组织隐蔽工程验收。隐蔽工程验收应在通知约定时间内组织施工方人员共同验收。如不能按时验收，应在施工单位验收时间前24h，以书面形式向承包人提出延期验收要求，但延期不能超过48h。验收合格后，需在隐蔽工程抽查验收表上签字确认。隐蔽工程包括但不限于以下内容：

① 土建施工：地基验槽、灌注桩的钢筋笼安装、钢筋工程、防水防腐工程等。

② 接地装置施工：接地沟开挖、接地体安装、预埋件安装等。

③ 杆塔施工：底盘、卡盘、拉盘等埋件、埋管规格、数量、位置及电杆埋深等。

④ 电缆施工：电缆管预埋等。

⑤ 其他隐蔽前检查。

（2）隐蔽工程需按要求拍摄影像资料存档。

（3）对已同意覆盖的工程隐蔽部位质量有疑问的，或发现施工单位私自覆盖工程隐蔽部位的，应要求施工项目部进行重新检验。隐蔽工程质量控制流程如图3所示。

4.6.5 质量验收管理

（1）对施工项目部报验的隐蔽工程进行验收，验收合格后予以签认；对验收不合格的，要求施工项目部限期整改并重新报验。

对工程隐蔽部位质量有疑问或施工单位私自覆盖工程隐蔽部位的，应要求施工项目部配合重新检查、验证。

（2）隐蔽工程应按照要求拍摄影像资料存档。

（3）在施工自验合格的基础上组织竣工预验收，填写竣工预验收记录表，向业主项目部提交竣工验收申请表，并参加业主项目部组织的工程竣工验收。

（4）因本项目台区电杆埋设为混凝土浇筑方式，对电杆基础开挖尺寸必须严格控制，因此规定施工单位在前一天晚上申报需要验收的电杆基础位置，以便监理能够在不影响施工班组正常施工的情况下，又能把控施工质量。

4.6.6 本项目实施过程中遇到的问题及监理采取的控制措施

（1）项目实施过程中遇到的问题。

① 人员问题：10kV线路作业人员无证上岗问题突出。施工班组为了降低人员成本，雇用一些无证人员，只要是能上岗就可以，干活中慢慢熟练，这就造成了施工过程中安全、质量的双重隐患。

② 材料问题：施工单位为了降低材料成本，使用不合格材料。如：固定墙担的膨胀螺钉采用冷镀锌，规范及设计图纸均要求电力工程外线施工应采用的配件为热镀锌，此项估算施工单位在本工程可降低成本约26万元。墙担材料进场检查不合格，焊接质量较差，存在焊缝不饱满、焊渣未处理等质量问题。

③ 机械问题：在变电站基础施工中，设计采用旋挖式基础，但在施工过程中却有很多桩无法达到设计深度，施工单位提出设计变更要求，但经监理现场检查发现，达不到设计深度是施工单位采用的打桩设备容量不满足要求造成的，经更换设备，施工正常。

④ 施工方法问题：变电站施工中，施工单位按照图纸先施工了围墙，施工场地进行了封闭管理。但在消防水池和消防泵房基础施工过程中才发现，消防水池和消防泵房基础边缘紧邻围墙基础，消防水池和消防泵房基础深度超过5m，施工过程中也对围墙基础做了防护处理，但该工程还未验收时就发现围墙出现裂纹，后经几次修补才满足要求。

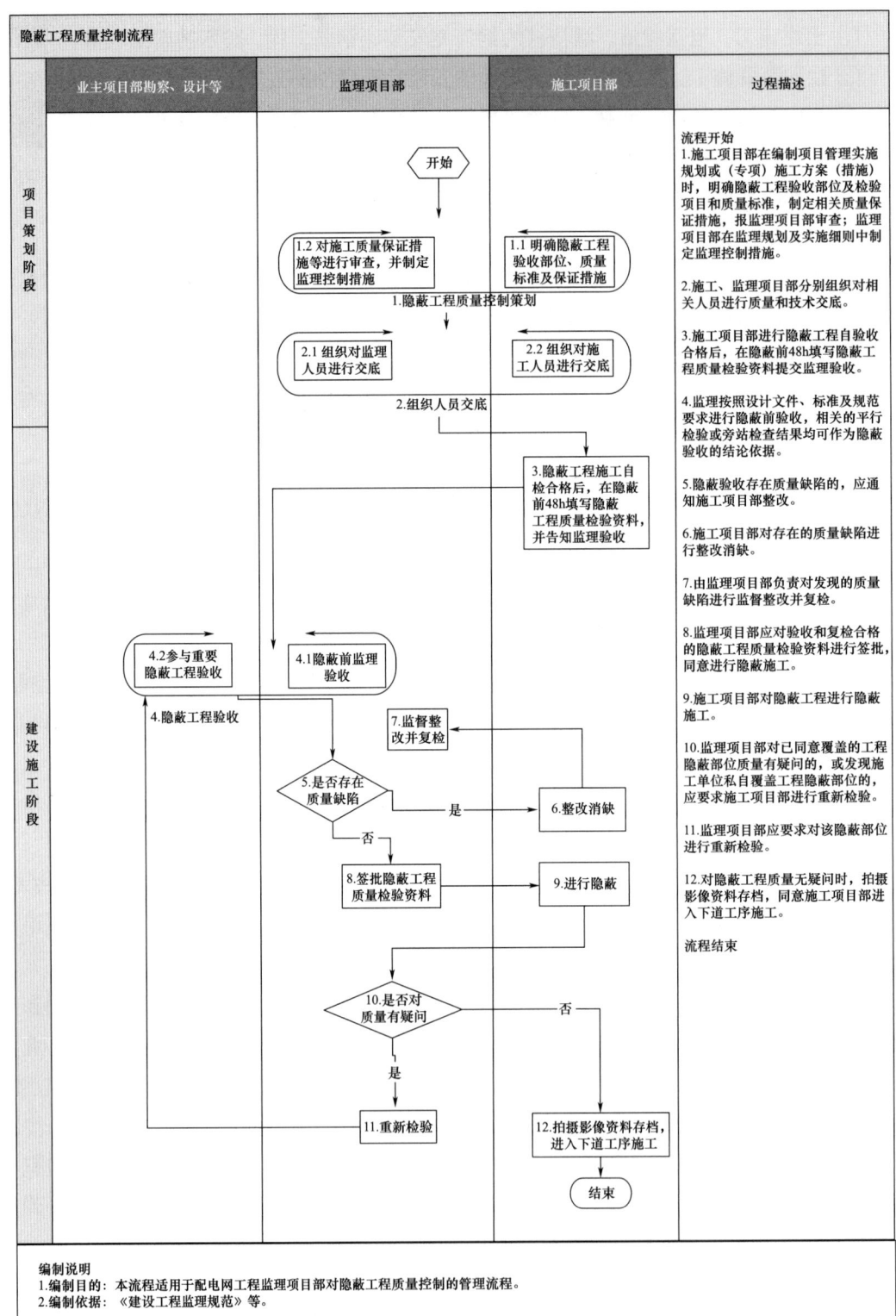

图3 隐蔽工程质量控制流程

⑤ 环境问题：

a 自然环境：因农村电网施工基本是在山区里，经常发生山体滑坡现象，对施工选址带来很大的困扰。例如变台的选址，首先要考虑设在负荷中心，但对农村来说根本实现不了，选址基本上是在村屯的边缘，但很多村屯建在山坡上，较平整的地方村民都开垦种地了，与村民协调是农网施工最大的难题，所以变台选址大多在斜坡或狭窄的地方，必须做变台基础的防护处理。曾经做过一个变台，选址在村委会后面的山坡上，村委会后面做了护坡，护坡高度大约 3m，变台距离边坡约 2m，一场大雨，山体滑坡，村委会护坡坍塌约 10m 长，变台基础冲毁，变台主杆底部悬空，因施工质量较好，仅依靠副杆的支撑，变台没有损坏，仅略微偏斜，后村民发现，及时反映情况，采取了补救措施。立杆同样出现上述问题，"不能离房屋太近，容易引来雷电"；"不能正对房门，影响风水"；"不能在房屋墙上打横担，钻孔就像钻到了心桩"……，与村民的沟通协调真的是难上加难。

b 社会环境：社会治安较差。例如：已验收合格的变台尚未送电，等准备送电时发现变台的二次线（铜线）丢失，此类现象发生了 10 多起，报案也是不了了之。

（2）监理采取的控制措施。

监理控制措施主要包括以下几个方面：

① 人员、机械、材料问题控制：监理在施工过程中严格把关，严格审查施工单位报送的人员资格报审，主要测量计量器具、试验设备检验、主要施工机械报审表，施工组织设计、专项施工方案报审，开工报审等资料，所有这些均符合要求才可进场施工或使用。审查进场材料的"两证两报告"，文件合格证必须均齐全。审查检验及检测机构的证件、资质、人员资格、管理制度等必须全部符合要求。

② 施工方法问题控制：施工中，驻场监理人员每天现场巡视检查，重点部位进行旁站，保证施工单位严格按照其施工方案进行施工。

③ 环境保护问题控制：参与环境保护措施的制定和监督，以确保施工活动符合环保要求。

此外，进行工程暂停及复工的管理，包括签发工程暂停令、处理暂停工程的情况，以及及时签署工程复工报审表。

4.7 造价管理

造价管理主要包括工程量管理、进度款管理、设计变更与现场签证管理等。

4.7.1 工程量管理

（1）工程实施阶段：根据施工设计图纸、工程设计变更及现场签证单，由业主组织运行部门即供电所和监理单位共同到现场核对工程量，经各方确认，提供相关工程量文件。

（2）竣工结算阶段：配合业主单位审核确认工程量。

4.7.2 进度款管理

（1）依据施工合同审核预付款，报业主项目部审批。

（2）审核进度款报审资料（当期的设计变更费用、工程量签证费用、预付款回扣金额），签认后报业主项目部审批。

4.7.3 设计变更与现场签证管理

（1）负责审核设计变更与现场签证，落实设计变更与现场签证的实施，组织验收等。判断现场签证是否造成设计文件变化，如有，则应按照设计变更规定执行。对设计变更与现场签证工程量进行旁站实测，填写设计变更联系单。

（2）审查设计变更、现场签证的方案和费用预算，确认后报业主项目部审核。

（3）督促落实设计变更及现场签证，签署设计变更执行报验单和组织现场签证验收。

4.8 监理工作设施

配置的仪器设备见表2。

表2 监理项目部基本设备配置一览表

序号	名称	配备说明
一	办公设备	
1	计算机	24台
2	打印复印一体机	8台
3	拍照手机	40部
二	常规检测设备和工具	
1	回弹仪	2
2	游标卡尺	12
3	钢卷尺（5m）	40
4	钢尺（50m）	12
5	建筑多功能检测尺	10
6	水平仪	2
7	焊缝量规	5
8	全站仪	2
9	光功率计	5
10	电子经纬仪	2
11	地阻仪	5
12	力矩扳手	5
三	交通工具	4台

5 项目管理办法

为推进本项目保质保量按期完成，业主成立了专项协调小组，总包单位外聘了一个沟通能力较强的外部协调人员，配合业主协调小组工作，监理项目部安排了总监代表参与协调工作，以便掌握现场实际进展情况。

5.1 进度管理

(1) 审查施工单位提交的总进度计划，并要求按子项目进行分解，如变电站、高压线路、台区、10kV线路。每个子项目都要编制出进度目标计划，然后根据目标时间和工程量审查施工单位报审的进场人员安排和设备需求计划。

(2) 在台区和10kV线路施工过程中，影响进度的不确定性随时发生，及时跟踪施工进度计划执行情况，发现偏差时，督促施工项目部进行进度纠偏。

(3) 要求施工单位材料进场要提前，在施工班组施工受到外部干扰无法正常施工时，要及时调整作业地点，并将情况如实反映到协调小组，由协调小组协调解决，确保施工进度。

(4) 进度计划需调整时，审核由施工项目部提出的调整方案，督促施工项目部按会议纪要确定的调整计划执行。如需对工程投产时间进行变更，应组织审查变更工期的原因，报业主项目部审批。

(5) 要求施工班组施工人员不得与村民发生冲突，有村民阻挠施工班组正常施工时，由班组负责人及时与协调小组联系，由协调小组出面协调解决。

(6) 高压线路作业时，如有交叉跨越，要提前与被跨越的线路运行部门沟通，办理交叉跨越手续，履行线路运行部门的规定，服从线路运行部门的指挥，不得强行施工。

5.2 质量控制管理

(1) 首先监理项目部对施工单位提出要求，施工单位在正式施工前，要做出两个样板台区，邀请业主、运行部门共同进行质量及外观评价，在满足规范、设计及业主要求后，施工单位方可施工，并按此样板台区标准执行。

(2) 本工程共新建7个变电站，要求变电站基础施工时要按"先深后浅"的施工顺序，即先施工消防水池和消防泵房，然后再进行其他施工作业。

(3) 10kV线路施工前，要求施工单位必须通知监理项目部，由监理人员对线路路径及杆塔定位点进行复测后方可施工。

(4) 台区施工时，为保证质量和美观，对绝缘子绑扎做出了统一规定，即绑扎圈数和绑扎长度所有施工班组按统一规定施工。

(5) 线路接地极埋设必须经监理验收合格方可覆盖，特别是高压线路铁塔主接地极末端与杆塔连接段的焊接处，严格检查其是否双面焊接，搭接长度、防腐防锈是否按图施工，焊接处两端防腐防锈长度是否超过100mm。

(6) 台区墙担安装必须牢固可靠，遇到墙体是空心砖时，要根据空心砖的空心尺寸选择相应的膨胀螺钉，确保墙担固定牢靠，外露螺栓丝扣控制在3～5mm。

(7) 台区完工后监理预检，查出的问题必须整改闭环。

5.3 安全管理

安全施工管理主要包括安全文明施工管理、分包安全管理、安全风险管理、安全检查管理、应急管理等。

5.3.1 安全文明施工管理

（1）建立监理项目部安全管理台账。

（2）会同业主项目部分阶段对施工项目部现场的安全文明施工设施进行检查确认。

（3）抽查施工过程中施工单位安全标准化设施的使用情况和施工人员作业行为，发现问题及时督促整改。

（4）对重要及危险的作业工序、关键部位进行旁站或巡视，填写旁站监理记录表或监理检查记录表。

（5）监督施工过程中施工单位的安全施工行为。

5.3.2 分包安全管理

（1）审查工程分包情况，除土建施工外，原则上只允许劳务分包。

（2）审查分包人员资格条件，动态核查分包单位进场主要人员信息。

（3）开展工程项目分包管理专项检查，填写监理检查记录表。

5.3.3 安全风险管理

（1）根据工程特点、施工合同、工程设计文件等，开展工程风险分析，在监理规划及实施细则中明确风险和应急管理工作要求，提出保证安全的监理预控措施。

（2）对作业相对复杂、安全风险较大的施工现场进行现场安全旁站，填写旁站监理记录表。安全旁站包括但不限于以下内容：

① 土建施工：脚手架搭设/拆除、消防水池、消防泵房、2m及以上的人工挖孔桩等。

② 杆塔施工：立杆吊装、组塔等。

③ 架空线路施工：交叉跨越、近电作业、带电作业、存在感应电等。

④ 电缆施工：电缆试验等。

⑤ 配电变压器施工：变压器吊装及试验。

⑥ 高压设备的耐压试验。

5.3.4 安全检查管理

（1）参加业主项目部组织的安全检查，督促施工项目部及时整改发现的问题，审核确认安全检查问题的整改。

（2）开展日常安全巡视检查，重点检查施工项目部各类专项方案（措施）的执行落实情况、各类人员的持证及履职情况。

（3）组织或参加专项安全检查，重点检查防灾避险、施工机具、临时用电、安全通病、脚手架搭设及拆除等。

（4）针对检查发现的问题，填写监理检查记录表，并签发监理通知单或工作联系单，督促施工单位落实整改，复查整改结果。达到停工条件的，应签发工程暂停令，并报业主项目部；拒不整改或者不停止施工的，填写监理报告。

（5）配合安全事故（件）调查、分析、处理。

5.3.5 应急管理

参与成立项目现场应急工作组，参加相关应急培训、演练及救援。

5.4 协调管理

（1）参加业主项目部组织的例会、专题协调会，汇报监理工作情况，提出发现的问题、监理建议以及下一步的工作计划。

（2）安排总监代表主要负责外部的协调工作，特别是参与项目协调小组的沟通工作，了解现场实际情况，提出合理化建议。

（3）每周组织召开监理例会，解决需要协调的相关问题，形成会议纪要。

5.5 信息与档案管理

（1）编制工程监理月报、监理日志。

（2）落实工程信息资料管理制度，做好文件的收发登记管理。

（3）根据档案管理要求，及时完成工程监理资料的收集、整理、上报、移交工作，确保档案资料与工程进度同步。

5.6 影像资料管理

（1）及时拍摄在工程巡视、旁站、见证、验收等履责过程中反映施工安全质量过程控制的影像资料。

（2）做好工程影像资料的收集、存档工作；按业主项目部要求及时提供相关资料。

6 项目管理成效

（1）在农网改造项目中，监理矩阵制组织结构模式的实施显著提升了项目的管理效能。该模式通过将团队成员按照专业领域和工作内容进行合理分组，形成了高效的工作机制，确保了项目的顺利进行。

样板台区得到了业主的赞扬，同时组织各供电所相关人员到现场参观学习，并在该供电区域范围内全面推广。

（2）高效的沟通协调机制是矩阵制组织结构的核心。通过定期的协调会议和信息共享平台，监理团队能够及时交流项目进展，在施工过程中推广使用已成形的好的经验。例如，定期召开监理会议和监理专题例会。

变电站设备地脚螺栓加装了防护帽，既美观又保护了螺栓锈蚀，得到了省质监站认可，并推广使用。

在风险管理方面，监理团队通过各小组的协同工作，及时识别和评估项目风险，制定相应的应对措施，降低了项目风险。例如，在一次极端天气预报中，安全管理组提前评估了风险，制定了相应的应对措施，如调整施工时间、加强临时设施的加固等，确保了施工现场的安全。

从项目成果来看，该农网改造项目按照计划顺利完成，所有线路和设备均达到设计标准，满足了当地农业生产和居民生活用电需求。项目成本控制在预算之内，实现了经济效益和社会效益的双赢。施工现场安全无事故，保障了施工人员的生命安全和身体健康。

7 交流探讨

7.1 确定监理模式

根据工程特点、类别、规模和复杂程度，选择与监理单位相适宜的监理组织结构形式，确定与本工程相适应的监理机构人员。说起来容易做起来难。很多监理企业，在专业结构上就无法满足要求，一职多兼，在工程施工中就无法发挥出监理的作用，监理人员在现场不好意思多问、不敢多管，心里没有底气，看见问题绕道走。所以，选择合理的监理模式，配备与专业相适应的监理人员至关重要。

7.2 农网改造势在必行

农网改造是一个民生项目，原有的电网设施陈旧、供电能力差、安全性低，严重影响了村民的生产和生活，影响了乡村的发展和振兴。在改造前我们到现场发现有的村屯用电，电风扇都达不到额定转速，空调根本无法使用，变压器前的隔离开关安装在木杆上，高度不足2m，变压器距人行道不足2m，伸手就可摸到隔离开关，变压器只用树枝做了简单的围挡，可以说没有任何的安全保障。所以，农网改造势在必行。

7.3 施工中的难点

主要在与村民的协调上。如：施工单位按照设计图纸施工，电杆定位在村民大门附近，部分村民认为立杆正对大门影响风水（实则不正对大门），村民要求移杆，在有移杆条件的情况下，施工单位立杆队伍二次进场进行整改移杆，在不存在移杆条件且并未影响风水的情况下，施工单位组织人员与当地村民进行沟通协商。施工过程中，部分电杆需立在村民田地里，施工单位按照赔偿标准进行协商赔偿，村民不同意且要求进行征地赔偿，此要求施工单位无法满足，经业主同意重新更改路径，造成了进度滞后，施工班组二次进场费用增加。在台区施工安装墙担过程中，有部分村民较迷信，认为墙担膨胀螺栓打在房屋上会影响房屋质量，从而影响自身身体，协调小组组织人员进行沟通，安装墙担安装户表是不可避免的，遇到这种情况，施工单位与户主协商尽可能少打墙担。施工过程中也存在电力设备被盗的情况，因为协调问题未完全处理好，部分线路未能及时通电，当施工单位再次进场时，发现线路部分导线已被盗，只能二次进场进行施工。施工单位安排人员对未通电的线路及台区进行巡查，尽可能避免此类事件的发生。

7.4 施工重点

质量是农网施工过程中需要关注的重点。例如：在台区施工中，我们要求施工单位先做样板台区。由于农网施工作业面广，施工班组多，施工人员的技术水平差异较大，管理难度大，有了统一标准，所有进场作业的施工班组都必须经过培训，学习样板台区的施工工艺，做到事先控制，有效地把控施工质量。在 10kV 线路施工中电杆的定位必须复测。铁塔组立完成检查接地的焊接、螺栓的紧固、防盗螺栓的安装，变电站施工消防水池及消防泵房基础开挖等。

综上所述，监理矩阵制组织结构模式在农网改造项目中的成功运用，充分展示了其在提高项目管理效率、保证施工质量、控制项目成本和确保施工安全方面的优势。这一组织模式为类似复杂工程项目的管理提供了有益的参考。

某装备制造产业园集中供热项目监理案例

高志平（河北工程建设监理有限公司）

摘 要：市政供热管道工程作为市政基础设施建设工程的重要组成部分，其敷设种类多种多样。受现场地理位置等客观因素影响，某装备制造产业园集中供热项目管道敷设采用直埋、架空、拉管、顶管结合敷设，其中竖井沉井及泥水平衡法大管径顶管施工属于超过一定规模的危险性较大工程，施工难度大，施工单位在施工前编制专项施工方案，并进行专家论证，监理严格按照通过专家论证的专项施工方案监督落实。项目监理部根据工程特点及难点编制监理规划及监理实施细则，重要工序实施前认真审核施工方案，通过实施施工质量检验项目划分表，落实重点部分见证点、待检点、旁站点的工程质量监理计划，并配备专业安全监理工程师加强现场安全管理，坚持动态控制、预防为主的监理原则，对项目的质量及安全管控起到了很好的效果。

1 项目背景

某装备制造产业园现供热热源不足，通过利用集中供热的方式，满足居民冬季供热需求，保证了区域供热的安全及稳定性。本项目不仅能降低供热电厂运行能耗，而且有利于提高区域内空气质量，改善城市面貌，推动城市化进程。

在城市的建设中，由于地理位置等客观因素所致，不开槽管道施工技术十分重要，运用十分广泛，本项目涉及长距离大管径拉管施工、竖井深基坑施工、沉井施工、大管径套管顶管施工等重要工序的施工，结合现场实际情况，项目监理以技术为切入点开展监理工作，通过事前、事中、事后全过程监控，确保了施工质量和安全，在成本、进度等方面取得了良好的效益。

2 项目简介

2.1 项目概况

某装备制造产业园集中供热项目供热能力 220 万 m^2，建设的主要内容为从某电厂至装备制造产业园生活区敷设供热管道、厂内首站建设及厂内管网改造。某装备制造产业园一次网路由长度5600m，设计最大管径为DN800螺旋缝埋弧焊钢管，材质为Q235B，采用直埋、顶管、拉管结合敷设，自然补偿，其中热力管线穿越青银高速公路采用DN1800钢筋混凝土套管泥水平衡法顶管施工158m、热力管线穿越洨河段采用DN3000钢筋混凝土套管泥水平衡法顶管施工352m，供水温度60℃、回水温度45℃，设计压力为1.6MPa。

项目起点为某电厂供热首站，沿化工西街向北至富城北路，然后沿富城北路向东穿越青银高速、衡井公路、洨河、裕翔街，终点至某装备制造产业园，分别在裕翔街、富顺路、富盛路设置分支管网，连接各小区热力站（图1）。

图1 集中供热项目

2.2 项目重点、难点及应对措施

2.2.1 项目重点、难点

施工工艺复杂，管线较长，涉及多个专业配合施工，控制难度大；直埋段与顶管段工序结合协调困难；下穿洨河沉井及泥水平衡法顶管施工属于超过一定规模的危险性较大工程，专业性较强；螺旋埋弧焊钢管在顶管受限空间内的吊运、对口焊接安全风险较大。

2.2.2 应对措施

监理人员充分熟悉图纸，并对施工图进行审核，参加设计技术交底与图纸会审会，做好记录，全面了解设计要求和使用要求，积极进行组织协调，做好预控，对顶管、拉管等重点部位及重点工序进行全过程的旁站监理。

针对超过一定规模的危险性较大工程，严格按照专家论证通过的方案监督施工。易发生安全事故的受限空间施工，施工单位利用BIM建立顶管竖井模型，通过动画演示来确定机械吊运管道的最优长度，研究顶管构造及尺寸，制作运输装置，通过机械牵引人力辅助的方式尽量减少人工投入，管道就位后利用特制对口装置进行管道锁定，精准对焊，利用顶管工作竖井压差形成天然的空气对流，再配合强制通风装置确保顶管内气体达标，保证施工安全。

3 项目组织

3.1 项目组织团队建设

项目监理机构的设置必须满足监理控制目标要求，根据招标文件的要求和本项目工程师的实际需要配置满足现场监理工作需要的监理人员，并保持相对稳定。根据项目的性质、特点、规模、技术复杂程度以及施工环境等诸多因素，组建一个精干、高效的项目监理部，保证监理工作的高效运行，确保实现整个工程的监理目标。

3.2 项目组织管理模式（图2）

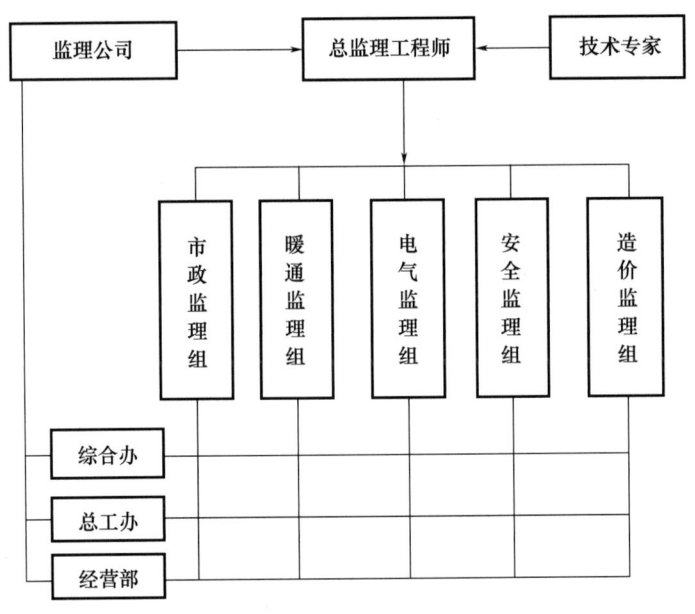

图2 项目组织管理框架

3.3 组织协调的措施

项目监理机构应协调工程建设相关方的关系，并协助建设单位协调与工程建设相关的外部关系。

3.3.1 做好本公司内部关系的协调工作

在公司工程部的领导下，建立起目标明确、分工协作、有不同层次责任制的监理实施系统，项目监理部与公司工程部保持密切联系，遇重大困难，由公司总工程师召集专业技术力量共同解决处理。

3.3.2 制定合适的解决问题的方法和步骤

(1) 建立健全监理组织机构,专人负责协调工作,完善职责分工及有关制度,落实组织协调工作的责任。

(2) 做好监理交底会,把监理的管理程序及各方的职责、权限等交代清楚,可以讨论修改再确定,并做好纪要,发出监理交底文件,作为统一步调的依据。

(3) 制定工地协调例会工作制度,每周召开一次工地协调会。

(4) 处理各种问题时,由项目总监分析问题的大小和性质以及轻重缓急程度后,提出处理方法,遇到需请示业主的重大问题,由项目总监主持召开有关会议研究解决。

(5) 向业主汇报请示问题均以书面资料为准,向承包商下达指令和通知也以书面资料为准。

3.3.3 组织协调的工作方法

(1) 会议协调法:会议协调法是建设工程监理中最常用的一种协调方法,常用的会议协调法包括第一次工作会议、监理例会、专业性监理会议等。

(2) 交谈协调法:交谈包括面对面的交谈和通信交谈,保证了信息畅通,在寻求别人帮助和协作时,及时了解对方的反应和意见,以便采取相应的对策。

监理工程师采用交谈方式先发布口头指令,一方面可以使对方及时地执行指令,另一方面可以和对方进行交流,了解对方是否正确理解了指令,随后再以书面形式加以确认。

(3) 书面协调:书面协调方法具有合同效力,一般用于不需双方直接交流的书面报告、报表、指令和通知,需要以书面形式向各方提供详细信息和情况通报的报告、信函和备忘录等,以及事后对会议记录、交谈内容或口头指令的书面确认。

(4) 访问协调法:访问法主要用于外部协调,包括走访和邀访两种形式。走访是指监理工程师在工程施工前或施工过程中,对与工程施工有关的外部单位进行访问,向他们解释工程的情况,了解他们的意见。邀访是指监理工程师邀请上述各单位到施工现场对工程进行指导性巡视,了解现场工作。因为在多数情况下,有关的外部单位不清楚现场的实际情况,如果进行一些不恰当的干预,会对工程产生不利影响。

(5) 情况介绍法:情况介绍法通常与其他协调方法紧密结合在一起,形式上主要是口头的,有时也伴有书面的,介绍往往作为其他协调的引导,目的是使别人首先了解情况。因此,监理工程师应重视任何场合下的每一次介绍,要使别人能够理解你介绍的内容、问题和困难、你想得到的协助等。

监理工程师应坚持"以工程为主,树立服务意识"的工作作风,贯彻以预控为主的思想,提前预测工作中可能发生的争议纠纷,在监理工作中,进行项目系统内外相关单位协调重点的分析,通过协调,使参建各方减少摩擦,消除对抗,从根本上尽量避免和减少争议和纠纷的发生。

4 项目管理过程

4.1 事前控制

4.1.1 重视设计交底、图纸会审,掌握监理工作关键

(1) 设计交底由建设单位主持进行。设计单位代表、建设单位代表、施工单位项目负责人、技术负责人、施工负责人及其他人员,总监理工程师及专业监理工程师参加。

(2) 监理工程师应站在监理角度对施工设计文件存在的问题提出修改完善的意见和建议。

(3) 设计交底、图纸会审应有记录,并由项目监理部负责编制会议纪要,由设计代表、建设单位代表、承包单位代表、监理工程师代表予以签认。

4.1.2 施工组织设计要求能指导施工全局、统筹全过程

施工组织设计的审核,要注意全面性。要针对本工程流水施工特点以及工程复杂的实际,从场地布置、进度计划、劳动力机械设备配备,全方位考虑本工程质量、安全、工期、文明施工全过程控制等。

4.1.3 明确工程单位、分部、分项工程划分,抓住控制要点

(1) 总体工程开工以前,项目监理部应督促施工单位根据合同工程范围和技术规范对所辖工程进行工程单位划分,详细列明单位工程(子单位工程)、分部工程(子分部工程)、分项工程、检验批、工序及涵盖关系,报项目监理部审批。经项目监理部批准的工程单位划分,作为将来申报和审批开工申请、进行质量评定和信息统计的依据。

(2) 项目监理部在批准工程单位划分之前,不批准总体工程开工,项目监理部批准的工程单位划分,须报送建设单位备案。

(3) 在工程单位划分的基础上,进一步确定工程质量控制要点及控制手段,重点为危险性较大的分部分项工程以及超过一定规模的危险性较大的分部分项工程,作为监理部门和施工单位共同进行质量控制的依据。

4.1.4 检查承包人的材料和机械的进场及准备情况

(1) 监理工程师督促施工单位根据已经批准的工程进度计划和施工方案,确定材料供应厂家、材料进场计划、材料检验计划和材料存放场地,并对用于工程的材料进行见证取样、平行检验。

(2) 监理工程师应根据经项目监理部和建设单位批准的工程进度计划,审查施工单位进场的机械设备的数量、型号、规格、生产能力、完好率等与施工单位投标书中的内容是否符合,与批准的施工方案是否相适应。

4.1.5 核查施工单位的质量保证体系

审查施工单位的项目组织架构设置、管理人员配置和其相对应的职责和分工落实情况,质量管理制度是否健全,检查项目经理、生产、技术、质量等岗位管理人员的到位情况。

审查施工作业队伍资质以及从事特殊作业、检验、试验人员的持证上岗情况,审查合格后方可上岗施工。

4.1.6 审查施工方案

重点审查施工方案编审程序及依据是否符合要求，施工平面图布置是否合理，施工要求是否明确，技术保证条件是否清楚，材料与设备的数量与进场时间是否满足施工进度计划的要求，专职安全管理人员配置是否满足要求，特种作业人员是否持证上岗，施工技术参数的选用是否满足设计及规范要求，施工质量检查是否明确，验收方法、程序是否合理，应急预案是否有可操作性等。

4.2 事中控制

4.2.1 做好工序的质量控制

（1）抓好工序管理，每道工序开工都要申请和审批，只有验收合格才能进行下一道工序。

（2）检查施工单位工艺是否按规范和经审批的方案进行。

（3）对施工现场有目的地进行巡视和旁站。

（4）检查施工单位的自检、交接检和质检员的专检。

4.2.2 核查工程预检

（1）要求施工单位填写预检工程检查记录，报送项目监理部核查。

（2）对预检工程记录的内容到现场进行抽查。

（3）对不合格的分项工程，通知施工单位整改，并跟踪复查，合格后准予进行下一道工序。

4.2.3 检验批、隐蔽工程验收

（1）要求施工单位按有关规定对检验批、隐蔽工程先进行自检，自检合格，将检验批、隐蔽工程检查记录报送项目监理部。

（2）应对检验批、隐蔽工程检查记录的内容到现场进行检测、核查。

（3）检验批、隐检工程不合格的应填写"不合格项目处置记录"，要求施工单位整改，合格后再予以复查。

（4）检验批、隐检工程合格的应签认隐蔽工程检查记录，并准予进行下一道工序。

4.2.4 分项/分部工程验收

（1）要求施工单位在一个检验批或分项工程完成并自检合格后，填写"分项/分部工程施工报验表"报项目监理部。

（2）对报验的资料进行审查，并到施工现场进行抽查、核查。

（3）签认符合要求的分项工程。

（4）对不符合要求的分项工程，填写"不合格项处置记录"，要求施工单位整改。

（5）经返工或返修的分项工程应重新进行验收。

4.2.5 材料进场后的质量控制

（1）对进入现场的所有材料、构配件进行检查，按规定进行验收和取样复试，必要时

进行复检，不符合要求的不得进场使用。

（2）对重要材料、设备、构配件的生产、制造和装配场所要进行检查和监督。

（3）对进场设备做好开箱检查记录，核对进场资料，不符合要求的不得进场使用。

（4）对施工过程的原材料、半成品和成品进行抽查，不符合要求的不得使用。

4.2.6　对施工技术活动的控制

（1）做好质量控制点的设置。

（2）检查施工单位的工序施工和分项施工的技术交底情况。关键工序、技术复杂、新技术新工艺的检验批和分项施工前，施工单位的技术交底文件要报监理审查，不符合要求的不得实施。

（3）检查施工单位的试验检测情况和记录。

（4）监控工程变更。

4.2.7　工程验收阶段的控制

（1）当工程达到基本交验条件时，应组织各专业工程监理工程师对各专业工程的质量情况、使用功能进行全面检查，对发现影响竣工验收的问题签发"监理通知单"，要求施工单位进行整改。

（2）对需要进行功能试验的项目（包括无负荷试车），应督促施工单位及时进行试验；认真审阅试验报告单，并对重要项目现场进行监督；必要时应请建设单位及设计方派代表参加。

（3）总监理工程师组织竣工预验收。要求施工单位在工程项目自检合格并达到竣工验收条件时，填写"单位工程竣工预验收报验表"，并附相应竣工资料报项目监理部，申请竣工预验收。

总监理工程师组织项目监理部监理人员对质量控制资料进行核查，并督促施工单位完善。

总监理工程师组织监理工程师和施工单位共同对工程进行检查验收。

经验收需要对局部进行整改的，应在整改符合要求后再验收，直至符合合同要求，总监理工程师签署"单位工程竣工预验收报验表"。

预验收合格后，监理部门应对工程提出质量评估报告，整理监理资料，工程质量评估报告必须经总监理工程师和监理单位技术负责人审核签字。工程质量评估报告主要内容包括：工程概况、施工单位基本情况、主要采取的施工方法、施工中发生过的质量事故和主要质量问题及其原因分析和处理结果、对工程质量的综合评估意见。

4.2.8　竣工验收

（1）参加建设单位组织的竣工验收，并提供相关监理资料。对验收中提出的整改问题，项目监理部应要求施工单位进行整改。工程质量符合要求后，由总监理工程师会同参加验收的各方签署竣工验收报告。

（2）竣工验收完成后，由项目总监理工程师和建设单位代表共同签署"竣工移交证书"，并由监理部门、建设单位盖章后，送施工单位一份。

(3) 监督试运行和试车，及时解决质量问题。

5 项目管理办法

5.1 下穿洨河顶管施工质量控制

5.1.1 进场管材控制要点

为保证工期要求，钢筋混凝土顶管管材采用蒸汽养护，项目监理部驻厂监造，对厂家的每一道生产工序进行质量控制，确保运至现场的管材符合规范和设计要求，保证顶管顺利进行。

5.1.2 沉井混凝土浇筑监理要点

（1）模板、钢筋应做好预检和隐检，在浇筑混凝土前应再次检查，确保模板位置、标高、截面尺寸与设计相符，且支撑牢固，拼缝严密，模板内杂物已清除干净。钢筋位置固定正确，变形的钢筋已矫正，关键部位应再次查验钢筋品种、数量、规格、锚固情况。

（2）查验商品混凝土进场配比的强度等级、抗渗等级、单方碱集料含量计算书。

（3）在混凝土浇筑过程中，加强旁站监理，严格控制浇筑质量，检查混凝土坍落度，严禁在已搅拌好的混凝土中注水，不合格混凝土退回搅拌站。

5.1.3 管道焊接质量监理要点

（1）依据设计图纸的要求，结合本工程的实际特点，根据焊接材料的特点确定相应的焊缝形式、焊缝级别、焊接方法、焊接工艺、检验数量及合格标准。

（2）本工程所用管道以 Q235B 螺旋缝埋弧焊钢管为主，管道上焊缝的位置应合理选择，使得焊缝处于便于焊接、检验、维修的位置，并避开应力集中区域。各种焊缝之间的关系，螺旋缝焊管组对时，相邻管节组队时纵缝之间应相互错开 100mm 以上，同一管节上两相邻纵缝之间的距离不应小于 300mm，直埋两相邻环缝中心距离应大于管道外径的 1.5 倍，在螺旋缝焊管上开分支管时，分支管外壁与其他焊缝中心的距离应大于分支管外径，且不小于 70mm。

（3）焊件的切割和坡口加工宜采用机械加工，用角磨机打磨，在现场加工时也可采用乙炔切割，但必须除去坡口表面的氧化皮、熔渣及影响接头质量的表面层，并应将凹凸不平处打磨平整。

（4）管道焊接应符合行业标准《城镇供热管网工程施工及验收规范》（CJJ 28—2014）的规定。管道焊接采用氩弧焊打底，手工电弧焊盖面，焊接层数不少于两层。钢管与钢管、管件连接处的焊缝应进行 100% 射线探伤检验。检验标准应符合《无损检测 金属管道熔化焊环向对接接头射线照相检测方法》（GB/T 12605—2008）的Ⅱ级质量要求。

5.1.4 沉井施工质量监理要点

（1）考虑顶管顶进、接收及管道敷设所需的操作空间，从减少征地及工程实施安全的角度出发，本项目采用一端为顶进井、一端为接收井，均采用圆形沉井法施工。工作井直径为 10m，沉井总高度 19.9m，顶管后背墙与井壁整体浇筑，接收井直径为 6.5m，沉井总高度 23.5m。

（2）施工前严格审查施工方案，要求施工单位详细查明周边环境条件，包括邻近建（构）筑物、道路及管线分布情况，完善环境风险分析，采取针对性的安全保证措施确保基坑周边环境安全。完善施工计划，明确沉井各分节施工时间及养护时间，确保各节段沉井结构养护强度满足设计要求，细化施工机械配置及劳动力计划。完善沉井施工助沉及减阻技术措施并细化机械吊装、人员上下、垂直运输、管道内通风及有毒气体检测等安全保证措施。

（3）沉井制作误差：半径误差不大于 100mm，井壁垂直度不大于 1%，井壁厚度允许最大误差 15mm，预留孔、预埋件位移允许最大误差 20mm。

（4）加强易渗漏部位的质量控制：检查模板对拉螺栓止水片规格、焊缝的满焊程度及螺栓孔是否采用高强度等级砂浆封堵；检查沉井分节施工缝设置止水带，混凝土浇筑前凿除疏松混凝土，接缝清洗干净，湿润接浆，振捣密实，拆模后再对施工缝进行防水处理。

（5）第一节沉井制作完成后，其混凝土强度必须达到设计强度等级的 75% 后方可进行刃脚垫架拆除和下沉的准备工作。下沉前应进行井壁外观检查，检查混凝土强度及抗渗等级，外井壁的预留孔洞要全部封堵好，经检查符合后才能进行下沉施工。

（6）沉井内挖土应根据沉井中心划分工作面，挖土应分层、均匀、对称地进行。

（7）沉井下沉施工按"先中后边、分层对称破土、先高后低、及时纠偏"的原则进行操作。井内挖出的土方应及时外运，不得堆放在沉井旁，以免造成沉井偏斜或位移。

（8）沉井下沉过程中，应安排专人进行测量观察。第一次下沉前，做好对沉井的初始标高、轴线位移等校核，并做好记录，以此作为对以后各项观测的参照。沉降观测每 8 小时至少 2 次，刃脚标高和位移观测每台班至少 1 次。当沉井每次下沉稳定后应进行高差和中心位移测量。每次观测数据均须如实记录，并按一定表式填写，以便进行数据分析和资料管理。按勤测勤纠偏的原则进行沉井下沉。在终沉阶段，沉井下沉接近设计标高时，应加强观测，刃脚的标高差和平面轴线偏差要始终控制在规范容许的范围内，防止超沉。

（9）沉井时，如发现有异常情况，应及时分析研究，采取有效的对策措施：如摩擦阻力过大，应采取减阻措施，使沉井连续下沉，避免停歇时间过长；如遇到突沉或下沉过快情况，应采取停挖或井壁周边多留土等止沉措施。

（10）在沉井下沉过程中，如井壁外侧土体发生塌陷，应及时采取回填措施，以减少下沉时四周土体开裂、塌陷对周围环境造成的不利影响。

（11）为了减少沉井下沉时的摩擦阻力，在沉井外壁宜采用随下沉随回填砂的方法。

（12）沉井开始下沉至 5m 以内的深度时，要特别注意保持沉井的水平与垂直度，否则在继续下沉时容易发生倾斜、偏移等问题，而且纠偏也较为困难。

（13）沉井下沉接近设计标高时，井内土体的每层开挖深度应小于 30cm，以避免沉井发生倾斜。沉井下沉至离设计底标高 10cm 左右时应停止挖土，让沉井依靠自重下沉到位。

（14）当沉井的进尺到最后 2m 时即进入终沉阶段。挖土形状由"凹"面逐步过渡到"凸"形，并且适当放慢取土速度和数量，严格按照均匀对称的原则布置挖土范围。当沉井四周控制点高差大于20mm时，应及时纠偏，纠偏方法以调整各仓挖土深度为主。终沉阶段是沉井的关键时刻，故一定要加强观测，测量在最后阶段应间隔半小时一次，严格控制沉井的下沉速率。

（15）检查沉井下沉至设计标高，无超沉或欠沉，沉井下沉后内壁不得有裂缝、渗漏，井筒无歪斜扭曲，封底及时，封底后井筒无继续沉降，井中心坐标偏差符合设计要求，底板表面平整，不得有渗漏现象。

5.1.5 顶管施工质量监理要点

（1）本工程顶进地层为粉质黏土层，选用NPD3000泥水平衡平板式顶管机，总质量为50t，能够带压进仓作业，具有更换刀具功能，并配备自动注浆控制系统，重点做好顶管出入洞口部位破除及加固措施，经顶力计算及顶管强度验算，增加设置中继间，保证顶管不间断顶进。剖面如图3所示。

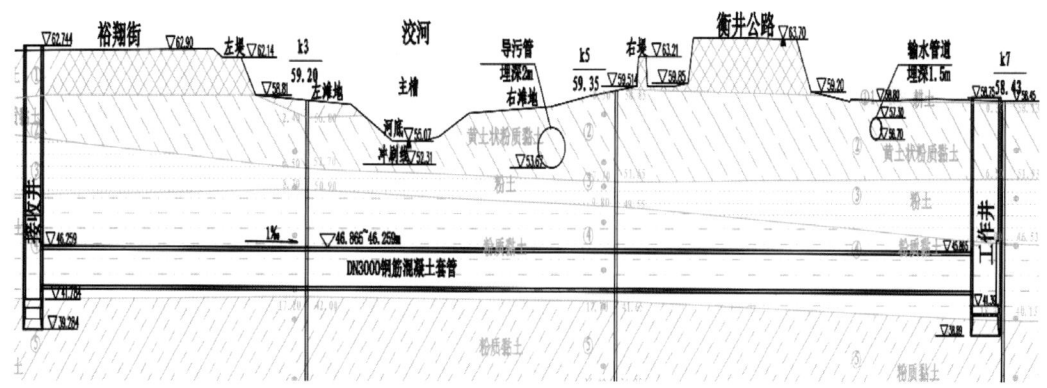

图3 管道穿越洨河剖面

（2）监理工程师检查施工单位进场的顶管机，必须与专家论证通过的专项施工方案一致，机头、工具管及电气、动力、液压、供水、出土、纠偏、测量、通信等相关设备安装后，检查单机和联动运转，测试数据应符合机械设计的要求，确认运转正常后准予投入使用。

（3）工作井后座墙最大允许反力必须经过计算，并满足最大顶力的需要，结构稳定，无位移，进洞口设置止水圈，防止水土和触变泥浆的流失。

（4）多个千斤顶同时使用时，必须规格、型号一致，油路并联，行程同步，若有偏差应查明原因，调整合格后才准予使用在顶进过程中。全部设备应有专人维护和保养。

（5）中继间的几何尺寸、千斤顶的布置应符合设计图纸和顶力的要求，中继间的壳体应和管道外径相等，顶力的配置应大于顶力估算值并留有足够余量。

（6）顶管工作井现场布置吊车负责钢管及顶铁的吊运工作，现场需另设临时堆场，供钢管及半成品、周转材料的堆放，现场应考虑钢管的储存量，现场工具间、修理间、水泵房、泥浆房、泥浆沉淀池应合理布置。

（7）工作井内沿顶管轴线方向在后座墙上装刚性后座，主顶千斤顶、导轨、刚性顶铁等顶进设备，管内测量起始平台，安装在主顶千斤顶之间轴线上，与千斤顶支架分离，确保顶进时测量平台的稳定。

(8) 顶管设备配置

① 主顶系统：顶管导轨选用钢质材料制作，安放在混凝土底板上，使工具头在出洞后即可按设计轴线顶进。本工程主顶装置的总顶力根据顶力计算确定，并能通过调整主顶装置的合力中心来进行辅助纠偏。

顶进过程中，应严格量测监控，实施信息化施工，测定土压力值，确保开挖掘进工作面顶管机提供的压力和静止土压力平衡；严格控制排土量，控制推进速度，初始顶进速度控制在10mm/min，一般段顶进速度控制在20～30mm/min，避免造成土压力失稳，减少土体扰动和地层变形。

② 出泥系统：管道输送高压水至工具管尾部后一路输送至顶管掘进机尾部水力机械设备，另一路分出一根 ϕ50mm 的水管进入掘进机头部高压水枪，高压水枪将正面土体破碎形成泥浆，由水力机械或泥浆泵接力排出井外，泥浆泵流量不低于 $160m^3/h$。

③ 泥浆系统：用泥浆减阻是顶管减少摩阻力的重要环节之一，采用顶管机尾部同步注浆和中继间后面管段补浆两种方式进行减阻，在管道的外围形成浆套，减阻效果显著，润滑泥浆材料主要采用钠基膨润土、纯碱、CMC。

通过预埋在混凝土管上的灌浆孔进行注浆作业，及时填充管外壁与土体之间的施工间隙，避免管道外壁土体扰动；注浆量根据顶进长度、管道与顶管机外径之间的空隙体积来控制，并根据实际浆液流失情况来补浆，及时填充管外壁与土体之间的施工间隙，避免管道外壁土体扰动。

顶进结束，对已形成的泥浆套浆液进行置换，置换浆液为水泥浆，置换完成后进行雷达检测，对存在空洞的位置需补注水泥浆充填。

④ 供电系统：工作井现场为适应供电要求配置电容补偿柜。输出端电缆分三路，分别供工作井上供电系统、井下顶管机头及井内主千斤顶。管内设备用高压供电，供电系统配备可靠的触电、漏电保护措施。

(9) 套管接头采用楔形橡胶圈密封止水，安装橡胶圈时应同时添加密封胶，并确保顶进后挤压密实，楔形橡胶圈采用氯丁橡胶，拉伸强度不小于10MPa。场地内地下水水位较低，为防止泥沙及水的涌入，顶管进、出洞处设置橡胶板止水穿墙管。

(10) 顶管施工质量控制：钢筋混凝土管最大偏角小于等于0.2°，管线轴线偏差小于等于100mm，标高偏差+60～-80mm，相邻管节错口小于等于15mm，无碎裂；接口抗渗试验合格，内腰箍不渗漏，橡胶止水圈不脱出。

保证顶管顶进过程中轴线定位走向与设计轴线尽可能一致，减小纠偏量，单次纠偏量不宜过大，避免造成超挖影响周围土体稳定，做到"勤测勤纠"，每项纠偏角度应保持在10′～20′，不得大于1°。

(11) 监理人员应随时掌握顶进状况，及时分析顶进中的土质、顶力、顶程、压浆、轴线偏差、地面变形等情况，针对发生的问题督促施工单位及时采取相应的技术措施进行处理。

(12) 施工期安全监测。项目施工前,由建设单位委托具备相应资质的第三方检测单位对现场进行检测,检测单位编制检测方案,经建设方、监理方、设计方认可,并与周边环境涉及的有关管理单位协商一致后实施。

采用检测技术手段及时掌握工程自身及周边环境风险动态,通过分析和预测为优化施工提供数据支撑,实现信息化施工。

5.1.6 管道功能性试验控制要点

管道功能性试验实行旁站监理,要求试验介质采用清洁水,强度试验压力为设计压力的1.5倍(2.4MPa)。在试验压力下稳压10min,检查无渗漏、无压力降后降至设计压力,在设计压力下稳压1h,检查无渗漏、无压力降为合格。严密性试验压力为设计压力的1.25倍(2MPa),在试验压力下稳压时间1h,压降不大于0.05MPa为合格。顶管段独立进行强度和严密性试验,合格后方与相邻管段连接。

5.2 安全监理要点

(1) 严格执行建设工程安全生产管理条例,贯彻执行"安全第一、预防为主、综合治理"的方针,以及国家现行的安全生产的法律法规、建设行政主管部门颁发的安全生产规章制度和建设工程强制性标准。

(2) 项目监理部制定安全管理职责,建立监理项目部人员安全培训制度,落实安全责任制。总监理工程师为工程安全监理第一人,安全专业监理工程师协助总监理工程师进行项目安全管理工作。

(3) 审查施工企业资质和安全生产许可证、安管人员及特种作业人员取得考核合格证书和操作资格证书情况。

(4) 审核施工企业安全生产保证体系、安全生产责任制、各项规章制度和人员配备情况。

(5) 审查施工组织设计中的安全技术措施和危险性较大的分部分项工程安全专项施工方案符合工程建设强制性标准。

(6) 审核施工企业应急救援预案和安全防护、文明施工措施费用使用计划情况。

(7) 复查施工单位施工机械和各种设施的安全许可验收手续情况。

(8) 监督施工单位严格按照专家论证通过的超过一定规模的危险性较大工程专项施工方案组织施工,并定期巡视检查作业情况。

(9) 针对本项目管道内有限空间作业,监督施工单位履行"作业审批制度",对施工人员进行专项安全教育培训,严格执行"先通风,再检测,后作业"的原则,并派专人监护,监理部进行旁站监理。

(10) 项目监理部在实施监理过程中,发现工程存在安全事故隐患时,签发监理通知单,要求施工单位整改;情况严重时,签发工程暂停令,并及时报告建设单位,施工单位拒不整改或不停止施工时,及时向有关主管部门报送监理报告。

(11) 项目监理部定期进行安全检查并形成书面检查记录,对发现的问题跟踪整改,闭环管理。

（12）建立危险性较大的分部分项工程安全管理档案，收集实施细则、专项施工方案审查、专项安全巡视检查、验收及整改等相关资料。

6 项目管理成效

经过项目监理部与各参建方全体人员的共同努力，本项目未发生质量安全事故，竣工验收合格，建设单位按计划投产供热，实现了工程建设的各项预定目标。

DN3000钢筋混凝土顶管管材采用了蒸汽养护工艺，克服了冬期施工的不利影响，缩短了拆模时间，提高了生产效率，保证了顶管的施工进度。

泥水平衡顶管利用沉井作为工作井、接收井，克服了复杂的地质条件和施工环境，显著降低了施工风险，有效保护了穿越河道及道路的安全，同时为大管径热力管道顶管穿越施工提供了技术参考。

本项目顺利实施了大管径热力管道长距离水压强度试验，为试验的安全性和技术经济性提供了参考依据。

7 交流探讨

本项目采用了大管径拉管施工、竖井深基坑施工、沉井施工、大管径套管顶管施工等施工工艺，施工安全及质量控制是项目的重中之重。监理团队明确监理目标，建立有效的质量安全控制制度，严格施工过程各项专项施工方案的落实，对施工过程中发现的难点问题及时协调解决，确保了项目的顺利完工。

随着我国城市化的加快发展，地下管线需求量逐年增加，顶管施工技术越来越成熟，应用领域越来越宽，泥水平衡顶管在节约资源、环境保护、职业健康和安全施工方面日益完善，在新的形势下，仍需不断创新有效的监理方式及方法，提升管理水平。

引用标准、规范如下：

（1）《建设工程监理规范》（GB/T 50319—2013）

（2）《建设工程监理工作标准》（DB13（J）/T 8161—2019）

（3）《城镇供热管网工程施工及验收规范》（CJJ 28—2014）

（4）《给水排水工程顶管技术规程》（CECS 246：2008）

（5）《顶管施工技术及验收规范（试行）》（中国非开挖技术协会）

全过程工程咨询篇

某市殡仪馆新建项目

李丽清　孙东喜　李长荣　苗灵子　张吉强（承德城建工程项目管理有限公司）

摘　要：本项目是省重点前期管理项目、市重点民生工程。项目建设旨在解决主城区殡葬设施设备陈旧老化、服务质量和服务水平落后，远远无法满足市民群众基本殡葬服务需求的问题。项目采用项目管理＋工程监理＋全过程造价咨询的全过程咨询服务模式，是本市首个包含投资决策综合咨询和工程建设全过程工程咨询服务的政府投资项目。项目2021年5月份谋划、6月份立项，2022年12月2日交付使用，仅仅用时18个月，工程质量合格、环保达标，建设过程无安全事故，实际总投资不超过概算投资。

1　项目背景

本市近三年人口平均死亡率为7.26‰。中心城区现状人口62万人，规划的2035年中心城区常住人口将达95万人，同时考虑到本市已进入人口老龄化阶段，规划远期人口死亡率按照7.5‰计算，2035年遗体处理量将达到9142具。主城区现有殡葬设施始建于1967年，占地面积7.5亩（5000m^2，包括停车场1亩），建筑面积1400m^2，可存放骨灰盒5000个，两台火化炉，年均遗体处理量为1800具。建设年代久远，设施设备陈旧老化、服务质量和服务水平落后，远远无法满足市民群众基本殡葬服务需求。综上所述，新建殡仪馆符合国家要求和民生诉求，势在必行。

2　项目简介

2.1　项目概况

项目占地147亩（98000m^2），建筑面积20901.35m^2。建设内容包括殡仪区、火化区、骨灰楼、业务区、办公后勤区、道路、广场、停车场、智慧殡葬系统及其他基础配套工程。项目定位服务于本市中心城区的殡葬设施，同时兼顾弥补周边县区殡葬服务能力不足。将馆区打造成为一个集纪念、文化、景观于一体的现代化人文生态故园。

2.2 项目复杂性

2.2.1 环境复杂性

自然环境方面,项目选址位于山地沟谷地带,南北狭长,整体呈北高南低、东西高中间低趋势,呈鱼骨形态。项目建设需考虑石方爆破、防洪、最低程度破坏原有植被以及与周边建筑、自然环境的协调等。

社会环境方面,2020年全年实现全市生产总值1550.3亿元,全年公共财政预算收入116.1亿元,公共财政预算支出456.4亿元。项目建设资金无着落,同时还需考虑邻避问题。

2.2.2 组织复杂性

项目建设不仅需要统筹内部勘察、设计、施工、专项咨询等35家单位,还需协调外部发改、审批、规划等15个政府部门。

2.3 项目重点及难点

2.3.1 项目难点

项目选址区域因没有土地利用规划和城乡控制性详细规划,同时占用国家森林公园,土地转用征收存在障碍。突发的公共卫生事件造成财政资金紧张,对项目建设资金支持力度不大。

2.3.2 项目重点

项目重点是解决项目选址占用国家森林公园的问题(选址区域没有土地利用规划和城乡控制性详细规划问题),以及确定资金筹措方式。

3 项目组织

3.1 项目组织模式

项目采用项目管理＋工程监理＋全过程造价咨询的全过程咨询服务模式,包含投资决策综合咨询和工程建设全过程工程咨询。发承包模式采用施工总承包模式。

全过程工程咨询团队纵向由项目全过程工程咨询负责人、公司专家顾问团队、项目管理部、工程监理部、造价咨询部组成。

项目管理部分为8个工作小组,包括政策研究组、土地产权纠纷解决组、土地征收组、投资决策组、规划设计管理组、招标咨询组、手续办理组、项目建设管理组。

工程监理部配备总监理工程师、土建监理工程师、电气监理工程师、暖通监理工程师、市政监理工程师。

造价咨询部配备建筑专业造价工程师、安装专业造价工程师、建筑专业造价员和安装专业造价员。

全过程工程咨询负责人负责全面履行项目全过程工程咨询服务合同,管理项目管理部、工程监理部、造价咨询部。

公司专家顾问团队负责协助全过程工程咨询负责人解决项目遇到的各项问题，对项目方案设计、初步设计、施工图设计提出优化建议。

项目管理负责人、总监理工程师、造价咨询负责人分别负责各部的日常管理工作，按职责分工协同推进项目建设。

项目管理部、工程监理部、造价咨询部成员分别在项目管理负责人、总监理工程师、造价咨询负责人的领导下开展本职工作。组织机构如图1所示。

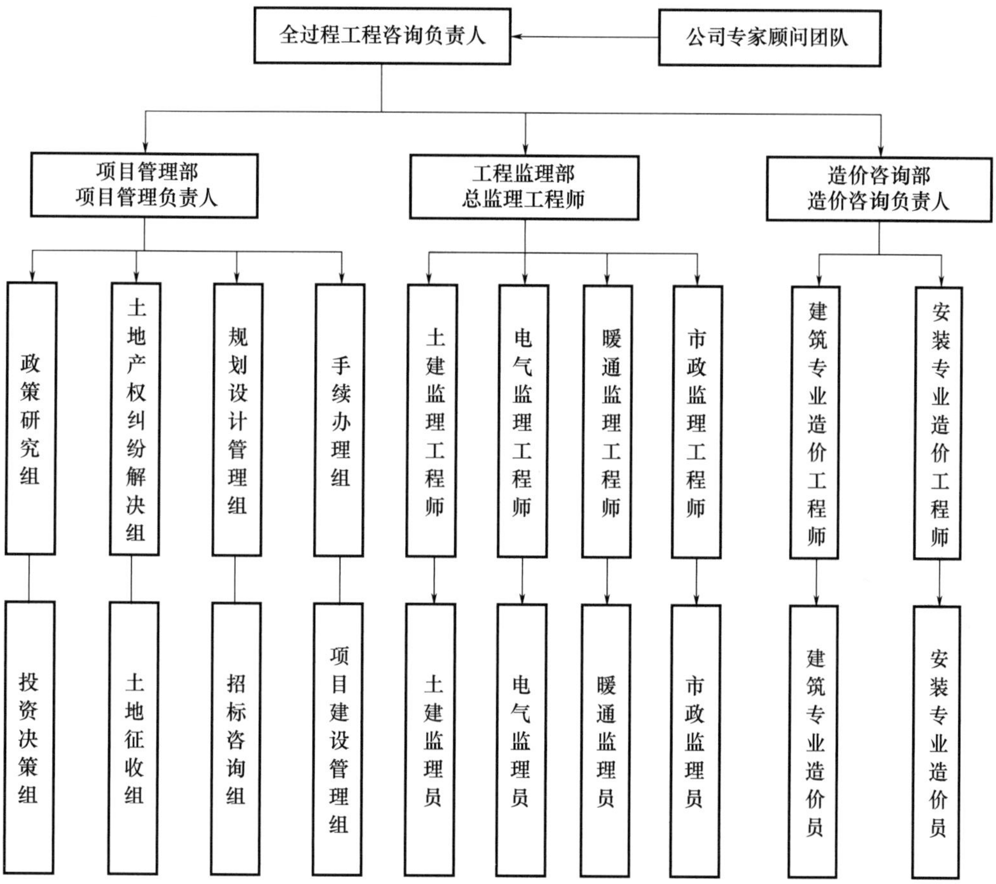

图1 项目全过程工程咨询组织机构

3.2 组织工作职责

3.2.1 项目管理工作职责

（1）投资决策期

通过社会调研和项目考察，对咨询单位编制的可行性研究报告及投资估算进行分析，协助建设单位进行决策。主要包括：对概念性设计方案提出合理化建议，完成项目使用功能，合理确定建设资金。协助相关部门对拟选址地形进行分析，结合项目规划方案，确定项目用地范围，并协助办理林地审批、土地转建手续。对立项文件进行组卷，报审批局进行评审及审批。编制项目建设全过程推进计划，明确关键线路，根据情况变化，随时调整。

（2）项目管理前期

协助建设单位进行项目报批工作。包含规划方案、初步设计、施工设计审查，用地规划、工程规划、施工许可等手续办理，具体包括规划、发改、财政等各类行政审批手续组卷及报审。协助建设单位对环境影响评价、水土保持、社会稳定风险分析、洪水影响评价、水资源论证等报告组织咨询单位编制并组卷报审。办理施工图设计审查。组织施工预算编制并对预算文件报财政局进行评审取得评审意见。组织各服务类及施工单位招标工作，审核招标文件。办理工程质量、安全监督备案手续。办理各类行政审批文件，直至取得施工许可证。

（3）项目管理准备期

及时进行现场排查，与给水、污水、供热、电力、交通等相关部门接洽，做好施工准备工作，满足现场开工条件。协助建设单位组织各服务单位及施工单位进场，向监理机构、施工单位提供图纸、合同等有关资料。

（4）项目管理实施期

协助建设单位审核设计进度计划，督促设计单位按照计划及时出具设计文件，满足工程需要。协助建设单位依法合规确定各服务单位。根据投资控制计划进行目标管理。在公平、公正、合法的基础上协助建设单位进行合同谈判，签订合同。在资金支付方面要严格履行合约，程序合法、手续齐全，为工程结算提供依据。

在施工前督促施工单位编制施工组织设计、各类专项施工方案、安全管理方案、危大工程方案等。严格控制重要材料和设备的质量。协助建设单位进行设计交底和图纸会审。审查施工单位各项质量和安全管理制度、管理体系和管理目标，监督落实。

以事前控制为主、以事中和事后控制为辅，加强预控，强化交底，以样板带全局。严格审核进度计划，落实材料供应计划及人力组织计划，按照河北省扬尘治理十八条对施工单位进行管控。在合同实施过程中，协助建设单位履行相应职责。

建立信息管理体系，及时收集信息，及时分类归档，按照当地档案验收管理有关规定，及时组卷相关文件，保证工程竣工后及时移交。

协调建设单位、勘察、设计、监理、施工、材料设备供应商及与本项目有关联各方的关系。根据项目的实际需要，制订协调计划。

（5）项目验收期

编制工程验收工作计划，制定工程竣工验收流程，明确工程竣工验收职责，协助建设单位组织竣工验收。对验收遗留问题，督促承包人在规定时间内进行整改。收集竣工结算审核资料，配合审计工作，及时完成项目审计。

3.2.2 工程监理工作职责

项目施工阶段的质量控制、进度控制及造价控制，合同及信息管理，协调参建各方关系，履行安全生产管理法定职责。具体包括：收到工程设计文件后编制监理规划，并在第一次工地会议7天前报建设单位；根据有关规定和监理工作需要，编制监理实施细则。

熟悉工程设计文件，并参加由建设单位主持的图纸会审和设计交底会议。参加由建设单位主持的第一次工地会议。主持监理例会并根据工程需要主持或参加专题会议。

审查施工承包人提交的施工组织设计，重点审查其中的质量安全技术措施、专项施工方案与工程建设强制性标准的符合性。

检查施工承包人工程质量、安全生产管理制度及组织机构和人员资格。检查施工承包人专职安全生产管理人员的配备情况。

审查施工承包人提交的施工进度计划，核查承包人对施工进度计划的调整，检查施工承包人的试验室。审核施工分包人资质条件，查验施工承包人的施工测量放线成果。审查工程开工条件，对条件具备的签发开工令。审查施工承包人报送的工程材料、构配件、设备质量证明文件的有效性和符合性，并按规定对用于工程的材料采取平行检验或见证取样方式进行抽检。审核施工承包人提交的工程款支付申请，签发或出具工程款支付证书，并报建设单位审核、批准。

在巡视、旁站和检验过程中，发现工程质量、施工安全存在事故隐患的，要求施工承包人整改并报建设单位。经建设单位同意，签发工程暂停令和复工令。

审查施工承包人提交的采用新材料、新工艺、新技术、新设备的论证材料及相关验收标准。验收隐蔽工程、分部分项工程。审查施工承包人提交的工程变更申请，协调处理施工进度调整、费用索赔、合同争议等事项。审查施工承包人提交的竣工验收申请，编写工程质量评估报告。

参加工程竣工验收，签署竣工验收意见。审查施工承包人提交的竣工结算申请并报建设单位。编制、整理工程监理归档文件并报建设单位。

3.2.3 全过程造价咨询工作职责

根据投资估算情况，对项目定位、功能、建设标准等提出建议。审核初步设计概算。编制工程量清单及招标控制价。施工过程造价管理。审核承包人编制的竣工结算书，出具结算审核报告。

4 项目管理过程

4.1 决策阶段

组织论证项目的可行性，用足民生工程国家扶持政策，争取中央预算内资金和地方政府专项债券资金，缓解财政压力。确定设计定位，明确设计风格要大气高雅，体现区域特色，建设规模满足未来30年人口殡葬服务需求，功能设计满足近5年需求，硬件设施要保证30年不落后。确定进度目标，谋划实现进度目标措施，打破常规，同步推进，穿插进行，必保2021年年底场地平整施工，无缝衔接2022年基础施工，年底交付使用，给承德百姓交一份满意答卷。

4.2 勘察设计阶段

组织编制工程勘察任务书，审定工程勘察工作计划。协助确定勘察单位，核查工程勘察工作方案等文件。监督和管理工程勘察工作，审查工程勘察成果，协调处理勘察成果的修改。协助验收工程勘察成果。组织编制设计任务书，审查、优化方案设计、初步设计、施工图设计，组织施工图审查。组织设计概算的编制与审核。

4.3 招标采购阶段

编制工程量清单及招标控制价。依据相关法律法规、政策文件、标准规范和工程相关文件开展招标策划工作。组织招标采购文件编制与审核，按不同招标类别区分并进行充分的研究分析，厘清招标策划重点工作，对可能出现的问题制定出有针对性的预防措施。严格执行有关法律法规和政策规定的程序和内容，流程规范、内容严谨地组织招标采购过程管理工作。进行合同条款策划，协助签订合同。

4.4 施工准备阶段

办理工程规划、施工许可等报批报建手续。进行现场排查，与给水、污水、供热、电力、交通等相关部门接洽，做好施工准备工作，满足现场开工条件。协助建设单位组织各服务单位及施工单位进场，向监理机构、施工单位提供勘察报告、图纸、合同等有关资料。

4.5 施工阶段

建立规范的勘察设计资料档案管理制度，确保图纸的使用和图纸的数量满足施工的需要。及时响应施工现场提出的技术问题和修改意见。专项设计和深化设计满足原设计的总体要求。组织设计交底与图纸会审并将会议纪要及时归档。

协助建设单位依法合规确定各服务单位。根据投资控制计划进行目标管理。在资金支付方面要严格履行合约，程序合法、手续齐全，为工程结算提供依据。

编制包括工程施工阶段项目总进度计划，并上报建设单位审定。按照经建设单位审定的项目总进度计划及工程施工合同确定的总工期，督促施工单位严格控制工程进度。编制年、季、月工程进度计划报告并按期上报给建设单位。协调解决影响工程进度控制的关键问题。对计划进度与实际进度进行比较，出现偏差时提出相应的纠正或调整措施，组织编制调整后的施工进度计划。

施工前督促施工单位编制施工组织设计、各类专项施工方案、安全管理方案、危大工程方案等。严格控制重要材料和设备的质量。建立信息管理体系，及时收集信息，及时分类归档，保证工程竣工后及时移交。

协调建设单位、勘察、设计、监理、施工、材料设备供应商及与本项目有关联各方的关系。审核工程进度款支付申请。

4.6 竣工验收阶段

接收承包人提出的验收申请。审查项目竣工验收的实际情况，参加项目预验收。协助建设单位组织制订工程项目验收计划并进行审核。按照竣工验收程序协助组织工程相关方进行工程验收。

收集、整理竣工结算的依据资料，做好送审资料的交接、核实、签收，对资料缺陷向建设单位提出书面意见及要求。计量、计价审核及核对，现场踏勘核实，召开审核会议，澄清问题，提出补充依据性资料和必要的弥补性措施，形成会议纪要。就竣工结算审核结果与承包人、建设单位进行沟通，召开协调会议，处理分歧事项，形成竣工结算审核成果文件，提交竣工结算审核报告。组织审核承包人编制的竣工结算书。

协助组织各参与单位参加城建档案管理部门进行的业务指导和技术培训。组织项目各参与单位按归档要求对建设项目档案进行收集、整理与汇总。向城建档案管理部门提交"建设工程竣工档案预验收申请表"。城建档案管理部门对工程档案预验收合格后，协助建设单位组织各参与单位向城建档案管理部门移交建设工程竣工档案。依照移交内容编制移交计划，明确各项移交工作的主体、移交时间、移交责任人等事项。

组织承包人提交房屋竣工验收报告、消防验收文件、电梯验收文件等相关资料。协助建设单位向当地建设行政管理部门办理竣工验收备案手续，取得竣工验收备案回执。

参与工程移交预验收，发现问题后要求承包人限期整改并跟踪处理结果。办理工程移交手续，并协助建设单位提前组织设备厂商、承包人完成技术培训。组织编制项目竣工决算报告，协助建设单位接受审计部门的审计监督。

5 项目管理办法

5.1 制度为纲

为了充分发挥全过程工程咨询服务单位内部统筹管理优势，高质量开展全过程工程咨询服务，为建设单位提供优质、高效、增值的全过程咨询服务，制定全过程工程咨询统筹管理制度。

为了界定项目管理、造价咨询、工程监理各业务间的职权、责任，更好地服务建设单位，做好项目全过程工程咨询服务，制定全过程工程咨询管理责任制度。

为了深入贯彻落实中共中央关于"三重一大"制度，加强对权力的民主监督与制约，实现决策的科学化、民主化，促进依法行政和廉洁建设，制定"三重一大"集体决策制度。

为了做好项目投资管理工作，保证项目管理投资目标的实现，制定项目投资管理制度。

为了严格控制工程施工进度，确保项目按施工合同规定的工期完工，制定项目进度管理制度。

为了强化项目质量管理，完成质量控制目标，制定项目质量管理制度。

为了强化项目安全管理，完成安全控制目标，制定工程安全管理制度。

为了强化项目合同管理，按照合同按时履约，避免合同纠纷，制定项目合同管理制度。

为了规范项目工程、货物、服务费用申请及审批程序，加强对项目资金使用的控制，提高项目运作效率，制定合同费用支付审批制度。

为了规范项目合同变更管理，减少工程变更对工程的影响，确保施工进度和工程质量，有效控制工程造价，明确项目各方责任，使工程建设有序、规范地进行，特制定工程变更管理制度。

为了保障工程管理信息及档案的真实性、系统性、实效性、科学性，特制定信息档案管理制度。

为了保证各参建单位，重点是监理单位、施工单位充分了解工程的设计特点和设计意图，制定施工图设计交底及图纸会审制度。

为了监督检查施工单位做好开工前各项准备工作，满足开工后连续均衡施工的要求，保证工程质量、进度，发挥投资效益，特制定工程开工管理制度。

为了提高工程质量，节省投资，加强施工管理，保证施工项目科学有序连续施工，降低工程停、复工对工程进度、工程质量和投资的影响，制定工程停、复工管理制度。

为了保护当事人双方合法权益，严格执行合同制约机制，结合本工程的特点，制定施工索赔处理制度。

为了使工程竣工验收及工程移交工作规范化，促进本工程项目及时交付使用，发挥投资效益，特制定工程竣工验收及工程移交管理制度。

为了加强工程建设文件的整理与归档工作，规范统一工程档案，满足工程归档要求，制定竣工档案资料管理制度。

为了准确核定工程造价，严格控制工程款的拨付，合理使用资金，制定工程结算审查与结算工程款拨付制度。

5.2 计划为要

根据项目特点、难点，全过程工程咨询团队规划出6条进度推进线路，包括规划设计线、林地审批线、土地转建线、项目立项线、招标管理线、工程建设线，成立8个工作小组，包括政策研究组、土地产权纠纷解决组、土地征收组、投资决策组、规划设计管理组、招标咨询组、手续办理组、项目建设管理组。

全咨团队全面梳理项目推进面临的障碍，逐项制定解决办法，据此编制了项目整体推进计划，涵盖投资决策、项目立项、林地审批、土地转征、报批报建、勘察设计、招标采购、场地平整、工程施工、竣工验收、结算移交等全部工作内容，并制定进度计划调整预案。根据整体推进计划按照规划的6条进度推进线路，编制了分线进度计划。8个工作小组根据分工分别编制了小组工作计划。以上计划报建设单位后，批准实施。

以上述具有前瞻性、预控性、规划性的实施计划作为目标和方向，发挥项目管理统筹能力、协调能力、技术能力，以项目管理为中心有序推进项目建设。

5.3 设计管理为本

投资决策阶段管理是监理企业向全过程工程咨询转型升级的弱项，设计管理是全过程工程咨询业务的重点和难点。得益于公司 17 年的项目管理经验及技术数据的积累，在项目决策阶段，重点在设计管理上发挥了重要的技术咨询作用。本项目全资团队将设计管理作为根本，从而达到控制投资，实现进度、质量目标的抓手。

5.3.1 规模和功能定位

由于项目的特殊性，短期内同一区域不会重复建设，因此合理确定项目规模和功能定位，至关重要。规模过大、功能过多易造成建设和运营的压力，且易造成部分场馆或功能闲置，形成浪费。规模过小、功能过少，当下能够适用，但中远期无法满足需求，届时可能无法扩建或新建。

因此，根据本市近三年人口平均死亡率、中心城区现状人口数、2035 年规划的中心城区常住人口数，同时考虑到本市已进入人口老龄化阶段，确定项目建设规模为二类殡仪馆。功能设计满足近 5 年需求，硬件设施要保证 30 年不落后，各功能房间分高中低三档，满足不同层次的人群需求，冷冻设备及火化设备数量要承担起突发事件的功能需要，单独分区，并为远期需求预留安装空间。

5.3.2 限额设计与设计优化

限额设计与设计优化整体思路是：明确建设规模和功能需求，编制概念性设计方案，进行投资匡算，优化设计方案，调整投资匡算，提出设计限额，进行方案设计，优化方案设计，进行初步设计、优化初步设计，进行施工图设计，优化施工图设计。

根据本市人口及死亡率确定建设规模为二类殡仪馆，然后根据用地指标计算项目用地面积，确定用地范围，开展概念性规划方案设计。

概念性设计方案项目占地 150 亩（10 万 m^2），建筑面积 $26000m^2$，投资匡算总投资 4.62 亿元。组织概念性设计方案优化，优化前骨灰安放设施建筑面积过大，空间利用率低。未结合项目地形（两山一谷）进行台地设计，挖填土方工程量巨大，且挖填难以平衡。建筑物过于集中且外立面色调过于压抑，与将馆区打造成为一个集纪念、文化、景观于一体的现代化人文生态故园的理念相悖。优化后项目占地 146.7 亩（$97800m^2$），建筑面积 $20841.27m^2$，投资匡算总投资 3.56 亿元。经过概念性规划方案设计及优化，投资匡算调整，将 3.56 亿元作为设计限额，设计单位按此限额开展设计工作。

初步设计方案项目占地面积 146.7 亩（$97800m^2$），建筑面积 $20841.27m^2$，概算总投资 3.56 亿元。组织对初步设计方案优化，优化前火化设备设计 9 台套（含 1 台套特殊遗体火化设备），不符合项目功能定位预留设备安装空间要求，调整为安装 5 台套（含 1 台套特殊遗体火化设备），预留 4 台套安装空间，远期按需采购安装。优化前绿化树种部分为南方树种，不适宜北方气候，且会增加运营维护成本，替换为北方耐寒、耐旱树种。优化后占地面积、建筑面积不做调整，总投资调整为 3.34 亿元。

5.4　投资管理为根

投资管理贯穿项目始终，首先解决的是资金筹措问题。根据《"十四五"时期社会服务设施兜底线工程实施方案》，项目可争取中央预算内资金4725万元。按照项目收益可覆盖成本1.25倍，根据项目投资规模，可申请地方政府专项债券资金1.7亿元。通过申请程序，共计申请资金2.1725万元，占项目总投资的65%，其余资金由市财政资金解决。

投资优化过程已在限额设计与设计优化中详细进行了阐述，投资与设计规模和功能之间已达到最佳的平衡点，资金筹措也已完成，投资管理工作重点转变为过程管控，避免实施过程中发生各种风险导致投资增加。过程管控常规办法与措施不再赘述，本节结合项目特点重点描述项目变更与索赔管理。

项目变更与索赔管理在于主动与预控，项目变更预控从方案设计便已经开始，贯穿整个勘察设计阶段，直至施工图设计审图完成。减少设计变更的关键在于勘察工作能否反映真实的地质情况，设计文件无错漏碰缺。基于BIM技术和工程监理、造价咨询在设计阶段参与设计优化，解决了设计文件中绝大部分错漏碰缺问题，极大降低设计变更的发生风险。

索赔管理的关键在于履约意识、招标采购管理与合同管理。履约意识要求全咨管理团队全面熟悉项目合同条款，熟知建设单位义务、责任，协助建设单位及时履约，规避被索赔风险，同时督促合同相对方履约，必要时协助建设单位提出索赔，维护建设单位权益不受侵害。本项目采取的具体措施为建立合同台账，内容包括合同双方主要义务、成果文件交付时间及费用支付节点等信息，并安排专人负责管理，定期编制风险报告。招标采购管理与合同管理引入索赔管理理念，即在招标采购阶段明确采购需求，在招标采购文件中加入索赔风险控制条款，并将相关条款纳入合同，确保合同表述清晰、无歧义。

5.5　质量安全管理为基

项目质量安全管理分为设备质量管理和工程施工质量安全管理两部分。设备质量管理强调预控与开箱验收。工程施工质量安全管理主要涉及回填强夯和永久边坡支护工程。

5.5.1　设备质量管理

设备采购前按照建设单位需求和设计要求，组织相关单位外出考察，确定详细设备参数，并在采购文件中明确开箱验收、安装整体质量验收和质保等要求。采购完成设备到场后，按照开箱验收方案组织建设单位、设计单位、监理单位、设备供应单位开箱验收，按照采购清单设备参数逐件核对，保障设备质量。

5.5.2　工程施工质量安全管理

项目场地平整回填区域回填土深度5~8.5m，为保证工程质量，减少差异沉降，在保证正常碾压情况下，增加强夯工艺，以达到加速土体固结、下降回填压缩性的作用。为保证强夯质量，首先进行程序管理，要求施工单位编制了强夯方案，经编审程序审查后，组织了专家论证，按专家意见修改重新履行编审程序后，按此方案执行。强夯过程中，采取旁站方式进行施工质量管理，旁站准确记录回填土分层回填厚度、强夯遍数等关键数据，发现问题及时处理。强夯完成后进行承载力和压实度检测，确保满足设计要求。

项目边坡支护高 2～26.8m，形式为毛石重力式挡墙和格构式锚杆挡墙。程序管理，要求施工单位编制了边坡支护方案，经编审程序审查后，组织了专家论证，按专家意见修改重新履行编审程序后，按此方案执行。施工过程中，采取巡视、旁站、平行检验方式进行施工质量管理，保障施工质量。

5.6 进度管理为标

项目用地能否快速转征完成是制约项目能否按期交付的关键，因此前期阶段进度管理重点放在解决项目用地转用征收问题上。依托《中华人民共和国土地管理法》修订过渡期省内相关转征政策，申请调整了土地利用规划和城乡控制性详细规划。组织测绘单位对用地范围内地类、权属、林地面积等进行了详细的测绘调查。权属问题、占用国家森林公园问题，建议建设单位把五个主管局和四个管线产权企业纳入项目推进领导小组，并起草领导小组工作职责、任务清单，业主采纳此建议，报请市政府批复，营造良好的外部协调环境，快速解决林地审批、土地转征难题。

面对突发的公共卫生事件不定时封控局面，组织施工单位做好预控，编制了详实的物资计划和人员安排计划。并建议施工单位按计划提前采购建筑材料，储备施工人员。在市区间断性封控期间，项目依然按计划推进。

利用冬季时间进行场地平整施工，衔接次年春季基础工程施工，做好设备安装与工程施工的衔接。制订计划之初，将场地平整安排在 2021 年冬季，衔接 2022 年春季基础工程施工，节省时间 3 个月，并将设备安装与调试纳入整体实施计划。组织施工单位、设备供应单位共同制订施工进度计划，将设备安装与工程施工无缝衔接。

6 项目管理成效

以"横向穿插办理、纵向并行推进"工作计划为指导，通过建设单位的大力支持、全过程工程咨询团队的统筹管理、各参建单位的密切配合，自 2021 年 5 月 4 日接到任务，历时 27 天完成概念性规划设计，2021 年 7 月 9 日规划方案通过市规委会审批。

自 2021 年 5 月份谋划，用时一个月解决上位规划及项目立项问题。历时 7 个月完成土地权籍纠纷、林地使用审批、土地收储、转征问题，实现了当日划拨当日出证，用时仅为正常土地收储用时的 50%。

自 2021 年 6 月份立项，2022 年 12 月 2 日交付使用，仅仅用时 18 个月，工程质量合格、环保达标，建设过程无安全事故，总投资不超概算。项目依法合规推进，在各级主管部门检查中，做到手续齐全、文件规范，得到检查组的认可，圆满完成任务。

项目建成投用本着"保本微利、注重社会效益"的原则，坚持较低廉的收费价格，让利于民，体现了实行火葬"省钱、省事、省心"的好处。项目是关乎广大人民群众的一项重要民心工程，受到全市人民的关注。本项目的投入使用，根本上改善了主城区殡葬设施老旧、设备老化的现状，改变了市殡仪改革工作的相对落后局面，推动了民政工作的整体发展，节约了林业和土地资源，净化了社会风气，促进了经济社会的可持续发展。

7 交流探讨

本项目是本市全过程工程咨询服务在政府投资项目中的一次深入实践。实践证明：

投资决策综合性咨询通过对项目主要建设内容、拟建地点、拟建规模、投资估算、资金筹措以及社会效益和经济效益的设定、分析和论证，能够协助建设单位科学地进行投资决策。

工程建设全过程工程咨询能够综合考虑项目质量、安全、环保、投资、工期等目标，以及合同、资源、信息、技术等因素，在项目前期策划时就考虑到后期实施的风险，在招投标阶段、合同签订阶段、实施阶段进行合理规避。在项目前期能充分掌握项目各阶段的技术参数和经济指标，后期实施就会更有针对性地进行管理，避免了传统模式独立运作而出现的漏洞，不是将工程咨询、造价咨询、设计、勘察、招标代理、工程监理"简单相加"，从而收到了"1＋1＞2"的增值效应，更好地为建设单位提供"增值服务"。

事实证明，全过程工程咨询这一组织模式能够全面提升投资效益、工程建设质量和运营效率。

某烂尾楼改造、局部新建全过程咨询案例

李 永 胡新婷（河北中原工程项目管理有限公司）

摘 要： 本项目为某烂尾楼改造及局部新建项目，烂尾楼改造可以充分利用已有的建筑资源，改善城市环境和居住条件，提升城市的整体形象和居住环境，具有资源优化利用、城市更新、经济发展、社会功能满足和增加房屋供应等多重意义，对城市发展和社会进步具有重要的推动作用。

本文简述了项目特点、管理模式、项目重难点和控制措施等，以烂尾楼改造及局部新建全过程咨询一系列复杂问题为导向，详细论述了问题的解决方法。通过组织措施、合同措施、协调措施、招标措施等对设计阶段、招标阶段、施工阶段、竣工阶段进行控制管理，充分发挥工程咨询单位的技术及管理优势，整合资源和信息，实现对项目的有效管理，圆满完成管理任务，工程质量验收合格，建设过程中未发生任何质量、安全事故。

1 案例背景

项目完成综合楼主体结构（人防结构及部分设施）后停工，机电工程设备安装、室外工程中管网、道路、广场铺装、院内绿化等均未施工，两栋配楼及门卫室未建设。项目未办理各项报批手续。2020 年 12 月 25 日某股份有限公司通过公开竞拍得到本项目所有权。通过公开招标，确定了我公司进行全过程咨询项目管理及造价咨询工作。

2 项目概况

项目包括综合楼、东配楼、西配楼及门卫室等建筑，总建筑面积 60000m²，其中综合楼主体结构为框架剪力墙结构形式（主体结构于 2012 年完成），基础形式为筏板基础，地下 2 层、地上 22 层，建筑高度 97.9m，建筑面积 50000m²；东、西配楼结构形式为钢框架结构，基础形式为筏板基础，地下 1 层、地上 4 层，建筑高度 20.30m，建筑面积 10000m²；门卫室结构形式为框架结构，地上 1 层，建筑高度 4.5m，建筑面积 70m²。

项目具有如下特点：

（1）投资目标明确，严禁超目标。建设单位对造价提出要求，非建设单位同意不得超出合同价格。但本项目为解决遗留、改造、续建项目，不可控因素较多，涉及的专业和技术较多，造价控制难度大，需要进行综合协调和管理，风险也比较大，需要进行专业技术管理和风险管理。

（2）新冠疫情防控期间，建设工程项目存在人员流动性下降、物资供应不足等问题，导致工程进度受到了影响；建设工程项目成本增加，主要是物资价格上涨因素导致；本项目实施阶段为疫情高峰，防控成本高，工期把控困难，疫情对本工程建设影响较大。

（3）项目百米处设有国控环保监测点，各监管部门（大气办、街道办、城管等）执法严格，要求企业和建设项目必须符合更加严格的排放标准和监管要求。且本项目距离国家环保监控点仅100m，环保管控对项目的成本、进度有很大的影响。

（4）本项目有主设计、外立面设计、配楼设计和室内精装设计，共4个设计单位。设计过程中作为主设计的石家庄市建筑设计院又进行了体制改革，人员更换、设计精力被严重分流等，导致沟通难度极大；设计单位之间并行交叉范围内，协调配合困难。

（5）搁置期间国家规范更替，导致实施阶段新旧规范冲突，实施过程中问题较多，项目审批流程复杂，影响项目进度。

（6）本项目为烂尾楼改造、局部新建工程，前期大部分资料缺失，无建设工程规划许可证，施工许可证、已完工的主体结构未进行质安监备案和验收、无过程验收资料等，补办手续协调难度极大，且无参考经验。

（7）建设单位对紧要工作的问题决策周期长，影响工期，施工中不可预见问题频繁产生，建设单位审批流程繁琐、缓慢，直接导致工期延长。

（8）项目位置在市二环路北侧，市规划局对建筑物外观规定较多，额外增加外立面布局设计及深化设计，消耗大量工作时间。

（9）建设意图多次调整，施工范围被动增加，大幅增加了沟通协调工作量，导致工期延长、费用增加。

3 项目组织模式

本项目为烂尾楼改造、局部新建工程，项目在实施过程中各种情况较为复杂，需要强大的资源支撑。因此本工程项目管理机构，由合同采购组、投资管理组、建设实施组、综合管理组组成矩阵式项目组织机构（图1）。

该类型组织机构拥有与公司职能部门互通的优势，能有效利用我公司的雄厚技术资源、人员统筹管理、造价咨询等优质资源，对项目推进及疑难问题解决有很大促进作用，取得了很好的效果。

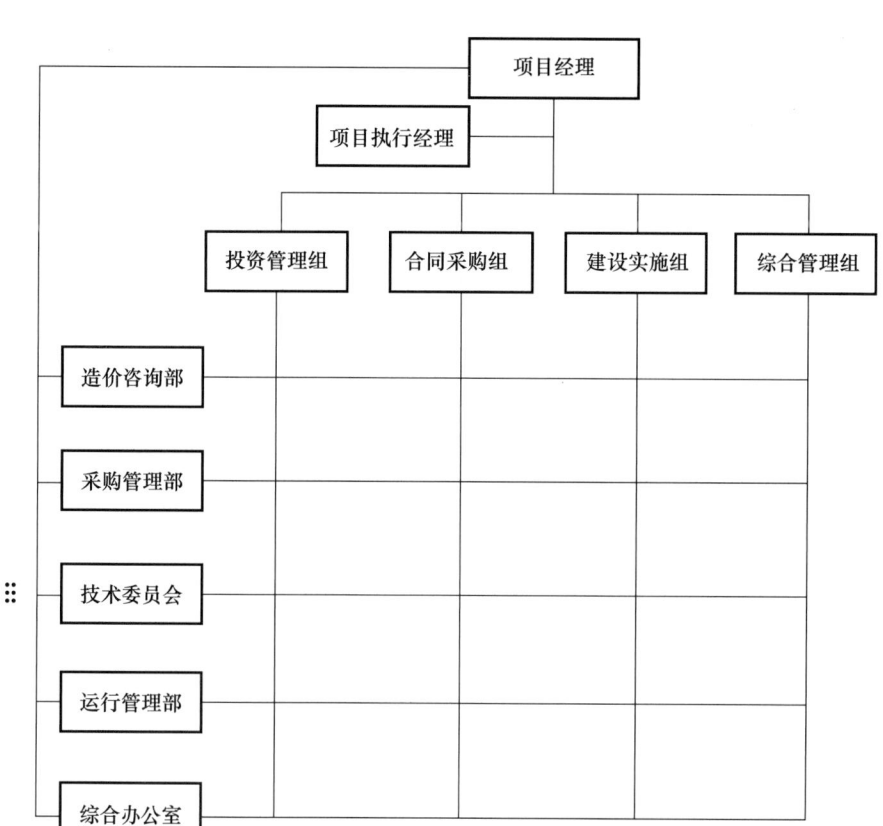

图 1　项目组织机构

4 项目管理理念

做好项目的规划,通过组织措施、合同措施、协调措施、招标措施等对设计阶段、招标阶段、施工阶段、竣工阶段进行控制管理。项目进展中充分发挥工程咨询单位的技术优势和管理优势,整合各种资源和信息,实现对项目的有效控制和管理。

4.1 统筹规划

建设工程项目管理从整体上进行规划,包括项目目标、工期、成本、质量等方面的规划,确保项目的各项要素协调一致。

建立管理体系,明确各参建单位的职责和管理范围。

我公司进场后,先与建设单位充分沟通协商,了解建设需求和意图,编制项目管理规划,报建设单位。

收集项目原始资料,与建设单位沟通确认项目目标。质量目标:合格为最低标准,争创省优质工程。进度目标:设计和施工工期12个月。

根据建设意图,协调造价团队编制了估算,并召开协调会议,逐条分析改造内容和项目范围,优化、调整工程范围和估算。确定总投标目标为1.12亿元。

4.2 设计管理

（1）拟订设计合同，合同中明确设计责任和管理措施，例如明确设计进度，对设计在规定时间内未完成节点采取经济措施；因设计原因造成的设计变更，扣质保金，并进行处罚，设计成果对应处罚措施。

（2）确定投资总额后，根据与建设单位商讨的施工范围，编制设计任务书，设计任务中明确了设计标准、设计质量、设计进度和措施管理等。

（3）协助收集、整理及核查设计基础资料。

（4）核查设计单位人员资质及力量是否可满足项目要求。

（5）对设计单位提交的阶段性成果文件，通过与甲方充分协商，提出详细的阶段审核意见（包括审核设计单位编制的方案设计、施工图设计文件等）。

（6）遇到重大问题，及时组织召开专题会议并出具报告。

（7）审查各阶段设计文件质量，从设计、施工、材料设备、维护使用等多方面提出分析报告，并对其进行评估。

（8）督促进行限额设计。

（9）审查设计单位编制的设计进度计划；提交各种进度控制报表和报告；督促并审核设计单位提出的详细的设计计划和出图计划，并对其执行进行合理控制，依据设计合同的规定，督促检查设计工作的实施。

（10）督促协调特殊专业设计和主设计之间的关系，确保特殊专业设计进度符合总体进度计划。

（11）对设计文件尽快作出决策和审定。

（12）根据进度计划检查督促设计单位的工作，并及时汇报设计进展情况。

（13）对设计过程中可能出现的偏差采取有效措施，强化过程管理。

（14）对可能会对施工质量、投资、进度产生重大影响而设计阶段可采取相关措施的事项，及时提醒甲方采取相应控制措施。

4.3 项目采购管理

（1）进行整个项目的合同体系策划，制订采购计划。

（2）协助业主方选定招标代理单位。

（3）对招标代理单位的工作进行监督和管理。

（4）协助业主方对资格预审文件和招标文件进行审定。

（5）协助业主方组织工程监理、施工、设备材料采购招标。

（6）协助业主方与工程勘察、建筑工程设计、施工、监理企业及建筑材料、设备、构配件供应等企业签订合同并监督实施。

4.4 项目实施管理

（1）重点审核施工和监理单位的人员架构和派遣人员的管理水平，对不满足施工管理要求的人员要求更换。

（2）协调监督施工和监理管理人员的履责，重点审核施工和监理管理人员对材料设备验货、隐蔽工程和危大工程的管理是否细致到位。

（3）协调设计单位在工程实施阶段的配合工作。

（4）负责与有关工程质量监督、工程安全生产监督等政府部门的联系工作。

（5）监督相关工程合同的履行。

（6）提出工程实施用款计划，处理工程索赔。

（7）协助或代表业主方组织竣工验收。

（8）协助业主方向城建档案管理部门移交竣工资料并办理竣工备案等手续。

4.5　项目文档管理

（1）协助建设单位整理建设工程规划许可证办理、施工许可证办理、质安监备案、工程变更审核、工程计量支付审核、组织项目验收等工作和资料整理。

（2）督促审查施工和监理单位报审的资料，审核施工组织设计、危大工程专项方案，审核监理规划和监理细则等。

（3）负责文件资料的收集保存，在项目竣工时将工程来往批件、技术资料和施工图纸等有关资料整理完好归档移交业主方。文件资料包括建设项目申请立项、上报批复文件、各种证件文本、施工技术资料、合同文本、设备材料的资料、运行技术准备、竣工文件及涉外文件等。

4.6　项目后评价管理

项目竣工后，向业主方提交从项目立项决策、项目采购、项目勘察、设计、项目施工、项目生产运行、项目经济等方面的后评价报告及工程项目管理工作的综合评价报告。

4.7　风险管理

建设工程项目管理对项目风险进行评估和管理，制定相应的风险应对措施，减少项目风险对项目目标的影响。

（1）针对本项目特点，编制项目风险管理方案，审核、编制设计招标文件，重点对设计责任和设计管理措施进行补充，招标文件中明确对设计师的要求和检查更换措施；明确项目设计范围和变更责任；要求设计单位详细勘察现场，充分结合现场情况进行设计，发现问题及时提出并解决，因未发现现场问题而造成的变更追究设计责任；要求限额设计，不得超过限额；对设计深度和设计质量提出要求，并明确设计责任和处罚措施；明确设计进度节点，无合理理由设计工期延误，追究设计责任，并采取组织、招标、合同等措施，规避分摊风险。

（2）施工招标文件明确了本改造、续建项目现场可能遇到变更流程，变更只能由建设单位提出，变更必须先审批后施工；明确了现场环保政策对工期、造价的影响，施工单位充分考虑，不因环保政策增加费用等，并采取组织、招标、合同等措施，规避分摊风险。

4.8 合同管理

建设工程项目管理对合同进行有效管理，包括合同签订、履行、变更等方面的管理，确保各方利益得到保障。

（1）协助建设单位确认工作内容和范围，采用的技术标准、技术规范或施工技术方案，合同的计价模式，发生变更的调整方法，合同价款的支付方式。

（2）起草合同文本，结合业主和项目管理的需求修改和补充合同范本；与业主确定合同条款及谈判的要求。

（3）与中标单位就合同初稿中的条款进行商谈；做好合同谈判的纪要，以书面的形式记录会谈成果。

（4）向业主或相关单位确认是否可以变更合同内容；处理承包商提出的索赔以及进行反索赔；根据合同条款的规定计算变更价款或变更工期。

（5）合同管理的工作要点：合法性审查、签约及执行过程中，对合同签约方的资质及从业人员的资格进行审查。加强承发包管理，合同履行中，加强合同转、分包的管理，严禁工程转包。定期对合同履行情况进行检查：合同履行中，检查合同承包方是否按投标书或合同约定全面履行合同，如施工承包合同中施工方项目经理是否实际到位，技术合同中设计负责人、项目经理是否实际到位等，对承包方不按合同约定履行合同的行为，按合同进行索赔。合同质量管理：合同条款中要有明确的合同质量要求，并对其有相应的奖罚规定，在施工过程中应通过监理单位加强对材料质量的把关和对施工过程的严格控制。合同工期管理：为确保建设工程项目按期完成，合同工期应服从并服务于项目总体进度计划，在合同中应有对工期拖延的惩罚措施。

4.9 质量管理

建设工程项目管理对项目质量进行管理，建立质量控制机制，确保项目达到质量要求。

（1）审查施工单位和监理单位建立的质量保证体系，并确保其符合要求。同时，对于主要管理人员的配备，必须按照投标文件中的要求进行核查。根据合同的约定，检查主要人员是否按时到岗并履行职责。

（2）组织设计交底及图纸会审：在项目启动阶段，组织设计交底会议，确保所有参建单位充分理解设计要求和目标。同时，定期组织图纸会审，让各参建单位就设计文件进行沟通和协商，以确保一致性和减少错误。

（3）制定变更洽商流程：建立明确的变更洽商流程，包括变更提出、评审、审批和实施等环节。任何设计变更都必须按照规定的流程进行，确保变更的合理性、可行性和影响分析，并获得相关方面的批准和确认。

(4) 审查施工组织设计和施工方案：对施工单位提交的施工组织设计和施工方案进行审查，确保其符合相关法规和标准要求，包括施工方法、工序安排、安全措施、质量要求等。审查监理规划和监理细则：对监理单位编制的监理规划和监理细则进行审查，确保其能够有效监督和控制施工过程，包括监理任务划分、监理检查内容、监理报告要求等。检查方案的落实情况：在施工过程中，定期检查施工单位和监理单位是否按照施工组织设计、施工方案、监理规划和监理细则的要求进行工作，检查包括现场巡视、文件核对、工序记录等，以确保方案的有效落实和执行。

(5) 对于工程所需的原材料、半成品、构配件和永久性设备进行质量控制，明确工程所需原材料、半成品、构配件和设备的质量标准和规范，包括技术要求、性能指标、检测方法等，以确保其符合设计和施工要求。进场检查验收：对重要原材料、半成品、构配件和设备进行进场检查验收，包括外观检查、尺寸检测、性能测试等，只有通过验收，并符合质量标准和规范要求的材料和设备才能使用于工程。对进场材料和设备进行抽样检测，确保其质量符合要求。同时，进行定期的监督抽查，对在施工过程中使用的材料和设备进行抽查，以确保其质量稳定和符合要求。建立材料和设备的进场记录和追溯体系，包括供应商信息、检验报告、质量证明书等，以便在需要时能够查询和追溯材料和设备的来源和质量情况。

(6) 核查监理单位对施工质量的检查验收情况，检查质量保证体系是否健全；主要技术组织措施是否具有针对性、是否安全有效；对特殊部位、重点工序，现场加强巡视检查次数，确保工程满足设计和规范相关要求。

4.10 成本管理

项目成本管理，包括预算编制、成本控制、成本核算等方面的管理，确保项目成本控制在合理范围内。建立造价咨询管理与控制的保证体系。

(1) 限额设计，把控设计质量。

(2) 根据建设单位需求和基础资料确定投资总目标，WBS 分析目标，分解目标后，根据每项内容进行讨论，确认造价的合理性和质量标准。

(3) 编制分部分项工程量清单要满足《建设工程工程量清单计价规范》（GB 50500，以下简称《计价规范》）的强制性规定。分部分项工程量清单应根据《计价规范》规定的统一项目编码、项目名称、计量单位和工程量计算规则编制。对规范中的缺项，如新材料、新技术、新施工工艺，可由招标单位补充设置，使之既要满足《计价规范》的规定，又要反映拟建项目特征。

(4) 对工程招标标底及投标报价进行符合性、合规性及合理性审核，对不利于业主的纰漏提出调整意见。重点是对报价中隐含的不平衡、不合理等不利于工程造价控制的报价提出意见，要求报价方澄清及调整，以规避工程造价控制风险，避免低报价高索赔，最大程度保护业主利益。

(5) 采用招标文件和合同，规避施工可能遇到的风险。

（6）根据工程进度进行工程计量，参与工程进度款支付控制，协助业主审核工程进度款并提交进度款支付建议，并建立相应的工程计量支付管理台账，及时向业主报告项目的资金使用情况。

（7）对拟进行的工程设计变更进行计量与评估，分析拟进行的设计变更对造价的影响，从多方案变更中优选出实际可行、最经济合理的变更方案，并测算出设计变更可能造成的费用上的增减，为业主决策提供参考。

（8）提高预防索赔的警觉性，一旦发现有潜在的因素可能会引起索赔，及时提醒业主消除这种潜在因素，预防在先，避免引起索赔事件的发生。一旦发生了可能造成索赔的事件，要做好记录，做好计量、计时、记述及拍照取证工作，为正确处理有关方的索赔取得真实有效的证据。

（9）在收到索赔申请报告后，与监理工程师、业主代表等各方积极配合，在规定的时间内，根据承发包合同的约定和国家的相关规定处理索赔，采用合理的索赔计算方法，对工程索赔加强主动控制，避免索赔费用的扩大。

4.11 沟通协作

建设工程项目管理建立良好的沟通和协作机制，确保项目团队之间的信息共享和合作，提高项目管理的效率和质量。

（1）组建专业配置齐全、人员结构合理、咨询经验丰富、沟通协调能力强的咨询项目组织，建立协调机制。

（2）在委托人授权指导下，组织项目管理例会。针对工程建设期间的具体问题，传递项目信息、沟通协作配合需求、研究决策重大事项、处理解决重大问题矛盾等，为项目总体协调管理提供组织服务。

4.12 环境保护

建设工程项目管理重视环境保护，采取相应的环保措施，确保项目对环境的影响达到最小化。

（1）通过对施工现场的施工便道、临时占地、施工扬尘、施工噪声等进行严格控制，确保环保工程质量合格，达到预期环保效果。

（2）坚持"预防为主、保护优先"的原则，加强对涉及环保工程的设计和施工质量的管控，尽可能减少施工对环境的不利影响。各分项工程开工前，在施工组织设计中要求施工单位切实做好环保工作，采取有效措施，不符合要求的不批准开工。

（3）遵守环境保护、文明施工的法律、法规和规章。各参建单位都必须遵守国家有关环境保护的法律、法规和规章，并做好施工区的环境保护工作，防止由于工程施工造成施工区附近地区的环境污染和破坏。

（4）在编制施工总布置设计文件的同时，监理单位应督促施工单位编制施工区和生活区的环境保护措施和文明施工计划，报送监理批准。

（5）施工弃渣的治理。根据合同规定指导施工单位做好施工弃渣的治理工作，保护施工弃渣场边坡及开挖边坡的稳定，严禁随意倾倒弃渣。

（6）环境污染的治理。根据合同规定指导施工单位按国家和地方有关环境保护法规和规章，控制地下工程施工的噪声、粉尘和有毒气体，保障工人的劳动卫生条件。

（7）督促和检查施工单位保护好施工区及生活区的环境卫生，应定时清除垃圾，并将其运至批准的地点掩埋或焚烧处理。督促施工单位在现场和生活区内设置足够的临时卫生设施，定期清扫处理。

5 项目重难点及管理措施

5.1 投资控制管理措施

（1）建立现场管理体系，明确各参建单位的职责和管理范围。

（2）与建设单位充分沟通协商，了解建设需求和意图。

（3）收集项目原始资料，与建设单位沟通确认项目目标。根据建设意图，协调造价团队编制了估算，并召开协调会议，逐条分析项目设计范围，优化、调整设计范围和估算。最终确定总投标目标为 1.12 亿元。

（4）确定投资总额后，督促进行限额设计；对设计范围外、与本项目实施有关部分的投资加强预控管理，对设计过程中可能出现的偏差采取有效措施，强化过程管理。

（5）根据建设单位需求和基础资料确定投资总目标，WBS 分析目标，分解目标后，根据每项内容进行讨论，确认造价的合理性和质量标准，考虑设置了暂估价和暂列金。

（6）编制分部分项工程量清单要满足《计价规范》的强制性规定。分部分项工程量清单应根据《计价规范》规定的统一项目编码、项目名称、计量单位和工程量计算规则编制。

（7）对工程招标标底及投标报价进行符合性、合规性及合理性审核，对不利于业主的纰漏提出调整意见。重点是对报价中隐含的不平衡、不合理等不利于工程造价控制的报价提出意见，要求报价方澄清及调整，以规避工程造价控制风险，避免低报价高索赔，最大程度保护业主利益。

（8）采用招标文件和合同，规避施工可能遇到的风险。

（9）根据工程进度进行工程计量，参与工程进度款支付控制，协助业主审核工程进度款并提交进度款支付建议，建立相应的工程计量支付管理台账，及时向业主报告项目的资金使用情况。

（10）对拟进行的工程设计变更进行计量与评估，分析拟进行的设计变更对造价的影响，从多方案变更中优选出实际可行、最经济合理的变更方案，并测算出设计变更可能造成的费用上的增减，为业主决策提供参考。

（11）提高预防索赔的警觉性，一旦发现有潜在的因素可能会引起索赔，及时提醒业主消除这种潜在因素，预防在先，避免引起索赔事件的发生。一旦发生了可能造成索赔的事件，要做好记录，做好计量、计时、记述及拍照取证工作，为正确处理有关方的索赔取得真实有效的证据。

（12）在收到索赔申请报告后，与监理工程师、业主代表等各方积极配合，在规定的时间内，根据承发包合同的约定和国家的相关规定处理索赔，采用合理的索赔计算方法，对工程索赔加强主动控制，避免索赔费用的扩大。

（13）按照合同约定，对索赔项目进行审核，合理合法地确认工程投资。各种确认资料及时办理，减少索赔事件的发生。

（14）建立奖惩机制，对项目管理过程中表现良好的团队和个人进行奖励，对管理不当的团队和个人进行惩罚，激励项目团队积极工作，提高项目管理的效率和质量。

5.2 新冠疫情防控管理措施

（1）招标文件中明确对疫情防控的管理措施，适量考虑疫情防护费用。

（2）审查施工单位和监理的防疫方案，并监督落实情况。制定详细的疫情防控方案，包括人员管理、场所卫生、物资保障等方面的措施，确保项目团队的安全和健康。

（3）建立疫情防控架构，建设单位统一协调管理，将疫情防控责任划分到人。对项目团队进行严格的人员管理，包括健康监测、隔离管理等方面的措施，确保项目团队的健康和安全。

（4）重点检查出入人员，测体温、查验健康码和行程码，查明物资配备及实际在岗等情况。

（5）严格落实建筑工地疫情防控责任。施工单位承担建筑工地疫情防控的主体责任，施工单位主要负责人是建筑工地疫情防控的第一责任人，负责建筑工地疫情防控工作，设置疫情防控管理专岗，落实日常防控措施。

（6）严格服从当地党委、政府的统一部署和相关部门的防控要求。严格实行建筑工地封闭式管理。严格实行实名制管理制度，建立用工实名制台账。工地尽量只开设一个出入口，并设立进出人员体温检测点。对进出工地的所有人员、车辆登记造册，严格控制无关人员进入。如有发热、咳嗽等疑似症状的一律不得进入工地。

（7）严格加强防控知识教育。将相关疫情防控知识教育纳入进场和每日岗前教育，在工地显著位置张贴疫情防控宣传海报，或通过微信、广播等方式进行宣传，增强施工作业人员的自我防控意识和个人防护能力。

（8）严格落实防护保障物资。根据工程的规模及开工后工人返岗人数实际情况，配备相应数量的体温检测仪器、消毒用品、一次性医用口罩等防护用品、设备，并建立物资储备使用台账，保障物资充足到位。

（9）严格加强建筑工地人员管理。建筑工地不聚众吃饭，不召开大型会议。逐一对返工人员进行体温检测，并及时报告相关信息，对来自或去疫情重点地区的人员及其密切接触者，按照规定一律严格落实医学观察、隔离等措施，确保做到全覆盖、无遗漏。

（10）严格加强建筑工地生活区管理。加强工地环境消毒防疫，每天对建筑工地内的办公室、宿舍、食堂、浴室、厕所等人员聚集区或公共区域做好清扫、通风和消毒消杀等工作。生活污水化粪池要做好消毒防疫工作。严禁偷倒乱倒垃圾，要设置专门的废弃口罩等特殊有害垃圾定点收集桶。

（11）严格执行疫情信息报送和值班值守制度。建立疫情防控每日报告制度，项目从复工之日起，实行"零报送"机制，每天向属地建设主管部门报告当天疫情防控情况，并尽量使用信息化手段上报。

（12）对可疑病人所在寝室或活动场所进行彻底消毒；对与可疑病人密切接触的人员进行隔离观察。

（13）制定疫情应急预案，明确应急响应流程和措施，确保疫情突发情况下能够及时、有效地应对。

（14）对传染病人的处理。若"疑似病人"被医院正式确诊，项目部立即向上级报告，并采取一切有效措施，迅速控制传染源，切断传染途径。

（15）对工地所有场所进行彻底消毒，消毒必须严格按标准操作，消毒结束后进行通风换气。

（16）工地配合卫生部门进行流行病学调查。对传染病人到过的场所、接触过的人员进行随访，并采取必要的隔离观察措施。

（17）根据相关规定，出现因疫情原因需要部分或全部停工的情况时，按上级建委和卫生部门的通知精神执行。

5.3 扬尘管理措施

（1）合同管理措施，在招标时明确了周边有国控环保监测点，对项目环保措施有高于地方政策的要求，在招标文件综合评分中提高了环保措施分项的占比，要求中标的施工单位编制详细的环保措施。

（2）充分沟通环保部门，了解环保政策，对应政策，制定详细的环保管理方案，包括环保措施、环保监测、环境风险评估等方面的规划，确保项目环保符合相关法律法规和标准要求。

（3）建立环境监测和管理机制，定期检查和评估项目的环境影响，并采取必要的改进措施。加强环保监测，对项目周边环境进行定期监测和评估，确保项目环保符合相关法律法规和标准要求。

（4）采取有效的环保措施，包括防尘、降噪、减排等方面的措施，确保项目环保符合相关法律法规和标准要求。

（5）加强与监管部门的沟通与协调：加强与大气办、街道办、城管、市住建、区住建、专班等监管部门的沟通与协调，及时解决问题，确保项目环保符合相关法律法规和标准要求。

（6）现场周边设立6m高的围挡，围挡上布置了喷雾，喷雾头间距1m，并配备了4台高压水泵，因为地处北方，冬季为了防止水管结冰，在水管上设有加热带。

（7）现场设有高射喷雾6台，范围全覆盖施工现场；综合楼高约100m，在屋顶周边设有喷雾。

（8）调整施工顺序，在原结构上先安装窗户，窗户安装好后在室内作业，可以大大降低扬尘扩散。

（9）室外工程调整在夏季施工，土方施工在原有周边雾炮开启的情况下，增加了车载移动雾炮，做好土方覆盖。

5.4 设计协调管理措施

（1）收集项目原始资料：与建设单位沟通确认项目目标，根据项目概况和规模，确定了设计工期为 2 个月。

（2）根据建设意图，结合投资目标，召开协调会议，逐条分析项目设计范围、设计意向。

（3）编制设计任务书：设计任务书中明确设计标准、设计质量、设计进度和措施管理等。

（4）协助收集、整理及核查设计基础资料。

（5）编制设计合同：合同中明确设计责任和管理措施，例如明确设计节点，对设计在规定时间内未完成节点采取经济措施，延迟 1 天扣 2% 设计费，因设计原因造成的设计变更，扣质保金，并进行其他处罚。编制设计合同的思路是设计成果，对应处罚措施；督促进行限额设计。

（6）核查设计单位人员资质及力量是否满足项目要求。

（7）对设计单位提出的阶段性成果文件，通过与甲方充分协商，提出详细的阶段审核意见（包括审核设计单位编制的方案设计、施工图设计文件），参与设计考核。

（8）遇到问题，及时组织召开专题会议。

（9）审查各阶段设计文件质量；督促设计单位对投资较大（包括后期使用投资较大）的工程或系统选型，从设计、施工、材料设备、维护使用等多方面提出分析报告，并对其进行评估。

（10）审查设计单位编制的设计进度计划：督促并审核设计单位提出的详细的设计计划和出图计划，并对其执行进行合理控制，依据设计合同的规定，督促检查设计工作的实施。

（11）督促协调特殊专业设计和主设计之间的关系，确保特殊专业设计进度符合总体进度计划。

（12）对设计文件尽快做出决策和审定。

（13）根据进度计划检查督促设计单位的工作，并及时汇报设计进展情况。

（14）沟通与协调：建立一个明确的沟通渠道和协调机制，确保设计单位之间的信息流畅和沟通高效。安排定期会议或工作坊，促进设计单位之间的交流和合作，解决问题并确保设计一致性。指定专人负责协调和沟通工作，确保信息传递准确和及时。

（15）设计质量控制：进行设计评审，确保设计符合项目需求和规范要求；加强对施工图设计的监督和质量检查,及时发现和纠正设计问题。

(16) 合同约束和监管:在合同中明确设计单位的责任和义务,包括合作配合、进度要求和设计质量等;加强对设计单位的监管,确保其按照合同约定履行职责,对设计进度、质量等采取奖惩措施;对设计单位的绩效进行评估,根据绩效结果进行奖惩和合同调整。

(17) 变更管理:建立变更管理机制,明确变更的流程和责任人;对设计变更进行评估和审批,确保变更的合理性和影响可控;加强对变更的跟踪和记录,确保变更过程的透明和可追溯性。

(18) 主设计单位的变更管理:

① 与主设计单位密切沟通,了解其体制改革和人员变动的情况。

② 协商解决主设计单位资源分流的问题,确保其能够充分参与项目的设计管理工作。

③ 施工图设计阶段重视专业间的协同。组织专业设计人员间加强对接、碰头,避免因专业冲突造成设计变更。对专项设计单位深化图纸的审核,我公司加强管理,一是对专业交接界面审核,二是要求深化设计必须进行优化,从节约成本角度出发,不无端提高标准、增加设计内容。出具正式图纸前,我单位组织专业人员、设计院、深化设计单位共同对接,对各方提出的问题及时修正,以减少施工阶段的变更。

④ 要求各专业图纸在出具时必须达到施工图设计深度,尽量避免二次深化设计。

⑤ 施工图出具后,进行施工图审核时,充分发挥图审公司的作用,尤其是对设计优化方面的建议要重视并要求设计单位进行重新验算、调整。

(19) 主设计单位与专项设计单位之间的沟通协调:本项目涉及主设计、外立面设计、配楼设计和室内精装设计等4个设计单位,因参与单位多,为保持设计单位之间的交叉衔接,我项目经理部建立了设计责任人周会碰头机制和专项专题会议机制,解决沟通协调问题。

(20) 主设计单位与专项设计单位界面分割的协调:本项目设计工作界面分割,以设计合同为主要依据,在组织设计工作前,我项目经理部以专题会议形式,组织4家设计单位设计负责人,明确各设计单位的设计内容,并出具专题会议纪要。

5.5 规范更替的管理措施

(1) 收集当地对烂尾楼改造的政策,借助当地政策解决新旧规范冲突引起的现场问题。

(2) 多向当地解遗办公室了解有关规范和政策。加强与相关部门、审批机构和设计单位的沟通和协调,确保各方对规范冲突的理解和共识。

(3) 组织设计单位将现场与设计规范冲突部位汇总,带着问题前往市解遗办公室和住建局消防设计审核科室,与其协商解决方法。

(4) 前往市解遗办公室了解当地政策,同时前往市住建消防设计审核科室沟通协调解决方案。

(5) 将市解遗办公室和住建局消防设计科室给出的意见和方法汇总，评估改造的难易程度和投资费用。

(6) 抓住当地解遗政策，将现场问题向解遗政策上靠，尽量采用旧的规范，如此可以解决绝大部分问题。

5.6 手续办理的管理措施

(1) 政府加强对"烂尾楼"的治理，以盘活为主。手续补办以石家庄为例，成立了烂尾楼整治的解遗办公室，可以根据项目情况协商解决方案。

(2) 首先确认本项目是否已经列入本市的解遗项目，如果已是解遗项目，可以借助解遗政策，补充办理相关手续就相对简单，且有方法可寻。

(3) 本项目为解遗项目，利用解遗项目政策，采用原设计时间的规范设计验收本项目，不考虑设计冲突问题。

(4) 完成设计和审图后，前往行政审批局办理续建施工许可证，办理时出现的问题可以协调解遗办公室解决。

(5) 现场已完成的主体结构未经过质安监验收，无施工过程验收资料，协调质安监验收结构，只需要采用第三方质量检测单位对已完工的主体进行30%的抽检，检测合格即可，检测不合格的位置，设计单位出加固方案，现场进行加固。

(6) 加强与相关部门、审批机构和业主代表的沟通和协调，确保各方对项目的理解和共识。

5.7 突发性问题管理措施

(1) 详细审查施工图，充分勘察现场，发现变更及时提出，预留出决策时间。

(2) 制定详细的变更管理流程，明确变更申请、审批、执行等各个环节的责任和流程，确保变更管理规范、高效。

(3) 加强与建设单位、监理单位、施工单位等各方的沟通与协作，及时解决问题，确保项目管理过程中各方利益得到保障。

(4) 对于紧急情况和变更，建议采取快速决策的方式，由项目负责人或相关部门负责人进行快速决策，避免因决策周期长而影响工期。

(5) 优化工序安排，合理安排关键工序的时间和进度，确保工期控制在合理范围内。

(6) 建立变更管理委员会，由相关部门负责人和项目负责人组成，负责变更管理的审批和执行，提高变更管理的效率和质量。

5.8 外立面设计管理措施

(1) 利用我公司的无人机对项目现场进行航拍，了解周边设计风格，设计时充分考虑周边环境的协调性。

(2) 通过与市规划局的沟通与协调，及时了解市规划局对建筑物外观的规定，避免设计方案与规定不符。

（3）制定详细的外立面设计方案，充分考虑市规划局对建筑物外观的规定，确保外立面设计符合相关法律法规和标准要求。

（4）尽可能满足市规划局的要求，但也要考虑项目的实际情况和可行性。

（5）邀请自然资源和规划局外聘的设计大师进行方案指导，设计方案也充分结合现场。

（6）加强市规划局的沟通，设计方案稿及时汇报沟通。

（7）对设计单位的监管，确保其按照约定履行义务。对违约行为进行惩处和追责，维护项目的合法权益。

5.9 建设意图变更的管理措施

（1）前期多与建设单位沟通协商施工范围和内容，多了解建设需要和意图，协调设计体现在施工图上。

（2）加强与建设单位的沟通协调，及时了解建设意图调整和施工范围增加等情况，尽可能减少对工期的影响。

（3）建立变更管理机制，对建设意图调整和施工范围增加等变更进行管理和控制，确保变更符合相关法律法规和标准要求。

（4）在变更管理过程中，与相关部门和审批机构进行沟通和协商，尽量简化审批流程，减少工作精力的消耗。

（5）加强现场管理，提高工作效率和质量，建立现场问题反馈机制，及时发现和解决问题，对现场工作进行监督和检查，确保工程质量和安全。

（6）加强与设计单位、施工单位和相关部门的沟通和协调，及时传达变更信息，建立变更信息共享平台，确保各方及时掌握变更情况，加强对施工单位的指导和支持，帮助其适应变更带来的影响。

6　项目管理成效

作为烂尾楼改造、局部新建项目，本项目面对时间紧、任务重等诸多难题，解决本项目难题不仅是公司的业绩，更是省会治理烂尾楼项目的一个成效。参建单位的人员团结一致，克服重重困难，在合理的工期内，零安全、质量事故，结算金额不超合同额5%，本项目拟参评优质工程，得到建设单位认可。

7　交流探讨

本项目除常规的项目管理工作外，还有一定的特殊性。建设工程全过程咨询项目管理的必要性主要体现在以下几个方面：

（1）提高工程质量和效率：全过程咨询项目管理可以对建设工程项目进行全方位的管理和监督，从而提高工程质量，降低成本，缩短工期，提高工程效率。

（2）降低风险和成本：全过程咨询项目管理可以对建设工程项目的各个环节进行风险评估和管理，及时发现和解决问题，降低风险和成本。

（3）保障建设单位的合法权益：全过程咨询项目管理可以对建设工程项目进行全方位的监督和管理，保障建设单位的合法权益，避免出现合同纠纷和法律风险。

（4）提高各专业之间的沟通和协作：全过程咨询项目管理可以建立有效的沟通渠道，加强各专业之间的沟通和协作，减少误解和矛盾，提高工作效率和质量。

综上所述，建设工程全过程咨询项目管理是非常必要的。全过程咨询项目管理可以提高工程质量和效率，降低风险和成本，保障建设单位的合法权益，增强各专业之间的沟通和协作，增强项目管理的科学性和规范性，从而提高项目管理水平和质量。

某县城区雨污分流改造项目全过程工程咨询案例

段立哲　李东坡　李会刚　来春晖　李丽菊（瑞和安惠项目管理集团有限公司）

摘　要：随着城市化的快速发展，原有城市基础设施建设已无法满足城市居民正常生活需求，城市水环境污染加剧以及排水系统排涝能力不足，尤其近年来某县城区人群密集、排水困难，内涝现象尤为严重。城市内涝严重影响了人民群众的出行安全，也是群众普遍关注、反映强烈的民生问题。雨污分流等基础设施的建设，有助于提升城市汛期的防洪排涝能力，增强当地应对突发强降雨天气的能力，提升城市的治理能力，从根本上解决城市内涝、交通拥堵和道路安全的问题。

1　项目背景

2020年3月31日，国家发展改革委印发了《排水设施建设中央预算内投资专项管理暂行办法》（发改投资规〔2020〕528号），专项用于支持地市级及以下城市的排水设施建设，支持的建设内容包括排水管渠、排涝除险设施和数字化综合信息管理平台。根据《某区某县组团控制性详细规划》，区内规划为雨污分流制的排水体制，建设"主—次—支"三级污水收集系统，污水管径为 $d400\sim d2000$。结合道路建设计划，优先完善骨干道路的污水、雨水管线，构建雨污分流的排水系统格局；与社区微改造、地块开发同步进行支路和地块内部的雨污水管网建设，逐步实现全区排水系统的雨污分流和提标改造。

本项目实施地点为某县核心区域，周边人口密集，为了进一步提升核心居住区抵御暴雨等自然灾害的能力，保障周边群众生产生活的正常秩序，减少生命财产不必要的损失，提高居民的生活品质，特提出本项目建设。

项目南端毗邻某河，河岸北侧建有雨水泵站一座，采用雨污分流，新建雨污水管道，雨水就近接入雨水泵站，污水通过排入下游污水管道并输送至污水处理厂。

雨污分流改造是一项功在当下、惠及长远的民生工程和民心工程，是解决城市内涝等顽疾的固本之法，彻底改善了市民的居住环境，为推进美丽城市建设奠定了坚实基础。

2 项目介绍

2.1 项目概况

本项目主要为市政道路雨污分流改造。在道路东侧新建一排 3500×2000～5000×2000 雨水箱涵 1779m，接入某路南端扩建 2 号雨水泵站。配套新建 d300 雨水收水支管 1036m；预留 d800～d2000 雨水支管 158m，预留 2.0m×2.0m～3.0m×2.0m 支管（箱涵）98.5m。道路破除恢复面积 26928m^2，铣刨 4cm 面层后罩面 23072m^2。

2.2 项目重点、难点

2.2.1 项目重点

雨污分流改造项目属于线工程，施工路线较长，以下几点要作为重中之重进行管控：

（1）标高控制尤为重要，施工前要对起点及终点的标高进行复核，确保后期与雨水泵站能顺利接驳，除了起始点和终点外还要考虑次干道原有管道以及后期规划的新管道（箱涵）的接入。

（2）施工线路长、断点较多，雨水箱涵分仓施工对于施工缝、伸缩缝处理的质量控制比较重要，直接关系到后期是否会出现渗漏现象。

（3）本项目场地为城市主干道，施工期间势必对周边居民、车辆出行造成困扰，工期紧迫，是政府、建设单位以及我们项目管理督促施工进度的一项重要内容。

（4）文明施工、安全第一：城市人口密集，沟槽开挖较深，且施工单位时常为了赶工期昼夜施工，尤其夜间照明条件不好，对路上的行人车辆以及施工的工人造成安全事故的系数会上升。

2.2.2 项目难点

（1）工程难度大。施工线路长，场地内及周边分布平行或相交供水、供电、通信、燃气管线，雨污检查井、收集口等重要管线及构筑物，场地条件复杂。施工断点多、沟槽开挖深度大、地下水位高。安全管理方面压力较大。

本工程基坑开挖深度大，起点 K0+836.1 基坑宽 6.5m，开挖深度 6.9～8m；K0+836.1～K0+889 基坑宽度 8.6m，开挖深度 7.6～8m；K0+889～K1+710 基坑宽度 8.6m，开挖深度 8～10.5m；K1+710～终点基坑宽度 8.2～11.2m，开挖深度 10.5～11.5m。

地下水位高，沟槽开挖前，采取拉森钢板桩+混凝土搅拌桩止水帷幕+井点降水进行施工。

地下综合管线复杂，部分管线因施工年代久远，产权单位已无法确定具体走向、埋深、位置，若未探明地下管线前盲目施工，会造成燃气管道、电力、通信线缆等损坏，带来次生安全事故。

（2）民生工程，关注度高、质量要求高、工期紧。该项目是政府投资的民生工程，工程地点为城区主要干道，社会各阶层及政府部门关注度高，质量要求高、工期要求紧。尽快将本工程投入使用，能大大提升雨水收集及排水能力，保障城市地下管网的连贯性和通畅性。

应相关政府部门要求，为满足城区通行，要求不断交施工，采取半幅开挖、留出路口通行的方案进行施工。同时施工区域场地狭窄，没有物料堆放空间，土方外运通道受限，加上环保以及交管部门的要求，大型车辆白天无法进入城区，土方外运、物料倒运和吊装等工序环节只能在夜间车流量较小的时段占用围挡外侧预留车行道进行，很大程度上影响了施工效率。

（3）相关部门多，协调难度大。本项目建设单位为该地住房和城乡建设局，政府部门参与科室多，既是业主单位又是政府监管单位。参建单位也较多，施工单位、监理单位、设计单位、勘察单位、基坑监测单位、专业检测单位及材料供应商等有可能缺乏有效协作，造成沟通不畅、信息不对称，从而影响施工进度。

（4）居民投诉多，协调量大。在项目建设期间，周边百姓的生活会受到干扰，因为建设工程产生的噪声和污染物会影响人们的正常生活和工作，施工单位为了赶工期，经常会昼夜施工，给人们的生活和工作带来很多困扰。施工期间有大量投诉需要去和服务对象进行沟通和协调，道路一日未通车，投诉便一日不断。

2.3 发包模式

2.3.1 全过程咨询

本项目投资大、工期紧、影响大，建设单位及政府部门更注重其投资的经济和社会效益。为自身管理的需要以及达到明确的管理目标，委托了全过程工程咨询组织实施。通过全过程咨询对项目全生命周期的管理，有效促进项目信息的完整流动，减少项目管理的脱节现象。从投资决策、实施过程，到运营阶段，使用科学的项目管理方法，达到总成本控制的目标，使其利益最大化。通过对项目的整体性管理来减少过程中的推诿扯皮，利用系统的方法来发现问题并随时解决问题，以达到项目管理的整体目标。

2.3.2 工程总承包

本项目建设单位采用了工程总承包模式。

工程总承包模式相较于传统建设模式，有利于解决设计、采购、施工等相互制约和脱节的问题，建设单位不再面对各环节众多参建单位的协调与配合，而是将质量、安全、进度、投资都交由总承包人负责。由于工程设计与施工由一个承包单位统筹安排，一般能做到工程设计与施工的相互搭接，有利于控制工程进度，可缩短建设周期。设计、采购、施工等工作合理交叉，有机结合，让技术、资本等高效组合，有效提高了工程建设的整体效益和技术水平。对质量、安全、投资、进度实施综合控制，在优化设计方案、提高建设水平、缩短建设工期、节约建筑材料、减少设计变更、降低投资等方面效益显著。同时建设单位的合同关系简单，组织协调工作量小，管理也相对简单，可以避免设计单位与施工单位间责任推诿，从而大量减少建设单位在工程实施阶段的综合协调工作量。

工程总承包模式中，建设单位从项目管理转为工程建设的监督和管理，只与总承包人发生合同关系和经济往来，不再分别面对设计、材料供应、施工等众多单位，其风险相对减少。因该模式存在合同条款不易准确确定、容易造成合同争议，合同数量虽少但合同管理难度普遍较大，工程质量控制难度大的缺点。工程总承包＋全过程管理咨询成了建设单位的最佳选择。

3 项目组织

3.1 管理机构组织

管理机构组织框架如图1所示。

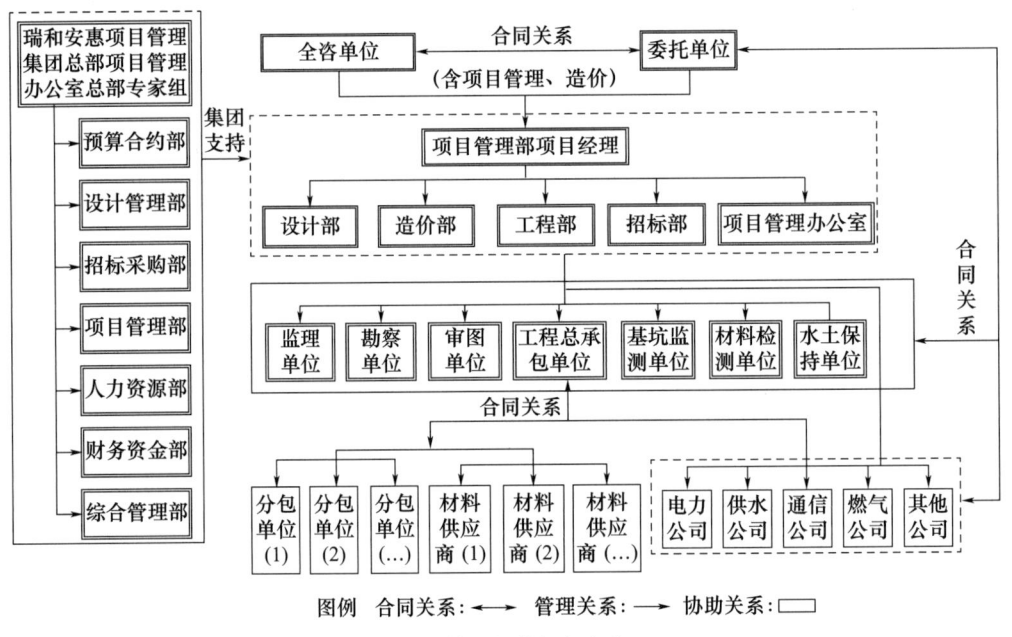

图1 管理机构组织框架

3.2 组织工作职责

3.2.1 委托单位

（1）项目的批建；

（2）参建单位的公开招标/比选；

（3）与总承包单位签订施工设计合同，与其他参建单位签订技术服务合同，并根据合同要求支付相应费用；

（4）向参与工程建设的勘察、设计、监理、施工等单位提供与建设工程有关的资料，原始资料必须真实、准确、齐全；

（5）监督和检查参建单位工程资料的形成、积累和立卷归档工作；也可委托监理/项目管理单位检查工程资料的立卷归档工作；并对规程规定应签认的工程资料签署意见。

(6) 监督、督促项目管理咨询单位履行合同职责,完成质量、投资、进度、HSE 等目标。

3.2.2 全咨单位

委托单位与全咨单位签订全过程工程咨询合同,全咨单位派驻管理人员组建项目管理部履行合同。全过程管理公司在项目实施过程中的职责包括管理项目工期、进度、质量、安全、环境和文明施工,以及与参建相关单位进行沟通协调。

(1) 贯彻执行国家、行业的规范、规程、标准和公司规章制度,确保完成公司下达的经济技术指标;

(2) 确定项目部各类管理人员的职责权限,制定各项规章制度;

(3) 编制项目总体目标计划,并进行分解,确保责任到位,监督检查和调整目标完成情况;

(4) 对项目工期、进度、质量、安全、环境和文明施工进行管理、验收及考核;

(5) 审核施工图纸、施工组织设计、施工进度计划,与相关单位沟通协调;

(6) 与政府相关部门,设计、监理、施工单位等各供应商沟通协调,组织监理对工程进行控制,及时解决问题,办理变更手续;

(7) 协助委托单位组织项目的竣工验收、质量评定、交付使用及工程决算;

(8) 做好资料和工程技术档案的归档工作,工程竣工后向委托单位移交。

3.2.3 项目经理

(1) 全面负责工程项目的组织协调、管理和监督控制,对业主负责、对本公司法人负责;

(2) 确定项目管理目标,制订管理计划;

(3) 负责对外谈判、合同管理,负责资金审批和资源的配置;

(4) 监控并报告项目进展和存在的问题;

(5) 全面负责项目管理部的管理工作;

(6) 保持与项目委托人的密切联系,建立与委托人的沟通渠道,并将项目委托人的意图及时向项目管理部贯彻;

(7) 负责施工过程的技术、质量、安全进度的组织控制和管理,保证质量体系有效运行;

(8) 成功实现项目管理目标,争取客户(业主、政府、社会)的最大满意度;

(9) 组织编制项目前期工作计划、工程项目建设总进度计划、成本规划书、工程项目年度资金使用计划、质量计划、招标和采购工作计划、沟通计划等;

(10) 确定项目的工作分解结构、组织分解结构及编码系统,确定项目管理部组织机构和组织形式;

(11) 组织制定项目管理部的规章制度;

(12) 检查监督现场项目管理机构的工作,根据工程项目的进展进行人员调配,对不称职的人员进行调换;

(13) 对项目实施中的各个环节进行调查、分析，组织编写专题报告和阶段性项目管理工作报告。

3.2.4 工程部

(1) 配合审查各专业的图纸设计是否符合设计标准、规范和重大设计原则，编制项目设计管理记录；

(2) 审查专业施工组织设计和方案，并对不合理处进行补充，修改；

(3) 监督核查施工单位选择的分包单位的资质；

(4) 监督检查施工单位的质量保证体系及安全技术措施；

(5) 检查施工图纸是否能满足施工需要；

(6) 核查施工单位上报的经监理审查后的实施性施工组织设计是否满足项目目标；

(7) 审查施工组织设计、施工方案、进度计划，并提出书面意见；

(8) 对重要部位的隐蔽工程、重点分部、分项工程进行监督检查；

(9) 发现质量问题通知相关方及时采取纠正措施，监督纠正过程、结果，并做好记录；

(10) 有权禁止不符合质量要求的材料、设备进入工地和投入使用；

(11) 监督施工单位严格按照施工规范、设计图纸要求进行施工；

(12) 对工程重要部位、主要环节及技术复杂工艺加强检查；

(13) 监督检查施工单位对一般质量事故的处理，并认真做好记录；

(14) 对重大质量事故及其他紧急情况，应及时报告主管领导；

(15) 协调设计单位在工程实施阶段的配合工作；

(16) 监督检查设计变更、工程洽商是否满足质量要求；

(17) 每日现场巡视，督促施工单位的工作；协调施工过程中出现的各种矛盾；

(18) 根据项目管理合同中所确定的建设工期，制订出符合项目实际情况的进度计划；

(19) 编制项目的计划值和挣值，指导编制设计、采购和施工的计划值和挣值；

(20) 检查、了解、分析进度计划的执行情况，预测可能影响工程进度的因素，提出解决办法和措施，按月提交进度计划执行情况报告；

(21) 审查主要设备合同的进度计划，检查计划的执行情况，对存在的问题及时向项目技术负责人或项目经理汇报；

(22) 审查施工的进度计划，检查计划的执行情况，对存在的问题及时向项目技术负责人或项目经理汇报；

(23) 协助项目技术负责人协调设计、采购和施工管理工程师的进度计划，以便顺利地完成总的工程进度计划；

(24) 对重大的设计变更进行研究，评估其对进度计划的影响，供项目经理决策；

(25) 对项目进度计划的文件、资料进行整理，交PMO综合组归档；

(26) 编制项目安全管理计划，并监督实施；

(27) 贯彻国家有关安全法律和法规的规定；

（28）参加研究设计方案和施工方案中的安全问题；

（29）督促承包人建立工程现场的消防、急救设施；

（30）负责现场的安全检查，处理施工现场发生的安全问题；

（31）负责编写项目安全报告；

（32）对项目有关安全工作的文件、资料、记录进行整理归档。

3.2.5 项目管理办公室

（1）负责项目管理办公室全面工作，给组员分配任务，落实项目管理办公室职责；

（2）配合项目经理对各个部门的管理及上传下达工作；

（3）配合项目经理对各部门的人员调整；

（4）配合项目经理制订项目总进度计划；

（5）负责编制项目管理方案，并按照集团公司审核通过的项目管理方案监督各部门（组）落实情况；

（6）负责编制对总包、分包管理、监理管理、设计管理规则，并监督落实；

（7）负责编制项目管理各种表格、上墙文件，并对相关人员进行填表培训；

（8）负责监督集团公司 OA 办公自动化系统资料上传等工作；

（9）负责编制项目管理部内部会议议程及内容；

（10）负责编制各项目对施工、监理等参建单位的月度考评总体计划，并督促检查各项目月度考评工作；

（11）负责项目管理部及驻地办公室的上墙文件的编制等工作；

（12）负责各项目进度、质量、投资等总体动态管理，并向业主及集团公司相关领导汇报；

（13）督促和指导所辖各业务人员履行自己的职责。

3.2.6 造价部

（1）负责编制和贯彻执行工程费用控制计划及费用控制实施程序；

（2）协助项目经理建立项目工作分解结构（WBS）及编码系统，为实行费用/进度综合控制奠定基础；

（3）按项目工作分解结构进行费用分解，经项目经理批准后形成分解工程预算，下达给监理工程师，作为各阶段费用控制的依据；

（4）在项目实施过程中定期监测与分析费用的执行情况和发展趋势，对偏离最新估算的任何倾向提出纠正意见和措施，而费用计划的修改，必须得到项目经理的批准；

（5）编制项目实施费用状态报告和项目费用汇总报告；

（6）统计实际成本曲线，与挣值曲线进行对比分析，找出费用计划执行中的问题；

（7）建立期中回购报量审核及付款审核台账，准确掌握审批工作量、剩余工作量及审批款项、剩余款项；

（8）对照发包合同，审查承包人提出的费用计划，并与原费用分解指标和预测的按月支付计划对比，找出偏差，提出纠正措施；

(9) 按规定程序严格控制项目重大变更；

(10) 管理不可预见费的使用，每月向项目经理报告不可预见费的使用情况；

(11) 对费用的分解、控制、变更及实际执行情况等资料进行整理归档；

(12) 组织编写项目费用控制月报和费用控制工作总结。

4 项目管理过程

4.1 全过程项目管理

包括前期准备阶段、施工图设计阶段、施工阶段、竣工阶段、结算阶段，以及缺陷责任期阶段全过程的项目管理工作，并配合审计完成最终审计工作。主要包括：施工图设计管理、办理图纸审查并取得施工图审查合格证等工作，以及监理管理、采购管理、施工管理（含大气污染治理）、质量控制、进度控制、成本控制、合同管理、信息管理、安全管理、风险管理、设计管理、现场管理、农民工工资管理、技术档案管理、项目竣工结算和施工档案移交，及项目建设全过程与项目相关的所有审核、管理、协调等工作。配合本项目的审计直至项目的审计结束。

4.2 全过程造价咨询

包括造价控制计算及审核工程预付款和进度款；变更、签证及索赔管理；材料、设备的询价，提供核价建议；施工现场造价管理；审核及汇总分阶段工程结算；竣工结算审核；配合完成竣工结算的审计等职责范围内的所有工作。签订合同时按招标人提出的阶段性服务周期要求进行服务。

4.3 阶段划分

本工程全过程项目管理分为两个阶段：

第一阶段：包含预算清单编制的审核、施工准备等过程的所有审核、管理、协调和本阶段内所有相关的造价咨询工作。

第二阶段：施工至项目结算完成阶段，包含施工、设备材料采购、竣工验收、结算审核、交付使用、结算及审计等过程的所有审核、管理、协调和本阶段内所有相关的造价咨询工作。

5 项目管理办法

5.1 项目管理制度

根据本项目的组织架构及相关职责建立适合该项目的管理流程及规章制度，并组织实施和纠偏。拟定管理制度、管理办法详见表1。

表 1 拟定管理制度、管理办法

序号	管理制度	管理办法
1	投资控制与合同管理制度	招标管理办法
2		工程合同管理办法
3		资金拨付管理办法
4		签证费用管理办法
5		工程变更及索赔管理办法
6		竣工结算工作管理办法
7		建设资金监管管理办法
8	材料设备管理制度	材料设备管理办法
9		甲供材料设备管理实施细则
10		甲定乙办材料设备管理实施细则
11		甲认乙供材料设备管理实施细则
12		其他材料设备管理实施细则
13		租赁材料设备管理实施细则
14	工程管理制度	工程建设施工管理办法
15		工程现场日常管理办法
16		工程项目管理检测与考核办法
17		挂牌督办管理办法
18	形象建设制度	工程建设形象进度编制管理办法
19		月、旬参建单位考评管理办法
20		参建单位职责上墙制度
21	技术管理工作制度	设计单位管理办法
22		前期工作管理大纲
23		文档综合管理办法
24	配套工作制度	临时水、电、气、通信等配套设施协调工作管理办法
25		市政基础配套设施协调工作管理办法
26		其他需要配合协调的工作的管理办法
27	安全质量制度	安全生产及文明施工管理办法
28		质量管理办法
29		场内组织管理办法
30		突发事件应急处理
31	综合管理工作制度	会议制度
32		办公用品管理制度
33		印章管理制度
34		档案制度
35		值班制度

续表

序号	管理制度	管理办法
36	综合管理工作制度	劳动用品发放管理制度
37		车辆使用与管理制度
38	工程信息系统工作制度	工程信息系统应用实施考核办法

5.2 WBS 工作分解

通过 WBS 工作分解把项目交付成果和项目工作分解成较小的、更易于管理或实现的组成部分。责任矩阵分解，可以明确项目的工作范围、项目经理及对成员的任务与责任，有助于项目经理及团队成员更好地理解项目，更加清楚地了解他们在项目中扮演的角色，并协同完成项目。同时通过项目分解可以更好地估算每项任务所需的时间和资源，从而确定项目进度。此外，WBS 还可以帮助项目经理更好地预测和识别项目中的风险，并制定相应的应对措施。通过及时评估和调整项目计划，可以降低风险对项目的影响，确保项目的成功完成。WBS 工作分解图、责任矩阵分解详见图 2、表 2。

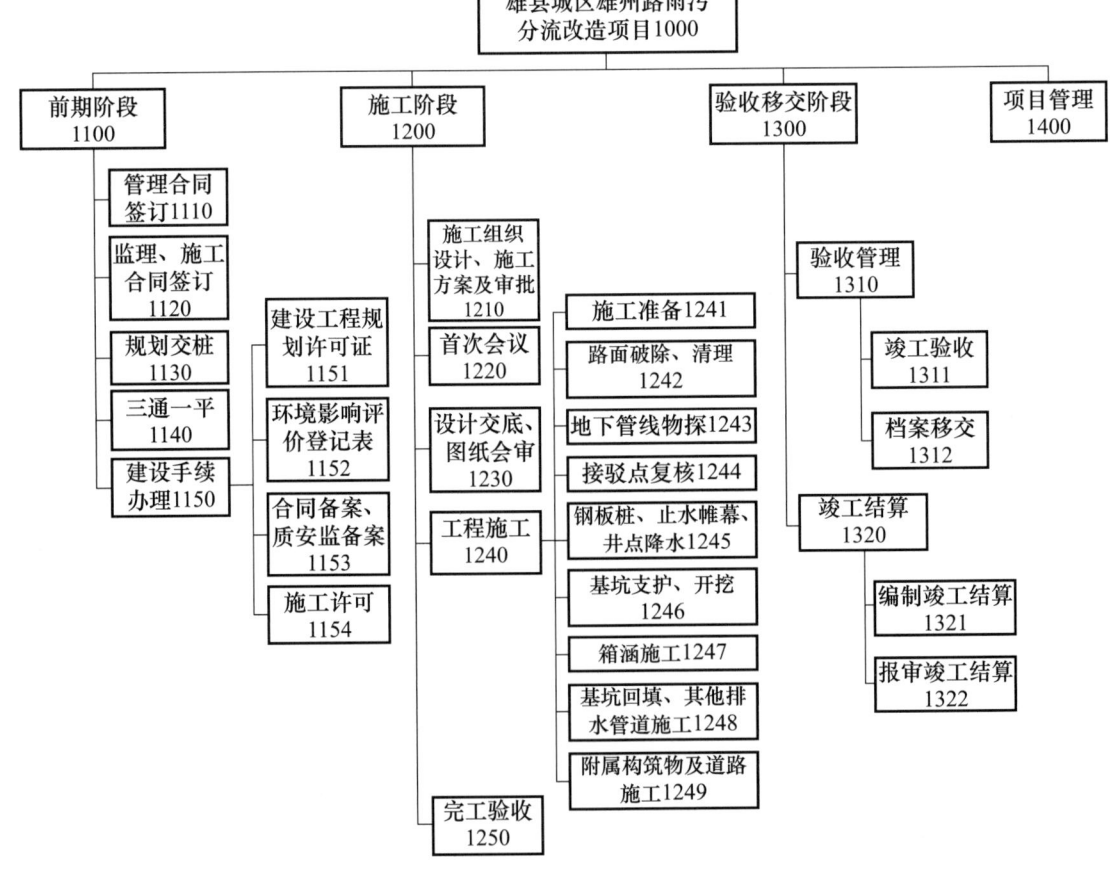

图 2　WBS 工作分解

表2 责任矩阵分解

WBS编号	工作内容	建设单位	P—批准；J—监督；S—审查；F—负责；X—协助；C—参与		
			项目管理部	监理单位	EPC总承包单位
1100	前期阶段	—	—	—	—
1110	管理合同签订	F	C	—	—
1120	监理、施工合同签订	F	X	C、X	C
1130	规划交桩	F	X	X	C
1140	三通一平	F	C	—	—
1150	建设手续办理	—	—	—	—
1151	建设工程规划许可	F	X	—	—
1152	环境影响评价登记表	F	X	—	—
1153	合同备案、质安监备案	F	X	C	C
1154	施工许可	F	X	C	C
1200	施工阶段	—	—	—	—
1210	施组、方案及审批	J	S	P	F
1220	首次会议	F	C	C	C
1230	设计交底、图纸会审	J	C	C	F
1240	工程施工	—	—	—	—
1241	施工准备	J	J	J	F
1242	路面破除、清理	J	J	J	F
1243	地下管线物探	J	J	J	F
1244	接驳点复核	J	J	J	F
1245	钢板桩、止水帷幕、井点降水	J	J	J	F
1246	基坑支护、开挖	J	J	J	F
1247	箱涵施工	J	J	J	F
1248	基坑回填及其他排水管道施工	J	J	J	F
1249	附属构筑物及道路施工	J	J	J	F
1250	完工验收	P、J	J	J	F
1300	验收移交阶段	—	—	—	—
1310	验收管理	—	—	—	—
1311	竣工验收	P、J	X	F	C
1312	档案移交	P、J	X	F	C
1320	竣工结算	—	—	—	—
1321	编制竣工结算	P、J	S	S	F
1322	报审竣工结算	P、J	X	—	—
1400	项目管理	—	—	—	—

5.3 前期阶段

全过程管理咨询单位进场后制订施工前报批配套计划分解表,根据项目需要结合项目所在地手续办理流程完成项目的报批报建工作。施工前报批配套计划分解详见表3。

表3 施工前报批配套计划分解

项目阶段	序号	审批要件	编制单位	要件审批单位	阶段性成果文件	成果审批/备案单位
立项阶段	1	立项申请及评估	建设单位	—	建议书批复	发展改革委
	2	资金筹措意向书		—		
可研阶段	1	可研报告	专业咨询单位	—	可研批复	发展改革委
	2	土地证或土地使用预审意见	建设单位	土地局		
	3	选址意见书		规划局		
	4	地震安全性评价报告及审批意见	专业咨询单位	地震局		
	5	地质灾害评估报告审查意见		国土局		
	6	压矿报告审查意见		国土局		
	7	环境影响报告书/表/登记表,批复意见		环保局		
	8	节能报告编制、评审及审查意见		发展改革委		
	9	社会风险稳定性报告、评估		发展改革委		
	10	水务部门取水许可证、水土保持审查意见、防洪安全评价		水务局		
	11	电力、供水、供气、供暖等市政配套部门供应意向书	电力、供水、供气、供暖部门	—		
	12	咨询机构评估意见	省工程咨询院	—		
代理公司比选阶段	1	招标方案核准表	建设单位	发展改革委	比选中选通知书	住建局
	2	比选汇总资料		—		

续表

项目阶段	序号	审批要件	编制单位	要件审批单位	阶段性成果文件	成果审批/备案单位
勘察设计招标阶段	1	招标代理合同	代理单位	—	中标通知书	住建局
	2	招标登记				
	3	勘察设计招标汇总资料				
方案设计阶段	1	红线图/规划设计条件	—	规划局	建设用地规划许可证	规划局
	2	土地证或划拨手续	—	—		
	3	可研批复	—	—		
	4	选址意见书	—	—		
初步设计阶段	1	初勘报告	勘察单位	—	初步设计批复	发展改革委
	2	初步设计图纸	设计单位	—		
	3	消防、人防部门审查意见	—	消防局、人防办		
	4	电力、供水、供气、供暖等市政配套部门供应数据	电力、供水、供气、供暖部门	—		
	5	咨询评估机构审查意见	省工程咨询院	—		
	6	建设用地规划许可证	—	—		
建设工程规划许可阶段	1	初设批复	—	—	建设工程规划许可证	规划局
	2	总平图、单体平立剖、日照	设计单位	—		
	3	土地证或划拨手续	—	—		
	4	年度投资计划	建设单位	—		
施工图及专项审查阶段	1	详勘报告 施工图	勘察单位 设计单位	—	图审批准书	
					消防审批意见	
					人防审批意见	
					抗震审批意见	
					防雷审批意见	
	2	工程规划许可证	—	—	—	
	3	供电方案	设计单位	电力局	—	

续表

项目阶段	序号	审批要件	编制单位	要件审批单位	阶段性成果文件	成果审批/备案单位
工程招投标阶段	1	发改批复意见	—	—	中标通知书、施工合同、监理合同	住建局
	2	土地证或划拨手续	—	—		
	3	建设用地规划许可证、工程规划许可证	—	—		
	4	资金落实证明	建设单位	—		
	5	招标方案核准表	—	—		
	6	建设主管部门报建表	建设单位	住建局		
	7	工程量清单、招标限价	造价咨询单位	财政局		
开工前准备阶段	1	中标通知书、施工合同、监理合同	—	—	施工许可证	住建局
			—	住建局		
	2	质检、安检备案	施工单位			
	3	农民工工资保证金	施工单位			
	4	图审批准书	—	—		

5.4 施工过程

为将某县雨污分流改造工程打造成品质工程，使目标顺利实现，除了制定相关制度外，还制定了一系列关于进度、质量、投资等方面的流程，督促承包单位和监理单位等相关单位按照本工程有关流程中关于申报、审批时间、流程、申报标准表格等各项要求执行。具体流程图如下：

（1）进度管理流程详如图3所示。
（2）进度纠偏流程详如图4所示。
（3）质量控制流程详如图5所示。
（4）建设资金期中支付程序详如图6所示。

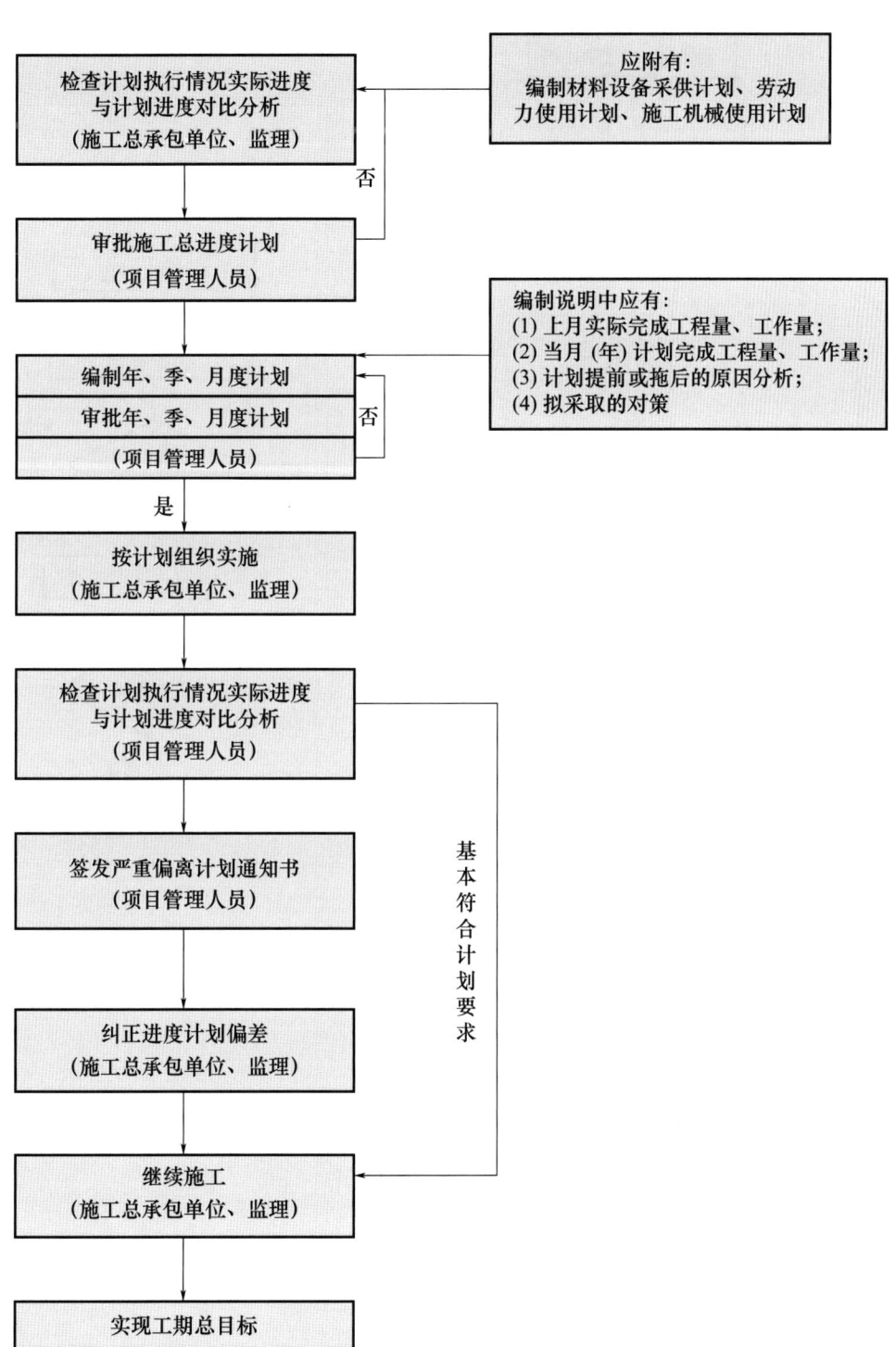

图3 进度管理流程

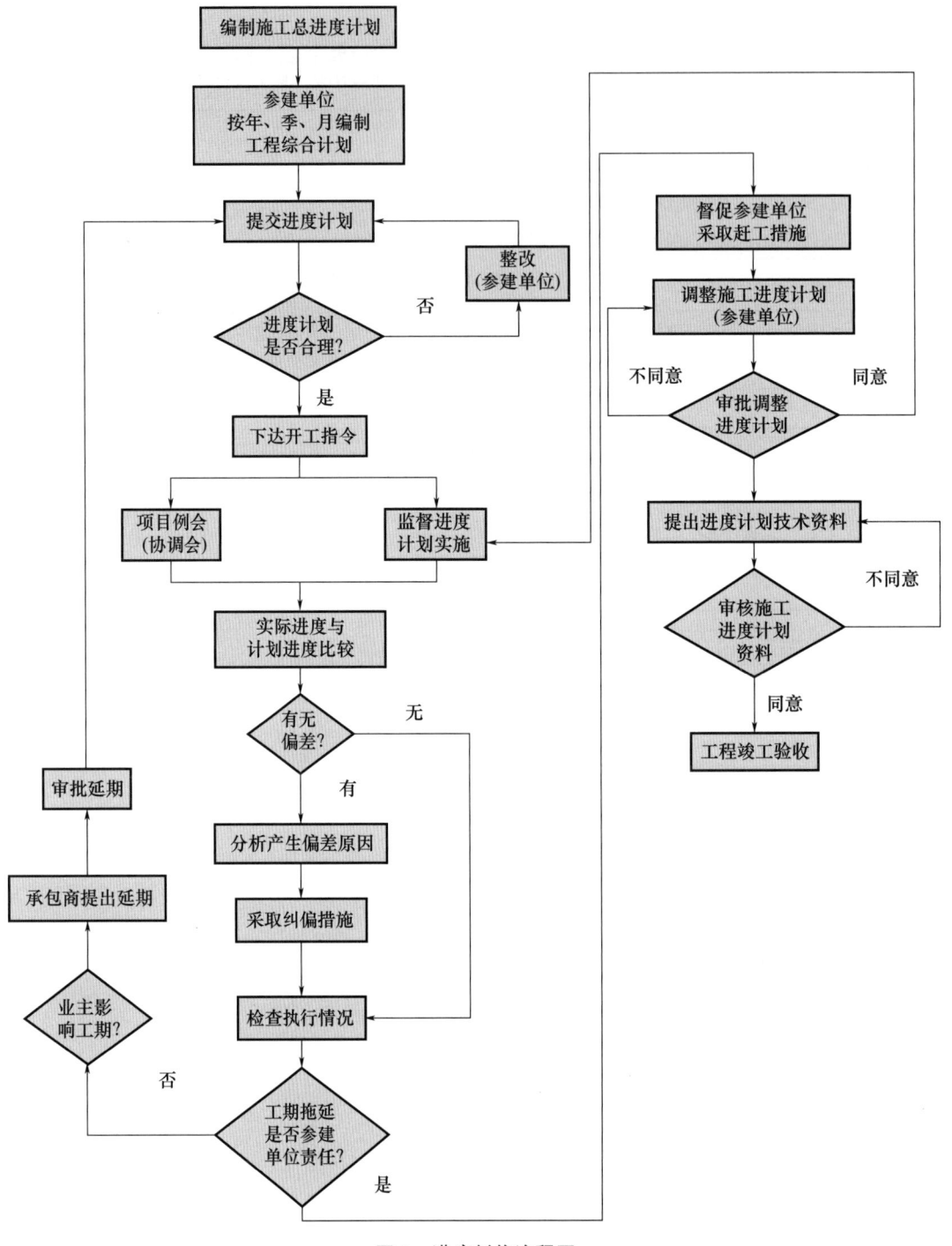

图 4 进度纠偏流程图

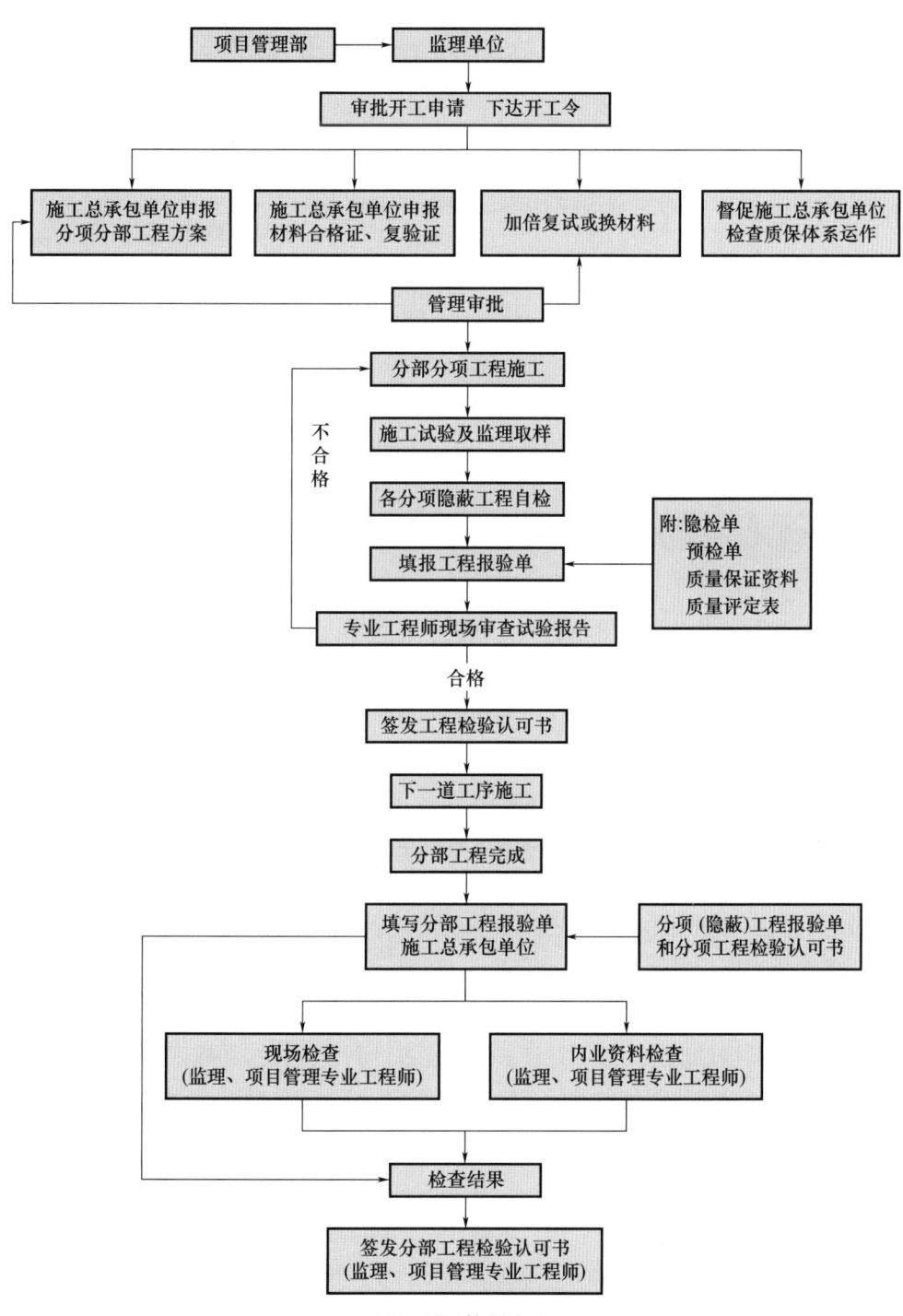

图5 质量控制流程

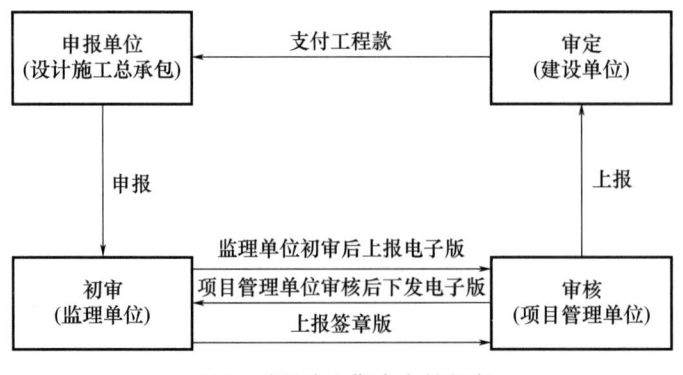

图 6　建设资金期中支付程序

5.5　无人机应用

本项目施工线路长，需要全咨单位进行持续的监控以确保施工安全和进度的正常进行。项目管理部配备的大疆精灵 4 无人机应用在安全管理、进度管理、质量管理、文明施工及形象宣传等工作中，使管理人员能够快速有效地掌握工地周围的交通状况、施工区域的状况、工人的安全和施工进度等。便于管理者及时开展现场管理，并根据施工情况及时督促施工单位、监理单位调整施工策略，优化施工流程。此外，无人机还可以近距离接触施工现场，能够及时发现施工中存在的质量问题和安全隐患，便于管理者开展隐患排查和工程质量检查工作。无人机的应用可以更加有效地辅助管理人员对施工过程监控，为管理人员的决策建议提供详细的信息。

5.5.1　安全管理

"以人为本、安全第一"，对于人的安全管理在施工管理过程中是非常重要的。在项目建设过程中，建筑从业人员较为复杂且素质和文化程度普遍偏低，因缺乏安全意识导致的安全事故时有发生。利用无人机巡视，对施工人员是否正确佩戴安全装备、施工人员所处位置是否安全做出安全警示。

5.5.2　进度管理

通过无人机的摄像功能，按照管理人员的巡视计划，拍摄现场施工情况，识别现场当前的形象进度；通过对比图像的前后变化判断现场人员的工作状态，分析施工现场的窝工情况，从而督促施工单位适当调整劳动人员配置，优化现场施工结构。

5.5.3　质量管理

对于拉森钢板桩、混凝土搅拌桩、沟槽开挖、地基基础工程施工等，无人机可以代替现场管理人员实时巡视施工的情况，因施工线路长、沟槽开挖较深，这样既可以节约巡视时间同时还保证了管理人员的安全，避免了管理人员在近处巡视时可能出现的危险。在主体工程施工过程中，可以准确地观察模板是否到位、主体外部的一些混凝土是否存在裂缝以及蜂窝现象，从而有效地控制工程质量。

5.5.4 文明施工及形象宣传

通过无人机摄像，记录每一次的日常巡检，检查施工现场是否干净整洁，是否符合文明施工要求以及工程从无到有的形成过程。对拍摄的影像资料进行整理后可以用于应对行政主管单位、业主等单位的检查巡视和全咨单位内部的常规性检查，通过办公室投影汇报可以在短短几分钟的时间里让大家对项目的状况迅速有所了解。

5.5.5 新技术联合应用

无人机技术和CAD图纸、BIM技术结合应用，通过无人机的拍摄影像，详细记录建筑的生命周期。

5.6 信息化软件

在信息化时代，建设工程管理信息化是顺应社会发展的必然趋势，通过信息化与工业化的不断融合、不断调整与创新，逐步促进建筑工程管理的改革与发展。

集团公司建立MIS的计算机核心网络，以因特网为基础构筑起保障公司本部与各驻外机构的办公协作平台，利用公司自主研发的基于轻量化BIM的全过程咨询协同平台——HBPS（图7），通过Wbe端（电脑网页）、移动端（手机端App）对项目质量、投资、进度、风险等各方面进行远程控制。

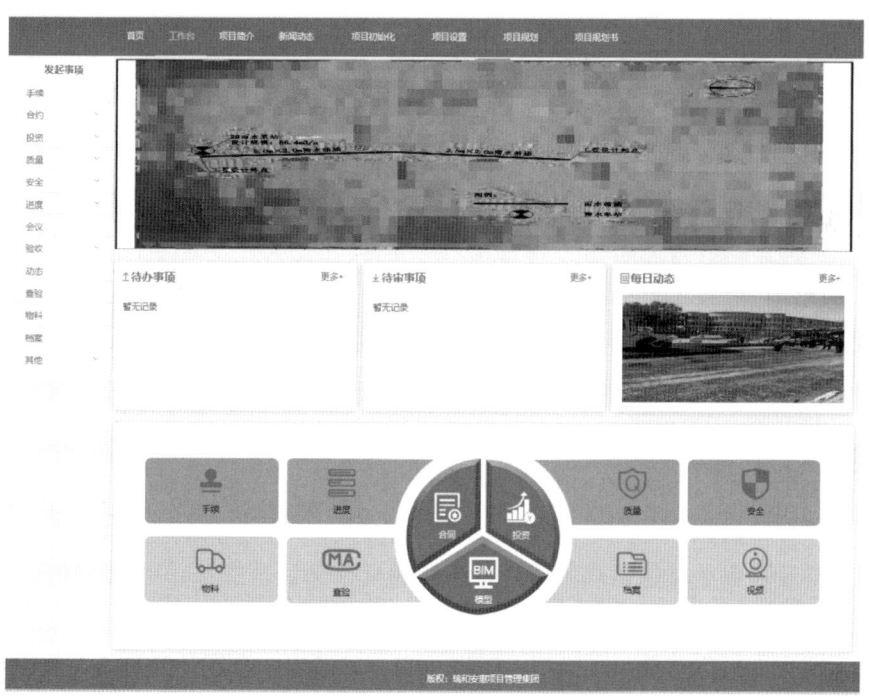

图7 OA网络办公自动化系统

全咨单位进场后主导各参建单位协同应用，并对各参建单位进行技术支持及相关培训。通过信息化软件在项目中的应用，能够实时了解建筑工程的动态和进度，从而提高了管理效率，实现了与建设、设计、施工等参建单位的线上实时协同。

6 项目管理成效

本项目为某县核心区内雨污分流工程，项目建设完善了城区的排水防涝系统，降低了该县城区内涝发生的可能性，提高了城市的防洪排涝能力，同时完善了生活污水系统，是基础设施建设的重要组成部分。

本项目的实施提高了该县人民群众的生活保障系数，在保持该县可持续发展方面起到了重要的推动作用。项目实施后，大大改善了居民的生活条件及周边环境，对构建环境优美的宜居城市、提升整体的城市形象和城市综合竞争力、改善区域投资环境、促进地区经济跨越式发展起到积极的促进作用。

6.1 质量管理成效

2023年5月，全咨单位制定竣工验收方案，在监理单位初验合格的基础上组织了竣工验收，并且一次性通过达到了合格标准，满足所有使用功能。

本项目建成后雨水箱涵储水容积约1.5万m^3，雨水泵站抽排流量$56.4m^3/s$。2023年北方暴雨，本工程出色地通过了这次考验，雨水箱涵的投入使用有效地提升了城区汛期的防洪排涝能力，增强了当地应对突发强降雨天气的能力，提升了城市的治理能力，从根本上解决了城市内涝、交通拥堵和道路安全的问题。

6.2 进度管理成效

2022年新冠疫情严重，其间多次出现封城管控，加上政府要求不断交施工，以及因交通不便居民商户投诉等因素给工程整体进度带来一定影响。全咨单位通过召开管理例会、进度协调会，以及组织建设、施工、设计、监理等单位召开大项目进度推进会，制定措施，不断纠偏，最终克服种种困难，工程顺利完成验收。竣工节点符合某省雨污分流改造工程整体完工期限要求。

6.3 投资管理成效

本项目概算总投资11188.37万元，其中建安工程费9400万元。

利用工程总承包承发包模式的优点，结合投资控制管理方法，利用"惠管理"平台，使得投资控制在概算之内。在成本控制上总结出以下几点经验：

一是本项目为工程总承包，原则上不涉及变更和签证，合同外的变更和索赔要实行提前报告制，必须严格履行相关程序后方可实施。对投资影响较大的工程变更，一定要进行多方案的技术经济比较，从中选出最优的方案，以降低工程变更成本为目标，寻找经济合理的替代方案。

二是要充分发挥设计、监理等单位在变更与索赔论证中的作用，特别是要发挥设计单位在重大工程变更中的作用。

三是要树立风险分担意识，严格按合同要求，分析变更与索赔成立的条件，做到论证要充分、证据要翔实、依据要合理，对于不可归责于合同双方原因造成的工程变更与索赔，除非合同中有明确规定，否则应按照合理的风险分担原则处理。

6.4　安全文明施工与环境保护管理成效

本项目施工过程中未发生重大质量和安全事故，废气、废水、废固达到排放标准的要求，项目建成后临建设施已拆除并恢复原地原貌。

（1）在项目建设生产过程中督促施工、监理等参建单位严格按照与安全生产有关国家法律、法规、规章、制度以及公司下发的文件、制度等去执行。坚持"安全第一、预防为主、综合治理"方针，事前预防、事中控制，定期进行安全隐患检查，并严格监督隐患问题整改情况，做到有患必改、有违必罚，确保安全生产正常进行。

（2）在某地政府及环保部门的领导和制度下，围绕从源头抓起、严格控制、重点治理的要求，结合我单位制定的相关管理制度、管理办法，定期对施工现场的完全文明施工及环境保护进行检查、考核。

项目在建过程中重点检查采取的相关措施：

① 临建围挡安装微喷设施，大门进出口安装冲洗设施且正常工作，裸露土方土工布或防尘网苫盖，洒水车定时喷洒。

② 通过设备选型、消声、合理安排时间段等措施减低噪声污染。

③ 采取挡水墙、沙袋等防汛措施，防止雨水灌槽以及水土流失。

④ 加强法制宣传，提高环境保护意识，通过围挡公益广告进行文明施工、保护环境等方面的知识宣传教育。

7　交流探讨

7.1　沟通与协调

围绕某县雨污分流改造工程项目管理的质量、进度、投资、安全等各项目标，以合同管理为基础，组织协调各参建单位、相邻单位、政府部门全力配合项目的实施，以形成高效的建设团队。在项目管理过程中，有效的沟通可以大大提高工作效率。

7.1.1　与政府有关部门的协调

根据我国行业管理的规定、法规、法律，政府各行业的主管部门均会对本项目行使不同的审批权或管理权，如何能与政府部门进行充分、有效的组织协调，将直接影响本项目建设各项目标的实现。根据我们以往与政府主管部门组织协调工作的经验，重点应注意以下几点：

应充分了解、掌握政府各主管部门的法律、法规、规定的要求和相应的办事程序，在沟通前应提前做好相应的准备工作（如文件、资料和要回答的问题），做到"心中有数"。

充分尊重政府行政主管部门等各相关部门的办事程序、要求，必要时先进行事先沟通，决不能"顶撞"和敷衍。

7.1.2 与建设单位的沟通协调

项目管理部在管理过程中重要体现了在日常工作中要与业主单位建立良好的工作机制，清晰明确界定项目合作方以及项目管理部的工作职责、工作程序和工作制度等，项目管理实施方案报请业主讨论、审核批准后，将作为项目管理公司与业主共同遵守的工作机制。

"与业主的管理最大程度地融为一体"。这是因为管理公司受委托承担的管理一般仍是业主全部管理的一部分，是对业主项目管理的补充与加强，而且我们所处的工作层面的管理要服从业主的决策层面的管理。

7.1.3 与参建单位之间的沟通协调

围绕本项目管理的各项目标，以合同管理为基础，组织协调各参建单位、相邻单位、政府部门全力配合项目的实施，以形成高效的建设团队。

组织协调的主要内容包含但不限于下述内容：负责监督、控制、协调、管理勘察、设计、造价咨询、监理、材料商和各承包商的工作，负责解释和协调工作中的任何问题，确保质量、进度、投资、安全等目标的全面实现。

建设工程项目的组织与协调工作，包括人际关系的协调、组织关系的协调、供求关系的协调、配合关系的协调、约束关系的协调。各种关系的协调均应遵守如下原则：

（1）守法是组织与协调工作的第一原则。在国家、河北省有关工程建设的法律、法规的许可范围内去协调、去工作。

（2）组织协调要维护公正的原则。

（3）协调与控制目标一致的原则。在工程建设中，注意质量、工期、投资、环境、安全的统一。

（4）工作中存在的问题或争议的协调、处理。

7.2 雨污分流改造工程经验分享

7.2.1 基坑开挖注意事项

根据业主所提供的物探图，基坑沿线及开挖范围内现存有若干天然气、供电、光纤、给水、热力、雨污水等管线。

（1）施工前组织通信、燃气、热力、自来水等地下综合管线产权单位召开对接会议，对项目范围内的地下管线向施工单位进行交底，在管线范围内施工时邀请相关产权单位到现场指导施工，尤其是燃气、国防光缆等涉及人身安全及国家安全的重要管线部位要作为控制的重点。

（2）施工前根据现场地埋管线相应产权单位提供的管线大体位置、走向、深度，探明基坑支护影响范围内的地下管线，对影响基坑支护、土方开挖施工的地下管线应及时联系产权单位协商修改或临时进行防护。

（3）基坑支护、土方开挖前应详细了解周边市政管网分布，根据实际情况确定相应的保护、改移方案,基槽开挖及支护桩施工前应进行管线探挖。

(4) 对地下管线进行人工开挖探沟作业,采用小型挖机配合人工开挖的方法逐层开挖,严格控制开挖厚度。先用人工探挖翻松土体,再用挖机清理出坑槽。小型挖机斗齿加焊钢板,避免斗齿深入土体破坏既有管线。

7.2.2 基坑支护方式

本项目基坑全长约1.8km,宽度6.5~8.6m,基坑深度6.9~11.5m,属于超危大工程。基坑东侧1.5m处为现状绿化带(2.5m宽),基坑东侧13m多数为二层或三层商铺,房屋为砖混、框架结构。基坑西侧15m处为现状绿化带(2.5m宽),基坑西侧25.5m多数为二层或三层商铺,房屋为砖混、框架结构。基坑沿线分布有现状雨水、污水、电线、光纤、燃气等管线。同时委托单位及政府部门要求不断交施工。施工场地不具备放坡条件,所以采取SMW工法桩或拉森钢板桩的设计方案。

本项目采取的基坑支护方式为明挖管线以拉森钢板桩+钢支撑。拉森钢板桩支护有以下几个优点:

(1) 拉森钢板桩除了可以用于止水之外,还能够用于挡土、加固边坡,保证施工人员安全。

(2) 可以减少土方开挖量和回填量,产生的废土外运少,对环境污染较小,有利于安全文明施工。

(3) 可回收重复使用,可节约大量钢材,降低造价。

(4) 可采取单独打入法,方便、快捷,不需要辅助支架,可有效加快施工进度。

(5) 拉森钢板桩支护相比其他工法支护具有施工进度快、越加安全、占地空间小等长处,这对于城市内场地受限、淤泥或粉细砂等软弱基土等工程运用较为有利。

缺陷是:(1) 钢板桩材料一次性投入费用高,占用流动资金多,因而本项目采取钢板桩租赁方式降低造价。(2) 相比SWM工法桩,钢板桩刚度低,且形变较大,但可以采取措施通过受力计算用钢支撑加固的措施弥补。

7.2.3 重视档案管理

地下管线错综复杂且部分管线年代久远,由于当时没有重视档案工作,没有竣工图纸等相关档案资料可供参考,现状管线图纸不精确等,给新建工程探明管线带来极大的难度。通过本次项目的实施,将红线内已探明的管线精确地标注到图纸中,过程中发生的管线迁改也要形成真实性、完整性的资料,给后续规划和检修提供参考。

7.2.4 施工单位要有经验

在招投标阶段应明确要求一个有经验的施工单位,要充分考虑施工扰动、雨水泡槽、雨水从桩顶渗入、老旧污水管道漏水等多种因素带来的影响,避免后期出现较多签证带来的超概风险。

7.2.5 加强施工单位的培训和指导

由于线性工程的特殊性,地处闹市,线路较长,辐射范围较广,给居民出行、生活带来一定影响,12345的投诉相比其他工程建设较多,协调难度大。这就要求在施工过程中，应加强对施工单位的培训和指导，确保其充分了解并遵循施工规范。同时，应强化现场安全管理，建立健全的安全管理制度和应急预案，确保施工过程中的安全稳定。做好居民出行的安全引导，现场施工的降尘、降噪等措施。

7.3 改进措施

通过对雨污分流全过程项目管理的经验教训进行总结，我们认识到在项目管理的各个环节中都存在改进的空间。未来，我们将更加注重设计与招标管理的严谨性和规范性、施工过程监控的有效性和安全性、沟通协调与协作的顺畅性和高效性。同时，我们也将积极收集项目执行过程中的反馈意见，不断完善和优化项目管理流程和方法，提高项目管理的整体水平。综上所述，雨污分流全过程项目管理涉及多个环节和方面，需要我们在实践中不断总结经验教训，优化管理流程和方法，以提高项目的成功率和效益。

某学校新校区改建项目全过程工程咨询案例

彭祥俊　宋志红　黄钰杰　谷学天　史君汝（瑞和安惠项目管理集团有限公司）

摘　要： 某学校新校区改建工程位于河北省某市城区内，新校区的建成有效地扩充了优质教育资源，从根本上解决了教育资源严重短缺问题，进一步满足了人民群众对优质教育的需求，推动了教育事业持续健康发展。

瑞和安惠项目管理集团有限公司作为全过程工程管理咨询单位，对项目的前期、招投标、造价、BIM应用、实施过程及竣工验收开展项目管理工作。在项目前期手续办理过程中协助建设单位办理各项手续，项目实施过程中采用我公司自主研发的"惠管理"平台对项目质量、安全、进度、投资等方面进行精细化管理。同时为保证项目进度等各项目标的顺利实现，本项目采用了BIM+VR技术构件、管线综合、室外管线施工等进行三维可视化管控，保证项目高效有序推进。

1　项目背景

教育是提高人民综合素质、促进人的全面发展的重要途径，是民族振兴、社会进步的重要基石，是对中华民族伟大复兴具有决定性意义的事业。对于整个社会的发展进步而言，教育具有先导性、全局性和基础性作用。建设教育强国是中华民族伟大复兴的基础工程。有教育兴起，才有科技的发展和国力的崛起。

市政府始终把教育摆在优先发展的战略地位，大力实施科教兴市和人才强市战略。《市教育局关于印发2021年工作要点的通知》指出，"大力实施教育项目建设。持续推进义务教育薄弱环节改善和能力提升工作。推动义务教育优质均衡发展。持续实施消除大班额专项行动，限期化解存量大班额，基本实现班额标准化。"本城区作为城市发展的重点区域，教育工作取得较好成绩，但仍存在急需解决的问题，尤其是西北片区学生就学压力大，"超规模、大班额"问题突出。为解决不断扩大的招生规模，改善教学设施，提高教学质量等，学校与教育局申请了新校区建立。本项目建成后可有效减轻就学压力，补充片内教育资源，解决"超规模、大班额"问题。

2 项目简介

2.1 项目概况

本项目总建筑面积 65083m², 6 轨制中学，地上建筑面积 44498m²（其中新建综合教学楼、学生宿舍、门卫室、阶梯教室等面积合计 29787m²，改造原有建筑文体综合楼、实验楼面积合计 14711m²）。

(1) 1 号为综合教学楼，建筑高度 50.2m，建筑耐久年限 50 年，建筑类别为多层公共建筑，耐火等级地上为一级，抗震设防类别为乙类 7 度，结构类型为钢筋混凝土框剪结构。

(2) 2 号为学生宿舍，建筑高度 25.2m，建筑耐久年限 50 年，建筑类别为多层公共建筑，耐火等级：地下为一级，地上为二级，抗震设防类别为乙类 7 度，结构类型为钢筋混凝土框架结构。

(3) 3 号为学生宿舍，建筑高度 25.2m，建筑耐久年限 50 年，建筑类别为多层公共建筑，耐火等级：地下为一级，地上为二级，抗震设防类别为乙类 7 度，结构类型为钢筋混凝土框架结构。

(4) 4 号为门卫室，建筑高度 7m，地上一层，结构类型为钢框架结构，基础类型为筏形基础，耐火等级地上为二级。

(5) 5 号为综合地下室，为负一层公共建筑，建筑耐久年限 50 年。建筑功能：机动车车库、餐厅、厨房、阅览室、社团活动室、附属设备用房。机动车车库防火为三类，抗震设防类别为丙类 7 度，人防为战时常 6 核 6 甲等二等人员掩蔽所。

2.2 项目重点、难点

(1) 地下室平面功能分区多，包含机动车车库、餐厅、厨房、图书馆、电子阅览室、社团活动室等分区，各专业施工作业队伍交叉施工频繁，各专业施工界面划分复杂，协调管理难度大。

(2) 新校区开学时间早，项目建设过程中受新冠疫情、冬期施工、雨期施工等影响，工期非常紧张。

(3) 项目采用隔震支座和 S-CLF 新型自粘防水卷材等"新工艺""新材质""新技术"的施工质量要求高，质量控制难度大。

(4) 新建项目与既有装修改造项目同时施工，场地狭小，施工设备运输困难，工人操作不便，施工困难，场地管理难度大。

3 项目组织

3.1 项目组织结构模式

项目组织结构如图 1 所示。

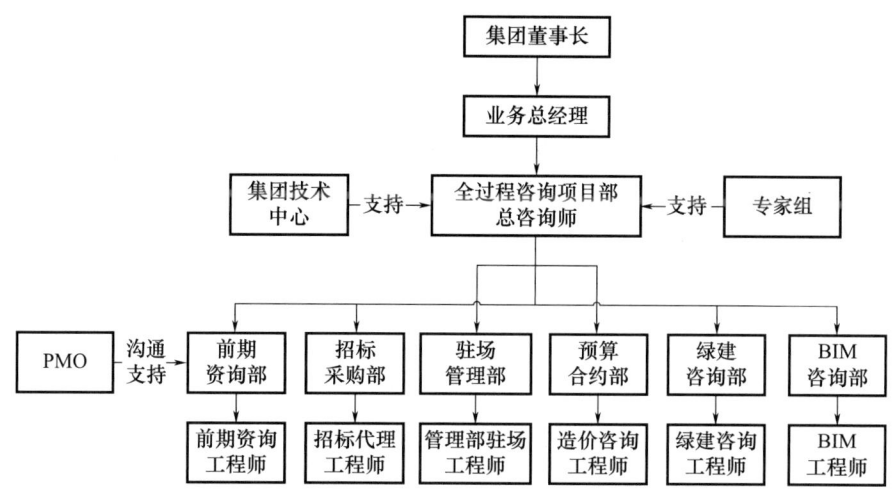

图 1 组织架构

3.2 组织工作职责

3.2.1 总咨询师岗位职责

（1）全面负责项目管理部的管理工作；

（2）编制项目前期工作计划、工程项目建设总进度计划、成本规划书、工程项目年度资金使用计划、质量计划，安排招标部编制招标和采购工作计划并进行审查，沟通计划等；

（3）配合招标人进行各阶段设计文件报批工作；

（4）确定项目的工作分解结构、组织分解结构及编码系统，确定项目管理部组织机构和组织形式；

（5）配合委托人对全咨单位、施工承包商、甲供材料及设备的招标与采购工作；

（6）组织制定项目管理部的规章制度；

（7）检查监督现场项目管理机构的工作，根据工程项目的进展进行人员调配，对不称职的人员进行调换；

（8）保持与委托人的密切联系，建立与委托人的沟通渠道，并将项目招标人的意图及时向项目管理部贯彻；

（9）对项目实施中的各个环节进行调查、分析，组织编写专题报告和阶段性项目管理工作报告；

（10）协助技术负责人进行新材料、新技术、新工艺在本工程的应用，负责施工过程的技术、质量、安全进度的全面组织控制和管理，保证质量体系有效运行；

（11）负责项目质量保证计划、各类施工方案和安全文明施工管理方案的编制落实工作；

（12）负责对总包单位的管理工作，检查管理人员履约情况，控制进度及质量、安全管理工作；

(13) 推广应用和技术总结工作。

3.2.2 工程招标采购部职责

(1) 依据项目总进度计划，编制招标工作进度计划并经项目经理审查通过；

(2) 依据招标工作进度计划组织招标，负责招标实施工作；

(3) 招标工作开始前及时与项目经理、招标人沟通联系；

(4) 依据招标工作程序，负责招标核准、备案工作：

① 工程类：主体土建施工招标、分包施工招标；

② 材料设备类：主要材料设备采购及安装招标；

③ 服务类：勘察招标、图审招标、沉降观测单位招标等。

(5) 负责对总包单位分包招标的监督管理：工程招标负责人及工程招标技术人员负责项目招标技术工作。

3.2.3 预算合约部职责

(1) 本工程施工图预算的审核；

(2) 变更签证审核，进度款支付审核；

(3) 业主方的结算审核；

(4) 材料设备价格询价及审核；

(5) 配合政府部门结算审计。

3.2.4 驻场管理部职责

对本项目进行前期、设计、质量、进度、安全和投资控制，合同、信息管理，组织协调。

(1) 负责设计管理工作、工程变更、设计变更、图纸管理、组织图纸会审；

(2) 处理、解决各类技术问题；

(3) 负责土建技术及技术管理工作；

(4) 处理解决施工现场发生的土建技术问题，并向项目经理汇报；

(5) 负责给排水及采暖工程技术及技术管理工作；

(6) 处理解决施工现场发生的给排水及采暖工程专业的技术问题，并向项目经理汇报；

(7) 负责建筑电气工程技术及技术管理工作；

(8) 处理解决施工现场发生的电气专业的技术问题，并向项目经理汇报；

(9) 完成项目经理临时安排的工作。

驻场管理部负责人职责：

(1) 负责设计管理工作，包括与设计院的对接，负责设计文件、设计变更的审查签认，施工过程中的技术管理工作；

(2) 协助项目经理配合招标人编写、审查项目前期工作计划、工程项目建设总进度计划、工程项目年度资金使用计划、质量计划、招标和采购工作计划、沟通计划等；

(3) 协助招标人组织专家及技术人员对初步设计及施工图设计进行报批前的审查；

(4) 组织项目管理部日常工作中遇到的重大技术问题的论证；

(5) 负责协助招标人设计论证、设计优化、设计可行性等论证。

驻场管理部综合办公室职责：

(1) 依据河北省建设工程资料管理规程，结合石家庄住建局档案馆的具体要求，做好项目信息的收集、整理、归档移交工作；

(2) 负责接收、发放及保管工程部的书函文件、合同、招投标文件、设计图纸与设计变更，以及书籍等资料的收集、借阅和管理；签发、分发的工作要做到及时到位，注明收发时间；

(3) 管理施工现场的各种文件、资料、设计图纸等，建立项目施工图纸和设计变更的工程档案；负责与工程总承包单位及公司有关部门的资料收发、借阅，并办理签收手续；

(4) 及时处理工程往来的报告、函件，并按工程项目与类别进行整理归档，列清目录；对资料、文件往来做好编号登记，经项目经理阅批后归档；

(5) 收集、建立与工程建设有关的标准、文件、建筑材料与设备等资料；

(6) 负责工程部工程预算、决算、结算、工程量计算清单等资料，以及招投标档案、技术、经济方面签证资料的保管；

(7) 参加有关工程会议并做好记录工作。

3.2.5 项目 BIM 小组职责

(1) 制订 BIM 应用的任务计划，组建任务团队，明确职能分工；

(2) 组织相关 BIM 技术人员熟悉了解本工程的合同、各专业图纸和技术要求；

(3) 根据本工程实际情况，组织制定切实可行的深化设计方案；

(4) 参与建设单位、监理、BIM 总包等单位的讨论、协调会议；

(5) 组织项目部管理人员、BIM 任务团队对本工程的 BIM 方案进行评审，确定具体实施方案；

(6) 按照《BIM 技术应用标准和流程》、评审确定的方案，组织 BIM 任务团队建立和优化本工程的各专业模型，并进行 BIM 应用点的具体实施；

(7) BIM 技术应用跟踪总结管理，组织编制工程竣工总结报告。

4 项目管理过程

4.1 项目前期管理

4.1.1 手续报批管理

(1) 地块控规维护：该项目涉及宗地图用地范围内包含的三栋家属楼占地的历史遗留问题，无法对现有项目宗地图范围内校区实用地面积与三栋家属楼占地面积进行土地证或不动产证分割。为保证新校区建设项目建设规模，在新校区建设项目容积率计算过程中，结合本市容积率的规定，对新建项目校区实用地范围及容积率进行控制性规划维护。

(2) 项目用地批复手续：由于项目为既有土地，已取得不动产证，项目在办理用地规划许可证手续阶段，只需提供项目的建设项目规划选址意见及项目建议书的批复（既有项目已取得不动产证，不再单独办理用地规划许可证），市自然资源和规划局出具《建设项目规划选址意见》及《事项一次性告知书》，以上两个文件在办理项目前期手续阶段代替项目用地规划许可证。

（3）可研报告及批复：结合项目建议书及批复，委托可研编制单位对项目进行可研报告编制。在编制阶段因涉及设计项目建设方案及相应的建设指标等与可研内容描述、平面布置图及建设投资估算等关联，所在可研编制阶段，要求项目可研编制单位在项目方案设计阶段参与方案设计讨论，对项目设计方案进行充分了解、深度参与，做到对可研编制内容及费用投资估算更加全面、更具有针对性及更精准。

（4）方案设计规委会评审：在建设单位委托的方案设计单位完成设计后进行，方案设计完成后上报市国土空间规划局。市国土空间规划委员会组织召开项目方案设计评审会，学校新校区改建规划方案通过。

（5）初设及批复：项目方案设计单位完成经本市城市规划委员会（非全部项目需要）批复的方案设计后，初步设计单位进行初步设计文件及设计概算的编制。报送行政审批局进行评审，批复同意经专家意见修改的初步设计方案及工程概算。明确项目改建地点、改造规模及内容、项目概算总投资及资金来源。

（6）建设工程规划许可证与建筑施工许可证：代委托人整理、办理"建设工程规划许可证"及"建筑工程施工许可证"所需要提交的资料，向相应办理部门申请办理。

4.1.2 招标管理

协助建设单位制订公开招标（材料、设备采购）计划，包含工程总承包招标、工程勘察招标、图纸审查招标、试验检测招标和被动房咨询招标等。

4.1.3 设计施工界面划分管理

协助委托人对项目进行设计、施工界面划分，包括方案设计、初步设计、施工图设计（建筑设计、结构设计、安装专业设计、室内精装修设计、景观绿化设计及幕墙深化设计）。

4.1.4 前期合同管理

协助建设单位进行合同管理，包括起草并审核各类合同、组织参与合同谈判、协助甲方签订合同、监督检查合同履行过程、解决合同管理及合同争议中的问题。

4.2 项目实施阶段管理

（1）设计管理。组织设计招投标工作，通过对设计方案的比选，进行优化。从设计源头上既保证实际、低廉的造价，又保证设计质量的高标准；认真配合设计进行查勘，提供各种基础资料，力争初步设计中的项目、内容、概算等做到合理；初步设计出台，组织力量对初步设计进行研究、分析，提出意见，并进行汇总、平衡，完善设计方案，提高方案的实用性及降低投资成本；加强对施工图设计的审查、设计施工交底等工作。

（2）进度管理。编制项目各阶段进度管理结构图，对进度计划进行分级控制，制订项目里程碑计划、总控计划，采用横道图比对分析进度是否出现偏差，并制定进度偏差纠偏的流程，采取相应的纠偏措施。

（3）质量管理。根据设计和合同要求，确定项目各阶段工程质量目标；督促相关单位制定相应质量保证体系，及达到相应目标的对策措施；组织各类质量检查和验收。

（4）投资管理。负责核定各项付款的支付请求和定期签发承包商的支付证明；负责完成工程计量，协助进行工程竣工结算和工程决算；负责审核工程变更、签证与索赔。

（5）安全管理。督促、检查施工单位安全生产管理制度的建立和健全，协助建设单位与其签订安全生产、文明施工协议，落实安全生产责任制；明确安全管理控制点，项目全员进行安全教育，定期组织检查安全生产措施落实情况。

（6）合同管理。监督各方按合同履约，对合同执行情况进行跟踪监督管理。

（7）资料管理。负责工程资料的整理移交和归档。

（8）沟通协调。通过有效沟通，组织协调参建监理、设计、施工、供货各方共同完成本项目的建设任务。

（9）BIM及"惠管理"平台应用：

① 主导和协调设计院、总分包方、设备材料供应商、运维单位在本项目的建设工程中对整个项目过程进行信息化实施监督指导；

② 制定模型标准，督促深化模型的建立，并审核模型；

③ 制定实施阶段总体BIM应用规划及产生成果，统筹参建单位的BIM应用规划，对BIM应用点进行跟踪并记录；

④ 制定竣工模型的交付标准，过程监控模型及信息的同步；

⑤ 向总承包单位土建和安装专业负责人部署信息化"惠管理"平台的实施应用；

⑥ 制定"惠管理"平台应用规程，对"惠管理"平台应用的总承包单位人员进行培训，落实施工过程中"惠管理"平台的应用；

⑦ "惠管理"项目数字信息移交业主。

4.3 项目收尾阶段管理

（1）组织工程规划、防雷、节能、绿建、人防、消防、档案等专项验收及竣工验收，办理工程竣工结算。

（2）审查、接收承包人及监理单位归整的技术资料，建立技术资料档案，并将完整的技术资料及工程验收备案资料完整地移交给建设单位。

（3）负责缺陷责任期内督促施工、监理单位履行相关责任，在缺陷责任期满后颁发缺陷责任终止证书。

5 项目管理办法

5.1 项目前期管理的工作办法

为顺利开展项目前期的工作，我公司根据已知项目信息，列明待办理的手续并梳理待办手续的先后顺序及流程，制订项目开工前期报批配套计划。

（1）决策阶段有地块修建性详细规划设计及审批计划、项目建议书的报送及批复计划、可行性研究报告报送及批复计划、项目报建计划；

（2）设计阶段涉及建设方案设计的意见征询计划、初步设计审核计划、施工图审核计划；

（3）施工前准备阶段制订房屋拆迁许可证办理计划、申办建设项目选址意见计划、民防审核计划、建设工程规划许可证的办理计划、安全质量监督手续办理计划、防雷检测登记手续办理计划、民用建筑节能工程备案计划、施工许可证办理计划、地质安全评价计划和地质灾害评价计划。

计划明确，项目管理实施就有方向、有参照，项目实施过程中，根据实际情况调整各计划，确保各项计划得以落实。

5.2　WBS工作分解

根据本工程特点及项目管理进行WBS工作分解如图2所示。

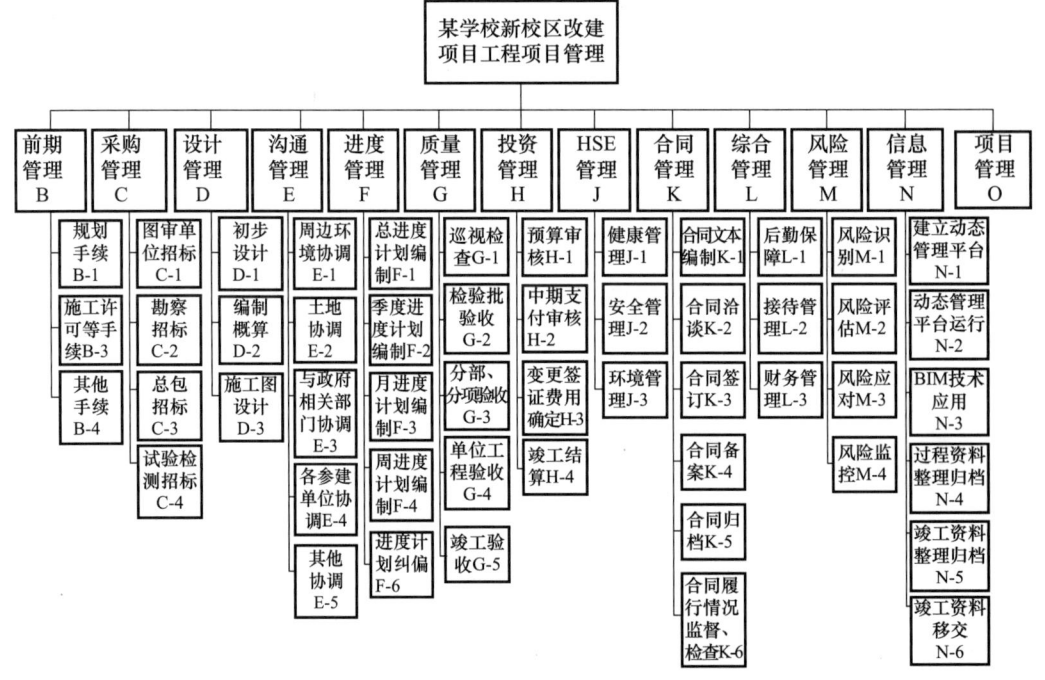

图2　WBS工作分解

5.3　施工阶段进度控制措施

5.3.1　组织措施

（1）督促承包人建立进度控制管理系统和人员；

（2）指定专人负责进度控制，明确进度控制的任务、职责；

(3) 进行项目分解（按单项工程、年度、月或工程进展阶段）；

(4) 制定进度协调工作制度，包括协调及工地会议举行的时间、参会人员等；

(5) 对影响工程进度目标实现的干扰和风险等因素提前进行分析。

5.3.2 技术措施

(1) 尽量采用先进的施工方案、施工工艺、施工方法；

(2) 优化施工组织设计，采取先进的组织管理手段；

(3) 认真编制、及时落实、及时修订关键线路、关键工程计划。

5.3.3 合同措施

利用施工承包合同及项目管理合同赋予项目管理人员的权力，督促承包人增加人力、机械设备等投入，加快施工进度。

5.3.4 经济措施

采用经济手段（如提前工期竣工奖励、完成计划奖励、计划拖后的处罚等）、工程进度款及时到位等措施。

5.3.5 协调管理措施

(1) 各级项目管理人员积极配合承包人的施工活动，及时审查承包人的各种报告文件和报表，及时对已完工序或工程的检查验收。

(2) 业主按合同要求及时提供施工场地和图纸，积极与外界协调尽可能改善施工环境，为工程施工创造良好的施工环境。

(3) 监理工程师和业主做好各承包人之间的施工配合协调。

5.3.6 信息管理措施

对工程进度进行动态跟踪，每月向业主提供进度分析报告，若发现问题，向承包人的上级主管机关通报，促使承包人及时采取措施。

5.4 质量控制措施

5.4.1 施工阶段质量目标的事前控制

(1) 比选承包商和材料设备供应商。在工程施工招标阶段，项目经理部应根据工程项目的范围、内容、要求和资源状况等，合理划分施工标段或按专业实行施工分包，委托招标代理机构组织招标工作。

(2) 编制施工控制计划。施工控制计划应在项目初始阶段由负责项目管理的人员组织编制，经项目建设全咨单位的总工程师办公室评审后，由项目经理批准并经业主确认后实施。

(3) 设置施工质量控制点。施工质量控制点主要包括地基与基础工程、主体结构、建筑装饰装修、建筑屋面、建筑给排水及采暖、建筑电气、智能系统和电梯等分部工程的阶段性验收。

(4) 组织设计会审。为了避免设计过程中可能存在的缺陷和失误，同时对建设工程的使用功能、结构及设备选型、施工可行性和工程造价等进行有效的预控，项目经理部应在施工正式开工之前组织设计会审，设计单位、全咨单位、承包商以及有关施工监督管理和物资供应等人员参加。

（5）做好施工交接工作。交接工作主要包括：①场地红线及自然地貌情况、四邻各类原有建筑物的详细情况。包括基础类型、埋置深度、持力层、施工时间及质量情况，建筑物主体结构类型、层数、总高，承包商及工程质量情况等。②水源电源接驳点及其管径、流量、容量等，已装有水表、电表的，双方应办理水表、电表读数认证手续。③水准点坐标点交接。④占道及开路口的批准文件，具体位置及注意事项，地下电缆、水管等管线情况，交代指定排污点及市政对施工排水的要求。⑤按合同规定份数向承包商移交施工图纸、地质勘察报告及有关技术资料。

（6）确认施工组织设计。项目管理人员应及时确认经工程师批准的施工组织设计。对施工组织设计中的项目进度控制、质量控制、安全控制、成本控制、人力资源管理、材料管理、机械设备管理、技术管理、资金管理、合同管理、信息管理、现场管理、组织协调、竣工验收、考核评价及回访保修的内容提出优化改进意见。

（7）核实工程开工条件。全咨单位签发的开工报告，由项目建设全咨单位核实后转报业主批准。

5.4.2 施工阶段质量目标的事中控制

（1）监督检查经工程师批准的施工组织设计的执行情况，监督承包商按照《建设工程项目管理规范》（GB/T 50326）实施，及时向业主汇报。

（2）按照《建设工程监理规范》（GB/T 50319）实施，全咨单位及时向业主汇报。

（3）对接口的质量实施重点控制，即对项目所有输入的信息、要求和资源的有效性进行控制，确保项目质量输入正确和有效。

（4）定期收集质量报表资料。质量报表是反映工程实际质量状况的主要方式之一。施工应按照管理制度规定的时间和报表内容，定期填写质量报表。项目管理人员通过收集进度报表资料掌握工程实际质量情况。

（5）定期召开现场质量工作会议。参建各方必须定期参加现场质量工作会议，对工程的质量情况、存在的问题进行分析商讨，同时提出质量改进措施。

5.4.3 竣工及保修阶段质量目标的事后控制

（1）参与单位工程的预验收。当单位工程基本达到竣工验收条件后，承包商应在自审、自查、自评工作完成后填写工程竣工报验单。项目建设管理人员应对承包商报送的竣工资料进行全面审查，同时对工程实体的质量进行检查。针对这两个方面存在的问题，要求并监督施工承包商限时进行整改。

（2）组织工程竣工验收。单位工程全面完工后，承包商应自行组织有关人员进行检查评定，并向项目建设全咨单位提交工程验收报告。项目建设全咨单位收到工程验收报告后，应组织勘测单位、设计单位、全咨单位、承包商和质检部门进行工程竣工验收。单位工程实体质量达到建筑工程施工质量验收统一标准，观感质量综合评价和质量控制资料均符合要求，则单位工程质量验收合格。如果在竣工验收过程中还存在少数工程质量缺陷，应立即督促承包商限时整改。

（3）参与保修阶段工程质量问题的处理。督促有关人员对业主提出的工程质量缺陷进行检查记录，并对施工承包商修复的工程质量进行验收和签认保修金的支付。

5.4.4 项目重点部位质量控制

（1）本项目地下室防水工程采用 S-CLF 新型自粘防水卷材。项目地下室包含食堂、人防区、大型图书馆及阅览室，因此，确保地下室不渗漏是本工程施工的重中之重。在施工过程中发现该项验收一次合格率只有 85%。为保证地下室防水工程质量，向施工单位提出该项施工质量一次验收合格率不应低于 95%。督促指导施工单位采用数据统计法和要因分析法论证一次验收合格的可能性。经论证，采取以下两项措施即可满足要求。

措施 1：要求总包单位每天早班会教育时成品保护，对于钢筋工队伍，做到成品保护意识提升，防水队伍做好破坏位置修复工作。

措施 2：出具施工节点详细施工办法并现场督促。

（2）"抗震支座"的质量控制。隔震层层高为 2m，橡胶隔震支座分为铅芯型和普通型两种，LRB 为有铅芯支座，LNR 为无铅芯支座。隔震垫的主要型号有 LRB500、LRB800、LRB900、LRB1100 及 LNR1100。下支墩生根于地下室顶板，与下层结构框架柱同轴，保证荷载向下垂直传递。在下支墩顶面埋置带有锚筋和螺栓套筒的下预埋板，橡胶隔震支座通过高强螺栓和下预埋板连接。

隔震支座将上部主体和下部基础形成了两个独立的自由端，隔震支座的施工质量将影响到上部主体的施工质量。因此，隔震支座施工是本工程施工的重点控制环节。

项目质量管理过程中，发现两大因素影响工程质量，一是设计深度不够；二是定位板周边支撑不牢，对定位钢板轴线位移有较明显影响。为解决以上两项问题，采取以下措施：

① 优化设计，加大混凝土墩截面尺寸；
② 对确实无法加大混凝土柱墩截面尺寸的，优化钢筋配置；
③ 增加坍落度试验次数，保证混凝土材料质量，避免对预埋件侧压力过大及冲击；
④ 增加定位斜撑，提高埋板牢固度。

6 项目管理成效

经过各方的共同努力，项目历时 14 个月竣工验收完成，全面完成各项预期任务。以下是项目过程中的几项技术应用。

6.1 无人机应用

（1）工地巡视和安全监测。无人机在智慧工地中的第一个核心应用就是智能巡检和监测工地状况。在无人机全自动飞行系统的支持下，无人机可以实现自动巡视监测工地，大大提高工地巡检效率。无人机可以通过搭载高清摄像头、热像仪等设备，实现全方位巡视和监测工地情况，及时发现工地现场问题并采取措施。

（2）施工进度监控与管理。无人机在智慧工地中的第二个核心应用是对施工进度进行智慧监控和管理。无人机能够通过航拍和三维建模技术实时监测施工进度，辅助工地管理者了解工地实际情况，提高工程管理的准确性。在算法的支持下无人机还能对工地数据进行智能分析，为工地管理者提供决策支持，提高工地管理效率。

（3）质量监测与问题识别。无人机在智慧工地中的第三个核心应用是对施工质量进行监测。无人机通过其搭载的高清摄像头和传感器，能够对施工过程中的质量问题进行实时监测与识别。在图像处理技术的支持下，无人机可以对建筑结构、细部工艺等进行智能分析，快速发现质量问题。

6.2 VR技术应用

建筑施工一直都是具有一定风险的行业，特别是工人们在施工时经常会面对高空作业以及大型机械操作等环节，一旦出现意外就会造成很严重的损失，因此，提高建筑工人的安全意识和督促工人规范操作很有必要。但是传统的培训流程复杂且成本较高，效果也不一定好，这个时候就可以使用VR全景进行人员培训，进行真实的模拟演示培训，帮助建筑工人在虚拟环境中进行安全培训和模拟操作，以此来提高他们的安全意识和操作技能，减少施工过程中的意外事故。相较于传统培训涉及的培训成本、人工成本、设备成本等，VR全景的成本较低，还可以安全稳妥地提升工人的意识和技能，这种方式更加受建筑行业青睐。

6.3 "惠管理"平台应用

在BIM轻量化应用的基础上，我单位自主研发了"惠管理"平台。惠管理平台驾驶舱——将项目数据进行提炼、分析、汇总，形成平台驾驶舱。驾驶舱可视化动态实时展现项目情况，支持单项目或全方位监控项目运行情况，辅助整体掌控项目执行情况，精细化管理与快速决策。"惠管理"平台可实现以下功能：

（1）参建单位协同。所有参建单位可在平台实现信息共享、资源共享，协同服务和共性问题协同解决。

（2）平台应用的规划设置。根据各单位的职责和权限进行平台应用的规划设置。

（3）手续办理。列明手续办理计划，记载手续办理的进度及手续办理的完成情况。

（4）质量规划。在平台内设置整个项目质量过程中的质量控制点，通过质量控制点的重点管控，保证项目施工质量。

（5）动态管理。项目每天发生的事项均上传至"惠管理"平台，可在平台上查看整个项目从无到有的动态过程，实现动态管理。

（6）合同管理。平台内载入项目所有参与方的合同，设立合同台账，并附有合同详细信息，实现合同管理。

（7）工程报验。施工单位所有材料进场，分部分项工程、隐蔽验收等均在平台内提交验收申请,监理和管理人员进行验收后在平台上进行处理,验收合格即刻标记合格,不合格应列明原因,待施工单位整改完成后再次提交验收申请进行验收。

"惠管理"平台在本项目中进行了全面的应用,在质量、进度和造价控制过程中发挥了以下重要作用:

① 规范验收流程,强化过程管控,痕迹管理,杜绝作假,打造高质量产品及工程。
② 实现一致的工程项目质量管理流程和软件质量保证。
③ 帮助建立质量验收标准体系,从而优化质量、降低成本。
④ 依靠先进的技术手段,确保每个验收人员必须现场取证,真实有效,事后可追责。
⑤ 通过手机 App 质量管理系统,实现与现场质量管控数据对接,实现数据实时共享、查询。

通过互联网+工程质量移动管控平台,可以快速提高工程质量管理工作效率,能够更加透明地看到执行的过程以及标准执行得是否到位。把关好质量验收后,进一步提高了全过程咨询企业工程质量管理的水平。

6.4 BIM 技术应用

本项目结构复杂、功能众多、施工工序工作量大,以及参与工程施工的单位较多,在管理过程中各参与方沟通不到位,往往会出现返工、变更增加的情况,给建设单位的成本控制和工期控制造成直接影响。本项目组建了优秀的 BIM 团队,按照项目 BIM 实施方案,明确分工、高效管理,对各个应用点落地应用,以 BIM 技术助力项目管理水平的全面提升。设计阶段及施工阶段应用点如下。

(1) 设计阶段应用点

应用点 1:建筑性能模拟分析;
应用点 2:基于模型的施工图纸校审及碰撞检查;
应用点 3:机电管线综合优化设计;
应用点 4:三维可视化应用(建筑外观方案模拟、内部精装修模拟);
应用点 5:虚拟仿真漫游(漫游+VR);
应用点 6:Dynamo 参数化建模分析;
应用点 7:室外管线综合优化设计;
应用点 8:三维辅助技术交底。

(2) 施工阶段应用点

应用点 1:施工平面三维场地布置三维化;
应用点 2:VR 沉浸式漫游,施工方案比选;
应用点 3:装修地板砖排砖方案策划;
应用点 4:二次结构精细化建模出图;
应用点 5:进度应用;
应用点 6:质量、安全应用;

应用点 7：预留洞校验；

应用点 8：总分包界面划分及 BIM 应用；

应用点 9：移动端（惠管理）应用；

应用点 10：无人机应用；

应用点 11：720 全景摄像；

应用点 12 二维码应用。

本项目于 2023 年申报河北省第四届建设工程"燕赵杯"BIM 技术应用大赛，获得综合组"一等奖"。

7 交流探讨

7.1 全咨及工程总承包模式的优势

运用了全咨模式。由瑞和安惠项目管理集团承担全过程工程咨询服务，包含统筹管理及招标、监理、造价、绿建等专项咨询。全咨单位对项目开展前期投资决策、中期施工过程、后期运营或者整个全过程咨询等服务，综合考虑不同阶段的工作内容，并进行有效的工作分解。根据工作分解进行组织体系建设，安排不同岗位，选调综合性人员担任项目负责人，管理团队专业性较强，根据工程特点编制切实可行的全过程实施规划，包括总目标策划、总体组织架构体系规划、总合约架构体系规划、总进度规划、总投资控制规划、总质量控制规划、总体协调运转机制规划、总体档案规划及总体风控措施等。

采用工程总承包模式。采用此模式，在招标前期，将发包人部分风险通过合约有效转移给工程总承包方，同时给予承包人相应的优化权利，激励其在满足强条及相关约定标准、满足发包人要求的前提下，进行合理优化。管理架构实现了扁平化，缩减了发包人及全咨单位合同管控体系，更有利于做好工程管理。

本项目采用了建设单位、全咨单位、EPC 单位的稳定组织机构，在综合管控方面得到了很好的控制和风险转移，建议相关单位积极尝试全过程工程咨询的应用深度和广度，积极探索不同模式的组合，保证项目各目标顺利实现。

7.2 BIM 技术广度深度的应用

通过该项目各阶段的实施及新技术的应用，我单位在积累新技术应用经验的同时在建筑工程项目数字化和信息化方面又向前迈出了一大步。如：由于本项目室外工程的新旧建筑室内正负零标高不同，我公司 BIM 咨询工程师对室外场地进行建模分析，得出需将新建区域场地外完成面标高降低，以保证旧楼改造区域在雨季能够顺利将雨水排出。本项目利用 BIM 技术实现了对项目的管控，取得了相关效果，建议全咨单位积极尝试使用 BIM 技术对项目进行管控，并拓展和发掘深度应用点。

7.3 信息化应用

信息化应用是当前建筑业管理手段和效率提高的重要工具，本项目通过使用搭载轻量化 BIM 模型的"惠管理"平台，实现了线上的可视化预控和动态管控，并保留了相关痕迹，提高了工作效率。建议同行企业积极借助信息化应用技术，在相关项目拓展应用，提高咨询质量和服务品质。

某智能悬架工厂项目管理工作经验与体会

李 巍（张家口正元工程项目管理有限公司）

摘 要：管理，简单地说就是为实现预期目标而对人和物进行统筹安排，其核心内容是管好物和人。管好人，就是人尽其才；管好物，就是物尽其用。对物的管理，主要是优化"商品"，通过运筹优化来规范对物的管理，即管理的科学化；对人的管理，主要是沟通、协商、命令，通过制度和流程来对项目人员进行"科学化管理"。

我公司承揽本工程的项目管理服务及监理服务。项目管理为工程建设全过程提供全方位服务，涵盖项目前期管理、合同管理、施工阶段及竣工阶段的全面管理。本项目通过系统化、结构化的管理方法，加强计划控制与风险管理等控制措施，使项目达到预期目标。这一成功案例表明：在面对紧迫的工期要求和复杂的项目任务时，通过科学的管理方法和团队的协作努力，可以实现项目的高效实施和成功交付。期望本研究为相关工程项目管理的实际应用提供经验借鉴。

1 项目背景

本工程项目位于某市汽车产业园区内，是省重点工程之一。本项目具有规模大、时间紧、任务重的特点。项目管理过程中存在较大挑战：在技术方面存在过程复杂及不确定因素较多的问题，工程复杂指涉及一系列关键技术，如深基坑、挤密桩、大体积混凝土以及大跨度钢结构安装等；不确定指涉及设计阶段遇到消防规范强制性条文更新等，部分不可控因素对项目进度、成本和质量产生了重大影响。管理方面存在工期紧张、信息传递不准确等风险。建设方对工期要求极为紧迫，要求项目当年开工并实现当年投产运营，从购买土地到办理开工手续，再到最终投产运营，整个过程仅有7~8个月的时间。如何合理安排项目进度、加强人员沟通，避免出现进度延误，是项目管理中的一大难点，也给项目工程管理带来了极大的挑战。为了满足建设方按时完工的要求，提高过程管理效率，公司特成立了由总经理带队、分管经理直接领导的特殊团队，以及由现场项目经理直接负责的项目管理团队。在项目管理过程中，采用了系统化、结构化的管理方法，注重控制与组织，并运用了多种工具和技术,如进度图表、落地问题跟踪表、合同和资金使用计划台账等。

2 项目简介

(1) 工程名称：某基地 600 万支智能悬架工厂项目。

(2) 建设地点：本工厂项目位于某市汽车产业园区内。

(3) 建设规模：项目总用地面积达 174498m²（约合 261.75 亩）。依据规划,本项目会在五年内分三期有条不紊地进行建设。一期涵盖了 1 号生产车间、污水处理间、消防泵房、空气能供热站、仓库、门卫等六个单体项目,配套的停车位、绿化、室外管网以及道路等要求同期全部完工,一期工程的建筑面积共计 38172.02m²。具体项目如下：

1 号生产车间：（生产区域+办公区域）长 26m、宽 120m、高 12m,檐口高度 9m,总建筑高度 11.38m,总建筑面积 36376.3m²（办公区域 4000m²、生产区域 32376.3m²）。建筑结构类型：主要结构为钢梁、钢柱框排架结构,梁采用热轧 H 型钢。基础采用独立基础,屋顶采用单层彩色压型钢板,2 型钢连续条支承,结构设计使用年限为 50 年,建筑结构安全等级为二级。

消防泵房：长 12.5m、宽 26.3m、地上一层 4.8m、地下一层 3.9m,总建筑面积 649.78m²（地上 328.75m²、地下 321.03m²）。建筑结构类型：框架结构。结构设计使用年限为 50 年,建筑结构安全等级为二级。

库房：长 18.12m、宽 15.12m、建筑高度 6.2m,建筑面积 273.97m²。建筑结构类型：主要结构为钢梁、钢柱框排架结构,梁采用热轧 H 型钢。屋顶采用单层彩色压型钢板+一道 TPO 防水卷材,2 型钢连续檩条支承,年限为 50 年,建筑结构安全等级为二级。

空气能供热站：长 26m、宽 15m,建筑高度 8.1m,建筑面积 390m²。建筑结构类型：框架结构,结构设计使用年限为 50 年,建筑结构安全等级为二级。

污水处理站：长 30.2m、宽 25m,建筑高度 7.3m,建筑面积 1082m²（地上 755m²、地下 327m²）。建筑结构类型：框架结构。结构设计使用年限为 50 年,建筑结构安全等级为二级。

门卫室：长 12m、宽 4m、地上 3.3m,建筑面积 48m²。建筑结构类型：框架结构。结构设计使用年限为 50 年,建筑结构安全等级为二级。

3 项目组织

3.1 项目管理组织结构

项目组织结构是项目管理的基础,它决定了项目团队的协作方式和沟通渠道。在选择项目组织结构时,需要考虑项目的规模、复杂性、目标以及组织的文化和管理风格等因素。

在公司层面上,成立项目管理团队之前,公司考虑到本工程项目规模大、时间紧、任务重的特点，为了确保项目的顺利实施，特成立了一个由总经理带队、分管经理直接领导的特殊团队。本团队成员涵盖了公司各个部门的精英，他们在项目中分别担任各专业职能总协调的重要职务。

在项目层面上，成立由现场项目经理直接负责的项目管理团队。现场项目经理扮演着至关重要的角色，不仅负责项目的现场管理和协调工作，还需确保项目按照计划顺利推进。为了更好地管理项目，现场项目经理下设了项目管理团队。该团队由项目经理、前期咨询工程师、专业工程师、造价管理工程师、合同管理工程师和资料管理工程师等组成，他们按专业职能各司其职，共同为项目的顺利实施提供专业技术服务。

3.2 项目经理的角色与职责

项目经理是项目管理的核心人物，承担着重要的职责和使命。项目经理需要具备良好的沟通能力、领导能力、决策能力和风险管理能力等，以确保项目的顺利实施。

3.2.1 项目经理的角色

（1）领导者：项目经理是现场项目团队的领导者，需要带领团队成员完成项目任务，实现项目目标。

（2）协调者：项目经理是项目团队内部以及与外部相关方之间的协调者，需要协调各方资源，解决矛盾和冲突，确保项目的顺利进行。

（3）沟通者：项目经理是项目团队与外部相关方之间的沟通者，需要及时、准确地传递信息，确保各方了解项目的进展情况和需求。

（4）决策者：项目经理是项目团队的决策者，需要在关键时刻做出正确的决策，保障项目的顺利推进。

3.2.2 项目经理的职责

（1）代表工程项目管理单位实施工程项目管理，对实现合同约定的项目管理目标和任务完成情况负责；

（2）负责组建项目管理机构，提出项目管理机构的组织结构形式，确定人员及职责，负责人员的调整和撤换，进行授权范围内的利益分配；

（3）主持项目管理机构日常工作，组织制定项目管理机构的各项工作制度；

（4）主持编制项目管理实施规划，审批、签发项目各项管理计划、文件；

（5）建立各专业管理体系并组织实施，对项目管理资源进行动态管理；对项目目标进行系统管理；

（6）在授权范围内协调与项目有关的内、外部关系；

（7）负责组织收集整理工程竣工资料，协同建设单位组织工程竣工验收；

（8）进行履约评价，处理项目管理机构解散的善后工作；

（9）完成工程项目管理单位法定代表人授权范围内的其他工作。

3.3 项目管理团队成员职责

前期咨询工程师负责项目的前期调研和咨询工作，为项目的规划和设计提供专业意见；总工程师负责项目的技术指导和质量控制，确保项目的技术方案合理可行；专业工程师负责项目的具体实施工作，按照设计方案进行施工；造价管理工程师负责项目的造价控制和成本管理，确保项目在预算范围内完成；合同管理工程师负责项目合同的起草、谈判和执行，确保项目各方的权益得到保障；资料管理工程师负责项目资料的收集、整理和归档，确保项目资料的完整性和准确性。

3.4 项目管理内部各阶段职责分工

项目管理内部各阶段职责分工见表1。

表1 项目管理内部各阶段职责分工

序号		任务	项目管理部
A		一、报建与设计阶段	
1	审批	获得政府有关部门的各项审批	R
2		确定投资、进度、质量目标	R
3	发包	选择勘察、检测、设计单位	R
4		参与合同谈判、管理	R
5	进度	设计进度规划与控制	A
6	投资	投资估算与设计概算	A
7	质量	设计质量控制	A
8		设计成果的审核把关	A
B		二、招标阶段	
9	发包	参与招标、评标	A
10		工程量清单审核	A
11		招标控制价审核	A
12		协助确定施工单位	A
13		施工合同谈判与管理	R
14	进度	施工进度目标规划	R
15		采购进度规划与控制	R
16	投资	招标阶段投资控制	A
17	质量	制定材料设备质量标准	A
C		三、施工阶段	
18	合同	施工合同履约管理	R
19		工程变更管理	A
20	现场管理	施工方案与施工组织	A
21		施工场地分配与管理	A

续表

序号		任务	项目管理部
22	进度	施工进度目标控制	R
23	质量	图纸会审	A
24		材料设备档次与质量	A
25	质量	分部分项工程质量验收	A
26		工程突发事件处理	A
27		阶段验收	A
28	投资	现场工程计量	A
29		付款审核	A
D		四、竣工验收与移交阶段	
30	质量	竣工预验收	A
31		竣工验收、工程移交	R
32	投资	竣工结算	A

注：R—主责；A—协助。

4 项目管理过程

4.1 项目启动阶段

项目启动阶段是项目管理的关键开端，它为项目的成功奠定了基础。在这个阶段，需要进行一系列重要的活动和决策，为项目的后续进展指明方向。

4.1.1 项目总体思想

采用科学的方法和手段，对项目的前期手续、合同、投资、质量和建设周期进行有效控制，以实现高水平的质量、进度、投资和安全控制管理目标。同时，协调与项目相关各方之间的关系，向业主提交可行的项目前期和后期管理工作计划，以及完整的建设管理服务档案资料。此外，还负责组织工程的交工、竣工验收及综合验收，确保工程顺利投入使用，并在办理完相关产权证书后移交给业主。

4.1.2 项目管理的目标

通过科学、严谨的组织管理，使项目在投资、质量、进度、安全四大目标及其他方面取得综合最佳效果，达到合同约定的控制目标。具体目标如下：

（1）投资目标：通过对项目投资的有效控制，确保项目在预算范围内顺利完成。在项目启动阶段，需要对项目的投资进行详细的估算和预算编制，制订合理的投资控制计划，并在项目实施过程中进行严格的管理和调整，以确保项目投资不超支。

（2）质量目标：以高水平的质量标准为目标，确保项目的质量符合相关标准和要求。在项目启动阶段，需要明确项目的质量目标和质量要求，制订详细的质量管理计划和质量控制措施,并在项目实施过程中进行严格的质量管理和检查,以确保项目质量达到预期目标。

(3) 进度控制目标:通过科学合理的进度安排和控制,确保项目按时完成。在项目启动阶段,需要制订详细的项目进度计划,明确项目的各个阶段和关键节点,以及相应的时间要求。在项目实施过程中,需要进行进度跟踪和管理,及时发现和解决可能影响项目进度的问题,确保项目按时完成。

(4) 安全生产及文明施工目标:确保项目在施工过程中不发生安全事故,实现安全生产和文明施工。在项目启动阶段,需要制订详细的安全生产和文明施工管理计划,明确安全责任和安全措施,并在项目实施过程中进行严格的安全管理和检查,确保项目施工过程中的安全。

(5) 验收目标:确保项目顺利通过各项验收,达到预期的使用功能和质量标准。在项目启动阶段,需要明确项目的验收标准和验收程序,制订详细的验收计划,并在项目实施过程中进行严格的验收管理和控制,确保项目顺利通过各项验收。

(6) 档案管理目标:建立完善的项目档案管理体系,确保项目档案的完整性、准确性和安全性。在项目启动阶段,需要制订详细的档案管理计划,明确档案的收集、整理、归档和移交要求,并在项目实施过程中进行严格的档案管理和控制,确保项目档案的完整性和准确性。

(7) 工程保修目标:在工程保修期内,及时处理工程质量问题,确保工程的正常使用。在项目启动阶段,需要明确工程保修的范围、期限和责任,制订详细的工程保修计划,并在工程保修期内进行严格的工程保修管理和控制,确保工程质量问题得到及时处理。

4.1.3 项目管理制度

项目管理制度的制定是启动阶段的核心文件之一。本工程项目管理制度明确了项目的目的、范围、主要利益相关者、权利和职责等关键信息,为项目的开展提供了正式的授权和依据。它是项目管理的基本准则,所有项目相关人员都要严格遵守和执行。

4.2 项目规划阶段

项目规划阶段是项目管理中至关重要的环节,它为项目的执行和管理提供了详细的指导和蓝图。在这个阶段,项目团队进行了全面而深入的规划,以确保项目能够按照预期目标顺利推进。

4.2.1 明确服务范围

服务范围的界定是规划阶段的首要任务之一。明确项目服务的边界和具体包含的工作内容,有助于避免范围蔓延和不必要的工作增加。本工程项目在项目经理领导下对项目合同自前期办理手续至交工验收后期管理及组织协调等实施全面管理,同时对未完成工作、缺陷修补与缺陷调查工作也承担责任并提供管理服务,完成项目管理招标文件和项目管理合同中规定的全部管理工作内容。

4.2.2 前期手续办理主要内容

前期手续的办理涵盖了多个方面,主要包括以下内容:

(1) 项目立项:获得相关部门的批准,为项目的顺利开展铺平道路。

(2) 用地审批:办理项目用地的审批手续,确保项目用地符合相关的法律法规和政策要求,为项目的实施提供合法的土地使用。

(3) 资金筹措:确定项目的资金来源,制订科学合理的资金使用计划,确保项目的资金供应稳定可靠。

(4) 招标采购:组织项目的招标采购工作,选择具备资质和能力的供应商和承包商,为项目的顺利实施提供有力的支持。

4.2.3 编制进度计划

进度计划的制订是规划阶段的核心工作之一。通过合理安排各项任务的时间顺序和持续时间,制订详细的项目进度表。这不仅有助于项目团队了解各个阶段的工作重点和时间节点,还为项目管理提供了重要依据。在制订进度计划时,考虑了各种资源的可用性、任务之间的依赖关系,以及可能出现的风险和延误因素。

4.2.4 编制成本预算计划

项目成本预算的编制也是规划阶段的重要内容。通过对项目所需资源的评估和成本估算,制订出合理的预算计划。此外,还建立起成本控制机制,定期管理成本支出情况,及时发现和解决可能出现的超支问题。

4.2.5 编制项目质量计划

在规划阶段,项目质量计划的制订也是不可或缺的。明确项目的质量标准和要求,制定相应的质量保证和控制措施,确保项目达到预期的质量水平。这包括确定质量检查点、制定质量验收标准等。同时,还需要注重项目团队成员的质量意识培养,提高他们对质量的重视程度。

4.2.6 编制项目沟通计划

明确项目相关信息的传递渠道、频率和方式,提高沟通效率和减少信息误解。这包括与内部团队、外部合作伙伴以及项目利益相关者之间的沟通。

4.2.7 制订风险管理计划

对可能出现的风险进行识别、评估,制定了有针对性的应对策略。

4.3 项目执行阶段

项目执行阶段是项目管理中不可或缺的环节,它贯穿于整个项目周期,旨在实时跟踪和评估项目的进展情况,及时发现并解决可能出现的问题,确保项目按计划推进并达到预期目标。在项目执行阶段,本团队建立了有效的管理机制,包括制定详细的管理指标和标准,明确管理的频率和方法,以及确定负责管理的人员和部门。通过这些措施,能够全面、准确地掌握项目的动态,为后续的决策提供可靠依据。本团队对项目的执行阶段的管理集中在以下几个方面。

4.3.1 按计划积极开展工作

项目执行阶段是将项目规划付诸实践的关键时期。在这个阶段，本项目团队按照既定的计划和流程，积极开展各项工作，推动项目目标的实现。首先，本项目团队成员严格按照项目进度计划开展工作，按照任务的先后顺序和时间安排，有条不紊地执行各项任务。同时，密切关注任务的进展情况，及时发现和解决可能出现的问题，确保项目进度顺利推进。

（1）项目进度管理：通过对比实际进度与计划进度，及时发现进度偏差，并分析原因。对于进度滞后的情况，项目团队要求责任实施施工单位采取相应的措施进行调整和追赶，以确保项目按时完成。

（2）项目成本管理：密切关注项目成本的支出情况，与预算进行对比，及时发现成本超支的迹象。对于成本超支的问题，分析原因并采取有效的控制措施，如优化资源配置、减少不必要的开支等，以保障项目的经济效益。

（3）项目质量管理：在执行阶段，项目团队对质量实施了严格控制，按照质量计划的要求对项目的各个环节进行质量检查和验收，以确保项目达到预期的质量标准；同时，还密切关注风险变化情况并及时采取应对措施来降低风险影响。此外，通过对项目质量的不断检查和评估，确保项目始终符合既定的质量标准，一旦发现质量问题，便会及时采取纠正措施，避免质量缺陷给项目带来更大的负面影响。

（4）项目风险管理：密切关注项目风险的变化情况，及时评估风险的影响程度和发生概率。对于高风险事件，提前制定应对预案，以降低风险带来的损失。

4.3.2 加强团队间的沟通和协调

在项目执行过程中，有效的沟通和协调是至关重要的。本项目团队成员之间保持着密切的联系，及时交流工作进展、问题和需求等信息。通过定期召开项目会议、使用沟通工具等方式，促进项目团队成员之间的协作和信息共享。此外，还与外部利益相关者保持着良好的沟通，及时通报项目进展情况，获取必要的支持和配合。

除了以上几个方面，本项目执行阶段还关注项目相关方的满意度。通过收集反馈信息，了解相关方对项目的看法和意见，及时解决他们的诉求，以提高相关方对项目的支持度和满意度。

在执行过程中，项目团队保持信息的畅通和透明，及时将项目的进展情况、问题及解决方案等信息传递给相关人员，确保各方对项目情况进行了解。

4.3.3 建立绩效评估机制

此外，项目团队的绩效管理也是执行阶段的重要内容之一。公司通过建立合理的绩效评估机制，对团队成员的工作表现进行评估和激励，提高团队成员的工作积极性和效率。绩效评估包括工作完成情况、工作质量、团队协作等方面的指标。

4.4 项目收尾阶段

项目进入收尾阶段，标志着项目即将画上句号。在这一阶段，各项工作都要有条不紊地进行。

首先，本项目团队对项目成果进行了全面的审查和确认，确保达到预期目标。同时，对各项资料进行整理和归档，为项目的总结和回顾提供了依据。其次，与项目相关各方进行了沟通和协调，妥善处理未完成事项和遗留问题，确保各方满意。最后，进行项目交接，将项目成果正式移交给相关方。项目管理的收尾阶段是对项目的完美收官，也是为新的项目开启奠定基础。

5 项目管理方法

项目管理是一个复杂的过程，在项目的不同阶段，需要运用不同的方法和工具来进行有效的管理，确保项目成功完成。

项目管理方法是指在项目的整个生命周期内，为了达成项目目标而采用的一系列管理活动。这些方法为项目经理提供了有效的指导，使其能够在各个阶段对项目进行全面规划、高效执行和严格管理。以下是在本工程项目管理中使用的方法和工具。

5.1 系统化、结构化的管理方法

本工程项目管理方法主要采用系统化、结构化的管理方法。这种管理方法的核心在于强调项目的控制与组织。通过将项目划分为不同的阶段，每个阶段都设定明确的目标和预期，项目团队能够有条不紊地按照计划推进项目。这种阶段性的管理方式有助于确保项目在规定的时间、预算和质量要求内顺利完成。

在该管理方法中，项目团队严格遵循既定的计划，完成每个阶段的任务。同时，对项目进行实时管理，并及时发现、解决可能出现的问题，确保项目始终朝着既定目标前进。通过这种方式，项目的执行过程得以有效控制，降低了风险，提高了项目的成功率。此外，这种结构化的项目管理方法还注重组织的重要性。在项目执行过程中能够保证团队成员之间的协作顺畅、信息流通、资源分配合理。通过建立有效的沟通机制和协调机制，项目团队能更好地应对各种挑战，提高工作效率，确保项目的顺利推进。

总体来说，本工程项目管理方法是一种综合性的管理方法，它将项目的控制和组织有机结合，为项目的成功实施提供了有力保障。在实际应用中，项目团队根据项目的具体情况，灵活运用这些方法，不断优化项目管理过程，以实现项目的预期目标。

5.2 计划与控制

在项目管理中，计划与控制是确保项目成功的关键环节。本工程项目采用了多种工具和技术，以实现对项目的有效管理和控制。

5.2.1 应用进度图表

进度图表广泛应用于本工程中，将项目的任务和时间轴进行可视化展示，使项目团队能够清晰地了解项目的进展情况。通过进度图表，团队成员可以直观地看到每个任务的开始时间、结束时间和持续时间，以及任务之间的先后顺序和依赖关系。这有助于项目团队

合理安排资源和时间，制订切实可行的计划，并及时发现潜在的问题和风险。

5.2.2 制定"落地问题跟踪表"

本工程通过制定"落地问题跟踪表"来跟踪、管理和解决问题。它可以帮助团队或个人记录问题的详细信息，包括问题描述、责任人、时间节点、解决措施等，以便及时跟进和解决问题。本工程通过使用"落地问题跟踪表"实现了以下目标：

（1）提高问题解决的效率：明确问题的责任人和时间节点，避免问题无人处理或拖延。

（2）保证问题得到妥善解决：记录问题的解决措施和结果，以便进行验证和评估。

（3）便于沟通和协作：团队成员通过跟踪表了解问题的进展情况，及时提供支持和协助。

（4）提供决策依据：通过对问题解决过程的记录和分析，可以总结经验教训，为今后的工作提供参考。

5.2.3 建立合同和资金使用计划台账

本工程通过建立合同和资金使用计划台账，实现了对项目的全面管理和控制，提高了项目的管理水平和经济效益。

（1）合同台账记录了项目中所有合同的详细信息，包括合同编号、合同名称、签约方、合同金额、付款条件等。通过合同台账，项目团队可以随时了解合同的执行情况，及时掌握合同的履行进度和付款情况，避免出现合同纠纷和违约情况。同时，合同台账还可以为项目的成本控制提供依据，帮助项目团队合理安排资金使用，确保项目的经济效益。

（2）资金使用计划台账记录了项目中各项资金的使用情况，包括资金来源、资金用途、使用金额、使用时间等。通过资金使用计划台账，项目团队可以对项目的资金使用进行有效的管理，确保资金的使用符合项目预算和计划，避免出现资金超支和浪费情况。同时，资金使用计划台账还可以为项目的决策提供依据，帮助项目团队合理调整资金使用计划，提高资金使用效率。

5.2.4 明确项目关键路径和时间节点

本工程还通过项目重要节点和目标计划，明确项目的关键路径和时间节点，更好地安排资源和时间，确保项目按时完成。

在项目管理中，计划与控制相辅相成，只有通过有效的计划，才能实现对项目的有效控制；而只有通过及时的控制，才能确保计划的顺利实施。因此，在项目管理中，我们应充分利用各种计划与控制工具和技术，不断提高项目管理的水平和效率。

5.3 沟通与协调管理

在项目管理中，沟通与协调是非常重要的环节，沟通与协调的挑战来源于各个角度。以下是本工程项目常用的沟通与协调技巧：

（1）积极倾听：在与项目相关方沟通时，认真倾听他们的意见和建议，理解他们的需求和期望。通过积极倾听，项目团队可以更好地了解项目的情况，并及时调整计划。

（2）有效沟通：在与项目相关方沟通时，使用清晰、简洁、易懂的语言，避免使用专业术语和行话。同时，要注意语气和语调，保持礼貌和尊重。

（3）及时反馈：在与项目相关方沟通时，及时反馈项目的进展情况和问题，让他们了解项目的最新情况。通过及时反馈，项目团队可以增强项目相关方的信任和满意度。

（4）冲突管理：在项目管理中，冲突是不可避免的。项目团队要通过各种方式来管理冲突，例如协商、调解等。通过有效的冲突管理，项目团队可以避免冲突升级，确保项目的顺利进行。

5.4 风险管理

在项目管理中，风险管理是至关重要的一环。它涉及对风险因素的识别、评估和分析，以便制定科学的预防措施，并运用各种风险管理方法，如风险回避、控制损失、风险分离、风险分散和风险转移等，对风险进行有效控制，妥善处理风险导致的损失后果，从而确保项目各项管理目标的顺利实现。

5.4.1 本项目风险管理的重点工作

（1）组织各方对可能发生的风险进行科学的识别与分析，并找出一些主要的风险因素加以控制。

（2）针对识别、分析的风险因素，制订有针对性的风险管理措施，并将这些措施纳入到项目管理实施方案、合同网络图、进度管理体系、成本管理体系及相应的合同条款等日常管理工作中，以求防患于未然。

（3）建立健全风险管理体系，组织制订相应的风险处理及应急方案，明确相应责任人、处理程序和时限要求，以使在某些方面风险、问题或事故发生时，能得到及时有效的处理，将问题或事故的影响、损失控制到最低。

5.4.2 实施有针对性的风险管理措施

针对本项目的特点，项目管理团队从投资、合同、技术、质量、进度、安全以及周边环境等方面进行有针对性的风险管理。

（1）投资与合同风险管理：建立健全投资控制体系和合同管理体系，确保在合同谈判、审批和签订等环节严格把关，避免出现漏洞；加强文档管理，对重大问题和可能存在的漏洞做好记录，确保可追溯性；做好合同划项工作，避免出现"错、漏、碰、缺"等问题；开展市场调研，准确把握建材和设备市场价格，避免不必要的资金浪费；统一考虑项目资金和工程款拨付问题，确保资金流的正常运转；在必要时调动公司法律和合同管理方面的专家库，为可能出现的投资风险提供预防和弥补方法；加强公司总部对项目管理部的监管作用，推行行业自律制度，对不称职的管理人员进行严厉处罚。

（2）技术与质量风险管理：建立健全质量控制体系，贯彻质量控制标准，采取有力措施在可能出现质量问题和质量事故的环节严防死守；出现质量问题或质量事故后，执行报告制度，及时采取补救措施；坚持例会制度和收发文制度，加强信息交流，使所有参建单位对可能出现的质量问题或质量事故及时做出反应；加强文档管理，确保质量问题和质量事故具有良好的可追溯性，对责任单位和责任人进行必要的追究；加强责任心教育和培训，将质量目标和质量控制意识灌输到所有管理人员和操作工人心中。

（3）进度风险管理：以施工与建筑设计、其他专项设计、施工协调为风险管理核心，建立健全三级计划的进度控制体系，组织所有参建单位分解进度目标，编制责任范围内的进度计划，并狠抓落实；各级进度主管和计划工程师要经常巡视检查计划落实情况，加强计划的跟踪和预警管理；当项目进度总控制计划关键线路上的实际进度比计划进度延期5天以上或非关键线路转变为关键线路时，应发出进度预警报告，相关部门或人员应高度重视并商讨对策，及时采取补救措施；加强责任心教育和培训，将进度目标和进度控制意识灌输到所有管理人员和操作工人心中。

（4）安全风险管理：根据建筑设计和施工难度，加强施工技术、质量和安全管理，建立健全安全控制体系，对建设生产的全过程进行持续管理，确保每一个作业工序、每一件施工材料、每一个角落都处于安全状态；对安全生产实行重点管理，特殊作业和关键部位施工执行旁站管理（监护）制度，倒班作业的工程执行交接班制度；明确各参建单位和各级参建人员的安全职责，总包单位与分包单位、劳务单位、供货单位项目经理层层签订安全生产责任状；各单位对各自责任范围编制安全生产方案和安全风险评估报告及对策书，制定预防、预控措施，执行统一的安全生产管理标准；制定安全巡视、安全检查和管理机制，确保作业面和工作场地不留安全隐患。

项目管理部把以往大型工程建设中实行安全管理的丰富经验全面落实，在本项目中，通过主持安全生产管理工作，将安全管理工作组织化、制度化、规范化、标准化，提高安全管理的可操作性，在项目各个层面全面落实安全生产保证体系。

6 项目管理的成效

6.1 项目管理各阶段成效

6.1.1 项目启动及规划阶段成效

在项目启动及规划阶段，规划和前期手续的办理是具有关键意义的。在此阶段，团队耗费了大量的时间和精力，对项目进行全面且深入的分析与研究，以明确项目的各方面情况，包括目标、范围、任务、时间节点以及资源需求等。通过这种细致的规划，我们能够确保所有的任务和目标都被清晰地定义和理解，从而为后续的项目执行打下坚实的基础。与此同时，我们还制订了周密的项目进度计划，将整个项目划分为多个阶段，并为每个阶段设定了具体的任务，同时为每个任务分配了合理的时间。这样的安排使我们能够对项目的进展情况有清晰的认识，及时察觉潜在的问题和风险，并采取相应的调整措施。

在办理前期手续的过程中，我们与多个部门和单位进行紧密的沟通与协调，以确保手续的顺利办理。同时，我们还需密切关注各项手续的办理时间和要求，避免因手续问题而影响项目的进度和实施。

6.1.2 项目执行阶段成效

在执行阶段，我们建立了完善的管理机制，可实时跟踪项目的进度、质量、成本等各方面情况，通过定期报告和数据分析及时发现项目中存在的问题与风险，并采取相应措施进行调整和改进。我们组建了高效团队，成员间相互协作、支持，共同为实现项目目标而努力。在此过程中，保持着密切沟通，及时交流信息以解决遇到的问题，团队成员能迅速响应变化，灵活调整工作计划与策略，确保项目按预期进度推进。同时，我们高度注重项目质量把控，严格依质量标准进行控制，以保证项目质量达到预期要求。通过严格且有效的执行，确保项目始终处于可控状态，使我们能够及时应对各种变化和挑战。我们不仅按时完成了项目，还取得了良好成果。

6.1.3 项目收尾阶段成效

在收尾阶段，认真总结经验教训是非常重要的。我们对整个项目进行了全面的回顾和总结，分析项目中存在的问题和不足之处，总结成功的经验和做法。

6.2 项目管理面临的挑战与应对策略

6.2.1 技术方面的挑战

（1）复杂性：本工程项目涉及一系列关键技术，如深基坑、挤密桩、大体积混凝土以及大跨度钢结构安装等。为了满足这些复杂的技术要求，项目团队在施工过程中，严格按照设计要求和施工规范进行管理，并进行质量控制和检测。同时，还邀请具有专业监测设备的人员对施工过程中的变形、应力等进行实时监测，确保结构的安全性。与设计单位、施工单位、监理单位等相关方的密切合作和沟通也是确保项目顺利进行的关键，通过各方的协同努力，可以有效地解决技术难题，保证项目的质量和进度。

（2）不确定性：项目在实施过程中会面临各种不确定因素，本项目在设计阶段正好赶上消防规范强条更新，这也对项目进度、成本和质量产生了重大影响。消防规范强条更新需要对项目的设计进行调整，以确保项目符合新的规范要求。这需要额外的时间和资源来完成，从而导致项目进度延误。虽然消防规范强条更新对项目的影响是不可避免的，但项目团队可以通过及时了解消防规范强条更新的内容，制订相应的进度计划和成本预算，降低其对项目的影响，确保项目按时、按质完成。

6.2.2 管理方面的挑战

（1）进度管理：由于本项目具有时间紧、任务重、体量大等特点，如何合理安排项目进度，确保各项任务按时完成，避免出现进度延误的情况，是项目管理中的一大难点。为此，项目团队与设计单位、施工单位进行了多次沟通，综合考虑资源分配、工作顺序、技术要求等各个环节，制订了详细的进度计划，并对进度计划进行跟踪和管理，及时发现和解决可能出现的问题，从而确保了项目的高效推进，使工程得以按时完工。

（2）沟通障碍：本工程项目存在出资方和使用方不统一的问题，甲方的指令也存在不统一的情况，这导致了使用方的技术需求提出不明确，信息传递不及时、不准确。在项目执行过程中，由于团队成员之间的文化背景、工作习惯、沟通方式等存在差异，也导致了信息传递存在障碍，这给项目的执行带来了很大的困扰。为了克服沟通障碍，我们采取了以下措施：

① 建立完善的沟通机制，确保信息能够及时、准确地传递给每一个团队成员。沟通机制包括定期的会议、报告制度、沟通渠道的建立等，使得团队成员能够及时了解项目的进展情况和问题，并及时进行沟通和协调。

② 制定明确的沟通流程和规范，确保信息传递的准确性和及时性。沟通流程包括信息的收集、整理、传递、反馈等环节，规范了信息传递的方式和时间，提高了信息传递的效率。

③ 加强与出资方和使用方的沟通，及时了解他们的需求和意见，确保项目的目标和方向符合他们的期望。同时，也及时向他们汇报项目的进展情况和问题，争取他们的支持和配合。

通过有效的全过程管理和控制，项目按时完成，达到了预期目标，为未来项目提供了宝贵经验。这一成功案例表明，在面对紧迫的时间要求和复杂的项目任务时，通过科学的管理方法和团队的协作努力，可以实现项目的高效实施和成功交付。同时，也为类似项目的管理提供了借鉴和参考。

7 交流探讨与总结

在本项目的推进过程中，我们深切体会到项目管理的重要性与繁杂性。凭借系统化、结构化的管理方式，我们才得以成功应对项目中涌现出的各类挑战，进而顺利实现了既定的预期目标。以下是我们在项目管理过程中积累的经验与体会：

首先，项目管理的关键意义不容小觑。本项目能够圆满成功，高效的项目管理发挥了巨大作用。在项目推进过程中，通过科学合理的规划、精心的组织、紧密的协调以及严格的控制，有力保障了项目平稳顺利前行并最终达成目标。项目管理的重要性清晰可见，其价值无可替代，本项目的成功很大程度上正是依赖于这种高效有力的管理模式。依靠科学规划、组织、协调和控制等手段，切实确保了项目按计划有条不紊地推进并实现预期目标。项目管理不仅能大幅提升项目效率与质量，还可有效降低风险与成本。因此，在未来众多项目中，我们必须更注重项目管理，持续提升管理水平和能力，通过不断优化项目管理体系，让项目更高效、高质量地开展和完成。

其次，团队协作处于核心地位。本项目的成功离不开团队间的紧密协作。在整个项目管理过程中，我们高度重视团队建设，全力培育团队成员的合作精神与良好沟通能力。通过团队的协同合作，我们能更高效、有效地处理各种复杂问题，显著提升工作效率，为项目顺利施行奠定坚实基础。可见，团队协作的关键地位不可忽视。本项目的成功与团队的紧密协作息息相关，在项目管理实践中，我们始终将团队建设置于重要位置，努力培养团队成员的合作精神与出色的沟通能力。通过团队成员的通力协作、齐心协力，我们能更高效地化解棘手问题，大幅提高工作效率，有力保障项目的顺利推进。所以，在未来项目运作中，我们要进一步强化团队协作，持续增强团队的凝聚力与战斗力，让团队在项目中发挥更大能量和价值，推动项目取得更高成就。

再次，风险管理具有重大价值。本项目的成功很大程度上归功于切实有效的风险管理。在项目管理期间，我们极其注重风险的精准识别、全面评估和严格控制，并精心制定了完善的风险管理规划。通过有效的风险管理举措，我们能够及时敏锐地察觉并成功化解项目中存在的风险问题，有效降低了项目风险与成本。可见，风险管理的重要性不可磨灭。本项目的成功正是得益于有效的风险管理模式，在项目管理过程中，我们高度重视风险识别、评估和控制等关键环节，细致开展相关工作，精心制订适宜的风险管理计划。借助风险管理，我们能及时发现潜在风险问题并妥善解决，对降低项目风险与成本起到关键作用。所以，在未来项目中，我们必须更重视风险管理，通过坚持不懈地学习和实践不断提升风险管理专业水平，确保项目更顺利、安全地推进和完成。

最后，沟通协调的重要作用不言而喻。本项目的成功很大程度上得益于高效的沟通协调。在项目管理全程，我们高度重视与各方的沟通协调，能及时化解项目推进中出现的各类问题，有力保障了项目的顺利进行。通过良好的沟通协调，我们能更好地理解各方需求与意见，从而显著提升工作效率，确保项目顺利开展。在项目实施过程中，我们始终与相关各方密切沟通协调，快速解决各类问题，还建立了有效的沟通机制，确保信息及时准确传递、共享，极大地提升了项目管理的效率与质量。总之，在未来项目中我们必须更注重沟通协调，持续提升沟通协调水平，以保障项目取得成功。

总之，项目管理是一项繁杂的系统工程，需要全方位、系统性的规划，高效的沟通和协调，严格的质量控制，合理的资源配置，持续的改进和创新。唯有如此，方可达成项目的预期目标，提升项目的经济效益与社会效益。

某高校新校园建设：
全过程造价咨询服务案例解析

程翰翔 赵龙辉 褚银萍 李 建 赵红霞 李苹苹

(邯郸市长城工程咨询有限责任公司)

摘 要：本文以某高校新校园建设项目为例，阐述了造价咨询服务在其中的全过程应用。项目总投资额高，涵盖多栋建筑及多种工程，采用EPC总承包模式。造价咨询服务包括前期的初步设计及概算审核、招标文件审核、施工阶段的工程量清单编制、二次优化设计、进度款审核、材料设备询价、签证变更审核，竣工阶段的结算审核及后续工作。通过各项服务，初步设计及概算审核提出37条意见确保项目经济合理，二次优化设计节约资金5350万元，有效控制了项目成本，提高了经济效益和社会效益；同时也总结了经验与不足，为未来造价咨询服务提供参考。

1 新校园建设背景与造价咨询服务的重要性

1.1 高校新校园建设的背景与意义

随着教育事业的蓬勃发展，高校新校园建设成为了推动教育现代化、提升教育质量的重要举措。近年来，我国高等教育规模不断扩大，学生数量持续增长，对校园设施和环境提出了更高的要求。新校园建设不仅是为了满足当前的教育需求，更是为了构建适应未来教育发展的现代化校园。

以某高校为例，其新校园建设项目总投资额高达30余亿元，涵盖了教学实训用房、宿舍、食堂、教学楼、室内体育用房、国际交流中心及廊桥等基础设施建设。这一项目的实施，不仅提升了学校的硬件设施水平，更为师生提供了舒适、便捷的学习和生活环境。同时，新校园建设还注重绿色、环保、节能等理念的融入，通过采用先进的建筑材料和技术手段，实现了校园环境的可持续发展。

1.2 造价咨询服务在新校园建设中的作用

在新校园建设中，造价咨询服务发挥着举足轻重的作用。以某高校新校园建设项目为例，在项目的初步设计阶段，造价咨询团队便介入其中，通过专业的概预算技术，为项目提供了精准的造价概预算。这些概预算不仅为项目的投资决策提供了重要依据，还确保了项目在后续实施过程中的成本控制。

造价咨询服务在新校园建设中的作用还体现在风险评估与应对策略的制定上。由于新校园建设项目涉及多个领域和环节，存在诸多潜在风险。造价咨询团队通过运用先进的风险评估模型和方法，对项目中可能出现的风险进行了全面分析和预测，并制定了相应的应对策略。这些策略包括优化设计方案、调整材料采购计划、加强施工管理等，有效降低了项目风险，确保了项目的顺利进行。

此外，造价咨询服务还通过引入先进的成本控制技术和方法，提高了新校园建设项目的经济效益。例如，在材料采购环节，造价咨询团队通过市场调研和询价分析，为建设单位确定了材料及设备暂估价用于招标，有效降低了材料及设备成本。在施工阶段，团队还通过优化施工方案和加强现场管理，提高了施工效率和质量，进一步降低了项目成本。

2 项目概况

2.1 新校园建设项目的概况与特点

以某产教融合实训基地项目为例，该项目占地 4485 亩（299 万 m^2），总用地面积约为 369621m^2；总建筑面积为 437164.7m^2，涵盖教学楼、实训楼、宿舍、食堂、室内体育用房、国际交流中心及廊桥等 12 个单体，包含土方、桩基、土建、安装、内装、室外、水电煤配套、供配电、智能化、电梯等工程，总投资额高达 30 余亿元。由某设计院负责校区规划设计，某公司进行建设投资。建设资金来源为企业自筹和银行贷款。某产教融合实训基地项目整体造型如图 1 所示。

西南向鸟瞰

图 1 某产教融合实训基地项目

本项目在保留现有规划的用地分区和结构的基础上，结合邯郸的文化历史，置入了新的思考，即"城"的概念。邯郸古城具有悠久的历史和深远的文化价值，是邯郸人文与历史的代表之一。我们希望产教融合实训基地发展成为一座现代的教育之城。这座城是联系过去与未来的城，是邯郸促进科研和创新的启动之城，是产教融合的典范之城。为了使整个城显得更有活力，我们在轴线上由南至北布置了礼仪广场、国际交流中心、文化长廊、和氏璧广场等。

2.2 造价咨询项目具体信息

产教融合实训基地项目为某大学新校园12个单体建筑工程，项目建设模式为EPC总承包模式，总用地面积约为369621m^2；总建筑面积为437164.7m^2，具体概况见表1。

表1 产教融合实训基地项目情况组成

楼号	功能	基底面积（m^2）	建筑高度（m）（室外设计地面至其屋面面层的高度）	层数	建筑面积（m^2）
A-1号楼	宿舍	13185.41	23.950	6	65233.24
A-2号楼	宿舍	13185.41	23.950	6	65233.24
B号楼	食堂	8158.35	10.650	2	15132.19
C号楼	室内体育用房	10821.53	15.150	2/-1	17418.90
D-1号楼	教学楼	9809.25	23.70	5	32176.14
D-2号楼	教学楼	9488.07	23.70	5	31761.68
E-1号楼	实训楼	14461.71	23.70	5	54933.72
E-2号楼	实训楼	14461.71	23.70	5	54933.72
F号楼	国际交流中心	4719.95	44.60	11/-1	37249.02
G号楼	产教结合实训楼	13733.53	22.200	4/-1	57816.26
H1~H13号楼	连廊	4252.38	5.350/6.250/10.350	1	2899.97
J号楼	廊桥	4753.24	12.9	2	2376.62
合计					437164.70

3 造价咨询服务范围及组织架构

3.1 造价咨询服务的范围

本项目为全过程造价咨询，包括项目前期造价咨询服务、施工阶段造价咨询服务和竣工阶段造价咨询服务。

3.1.1 项目前期造价咨询服务

(1) 初步设计及概算审核。

(2) 审核工程招标文件中相关商务条款，提出合理化建议，协助发包方签订施工合同，对施工合同中相关商务条款提出合理化建议。

3.1.2 施工阶段造价咨询服务内容

(1) 编制工程量清单和图纸预算。

(2) 配合各单位进行二次优化设计。

(3) 协助发包方做好进度款支付，审核施工单位的工程款申请，出具中（终）期工程款支付审核意见，确保支付符合合同约定。

(4) 协助发包方做好材料和设备询价，为发包方提供科学决策与参考。

(5) 审核和处理工程变更和索赔，确保变更和索赔的合理性和合规性。

(6) 管理建设项目工程造价相关合同的履行过程，包括合同进度、支付、变更和索赔等方面的管理。

3.1.3 竣工阶段造价咨询服务内容

(1) 根据项目的竣工验收资料，编制工程结算审核报告。

(2) 做好结算审核的准备工作，包括搜集整理结算资料、制定审核方案等。

(3) 在结算审核资料具备完整性、真实性及准确性的基础上，进行结算审核工作。

3.2 造价咨询服务组织架构

3.2.1 总体思路

全过程造价咨询是指工程造价咨询公司接受委托，运用工程造价管理的知识和技术，寻求解决建设项目决策、设计、招投标、施工、结算等各个阶段工程造价管理的最佳途径，对工程建设造价进行全过程监督和控制，并提供有关工程造价信息及有关造价决策方面咨询意见的智力服务。其核心为成本控制，通过"目标控制＋过程控制＋动态控制"的投资控制理念和手段，根据工程进展将投资控制目标逐步分解细化。

在项目前期造价咨询服务阶段，进行初步设计及概算审核的工作，通过主动配合建设单位、设计人员采用方案比选、优化设计和限额设计等价值分析手段，进行工程造价的主动控制与分析，确定控制目标，确保建设项目在满足要求的前提下做到成本控制优化。

在工程施工阶段，通过编制工程量清单和施工图预算等一系列工作将工程投资控制目标细化明确，实现工程投资的"目标控制"。并且加强对合同执行情况的管理，严格把关设计变更及现场签证，及时进行工程投资执行情况的对比和分析，注重工程投资的"动态控制"和"过程控制"。

在工程结算阶段，对承包商提交的结算资料进行审核和分析，进一步加强投资控制。

同时，全过程造价咨询在采取直接措施完成投资控制目标的基础上，能够协助建设单位从项目管控体系上构建投资控制的基础和机制，及时发现项目管理及投资控制中存在的问题，并提出相应的解决措施和建议，以帮助委托方能够更好地提升管理水平，提高投资控制的效率和效果。

3.2.2 项目人员配备

根据项目实际情况,合理划分三个小组,具体配置情况见表2。

表2 小组划分情况

项目小组	工程名称	人员配置
第一项目小组	宿舍A-1、宿舍A-2、食堂、体育场	12人
第二项目小组	教学楼D-1、教学楼D-2、实训楼E-1、实训楼E-2	12人
第三项目小组	国际交流中心、产教结合实训楼、廊桥、室外景观绿化	12人

3.2.3 项目咨询组织机构

项目咨询组织机构有项目负责人1名(注册造价师、高级工程师担任),下设3个项目小组,分别配备土建驻场人员、安装驻场人员及后台配套工程师。项目团队在公司总工办的指导下开展咨询工作。具体组织机构如图2所示。

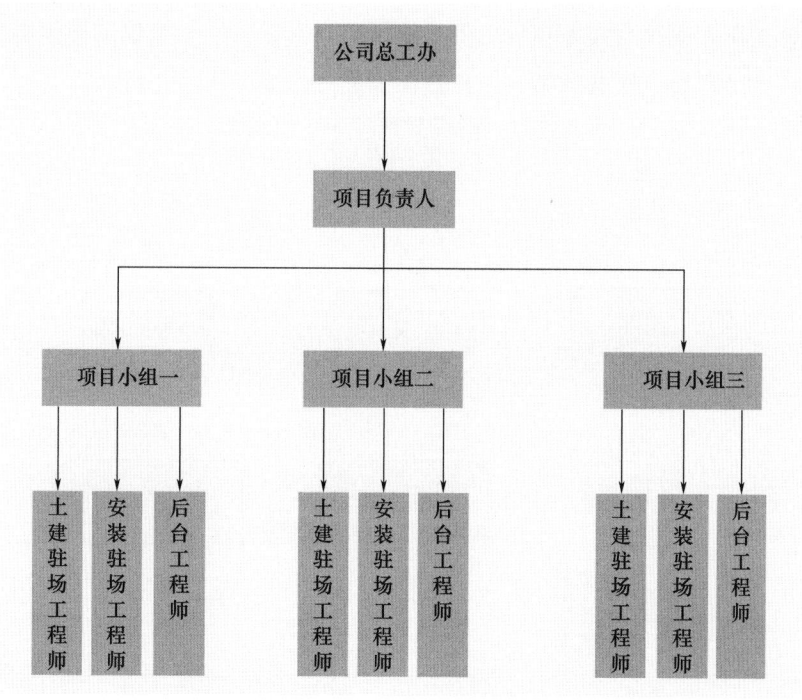

图2 组织机构

3.2.4 项目咨询人员工作职责

(1)公司总工办的职责:负责成立项目部,进行项目人员的选拔、培训和考核工作,为确保项目按时按质完成做好后勤保障工作;对所出具报告样式进行统一,对报告质量进行最终复核。

(2)项目负责人的职责:指导初步设计及概算审核的工作,对施工过程中的造价进行严格的指导与监督,确保施工按照设计要求执行,避免成本超支;负责协调各单位之间的工作，确保各专业之间的沟通顺畅，解决施工中出现的造价问题；负责组织并管理项目的实施过程，包括制订项目计划、安排工作任务、监督进度等，确保项目按时按质完成；根据上级的要求，协助完成其他与造价咨询全过程跟踪相关的任务。

（3）现场驻场工程师的职责：对项目的各项费用进行核算，分析成本差异，提出优化建议；配合建设单位审查合同条款，特别是与造价相关的部分，确保合同条款清晰、准确；跟踪合同履行情况，处理合同变更、索赔等事宜；对材料、设备等进行询价，配合建设单位制定材料设备的暂估价，用于招标。

（4）后台配套工程师的职责：编制项目造价相关的文档，如预算审核报告、进度款审核报告、结算审核报告等。确保文档的准确性和完整性，并按规定进行归档。

4 全过程造价咨询服务流程及内容

4.1 项目各阶段造价咨询服务流程

根据具体情况，本项目实施项目负责人编制实施方案、各小组编制具体实施细则、下达任务到个人的流程协调服务体系，工程造价管理操作流程如图3所示。

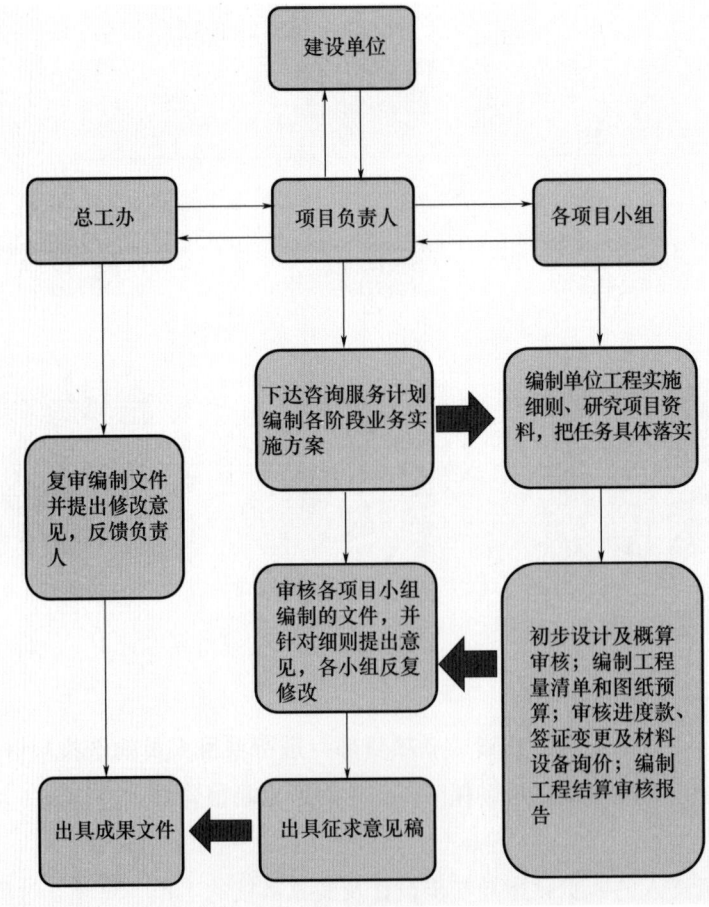

图3　操作流程

4.2 项目前期阶段造价咨询服务

4.2.1 初步设计及概算审核

初步设计及概算审核是工程项目实施过程中的重要环节,它们对于确保项目的顺利进行和高质量完成具有重要意义。在实际操作中,我们应注重细节、遵守规定,确保每个环节都做到位,为项目的成功实施奠定坚实基础。就本项目概算审核阶段我单位组织的专家组评审发现的问题以及相关方(设计单位、建设单位)沟通交流后的处理意见举例说明见表3。

表3 初步设计及概算审核专家意见评审回复

编制单位:某建筑设计有限公司	建设单位:某开发建设有限公司	
项目名称:某产教融合实训基地项目	专家审核单位:某造价咨询有限责任公司	
专家意见	意见答复	是否按审查会专家意见完成修改
1. 概算编制中材料费未描述所选用时间	已补充,见概算文本编制说明第四项有关事项说明	是
2. 各部分其他工程费用未描述计算依据	已补充,见概算文本汇总表第二部分工程建设其他费用	是
3. 配供电工程概算偏高,重新核实	已调整降低,暂估计入,见概算文本汇总表第一部分	是
4. 设备购置费所列依据是什么,包含哪些内容	考虑为学校家具,暂无清单明细,暂估价见概算文本汇总表第一部分	是
5. 室外、绿化等工程没有相应初设图纸、概算金额	已修改,补充图纸,见概算文本第一部分	是
6. 说明中第3.3条中剪力墙、框架的抗震等级应按建筑物分别说明	已补充,见说明中第3.3条	是
7. 平面不规则,应按 GB 50011—2010(2016年版)采用有效的抗震构造措施	已补充,见说明六(三)条	是
8. 长悬挑部分应考虑竖向地震作用	原设计长悬挑部考虑了竖向地震,补充说明,详见说明六(三)条	是
9. 连廊采用单跨框架结构,对抗震不利	原设计针对单跨框架结构,抗震等级提高一级,补充说明,详见说明六(三)条	是
10. 桩身完整性检测,对单桩、双桩应全数检测	原设计已根据此要求检测桩身完整性	是

续表

11. 产教结合实训楼，地下室顶板填800厚素混凝土偏重，请复核	设计考虑800厚素土，局部填800厚素混凝土，考虑抗浮压重	是
12. 初步设计说明书内容应同政府批复、项目文件概算书内容相一致	保持一致	是
13. 补充室外管网、绿化图纸及说明	由建设单位提供、补充	是
14. 附件中补充政府相关文件及批复	由建设单位提供、补充	是
15. 初步设计说明书、技术图纸、概算三部分内容应前后一致	保持一致	是
16. 设计依据应包括供电协议并作为附件	补充说明，详见第六章"电气总说明"中第二节"设计依据"，供电咨询答复意见由业主提供	是
17. 该项目存在一类高层、一类车库，相应一级负荷的供电应满足一级负荷的要求，说明中高压进线电源只满足二级负荷的要求，未见其他电源	补充说明，详见第六章"电气总说明"中第五节"供电设计"	是
18. 给出各级别电负荷的容量	补充说明，详见第六章"电气总说明"中第五节"供电设计"部分	是
19. 说明书中应明确变电站继电保护装置的设置、操作电源的配置情况	变电所由当地电力设计单位提供设计，本设计不含变电所专项设计。仅在第六章"电气总说明"中第五节"供电设计"部分的变电所保护部分有简略说明	是
20. 补充电气室外总平面图、室外照明平面图	根据前期和业主沟通，本项目室外电气总平和室外照明另行专项设计，本初步设计仅做说明。在第五节"供电设计"部分已提供大致的室外10kV线路走向	是
21. 走廊、楼梯间的照度标准值应不低于100lx	同意修改，详见第六章"电气总说明"中第七节"照明"（一）照度标准	是
22. 文本编制格式应按2016版初设编制大纲进行修改调整	按意见调整，见最新文本	是
23. 补充项目周边市政配套条件的描述（给排水、电力、燃气等）	室外管网由某设计院另行设计	是

续表

24. 补充室外综合管网及各专业外网图	室外管网由某设计院另行设计	是
25. 校核规范时效性，不能用废旧的，且补充完善 GB 50981/GB 50099、人防办〔2019〕7号文等规范	修改规范为最新版本，详见第五章"给排水说明"第一节	是
26. 文本中补充给排水、暖通、防排烟主要设备材料表	给排水、暖通专业图纸文本中已有所有子项单体主要设备材料表，详见各单体子项图纸	是
27. 明确消防水池、泵房、高位水箱等分成南、北两部分的理由（不大于5万 m^2）	考虑南、北区分别为二期预留消防水条件	是
28. 补充说明国际交流中心加热采用太阳能＋两台燃气锅炉的理由（且一用一备）	国际交流中心为全日制供水，冷热水需分区供水，设置空气源辅热不稳定，且机组没有安装空间，备用锅炉为规范要求	是
29. 人防固定电站内应设自动喷水灭火系统	补充说明，详见第十章"人防设计"中"给排水设计说明"	是
30. 补充生活热水采用空气能的批文号	空气源热泵为辅助热源，主热源为太阳能热水系统	是
31. 公共卫生间冬季管道防冻措施补充	公共卫生间管道均为埋墙暗敷，排水管道架空区设置保温	是
32. 采暖、制冷设备选型不合理，请核实	按要求重新调整所选设备冷热负荷，详见第七章"通风、空调及防排烟说明"第四节	是
33. 明确多层卫生间增加辅助通气管的理由	增加排水能力	是
34. 补充说明本项目是否有中水设施，图中未见，文本中有，互相矛盾	国际交流中心污废分流，废水收集处理，地下室设有处理机房	是
35. 交流中心前室楼梯间正压送风不一致	交流中心采用独立前室的楼梯间，仅对楼梯间加压送风，采用合用前室的楼梯间，楼梯间、合用前室分别加压送风，故送风量不一致	是
36. 大于500m^2餐厅应设消防补风措施	餐厅采用低位窗自然补风系统	是
37. 采用自然排烟的场所核实外窗能否开启	按要求复核自然排烟窗开启情况	是

4.2.2 审核招标文件

审核招标文件是确保招标过程公正、公平、透明的重要环节。通过了解招标文件的基本要求、核对文件的完整性、检查投标单位的资格要求、核对技术规范和合同范本的合理性、检查文件的齐全性以及进行综合评估，旨在确保招标文件的合规性、完整性和准确性，从而为项目的顺利实施奠定坚实基础。其主要步骤如下：

（1）审核文件的完整性；

（2）检查文件的合规性；

（3）审查项目要求；

（4）分析合同条款；

（5）评估投标文件格式；

（6）关注招标公告和投标人须知。

招标文件的审核对项目具有很重要的作用，可以帮助建设单位更好地开展招标工作，避免过程中出现错误，及时规避风险。

4.3 项目施工阶段咨询服务

4.3.1 编制工程量清单及施工图预算

工程量清单是项目的重要组成部分，它详细列出了项目所需的所有工程内容及其对应的数量。清单的编制主要依据项目的设计文件、技术规范以及招标文件等，旨在确保项目的各项工程内容得到准确、全面的反映。编制过程注意如下事项：

（1）准确性；

（2）完整性；

（3）合规性；

（4）灵活性；

（5）沟通与协作。

项目的工程量清单及施工图预算是项目执行过程中不可或缺的重要环节。它们为项目的成本控制、资源分配以及进度管理提供了有力的支持，有助于确保项目的顺利实施和高效运营。同时，在编制过程中需要注意以上提到的事项，以确保清单和预算的准确性和可靠性。

4.3.2 二次优化设计

施工阶段的二次优化设计需要综合考虑多个方面的因素。通过深入理解设计意图、考虑施工实际情况、注重细节和精确性、保持与施工团队的沟通、考虑成本和效益以及遵守相关规范和标准，可以确保优化后的设计能够更好地满足项目的需求，提升项目的品质和价值。

在服务过程中，根据现场实际情况，在满足建设项目需要的前提下尽可能降低成本，我单位提出对施工图纸进行二次深化设计，经建设单位组织各相关单位讨论后对达成一致的内容由设计单位修改，为建设单位选择最优方案提供了参考。具体情况见表4。

表 4　设计优化会议纪要

会议名称	设计优化会		编号		
会议时间	××年××月××日	会议地点	××设计有限公司大会议室		
主持人	××				
参加单位	××开发建设有限公司、××设计有限公司、××工程咨询有限责任公司、××建设有限公司				
参加人员					

设计优化会议纪要

为降低工程造价，现将项目各参与单位提出的设计优化建议进行汇总、讨论，形成如下内容：

问题 1. 卫生间通风机采用普通轴流风机即可，相关风管、风阀是否可以优化？

回复：考虑不做风管，保留防火阀、止回阀，具体采用何种风机由安定定。

问题 2. 材料价格：通风设备部分采用需特别定制产品，设计可以根据本地实际情况及方便采购设备等实际条件进行相关优化。空调工程：空调建议利用市场竞争机制吸引质优价廉的供货商进行优化及报价，使得降低造价。

回复：具体由××联系相关人员，参考××大学暖通、消防相关材料。

问题 3. F 国际交流中心的多联机系统，多联机布置较密。

回复：深化图纸由各方再确认。

问题 4. 给水管道材质建议换成衬塑钢管，价格比涂塑 PSP 便宜。

回复：同意更改。

问题 5. 卫生洁具建议换成非感应式的。

回复：除首层卫生间外，其余卫生间洁具均更改为非感应式。

问题 6. 本工程所有阀门（闸阀、蝶阀等）是否有必要采用球墨铸铁阀门？可否通过优化满足设计要求？

回复：具体由××联系××相关人员。

问题 7. 矿物质电缆能否调整为普通 YJV 电缆？

回复：由××联系消防，确认是否可以采用防火绝缘电缆。

问题 8. 残位报警系统联网整个学校，造价偏高，是否可以优化？

回复：联至值班室即可，更改深化设计。

问题 9. 由于技术发展大量使用无线网络，网络设计及设计标准是否可以优化？

回复：只预埋管，无线网络建成后由学校负责。

问题 10. 因项目未考虑集中供应热水，采用太阳能热水系统，会增加造价。

回复：太阳能热水系统改为平板式，只供一层大浴室。

问题 11. 因采暖方式未考虑集中供暖，为防止冬季温度过低给水管道冻裂，增加保温电伴热，会增加造价。

回复：同意取消。

问题 12. 泳池概算过低。

回复：只考虑过滤、消毒功能。

问题 13. 原设计无中水系统。

回复：只考虑预留中水设备基础及穿墙套管。

问题 14. 设计要求人防设备及管道全部安装到位。

回复：必须安装到位。

问题 15. 原设计宿舍楼穿孔铝板不锈钢栏杆取消，变更为普通铁艺栏杆或不锈钢栏杆。

回复：变更为价低材料，装饰公司出方案，由设计确认，主要确认氟碳漆是否使用。

续表

问题 16. 原设计一层室外连廊铝板吊顶取消，变更为涂料喷涂。

回复：具体材质由装饰出具体方案，由设计确认。

问题 17. 原设计所有区域门下为过门石变更为深色地砖。

回复：同意。

问题 18. 原设计 F 国际交流中心为精装修档次，现变更为普通装修，与 D、E 区域办公室装修档次相同。

回复：公共部分精装，酒店部分毛坯交付，F-A 普装，具体由装饰深化图纸，由设计确认。

问题 19. 报告厅执行原设计单位设计方案。

回复：报告厅保留基本功能，确保实用性，按照 2000 元/m² 造价，由装饰深化图纸，由设计确认。

问题 20. G 产教结合实训楼所有吊顶取消，变更为涂料饰面。

回复：室内吊顶可取消，走道吊顶保留。走道吊顶具体采用何种吊顶方式由装饰深化图纸，由设计确认。

问题 21. 原设计所有区域窗沿为石材窗台板，取消变更为普通墙面腻子乳胶漆做法。

回复：窗台板按照人造石做法，具体由装饰深化图纸，由设计确认。

问题 22. 建议减少窗扇数量及手摇开窗器，以有效降低铝材含量及手摇开窗器数量。

回复：由××联系消防，确认减少数量是否可以满足要求。

问题 23. 建议减少电动开窗器及消防联动开窗器的数量。

回复：由××联系消防，确认减少数量是否可以满足要求

根据二次深化设计后的图纸资料，我单位对深化部分进行了测算比较，优化后的方案工程造价是降低的。具体数据见表 5。

表 5 项目整体二次优化原方案与新方案的对比分析

序号	项目名称	原方案造价（元）	方案优化后造价（元）	节约资金（元）
1	A1 宿舍楼	13066627	10624555	2442073
2	A2 宿舍楼	13068279	10665867	2402413
3	B 食堂	7379976	3565989	3813987
4	C 体育用房	7971857	4796419	3175438
5	D1 教学楼	10947910	7975620	2972290
6	D2 教学楼	11278365	9497982	1780382
7	E1 实训楼	18691873	12366735	6325139
8	E2 实训楼	18634642	12337113	6297530
9	F 国际交流中心	18714141	10813264	7900878
10	G 产教结合实训楼	24347277	16556686	7790592
11	H1～H13 连廊	946974	732848	214126
13	廊桥	3013929	2258307	755623
14	室外工程	11846461	4213075	7633387
15	合计	159908314	106404457	53503857

4.3.3 工程进度款审核

工程进度款是在施工过程中，根据完成的工程数量计算的各项费用总和。为确保进度款的支付和结算顺利进行，以下是一些关键的注意事项：

（1）确认工程进度：在支付进度款之前，业主、监理和施工单位应共同确认已完成的工程量或形象进度，并确保这部分工程已通过验收。

（2）选择适当的结算方式：按照施工合同约定的方式进行结算。工程进度款的结算方式主要包括按月结算和分段结算。

按月结算时，施工单位应按月申报已完成的工作量及价款，业主进行审核与支付。

分段结算则是根据工程形象进度，划分不同阶段进行支付。

（3）准确计算进度款：进度款的计算涉及工程量的计量和单价的确定。工程量应按照合同约定的计量规则和方法进行计量。

（4）严格审核与扣除：在结算进度款时，应严格扣除未施工项目及预付款，甲供材，水电费，质保金，其他代扣代缴费用等。

（5）注意支付时间与比例：进度款的支付应在施工过程中双方确认计量结果后的一定时间内进行。

业主应支付不低于工程价款的一定比例，具体比例根据合同约定确定。

（6）及时沟通与解决纠纷：在进度款支付过程中，各方应保持及时沟通，解决可能出现的纠纷和问题。

若出现争议，可依据合同条款或相关法律法规进行协商或仲裁。

（7）保留相关记录与凭证：在整个进度款支付和结算过程中，应保留完整的记录和凭证，以便日后审计和查询。

4.3.4 签证变更测算与审核

造价咨询单位在辅助建设单位做好签证变更审核工作时，可以遵循以下步骤：

（1）深入理解合同内容；

（2）明确变更签证的范围和原因；

（3）制定详细的审核流程；

（4）加强沟通与协调；

（5）提出合理的审核意见；

（6）建立信息化管理系统。

造价咨询单位在辅助建设单位做好签证变更审核工作时，应充分发挥其专业优势，确保审核工作的规范性、准确性和高效性。

4.3.5 材料设备价格的确定

在协助建设单位进行材料和设备询价的过程中，我们的目标是为建设单位提供全面、准确且科学的信息，以便其做出明智的决策，配合建设单位制定材料设备的最终暂估单价，并作为材料设备招标的控制价，用于整个项目材料设备招标。

我们在深入了解建设单位的项目需求后，广泛收集材料和设备的市场信息。通过查阅行业报告、参加展会、与供应商交流等方式，获取最新的市场价格、技术趋势以及供应商信息。在收集到足够的信息后，进行详细的比较和分析，对不同供应商的价格、质量、售后服务等方面进行综合评估，为建设单位提供一份详细的询价报告。通过这份报告，建设单位可以清晰地、更明智地制定材料设备的最终暂估单价，并作为材料设备招标的控制价，用于整个项目材料设备招标。材料设备招标暂估价确认单见表6。

表6　材料设备招标暂估价确认单

序号	名称	规格型号	计量单位	最终材料暂估单价（元）
1	地砖	800×800×10，浅米色抛光砖	m²	58.5
2	地砖	800×800×10，浅白色抛光砖	m²	58.5
3	地砖	800×800×10，浅灰色哑光仿古砖	m²	70
4	地砖	600×600×8，浅灰色哑光仿古砖	m²	68
5	地砖	300×300×8，浅灰色哑光仿古砖	m²	53
6	墙砖	600×300×8，浅白色瓷砖	m²	53
7	成品地砖踏步平板及立板	浅米色抛光砖	m²	76
8	成品地砖踢脚线	浅米色抛光砖	m²	88
9	成品异型地砖踢脚线	浅米色抛光砖	m²	134
10	后切底机械锚栓	M12×130mm	套	18
11	玻璃幕墙铝型材	氟碳喷涂铝型材	t	34000
12	中空钢化Low-E玻璃	8FT+12Ar+8FT 双银	m²	230
13	成品木门	规格1100mm×2300mm、800mm×2300mm，门体厚度4.5cm，框体为多层实木板，门扇填充木龙骨50%，以及两根U钢，门扇表面为烤漆门，实木复合板，面板0.6cm。木门、门锁、合页、门吸品牌为一线品牌	m²	729.1
14	成品木门	尺寸1100mm×2900mm带上亮钢化玻璃、1100mm×2300mm不带上亮，门体厚度4.5cm，框体为多层实木板，内加钢衬，表面使用生态耐磨层，门扇填充木龙骨50%实木复合板，门扇下档为不锈钢护板30cm，面板0.5cm。木门、门锁、合页、门吸品牌为一线品牌	m²	629.7

续表

序号	名称	规格型号	计量单位	最终材料暂估单价（元）
15	成品防盗保温隔音钢制门	规格900mm×2200mm，800mm×2300mm等，板厚0.6mm，框1.2mm，门扇厚度为7cm，漆面为喷塑，门锁、合页、门吸等门五金件材质为不锈钢316，门、门锁、合页、门吸品牌为一线品牌	m²	549.8
16	素土	不含（或者少含）石块或其他杂质，填土颗粒最大粒径不超过5mm；按实际回填夯实体积计算	m³	29
17	卵石土	卵石粒径范围15~20cm，卵石与土的配合比：2.5∶1，按实际回填夯实体积计算	m³	31.5
18	预应力混凝土管桩	C80PHC-500AB100	m	300

材料设备招标暂估价确认单

序号	名称	种类		计量单位	最终暂估价
1	1号电梯	层数	1F~6F	部	166000
		提升高度（m）	19.8		
		结构尺寸（m）	2.4×2.1		
2	2号电梯	层数	1F~5F	部	160000
		提升高度（m）	19.8		
		结构尺寸（m）	2.4×2.1		
3	1号电梯	层数	1F~2F	部	153000
		提升高度（m）	5.4		
		结构尺寸（m）	2.6×2.0		
4	2号、4号、6号电梯	层数	1F~2F	部	90000
		提升高度（m）	5.4		
		结构尺寸（m）	1.5×1.5		
5	3号、5号电梯	层数	1F~2F	部	153000
		提升高度（m）	5.4		
		结构尺寸（m）	2.6×2.0		

续表

序号	名称	种类	计量单位	最终暂估价
6	DT1、5	层数 1F~5F	部	158000
		提升高度（m）18.9		
		结构尺寸（m）2.1×2.1		
7	DT2、6	层数 1F~4F	部	253000
		提升高度（m）14.7		
		结构尺寸（m）3.4×3.0		
8	DT3、7	层数 1F~4F	部	151000
		提升高度（m）14.7		
		结构尺寸（m）2.1×2.1		
9	DT4、8	层数 1F~5F	部	254000
		提升高度（m）18.9		
		结构尺寸（m）3.4×3.0		
10	1号电梯	层数 1F~6F	部	166000
		提升高度（m）19.8		
		结构尺寸（m）2.4×2.1		
11	2号电梯	层数 1F~5F	部	160000
		提升高度（m）19.8		
		结构尺寸（m）2.4×2.1		
12	1号、2号电梯	层数 1F~4F	部	325000
		提升高度（m）21.9		
		结构尺寸（m）4.25×4.6		
13	DT1、5	层数 1F~5F	部	158000
		提升高度（m）18.9		
		结构尺寸（m）2.1×2.1		
14	DT2、6	层数 1F~4F	部	253000
		提升高度（m）14.7		
		结构尺寸（m）3.4×3.0		
15	DT3、7	层数 1F~4F	部	151000
		提升高度（m）14.7		
		结构尺寸（m）2.1×2.1		
16	DT4、8	层数 1F~5F	部	254000
		提升高度（m）18.9		
		结构尺寸（m）3.4×3.0		

材料设备招标暂估价确认单

序号	名称	规格型号	计量单位	最终暂估单价（元）
1	配电箱	CJ1-aAPE01，CJ1-dAPE01	套	8860
2	配电箱	CJ1-aAPE02，CJ1-dAPE02	套	8860
3	配电箱	CJ1-bAPE01，CJ1-cAPE01	套	8650
4	配电箱	CJ1-bAPE02，CJ1-cAPE02	套	8650
5	配电箱	aALF4，bALF4	套	5050
6	配电箱	dALF2，cALF2	套	5050
7	配电箱	dALF4，cALF4	套	5400
8	配电箱	ALcsj	套	2050
9	配电箱	(a，b，c，d) ALE (1)	套	3200
10	配电箱	(a，b，c，d) ALE (2)	套	3200
11	配电箱	(a，b，c，d) ALE (3)	套	3200
12	配电箱	(a，b，c，d) ALE (4)	套	3200
13	配电箱	AL1	套	2050
14	配电箱	AL1'	套	805
15	配电箱	AL2	套	2050
16	配电箱	AL3	套	2050
17	配电箱	aRATEpy1，aRATEpy2，bRATEpy1，cRATEpy1，RATEpy1，dRATEpy2	套	4900
18	配电箱	ALEbds	套	5300
19	配电箱	aRALfg，bRALfg	套	4900
20	配电箱	AL4	套	2050
21	配电箱	AL5	套	2050
22	配电箱	AL6	套	2050
23	配电箱	CJ1-aAL01	套	9200

材料设备招标暂估价确认单

序号	名称	规格型号	计量单位	最终暂估单价（元）
1	水箱式蹲便器（含水封）	带水箱，皮堵＋冲洗管，软管＋角阀	套	460.00
2	感应式蹲便器（含水封）	带感应器（电池供电）	套	740.00
3	延时自闭阀蹲便器（含水封）	带自闭式冲洗阀、防污器、冲洗弯管	套	550.00
4	坐便器 3.0/4.5L	带三角阀，软管	套	780.00
5	无障碍座便器 3.0/4.5L	带三角阀，软管	套	780.00
6	感应式小便器	自带感应器（电池供电），存水弯、下水	套	990.00
7	无障碍小便器	自带感应器（电池供电），存水弯、下水	套	990.00
8	台式洗手盆（单冷面盆龙头）	带存水弯、下水，单冷面盆龙头、角阀、软管	套	545.00
9	柱盆（单冷面盆龙头）	带存水弯、下水，单冷面盆龙头、角阀、软管	套	585.00
10	台式洗手盆（冷热混水面盆龙头）	带存水弯、下水，冷热混水面盆龙头、角阀、软管	套	545.00
11	台式洗手盆（单冷感应龙头）	带存水弯、下水，单冷感应龙头（电池供电）、角阀、软管	套	720.00
12	台式洗手盆（单冷自闭式龙头）	带存水弯、下水，单冷自闭式龙头、角阀、软管	套	545.00
13	无障碍立式洗手盆（单冷感应龙头）	带存水弯、下水，单冷感应龙头（电池供电）、角阀、软管	套	720.00

4.4 项目竣工阶段造价咨询服务

4.4.1 竣工结算审核准备

在进行工程结算审核时，需要充分准备，以确保审核过程的准确性和效率。以下是一些有助于完成工程结算审核准备工作的建议：

（1）明确审核目标和范围；

（2）收集相关文件和资料；

（3）组织审核团队；

（4）制订审核计划和流程；

(5) 进行初步审查和现场勘察;

(6) 准备审核工具和设备。

通过以上准备工作,可以为工程结算审核奠定坚实的基础,确保审核工作的顺利进行。同时,还需要注意在审核过程中保持客观公正的态度,确保审核结果的准确性和可靠性。

4.4.2 工程结算审核的实施要点

工程结算审核的实施要点涉及资料交接与审核、结算审核流程、审核内容、工程量与材料价格审核、隐蔽工程验收记录、合同与招投标文件执行以及其他注意事项等多个方面。通过严格执行这些要点,可以确保工程结算审核的准确性和有效性,维护各方的合法权益。

4.4.3 工程结算的审定

工程结算的审定是一个涉及多个环节和细节的复杂过程,主要目的是确保工程价款的结算符合合同约定和实际情况,保障双方的权益。以下是工程结算审定的主要步骤:

(1) 收集资料与准备;

(2) 编制结算报告;

(3) 审核工作;

(4) 提交与决策审定。

我单位在工程结算审核初稿编制完成后,召开由发包人、承包人等共同参加的会议,听取意见,并进行调整。

专业分项负责人对结算审查的初步成果进行审核,由本项目负责人进行审定,审核过程中要对各单项工程费用指标、单位工程费用指标、分项工程费用指标、分项工程人工费指标,以及分项工程主要材料消耗量指标等进行计算和分析。本项目各单项工程费用指标见表7。

表7 单项工程经济技术指标

序号	项目名称	建筑面积（m²）	结算金额（元）	经济指标（元/m²）
1	A1宿舍楼	65233.24	265613868.8	4071.76
2	A2宿舍楼	65233.24	271646667.3	4164.24
3	B食堂	15132.19	89149724.28	5891.40
4	C体育用房	17418.9	95928376.06	5507.14
5	D1教学楼	32176.14	132926997.3	4131.23
6	D2教学楼	31761.68	135685463.9	4271.99
7	E1实训楼	54933.72	222778912.3	4055.41
8	E2实训楼	54933.72	219213906.9	3990.52
9	F国际交流中心	37249.02	227178148.3	6098.90
10	G产教结合实训楼	57816.26	295655098.5	5113.70

续表

序号	项目名称	建筑面积（m²）	结算金额（元）	经济指标（元/m²）
11	H1~H13连廊	2899.97	10469257.1	3610.13
13	廊桥	2376.62	36424299.63	15326.09
14	室外工程	287174	140435818	489.03
15	合计	437164.7	2143106538	4902.29

4.4.4 竣工结算结束后的工作

在工程咨询服务结束后，工作主要集中在确保项目的顺利收尾以及后续服务的提供上。以下是一些关键的工作内容：

（1）项目总结与评估；

（2）成果交付与验收；

（3）客户关系维护；

（4）后续服务提供；

（5）知识管理与分享；

（6）持续改进与创新。

这些工作有助于确保项目的顺利收尾，并为未来的项目合作奠定坚实的基础。

5 全过程造价咨询服务成效

5.1 项目前期造价咨询服务成效

5.1.1 初步设计和概算审核成效

工程的初步设计及概算审核在项目的整个生命周期中扮演着至关重要的角色。它们不仅影响到项目的成本、质量和进度，还直接关系到项目的经济效益和社会效益。

本单位派遣单位内部专家并聘请外部专家组成初设及概算审核专家组，包含各专业技术专家及经济专家。通过对项目需求的深入分析和设计方案的优化，发现并纠正概算中的错误和偏差，进一步对设计及概算进行评审，提出了共计37条审核意见，设计单位参照其意见对初步设计及概算进行了修改，确保项目在技术上可行、经济上合理准确，为项目的决策提供可靠的依据，控制项目的总成本，提高项目的经济和社会效益。

5.1.2 项目招标文件审核成效

结合本项目为EPC工程的特点，配合建设单位明确项目的使用需求和投资目标，包括项目范围、工作内容、项目计划和时间表等，以便为招标方提供准确的信息。使用招标文件专用范本，对招标文件中具体条款，包括预付款支付、进度款支付、签证变更处理及价款调整等内容提供针对性的修改建议。如进度款审核拨付节点，结合本项目特点并考虑建设单位资金情况及融资进度，前期以施工节点进行审核拨付，主体封顶后以月为单位审核拨付。

辅助提供最新的法律、法规、规章及各项条款编入招标文件内。辅助建设单位确定合理的评分办法及资质业绩要求便于评标，选定合适的投标单位。对招标文件中没有载明或模糊的地方，提出咨询意见，保护发承包双方利益，避免法律纠纷。

5.2 施工阶段主要咨询服务成效

5.2.1 工程量清单编制及施工图预算编制成效

结合本项目EPC的特点，项目为边设计边施工，对预算时效性和准确性有严格要求。为此，本单位针对此项目完善了组织架构，各工程师通过详细列出各个分项工程的数量、规格及技术要求，以及编制过程中及时与建设单位、设计单位、施工单位等各单位沟通，及时解决编制过程中遇到的问题，例如图纸设计描述模糊、未标注或漏标注内容等，保质保量完成编制任务。为进度款支付、造价成本控制、方案选择和设计优化、材料采购方案和计划、竣工结算等提供依据。

5.2.2 二次优化设计成效

施工过程中，在满足建设单位对项目的使用需求和投资目标的前提下，结合已编制的工程量清单及施工图预算，本单位建议建设单位组织设计图纸优化会。经建设单位同意后，我单位提出优化修改建议（主要考虑经济性），多次组织各单位参会对图纸进行优化。通过对设计方案进行优化，提出合理的优化建议23条，为项目节约资金5350万元，减少了不必要的材料浪费和人工成本增加，提高了施工效率，降低了整体工程投资。这不仅有助于提升项目的经济效益，还有助于增强项目的市场竞争力。

通过二次优化设计，项目工程的风险也可以得到有效控制。在优化过程中，本团队对可能存在的风险点进行识别和评估，制定相应的应对措施，从而降低在实施过程中可能面临的项目风险和项目不确定性。

5.2.3 进度款审核成效

本项目依据合同约定，前期按照施工节点进行计量与支付，主体封顶后按月形象进度进行计量与支付。专业分包工程与材料设备（单独签约合同）计量支付按合同约定执行。施工总承包人每月上报当月完成产值明细表，经我单位咨询人员审核后出具形象进度产值审核文件。例如在2020年6月至2020年7月进度款审核中，施工单位上报金额为17931.53万元，我单位现场驻场人员核实进度节点，复核工程量，依据施工合同约定，出具的审定金额为16351.13万元，审减金额为1580.40万元。

审核完成当期工程支付款后，重点比较是否存在重大工程造价变化，掌握总体概预算情况，分阶段与概预算进行比较，关注概预算执行情况。

5.2.4 材料及设备询价服务成效

本项目工程材料设备询价涉及土建工程、装饰装修工程、给排水工程、通风空调工程、电梯工程、电气工程、智能化工程、园林景观绿化工程、室外管网工程、燃气工程、室外供配电工程等专业。并且单体多、工期紧，涉及材料、设备数量种类多达3200余条，大部分为市场价材料，通过对材料及设备的拆分组合进行询价，利用现代化的询价工具和平台，包括电话询价、网络询价、专业询价、服务商询价、参加展会、实地考察等方法，辅助建设单位确定最终暂估价并用于招标，通过确定合理的材料设备招标控制价，并公开挂网招标，使材料设备采购市场化竞争充分，有效地控制了造价，节省了建设成本。

5.2.5 签证变更审核成效

辅助建设单位对变更、签证申请进行审查，对变更、签证是否符合合同约定、法律法规以及行业规范等，避免因不规范的变更、签证导致工程质量、安全、进度、成本等方面的问题提供建议。同时，审核过程还可以对变更、签证的必要性进行评估，避免不必要的变更、签证造成的资源浪费和成本增加。

工程变更、签证审核还有助于控制工程造价和成本。通过对变更、签证申请进行细致的成本分析和预算评估，可以确保变更、签证不会超出预算范围，避免因变更导致的成本失控。同时，审核过程还可以对变更、签证可能带来的经济效益进行预测和评估，为项目决策提供有力支持。

5.3 竣工结算成效

前期咨询是控制项目投资的重点，本项目在前期阶段对初步设计和概算进行了审核，辅助建设单位制定科学合理的招标文件，签订严谨细致的施工合同；在施工阶段，通过编制工程量清单及施工图预算，进行二次深化设计优化、材料设备询价并确定材料设备招标控制价，进度款及中间结算审核，变更、签证的审核。

通过以上高质量的咨询服务，规避了很多投资风险，为竣工结算创造了有利条件。竣工结算审核阶段，除解决个别疑难问题外，审核过程实际上是对过程支付的再审核。本单位对施工过程中的组织机构进行了扩容，借用管理过程中的经验和数据，确保了竣工结算的质量和效率，在满足建设单位对项目功能需求的基础上，控制整个项目总投资，节约项目资金，提高了项目的经济效益和社会效益。

5.4 其他成效

本项目单体多，项目专业全面，材料、设备种类范围广，全过程咨询服务过程中对各类材料设备的询价，不仅丰富了公司数据库，同时也获得了询价途径及询价方法，并且储存了项目各单体及各专业的经济指标，为今后更好地为其他建设单位及项目服务奠定了坚实的数据基础。

6 经验总结与未来展望

在回顾某高校新校园建设的造价咨询服务经验时，我们深刻体会到，有效的成本控制是项目成功的关键。在项目实施过程中，我们采用了先进的造价概算技术，结合历史数据和市场行情，对各项费用进行了精准预测和合理控制。例如，在建筑材料采购环节，我们通过对材料设备进行询价及招标，成功降低了采购成本约10%，为项目节省了大量资金。

同时，我们还注重风险评估与应对，通过建立风险预警机制，及时发现并解决了潜在的成本超支风险，确保了项目的顺利进行。

此外，我们还借鉴了其他成功项目的经验，引入了先进的项目管理理念和工具，如敏捷管理、精益管理等，以提升造价咨询服务的整体水平。同时，我们也注重团队建设和人才培养，通过定期培训和交流学习，提高团队成员的专业素养和综合能力，为项目的顺利实施提供了有力保障。

然而，在反思过程中，我们也发现了一些不足之处。首先，在造价咨询服务流程的设计上，我们虽然建立了较为完善的流程体系，但在实际操作中仍存在一些环节衔接不畅、信息传递不及时的问题。这导致了部分工作重复进行，浪费了人力和时间资源。其次，在关键环节的把控上，我们虽然对关键节点进行了重点关注，但在某些细节方面仍有所疏忽，导致了一些不必要的成本增加。针对这些问题，我们将进一步优化流程设计，加强关键环节的管理和监控，提高造价咨询服务的效率和质量。

通过总结经验和反思不足，我们将不断完善和提升造价咨询服务的水平，为更多高校新校园建设项目的顺利实施贡献力量。

某中学新校园建设项目全过程造价咨询服务案例

田胜民 何 爽 乔丽惠 才浩林 史彤彤（河北丰信工程咨询有限公司）

摘　要： 本案例聚焦于某中学新校园建设项目，由河北丰信工程咨询有限公司提供全过程造价咨询服务。项目总建筑面积33210.13m²，涉及教学楼、食堂、风雨操场等14个单体建筑及配套设施。创新之处在于采用数字新咨询生产力平台，实现合同业务在线化管理，提升项目人员对项目的把控力，通过合理组织框架设置与职能分工，整合"前台"与公司后台资源，确保项目"动态、全方位、全过程"管理。此外，项目在发承包阶段制定科学合理的招标文件，施工阶段高质量咨询服务，竣工阶段有效控制结算，实现投资风险规避与成本节约。本案例展示了全过程造价咨询服务在项目管理中的关键作用，通过创新管理与专业服务，实现了项目成本的有效控制与投资风险的合理规避。

1　项目基本概况

1.1　总体规划

某中学新建校园，总用地面积67067.19m²，总建筑面积33210.13m²，其中地上建筑面积31471.67m²、地下建筑面积1738.46m²，总占地面积14221.88m²；容积率0.47，建筑密度21.21%，绿地面积23588.07m²，绿地率35.17%；机动车停车位106个，其中地上72个、地下34个，非机动车停车位2206个；班级总数60个，学生总人数3000人；人防建筑面积1380.3m²，其中地上49.49m²、地下1330.81m²。共14个单体建筑，主要建设内容包括教学楼、垃圾转运站、门卫、食堂、风雨操场、报告厅、地下车库、室外及景观配套工程的建筑、装饰装修、给排水、暖通、强电、弱电（有线、无线一体化网格、安防监控系统、无障碍卫生间一键报警、电子围栏、录播系统、广播系统、能耗、楼控、一卡通、升降防撞柱、报告厅、风雨操场、演播系统音视频、演播系统装修、云桌面、智慧黑板、模块化机房）等。由某院负责新校园的规划设计，建设资金来源为财政资金。

1.2　咨询项目信息

全过程造价咨询项目为某中学校园新建工程，总建筑面积33210.13m²，见表1。

表1　全过程造价咨询项目组成情况

序号	工程名称	建筑面积（m²）
1	1号教学楼	5059.2
2	2号教学楼	5059.2
3	3号教学楼	6001.78
4	4号教学楼	5932.96
5	食堂	3701.97
6	图书馆、报告厅	2409.92
7	风雨操场	2209.45
8	主席台、看台	333.79
9	垃圾转运站	180
10	门卫1	30.48
11	门卫2	30.48
12	门卫3	13.5
13	地下车库	1812.92
14	室外平台	434.48

2　服务范围及咨询模式

2.1　项目咨询服务范围

该项目为全过程咨询，包括：前期可行性研究阶段投资估算编制；初步设计阶段投资概算的编制；施工图设计阶段施工图审查；招标准备阶段招标文件编制审核、工程量清单及控制价编制并配合财政评审；中标后对投标文件进行清标；施工合同订立阶段审查合同专用条款价款调整方法及结算方式；施工阶段设计变更、签证、洽商及索赔文件等过程资料的审核、进度款审批；竣工阶段结算审核、竣工决算阶段配合财务结转固定资产等咨询服务。

2.1.1　承包阶段主要咨询服务内容

（1）编制工程量清单和控制价；

（2）报财政局评审中心审核；

（3）审核工程招标文件中的相关条款，提出合理化建议。

2.1.2　施工阶段主要咨询服务内容

（1）根据每个月的形象进度审核中间计量，出具中间计量报告书；

（2）施工过程中出现的变更及预算，为发包方提供相应造价的增减情况分析；

（3）保留隐蔽工程的影像资料；

（4）其他造价管理工作。

2.1.3 竣工阶段主要服务内容

（1）竣工结算的审核，出具工程结算审核报告；

（2）配合发包人完成竣工决算。

2.2 项目咨询服务模式

（1）该项目咨询服务根据工程项目概算，以质量造价控制为中心，从源头上控制造价，是实现项目全过程造价管理的首要环节，也是实现建设项目最佳经济效益的前提。项目负责人根据项目单体的结构特点，采用统一的质量管理、分组具体实施的方式开展咨询服务。全过程咨询服务各阶段出具的成果文件均通过三级复核展开控制，提高造价咨询工作各个环节的工作质量。在开展业务过程中，做好复核记录，便于以后更能准确高效地完成工作。

随着大数据、数字化管理平台的出现，本项目初次应用了数字新咨询生产力平台作业，通过合同业务的在线化管理，可实时掌控对应业务所处阶段以及是否可按时交付情况，项目人员对项目的把控力有大幅度的提升。通过项目进度监控实时掌握项目运行进度，以前要专人做台账汇总进行状态更新，现在只要登录这个平台随时随地都可以看进展进度，提前规避项目超期风险。同时，通过线上作业，设置审批流程，规范岗位层作业，大大提高了工作效率，且降低了复核人员的重复工作。本项目以现场项目部为主的"前台"与公司后台技术支持相结合的方式开展工作，通过合理的组织框架设置、明确的职能分工，捋顺各层管理关系，充分发挥"前台"对现场的了解及与参加各方沟通方便等优势，结合公司后台强大的管理团队、丰富的数据积累以及技术资源的强力支撑，将"前台"与公司后台整合在同一个平台上协作，确保项目过程的及时、准确、有效管理与控制，实现了项目的"动态、全方位、全过程"管理。

合同管理模块录入项目待签合同，并要求项目出成果报告前必须先签订正式合同，通过提醒设置及报告限制催促合同专员跟进合同进度，签订正式合同；与财务收款联动，及时提醒业务部门及财务部门跟进项目收款，增加公司流动资金，缓解资金压力。

全过程造价管理平台的应用，通过全过程前后端数据打通，项目资料在过程中无感收集，以及业务数据联动影像资料功能的应用，能及时准确地梳理出该项目整体的业务资料并进行资料的存档。与对应造价数据进行对比，可大大缩短资料调取的时间，方便结算阶段对审，工作效率得到了较大的提升。各阶段资料标准结构化存储，管理更加清晰，可节约调用查找时间50%，结算难度降低10%，效率提升10%。

（2）根据单体项目结构特征、类型等情况，合理进行人员分配。人员配置情况见表2。

表2 全过程造价项目人员分配情况

小组	工程名称	建筑面积（m^2）	人员安排
造价一组	1～4号教学楼	22053.14	4
造价二组	食堂、图书馆、报告厅、风雨操场、主席台、看台、垃圾转运站、门卫、室外平台	9344.07	2

续表

小组	工程名称	建筑面积（m²）	人员安排
造价三组	地下车库	1812.92	2
造价四组	外网及景观绿化工程	33446	2

（3）项目咨询组织机构。项目咨询组织机构出具的成果文件严格按照三级复核的模式，其流程为项目负责人复核—部门负责人复核—总经济师复核。项目负责人由具备高级职称的注册造价师担任，土建、安装各一名审计人员驻场，配合项目负责人对全过程跟踪开展咨询工作。

一级复核的工作内容如下：

① 审核工作方案或计划书；

② 审核工作底稿；

③ 审核相关文件，比如招投标文件、施工合同、补充协议、设计变更和现场签证、工程材料和设备价格的计取情况、工程施工过程中的经济政策变化情况等相关文件；

④ 现场踏勘资料是否齐全；

⑤ 工程量是否按计算规则执行；

⑥ 定额子目套用是否恰当；

⑦ 取费、材调是否一致；

⑧ 根据工作底稿形成审核结论；

⑨ 草拟审核报告。

二级复核的工作内容如下：

① 是否按审核方案或计划书执行；

② 对一级复核提出且未解决的问题进行审核、复核；

③ 审核报告的内容，报告附件是否完整；

④ 经济指标的对比分析；

⑤ 报告附件是否完整。

三级复核的工作内容如下：

① 重要审核程序是否已完成；

② 所有存档文件是否齐全；

③ 审核底稿是否清晰、完备、简明并且能阐释审核结论；

④ 是否可以出具正式审核报告。

2.3 项目咨询人员工作职责

2.3.1 项目负责人工作职责

① 全面负责本项目的整体协调和组织管理；

② 在公司总技术负责人的指导下编制且落实项目工作方案；

③ 对专业造价工程人员进行工作指导，针对工程造价过程中遇到的专业问题进行解决；

④ 项目负责人对成果全部内容进行审核，确保造价质量。

2.3.2 专业造价工程人员工作职责

① 根据批准的实施方案、组织设计和施工规范进行咨询工作；

② 保留过程中发生的相关资料；

③ 在编制过程中发现问题并解决问题；

④ 根据专业完成其造价编制、审核工程；

⑤ 审核成果，根据"三级复核"的结果进行修改并保证其质量；

⑥ 根据项目需要提供后台支持。

3 咨询服务过程

根据单体项目结构特征、类型等情况，合理进行人员分配，统一思路，协同一起完成。

3.1 发承包阶段咨询服务运作过程

3.1.1 审核工程招投标文件

招标文件作为工程项目实施全过程的纲领性文件，应力求在文字上表述清楚，同时与工程量清单相互衔接、口径一致。特别是相关商务条款，它将直接影响工程造价的确定与控制，如果商务条款制定不严谨，会成为承包人追加工程价款的突破口，从而造成纠纷，引起索赔，也可能因此出现超概的现象，造成损失。审核招标文件时重点注意以下几个方面：

（1）招标范围与图纸是否一致，范围界定是否清楚准确，有无重复或遗漏；

（2）投标文件中涉及报价、计量计价方式是否清楚明确；商务条款中约定的计价方式、计价标准应与规范一致；

（3）招标文件合同格式中的造价调整方法是否符合现行国家、地方行业法规、有关造价文件规定的相关规程和清单计价规范，特别是材料、人工费因市场波动引起的风险，商务条款是否明确；

3.1.2 编制工程量清单及控制价

（1）编制工程量清单及控制价前，项目负责人和专业负责人应先确定概算的范围与图纸是否一致、编制内容与招标范围是否一致，了解情况后，针对该项目制定相应的注意事项：

① 工程名称要统一、立项与图纸设计名称要一致，从土建到安装，严格按图纸名称书写；

② 取费类别和税金要统一；

③ 安措费临路面数要根据总平图调整;

④ 项目特征根据图纸描述全面,以免影响投标单位报价;

⑤ 注意清单号排序,同一招标工程的项目编码不得有重码;

⑥ 后补材料注意人材机除税系数是否有填写;

⑦ 封面注意删除咨询人成果专用章(已取消);

⑧ 工程量清单中计量单位每个清单号只允许有一个;

⑨ 各清单项目特征描述的材料标号、材质要与定额子目里的材料规格型号保持一致;

⑩ 补充清单项目编码要严格按照清单及规范执行;

⑪ 工程量清单组价若为补项,其工料机单位为元,需要与工程量清单单位调成一致;

⑫ 工程量清单项目特征描述是确定综合单价不可缺少的重要依据,应结合工程实际、标准图集及施工图纸进行准确、全面的描述;

⑬ 钢结构工程:普通油漆和金属构件组在一起,防火涂料或防腐油漆分开组价;

⑭ 土石方子目:挖方、填方清单工程量与定额工程量是否按计算规则计取;

⑮ 屋面保温单独列项,屋面防水和其他屋面做法并在一起组价;

⑯ 墙面保温单独列项;

⑰ 装饰装修清单项目特征描述装修做法按图纸或图集顺序排列;

⑱ 装饰垂直运输费工程量清单单位按 m^2,定额按工日;

⑲ 安装工程补充主材时,注意含量是否正确;

⑳ 安装工程汇总工程造价时,注意查看是否包含设备费;

㉑ 安装工程计取操作高度增加费时,注意超过部分工程量计取,并且在安装费用中逐条计取;

㉒ 文件打印顺序:封面、填表须知、编制说明、工程项目总价表、单项工程费汇总表、单位工程费汇总表、分部分项工程量清单与计价表、单价措施项目清单与计价表、总价措施项目清单与计价表、其他项目清单与计价表、暂列金额明细表、暂估价表、总承包服务费计价表(要基数,不要费率)、主要材料和设备明细表(该表不提供数量,材料设备数量从人材机中选择,调整完后注意重新勾选主要材料及设备)。

(2)初步成果文件编制完成后,经过审核、审定以及与发包人、设计单位沟通、交流,对不能确定或影响工程造价的因素进行梳理,为保证投资控制,降低项目合同风险,建议发包人将暂时无法确定的事项,在编制招标文件时做出详细说明,并明确约定计量计价规则,减少中标后的合同纠纷。

3.2 施工阶段咨询服务运作过程

3.2.1 合同管理

施工合同是办理工程结算时,拨付工程款及处理索赔的直接依据,也是工程建设质量控制、进度控制、费用控制的主要依据。该项目分包专业较多,各类暂定材料和设备需在施工阶段确定,由于招标时事前做采购策划,制定了不同采购类型的采购合同,因此,加强该项目合同管理的重点是做好合同统计工作，及时梳理合同中与造价咨询服务内容相关的条款，减少发生争议的可能。组织项目团队进行合同条款的梳理，确保以合同为依据开展造价咨询服务，使工程造价在合法、严谨的基础上实现合理确定，避免发生争议，造成后续索赔。

3.2.2 工程进度款审核

工程进度款审核是一个工程进行过程中对一段时期或者工程一个阶段工程造价的审核，与施工进度和工程质量有密切联系，是影响工程建设的重要一环。该项目施工过程中进度款的拨付实行月报咨询。总承包人按照月形象进度上报中间计量，并提供计量依据，中间计量按合同约定执行。施工总承包人在规定时间内，每月上报当月完成产值明细表，经咨询人员审核后出具形象进度中间计量审核文件。审核完成同期，项目团队重点比较存在重大工程造价变化的内容，掌握总体合同价款、概算情况，分阶段与合同价款、概算进行对比，关注合同价款及概算，进行实时分析。

3.2.3 变更签证测算与审核

工程变更是工程实施过程中，根据发包人提出或由承包人提出，经发包人批准，对合同工程的工作内容、工程数量、质量要求、施工顺序与时间、施工条件、施工工艺或其他特征及合同条件等的改变。工程变更指令发出后，及时做好设计变更、洽商、签证费用管控，充分利用专业知识及经验对重大设计变更做好测算与分析，供发包人参考。对正常设计变更依据合同约定进行计量，根据合同约定判定是否列入当期工程进度支付款。

3.2.4 材料设备询价

材料设备价格的确定，对工程的质量和安全有直接影响。做好价格的把控，降低材料成本不稳带来的风险。该项目造价信息以外材料和设备较多，做好材料设备询价能够为发包人提供科学决策与参考，也是控制投资的重要手段。根据施工进度情况，为该项目所涉及的材料和设备提供分类咨询服务，如装饰类材料、强弱电线材和设备、水暖通风类材料和设备等，对其不同厂家、不同档次等均提供了价格信息。对于各类非标设备、技术性软件，进行价格组成分析，有效节约了建设资金。例如，该项目配电箱（柜）、空气源等设备，数量多达上千种，价格差异也较大，为做好配电箱、空气源等采购工作，项目咨询人员对不同种类的配电箱（柜），按其组成配件进行了组价分析，科学编制了最高投标限价。

3.2.5 二次优化设计

在项目咨询服务过程中，设计院对施工图纸中需要深化设计的部分进行了方案投资的测算对比，为发包方选择最优方案提供参考。例如，屋顶幕墙、车库入口幕墙，智慧校园系统在不影响建筑设计风格、使用功能的情况下，选用最优方案可以降低造价，节约资金。

节约资金的同时，作为新建学校项目，因考虑到学生们的用眼健康问题，经过认真的市场调研，综合考虑后建议将普通的LED灯改成LED微晶板护眼灯，因此较概算增加成本约200万元。

3.2.6 施工阶段工程造价与概算对比

根据现场变更掌握影响工程造价变化的信息，编制变更预算，与合同进行对比，分析对合同价款的影响，并及时将对比情况汇报给发包人。工程造价的有效控制，是以合理确定为基础，以有效控制为核心，把项目的各阶段工程造价控制在批准的造价限额内，以求在各个建设项目中能合理使用资金，取得较好的投资效益和社会效益，确保工程顺利实施。

3.2.7 施工阶段现场隐蔽工程

隐蔽工程是指在施工过程中，上道工序被下道工序所掩盖，无法再次进行其本身的质量检查的部位。隐蔽工程不能够逆向作业，施工质量很难检查和认定，所以，对隐蔽工程的确定，尤为重要。咨询团队在驻场期间发现的实际施工与图纸不符的部位均进行留影，为竣工结算打下一定基础，免去结算时发生扯皮现象。例如，现场的马凳筋施工组织设计是间距1000×1000，但现场实际间距是1300×1300；框架梁梁高超过800mm时，施工组织设计对拉螺栓间距按400mm，但实际间距是700mm；框架梁主筋间施工组织设计是用垫铁做支撑，但实际用的是素混凝土垫块；砌体拉结筋图纸设计是每间隔500mm设置一道，实际间距为600mm且根数是向下取整。

3.3 竣工阶段咨询服务运作过程

3.3.1 工程结算审核准备

（1）总结前两个阶段的造价咨询服务情况，结合施工阶段发现的问题和争议事项，围绕该项目进行全面详细审核，编制工程结算审核工作方案。采用合理的审核方法不仅能达到事半功倍的效果，而且将直接关系到审查的质量和速度。针对工程建设的规模、周期、繁简程度，我们选择全面审核法。全面审核法也称为逐项审核法，是对报审项目逐项进行细致的审核，在审核中按照施工图的要求，结合现行定额、施工组织设计、设计变更、施工合同或协议以及有关造价计算的规定和文件等，全面地审核工程数量、定额单价以及费率的计取，确保工程量、单价、取费的合理准确性。

（2）项目负责人和专业负责人在组织审核前召开专门会议，确定统一的审核原则、统一的审核方法、统一的审核成果格式等，针对该项目制定工程结算审核注意事项。

（3）整体查看发包人送审资料，将上报资料与项目咨询团队建立的跟审台账进行比对，保证资料的准确性和完整性。

（4）该项目全体咨询人员结合前期咨询情况，对招投标文件、工程发承包合同、主要材料设备采购合同、施工组织设计以及设计变更等进行整理，做好现场踏勘复验记录，核实实际施工情况是否与施工图纸相一致。

3.3.2 工程结算审核实施要点

（1）审核项目结算范围、内容与合同约定的一致性，注意总承包与专业分包之间的界面划分及相关配合费的计取方法。

（2）审核工程量计算的准确性。本项目因变更量较大，核实变更工程量是本项目的重点。

（3）审核结算单价特别是变更签证部分是否依据合同约定的调整原则计取。

（4）审核合同价格是否按照合同约定的调整因素和方法进行调整，注意价格调整对商业风险的调整是否符合合同约定。

（5）竣工图纸由设计或承包商编制，是否经过业主单位、监理单位共同审查，设计变更是否有原设计单位出具的变更通知单。

3.3.3 工程结算的审定

（1）根据合同约定、施工进度情况、委托方要求，及时编制工程结算审核初稿。严格遵守工程造价咨询单位执业行为，坚持公平、公正的原则。在工程结算审核初稿编制完成后，召开由发包人、承包人等共同参加的会议，听取各方意见并对有分歧的问题进行意见交换，达成一致后，进行调整。

（2）项目专业分项负责人对结算审查的初步成果进行审核，由本项目负责人进行审定，审核过程中要对各单项工程费用指标、单位工程费用指标、分项工程费用指标、分项工程人工费指标以及分项工程主要材料消耗量指标等进行计算和分析。

某中学工程3号教学楼人工费每平方米造价指标分析见表3。

表3 3号教学楼工程人工费每平方米造价指标分析

建筑面积：6001.78m²			
序号	单位工程名称	人工费（元）	经济指标（元/m²）
1	土建	2882380.54	480.25
2	强电	209443.72	34.9
3	弱电	107762.71	17.96
4	消防电	59951.77	9.98
5	给排水	42367.63	7.06
6	消防水	26632.62	4.44
7	通风空调	138941.51	23.15
8	合计	3467480.5	577.74

该项目各单项工程经济技术指标见表4。

表4 单项工程经济技术指标

序号	工程名称	建筑面积（m²）	结算价款（元）	经济指标（元/m²）
1	1号教学楼	5059.2	18507336.56	3658.15
2	2号教学楼	5059.2	18331632.08	3623.43
3	3号教学楼	6001.78	21591965.16	3597.59
4	4号教学楼	5932.96	21264966.23	3584.21
5	图书馆、报告厅	2409.92	13758589.41	5709.15
6	食堂	3701.97	17517861.62	4732.04

续表

序号	工程名称	建筑面积（m²）	结算价款（元）	经济指标（元/m²）
7	风雨操场	2209.45	10889237.33	4928.48
8	主席台、看台	333.79	1509235.79	4521.51
9	地下车库	1812.92	11960810.78	6880.12
10	垃圾转运站	180	928160.56	5156.45
11	门卫1	30.48	196938.63	6461.24
12	门卫2	30.48	147581.03	4841.9
13	门卫3	13.5	271922.4	20142.4
14	室外平台	434.48	2323825.31	5348.52
15	外网		20198067.02	

该项目各单项工程含量指标见表5。

表5 单项工程含量技术指标

序号	工程名称	建筑面积（m²）	混凝土含量（m³/m²）	钢筋含量（kg/m²）
1	1号教学楼	5059.2	0.79	139.31
2	2号教学楼	5059.2	0.79	139.31
3	3号教学楼	6001.78	0.76	140.92
4	4号教学楼	5932.96	0.77	142.61
5	图书馆、报告厅	2409.92	1.64	150
6	食堂	3701.97	1.15	145.41
7	风雨操场	2209.45	1.1	162.35
8	主席台、看台	333.79	1.57	155.1
9	地下车库	1812.92	1.76	220
10	垃圾转运站	180	1.65	150
11	门卫1	30.48	0.37	134.19
12	门卫2	30.48	0.38	129.39
13	门卫3	13.5	4.94	154.5
14	室外平台	434.48	2.36	150

3.3.4 咨询服务结束后的工作

（1）做好档案资料的整理与归档，包括纸质版与电子版。

（2）对咨询过程中产生的数据资料进行归纳整理，包括建筑物详细技术经济指标、分部分项消耗量指标、材料设备价格数据等，为数字时代的建筑行业奠定基础。

4 咨询服务的实践成效

4.1 建立健全沟通制度

全过程造价咨询的成效离不开健全的沟通交流制度，发包人非常注重各阶段的交流与沟通。如前期咨询阶段，因该项目设计时间仓促，图纸不确定性问题较多，项目咨询团队提出建立沟通协调机制后，发包人迅速制定了临时沟通制度，由发包人主导，设计单位、造价咨询、监理服务单位以及招标代理单位等参加，各单位均设置专人参与协调会议，项目咨询过程中各方提出的建议或问题都能及时准确地知悉，并做出反馈意见，保证了项目顺利推进。

在做控制价时图纸设计 HDPE 双壁波纹管环刚度是 SN12.5，经询价发现 SN8 与 SN12.5 的价格相差较大，所以咨询单位及时向发包方、设计方提出建议，在符合设计标准的要求下把设计环刚度由 SN12.5 调整到 SN8，节省建设资金近百万元，见表6。

表6 环刚度 SN8 与环刚度 SN12.5 的价格对比

序号	规格	单位（m）	环刚度 SN8	环刚度 SN12.5	备注
1	DN300	1	388元	462元	
2	DN400	1	508元	617元	
3	DN500	1	738元	882元	
4	DN600	1	918元	1092元	
5	DN700	1	1235元	1543元	

4.2 发承包阶段咨询成效

（1）经与发包人充分沟通，项目咨询团队在编制工程量清单和最高投标限价的基础上，对空气源、直饮水等专业设计图纸深度等都做出明确界面划分和说明。审核招标文件时，对招标文件中的上述问题没有载明或存在模糊的地方，均提出了咨询意见，后期咨询过程中，承包人等均没有因此产生异议，避免了经常出现的因界面划分不详所产生的造价纠纷和索赔现象的发生。

（2）招标文件合同格式中，项目咨询团队对材料设备价格的市场波动提出约定明确的风险幅度，以保护发承包人双方的利益，避免法律纠纷。

（3）因该项目建设时间较紧，前期设计图纸存在大量不确定问题，设计深度有待施工阶段完善。为保证后期施工顺利进行，减少施工过程中变更及签证的发生，项目咨询团队在招标控制价评审前配合设计单位和财政评审单位，根据以往的工作经验并充分利用专业知识，提前将施工过程中的不可预见、不可抗力或突发事件进行了预估，特别是针对可能会存在的索赔事件、合同纠纷，提出了合理化建议，有效地减少和避免了索赔和合同纠纷事件，保证了施工顺利进行，同时也实现了竣工结算的顺利进行。

4.3 施工阶段咨询成效

（1）施工阶段过程中的影像资料在中期进度款计量和结算中起到了尤为重要的作用，及早发现结算问题。特别是涉及隐蔽工程的计量如下：

① 对拉螺栓：地下室外墙固定式对拉螺栓近些年常用的是三接式对拉螺栓，所以在算量时有一部分需要分开执行周转式；

② 对拉螺栓和马凳筋的间距，全部按现场测量的间距及尺寸，全部体现在投控日志中；

③ 挖、填土方时的放坡系数：土方开挖后根据现场实际测量放坡系数，实测系数如小于定额计算规则的系数，据实结算；

④ 回填土回填方式：根据现场的实际情况80%采用机械回填，据实结算；

⑤ 地下车库外墙保护层：图纸设计做法为聚合物砂浆粘贴聚苯板，实际施工时为边铺设聚苯板边回填土，据实结算；

⑥ 吊顶内的管道支架、抗震支架根据现场实际安装数量据实结算；

⑦ 精装修木墙裙内的防火涂料，现场50%未做，据实结算；

⑧ 图书馆因结构特殊，其悬挑部分的高度和宽度超出了相应的施工规范，需要召开专家论证，从而承包方要索赔此部分增加的专家论证方案费用。我方根据合同、招标文件约定的投标报价，除涵盖《工程量计价规则》所包括的内容外，还涉及为完成本工程招标范围内所有工作和一切附带工作的措施费用，所以项目咨询团队认为此部分专家论证方案增加的费用不再计取，视为含在投标报价中。此结论曾经过各相关部门讨论，一致采纳项目咨询团队的意见。

以上施工过程中发现的问题，涉及造价约为225万元。因此，充分了解施工现场情况、及时形成投控日志，能够为高质量完成最终结算审核创造有利条件。

（2）本项目施工阶段咨询难点之一是信息价以外材料设备价格的确定。例如，本项目包含的各类配电柜、配电箱、控制柜、摄像头、ALC板、智能黑板等，数量种类多达千套，均为信息价以外的冷门材料设备价格，涉及造价732.98万元。根据合同约定执行施工同期市场价，在询价过程中，项目咨询团队为更准确地了解市场价格，通过专业网站购买了询价服务，并实际走访本地区三家以上厂家进行相应报价、组价，通过严谨的询价方式，确定了合理的、双方认可的价格，避免发生争议。

（3）本项目施工阶段，设计院对施工图纸中幕墙、弱电（智慧校园）、通风空调等内容进行了二次深化设计，项目咨询团队通过对不同设计方案、设备选型等进行造价对比分析，为发包方提供了最优方案选择，节约资金近300万元。

4.4 竣工阶段咨询成效

前期咨询是控制项目投资的重点，本项目在发承包阶段能够制定科学合理的招标文件，签订严谨细致的施工合同，即便设计图纸深度不足、后期变更事项较多，但施工阶段的高质量咨询服务，为发包方规避了很多投资风险，为竣工结算创造了有利条件，在一定程度上保证了建设项目的顺利进行。竣工结算审核阶段，除解决个别疑难问题外，审核过程实际上是对过程支付的再审核。本项目上报金额为 1.756 亿元，审核结果为 1.59 亿元，审减金额 1660 万元，审减率 9.45％。在施工过程中涉及的方案优化、材料设备询价比选为发包方节约资金约为 625 万元。本项目审核完成后，政府审计部门再次介入本项目的工程造价审计。经政府部门审计，河北丰信工程咨询有限公司出具的工程造价结算报告结果被政府审计所采纳。

4.5　数据的积累

本项目信息价以外材料、设备较多，且弱电配置高于普通院校，这使我们在咨询过程中对各类材料设备的询价，积累了相应的厂家信息、价格信息等。不断累积数据、不断更新数据，提高数据的质量，也是我们提高咨询服务的奠基石。我们力争做到让基础数据生根、让成果数据说话。

5　项目咨询服务的启示

全过程工程咨询是相对于提供传统咨询服务模式而言，区别于碎片化的分阶段分过程咨询，对工程建设项目前期研究和决策以及工程项目实施和运行的全生命周期提供设计组织、管理、经济和技术等相结合的工程咨询服务，与国际上通行的咨询限定的工作内容、服务方式相似。以市场化为基础，以国际化为导向，通过做好精前端、强后台的咨询服务，从而达到控制项目投资风险，协助发包方进行建设投资的合理筹措与投入。目前，正常运行的设计、招标代理、造价咨询、监理、投资咨询、项目代建、项目管理等任何一个业态都可以通过延伸服务范围与拓展服务类型来开展全过程工程咨询。但是以上类型的企业各有优缺点，如果只是通过简单的合并重组、兼并组合等就涵盖全部的咨询业务范围，并不一定就能做好全过程工程咨询。

我们认为，咨询企业应放眼长远，顺应宏观政策和技术潮流，恪守职业道德，以科学为基础，以事实为依据，以法律为准绳，立足自身发展，不断巩固优势，及时补全短板，促进服务的科学化、标准化和规范化，认真做好深度融合，加快培育和引进高素质、高技能的综合型人才，通过项目不断积累经验和业绩，高度整合服务内容，这样才能在实践中为客户提供高质量的全过程工程咨询服务，在新发展阶段展现新形象、实现新作为，更好地提高服务质量和项目品质，有效规避风险，这是政策导向也是行业进步的体现。

基于投资管控为主线的某小学建设项目

崔娇龙 李 慧 牛晓涛（河北永诚工程项目管理有限公司）

摘 要：某小学建设项目施工，其总建筑面积22081.24m²，总投资11459.95万元。针对本项目特点，我单位选择综合素质高、经验丰富的专业人员组成项目咨询机构，实行项目总咨询师责任制，项目组织机构人员构成包括总负责人、项目管理、前期咨询、造价咨询、招标代理以及各专业咨询工程师共18人。项目团队进场后，策划确定了项目管理总体工作程序、项目节点计划管理目标、项目咨询工作分工、项目管理制度汇编等一系列工作流程和标准。项目实施过程中，咨询项目部协助建设单位组织各部门对图纸进行了审查并与初设和现场进行了对比，组织各参建单位对项目投资不合理的部分进行了协商解决，设计优化节约投资为65.49万元。通过对本项目投资分析，综合结余与优化后投资尚剩余1025.7415万元，投资控制在批复的概算范围内。

1 项目基本概况

（1）项目名称：某县某小学建设项目。

（2）建设地点：某县城。

（3）项目规模：总建筑面积22081.24m²。其中餐厅建筑面积为2506.07m²，综合楼及教学楼一区建筑面积为8747.64m²，教学楼二区建筑面积为4664.80m²，1号、2号连廊建筑面积为50.40m²、368.10m²，地下车库建筑面积为2080.90m²，宿舍楼建筑面积为3303.37m²，3号连廊建筑面积为251.77m²，主、次入口大门及门卫室统称为门卫，门卫建筑面积为108.19m²。

（4）总投资：11459.95万元。其中工程费9701.92万元、工程建设其他费1008.31万元、预备费749.72万元。

（5）质量标准：符合工程施工质量验收规范。

（6）计划工期：2022年7月底前完工。

2 服务范围及组织模式

2.1 服务的业务范围

全过程工程项目管理：建设阶段的项目策划、报建报批、勘察管理、设计管理、合同管理、投资管理、进度管理、招标采购管理、现场管理、参建单位管理、验收管理、运营保修管理以及质量、计划、安全、信息、沟通、风险、人力资源等管理与协调。

工程监理：本工程施工及保修阶段的监理。图纸范围内全部工程及保证本工程达到竣工使用条件的全部工程的监理服务，包括施工准备阶段、施工阶段的质量控制、进度控制、投资控制、合同管理、组织协调、信息及资料管理、安全文明施工管理及保修阶段等的监理服务。

造价咨询：施工图设计阶段工程量清单及最高限价的编制、施工承包合同有关价款内容的审核、项目施工阶段工程计量和支付等过程跟踪服务、竣工结算的审核等。

2.2 服务的组织模式

我公司本着职称、专业和工作经验合理、精干高效的原则，按照国家发展改革委和住房城乡建设部《关于推进全过程咨询服务的指导意见》，选择综合素质高、经验丰富的专业人员组成项目咨询机构，实行项目总咨询师责任制，针对本工程项目特点和我公司对工程项目的管理经验，特设立如图1所示组织架构。项目组织机构全面负责本项目全生命周期的项目策划、报建报批、勘察管理、设计管理、合同管理、投资管理、进度管理、现场管理、参建单位管理、验收管理、运营保修管理以及质量、计划、安全、信息、沟通、风险、人力资源等管理与协调，同时负责本工程施工及保修阶段的服务工作和承包合同有关价款内容的审核、施工图设计阶段工程预算的审核、项目施工阶段工程计量和支付等过程跟踪服务、竣工结算的审核及项目成果文件按需要进行的评估与评价，为工程项目咨询目标的实现提供有力的组织措施。

项目组织机构在公司的直接监督和领导下，对工程的前期阶段、施工准备到竣工验收进行全方位的管理。以投资、质量、工期、安全为中心，以前期策划和施工阶段为重点，积极配合建设方的各项工作，协调好外部及内部系统的工作，以高度责任心去完成工程的各项工作。

项目组织机构人员构成包括总负责人、项目管理负责人、前期咨询负责人、造价咨询负责人、招标代理负责人以及各专业咨询工程师共18人，根据全过程咨询服务项目的内容及特点，以及组织结构模式的适应情况，采用短矩阵式组织结构模式，项目总负责人由公司总经理授权委派，专业咨询负责人和专业咨询人员从公司各职能部门抽调，组建全过程咨询项目部。

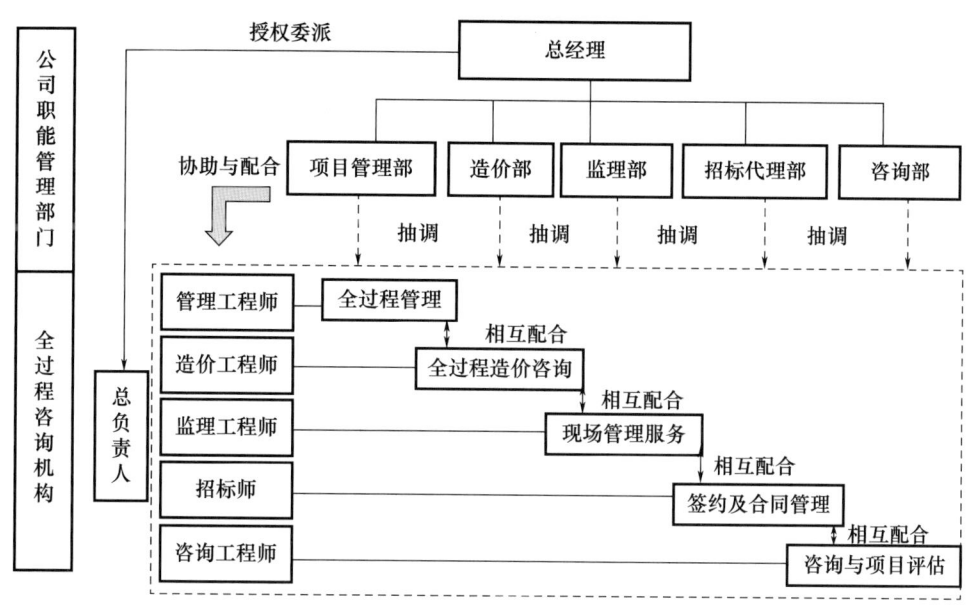

图 1 组织架构

2.3 服务工作职责

2.3.1 部门各咨询组任务分工

（1）前期管理组工作任务

① 配合项目总负责人负责前期各项手续的办理，与各相关部门的沟通，协调各方面关系；编写报批报建申请表，准备所需办理资料，与建设单位共同完成项目开工前办理质量和安全监督备案、项目系统录入、节能和绿建备案、施工许可证、规划部门定位及验线申请和缴费、农民工工资预储金和安全文明施工费预缴等前期报批报建手续；

② 项目开工前、竣工时，协助项目总负责人编制项目前期、后期的工作计划；

③ 负责办理临时水电及控制网点的手续；

④ 负责办理项目开工前的各项报批手续、招标手续及委托质监、安监等工作；

⑤ 办理施工图委托送审工作，征询消防、人防、环保、交通等部门的审图意见，并及时反馈给项目总负责人；

⑥ 及时了解与项目建设有关的各种法律法规、政府规章制度，收集项目建设需缴纳的各类规费的规定，积极献计献策，为工程节约建设成本；

⑦ 项目建设后期，协助办理通电、通水、排污等手续，并负责联系各项竣工验收所涉及的政府各职能部门相关人员；

⑧ 项目结束，及时整理前期资料和各种工程资料，并对前期工作进行总结，工作总结经项目总负责人审核后报建设单位备案。

（2）项目管理组工作任务

工程管理部负责本项目的质量、进度、投资、安全与文明施工管理及工程合同管理工作，保证工程设计、采购、施工和验收等质量符合规定，维护建设单位的利益。其主要职责如下：

① 负责在本项目中正确贯彻公司的质量方针和质量手册；

② 编制本项目的质量计划，编制对业主的质量承诺要求事项，建立项目质量管理组织，明确各级和各专业的质量责任；

③ 参与图纸会审，注重建筑、结构、设备安装设计各个专业的衔接，以免出现不统一的矛盾和每个专业设计不到位的死角，并提出相关设计改进方面的建议；负责设计阶段的管理审核图纸以及实施阶段对设计变更做技术经济分析；对后续工程设计（如室外道路、照明、景观绿化等）提出设计纲要、限额设计要求；组织方案征集、方案评审，选择最优方案；

④ 检查本项目质量计划的实施情况，负责工程实施阶段的设计，有关施工难题、施工工艺层面的设计问题与设计院进行对接和沟通；

⑤ 协助前期咨询组进行设备选型和购买国内外设备的技术把关，检查供方合同的质量保证条款，审查供方的质量管理体系；

⑥ 管理对不合格问题的处理，分析原因、制定纠正措施，以及跟踪检验其有效性；

⑦ 编写本项目质量报告，包括项目实施过程中的质量信息反馈及项目完工后的质量总结和业主对工程质量的评价；

⑧ 组织工程项目的设备调试及竣工验收工作，负责保修期质量管理工作；

⑨ 制订工程实施阶段的项目管理文件及项目总进度计划；在工程实施中对总进度计划节点进行严密控制，监督总进度计划的落实，并有切实可行的进度纠偏措施；

⑩ 进行项目建设实施阶段过程的进度、质量控制，进行现场签证工作，负责项目全过程的安全环保及文明施工管理，进行项目计划管理、风险管理；

⑪ 对施工承包单位进行管理；对现场监理单位进行管理，并协助其做好每一项工作；

⑫ 整理工程项目档案资料，检查统计每月项目质量、进度、投资工作控制情况，报信息管理人员汇总。

（3）招标采购组工作任务

对现场咨询成果进行复核及考核，管理本项目的施工招标、设备材料采购合同签订业务，并对工程投资进行动态跟踪。

其主要职责如下：

① 结合项目总进度计划，按照规定组织招标，并制订本项目采购计划；

② 根据招标确定的分承包商，起草合同文本，进行合同谈判、合同签订、合同管理、合同收尾等工作；

③ 进行施工招标标段划分，制订本项目采购计划；

④ 组织招标工作、设备材料采购；组织做好设备、材料的催交，设备检验、监制、运输及交接工作；进行设备选型和购买国内外设备的技术把关；

⑤ 审查设计单位、施工单位、监理单位报送的有关资格预审文件并提出审查意见；

⑥ 检查统计每月项目招标、采购工作运行情况，报信息部汇总；

⑦ 进行合同管理，监督施工合同、监理合同和设备材料采购合同的履行情况；

⑧ 针对各单位的合同争议、索赔、工期延期等问题，向项目总负责人提出初步意见；

⑨ 检查统计每月项目合同、造价执行情况，报信息部汇总。

（4）造价咨询组工作任务

① 根据投资控制总体目标制订全过程投资控制工作计划、投资控制措施，实施动态跟踪比较，定期进行控制结果情况汇报；

② 按照咨询合同文件的要求，安排合格的造价工程师进行设计概算、工程量清单及最高限价的审核，出具合格的成果文件；

③ 在项目实施过程中，对工程变更、现场签证进行审核与管理，协助审查设计变更的合理性和经济性，提出咨询意见；

④ 在项目实施过程中对材料、设备采购价格进行审核、咨询，出具审核意见；

⑤ 制订支付计划，定期核实工程量，办理相关支付审批手续；

⑥ 掌握投资变更动态，进行动态技术经济分析；

⑦ 工程竣工后督促承包单位编制工程结算，进行工程结算的审核；

⑧ 配合审计单位完成对工程决算的审核。

2.3.2 项目咨询成员主要岗位职责

（1）项目总负责人岗位职责

① 组织编制项目总控规划，包括总体目标策划及确定，前期工作计划、建设总进度计划、质量控制计划、总投资控制计划、项目年度资金使用计划、招标采购工作计划、安全与文明施工管理计划、沟通协调计划等；

② 确定项目分解结构、工作分解结构（工作任务分工表）、组织机构及岗位职责，落实项目咨询所需资源；

③ 组织制定项目部的规章制度并监督检查各项制度的执行；

④ 检查监督现场项目组人员的工作，根据工程项目的进展进行人员调配，对不称职的人员进行调换；

⑤ 依据总体目标，对项目实施中的各个环节进行动态控制，对偏差原因进行调查、分析；

⑥ 对项目日常管理工作中遇到的重大技术问题，组织提出解决办法，编写专题报告和阶段性管理工作报告；

⑦ 组织召开各项专题会议，做到各个参建单位沟通畅通，信息传递和接收迅速；

⑧ 项目完成后对全过程咨询服务进行工作总结和绩效评价，包括管理制度创建及执行情况，工程建设目标制定及完成情况，项目实施各阶段程序的合法性及出现的问题、处理方法，对未来项目全过程咨询的建议等。

（2）项目管理负责人岗位职责

① 编制项目管理实施方案，确定项目管理组织机构及岗位职责，依据项目总控规划，编制三大目标控制实施路径，落实管理工作计划实施的保证措施，对各项目标进行动态控制，对偏差原因进行调查、分析；

② 保持与建设单位的密切联系，并将建设单位的指令、意图及时向项目管理部传达；

③ 项目实施各阶段负责协助建设单位完成报建报批工作，确保建设程序的完备性与

合法性；

④ 对项目实施进行有效管理，定期召开项目管理会议，汇总项目建设过程中的问题等信息，研究解决办法，确保工期、质量、造价、安全各个管理目标的实现；

⑤ 对项目实施中的各个环节进行调查、分析，组织编写专题报告和阶段性项目管理工作报告；

⑥ 做好合同管理，分析合同实施风险，采取措施进行有效控制。

(3) 招标代理负责人职责

① 在公司经理的领导下，认真贯彻执行公司质量管理体系标准；

② 项目负责人是公司在本工程项目的代理人，代表公司对代理项目全面负责；

③ 遵守国家和地方政府的政策法规，执行公司的规章制度和指令；在代理项目中代表公司履行合同执行中的有关技术、项目实施进度、结算与支付等方面工作；

④ 主持制订项目的实施方案、工作目标、质量计划及总体计划和分阶段进度计划；

⑤ 负责与项目各参与方沟通，宣传各类文件，组织解决项目实施过程中的各类委托；

⑥ 做好项目的管理工作，保证各文件、资料、数据等信息准确及时地传递和反馈。

(4) 造价咨询负责人岗位职责

① 负责编制咨询项目的造价咨询实施方案，组织本项目组专业人员落实咨询实施方案，并以此指导项目组每个成员的执业行为；

② 负责业务实施过程中与相关单位、相关专业人员间的协调、组织和业务联系工作；对造价咨询过程中尚未排除的风险，须如实向项目总负责人反映报告，并在初步成果文件形成前加以解决；

③ 对造价咨询成果的完备性、准确性负责。按照公司规定，对项目造价咨询初步成果复核后，汇总成册；对造价咨询初步成果文件的编制深度和复核质量负责；咨询成果审核后，按质量控制第三级审核意见进行修改。

④ 制订使用计划，建设过程中严格控制工程变更，办理相关支付审批手续；

⑤ 动态掌握本项目造价管理实施状况，研究提出造价控制纠偏策略，投资控制计划的修改，必须得到项目总负责人的批准；

⑥ 组织编写项目投资控制月报和投资控制工作总结。

(5) 项目管理工程师岗位职责

① 参与编制项目管理实施方案，编写项目管理实施细则；

② 协调参建各方之间的工作关系，按照职责权限处理施工现场发生的有关问题，签发一般项目管理指示和通知；

③ 审查承包人提交的合同工程开工申请、施工组织设计、施工总进度计划、年施工进度计划、专项施工进度计划、资金流计划；

④ 审查承包人按有关安全规定和合同要求提交的专项施工方案、应急预案；

⑤ 审查承包人提出的现场管理机构配备，审查分包项目许可和分包人的资格条件；

⑥ 审查承包人编制的施工控制网和原始地形施测方案；复核承包人的施工放样成果；

核查承包人报验的进场原材料、中间产品的质量证明文件，参与或组织工程设备的交货验收；复核工程检验批质量验收、分部分项工程质量验收和功能性试验、单位工程验收记录等；按照职责权限参与工程的质量评定工作和验收工作；

⑦ 检查、监督工程现场的施工安全和文明施工措施、制度的落实情况，指示承包人纠正违规行为；情节严重时，向建设单位报告；

⑧ 配合造价工程师对项目投资进行动态控制，记录项目实际发生的各项费用支出，对投资目标进行动态控制；施工阶段复核已完成工程量，审核施工单位上报的进度款支付报表；

⑨ 依据总进度目标编制关键节点的分解目标，对工程进度实施动态跟踪控制，及时纠正进度偏差；

⑩ 对项目进行风险控制，施工中发生重大问题或遇到紧急情况时，及时向项目经理报告、请示，对发生的索赔、质量、安全事故处理等提出初步意见；

⑪ 收集、汇总、整理项目管理档案、信息资料，负责编写管理月报，核签或填写管理日志。

（6）造价工程师岗位职责

① 负责本专业的项目造价管理业务实施及其质量管理工作，指导和协调造价员的工作；按照实施方案拟定的原则、工作流程、风险防范要点、计价依据等要素，规范地开展造价咨询工作；

② 在负责人的领导下，组织本专业造价人员拟订项目造价管理业务实施细则，核查资料使用、编制原则、计价依据、计算公式、软件使用等是否正确；

③ 核实委托方提供造价咨询资料内容的完整性、规范性、合理性，并办理资料交接清单，组织编制本专业的咨询成果文件，编写本专业的成果文件说明和目录，检查成果文件是否符合规定，负责编制和签发本专业的成果文件；

④ 按项目分解结构进行投资分解，经总负责人批准后形成分解控制目标，下达给项目管理工程师、采购工程师、监理工程师，作为各阶段投资控制的依据；

⑤ 在项目实施过程中编制项目实施费用状态和项目费用汇总报告，定期监测与分析费用的执行情况和发展趋势，对偏离控制目标的任何倾向提出纠偏意见和措施。

（7）总监理工程师岗位职责

① 主持编写项目监理规划，审批项目监理实施细则，组织编写并签发监理月报、专题报告和监理工作报告；

② 负责管理项目监理机构的日常工作，依据项目监理工作任务确定项目监理人员的分工和岗位职责，对项目监理机构中监理人员的工作进行监督，根据项目进展情况和监理人员的工作表现，及时调整监理人员；

③ 组织或参加工地例会，主持监理专题会议，签发项目监理机构的重要文件和指令，定期检查项目监理工作成果；

④ 组织审定施工单位提交的开工报告、施工组织设计、技术方案、进度计划，审查

开复工报审表,签发工程开工令、暂停令和复工令;

⑤ 组织审查总承包单位及分包单位资质及现场人员的组织架构,组织检查施工单位现场质量、安全生产管理体系的建立及运行情况;

⑥ 参与或配合工程质量安全事故的调查和处理;

⑦ 主持审查和处理工程变更,审批工程延期,组织审核施工单位的付款申请,签发工程款支付证书等;

⑧ 审核签认分部工程和单位工程的质量验收资料,组织或参与工程中间验收;

⑨ 审查施工单位的竣工验收申请,组织工程竣工预验收,组织编写工程质量评估报告,参与工程竣工验收;

⑩ 调解建设单位与施工单位的合同争议,处理工程索赔;

⑪ 项目完成后进行监理工作总结,主持整理并移交监理资料。

(8) 专业监理工程师岗位职责

① 参与编制监理规划,负责编制监理实施细则;

② 负责本专业监理工作的具体实施,组织、指导、检查和监督本专业监理员的工作;协助总监理工程师协调参建各方之间的工作关系,按照职责权限处理施工现场发生的有关问题;

③ 定期向总监理工程师报告本专业监理工作实施情况,对重大问题及时向总监理工程师报告和请示;

④ 审查施工单位提交的施工组织设计和涉及本专业工程的专项方案、工作计划、申请、变更等报审文件,并向总监理工程师报告;

⑤ 审核总包单位现场人员组织架构及分包单位资格;

⑥ 核查进场材料、设备、构配件的原始凭证、检测报告等质量证明文件及其质量情况,根据实际情况认为有必要时对进场材料、设备、构配件进行平行检验,合格时予以签认;

⑦ 验收隐蔽工程、检验批、分项工程、分部工程,参与工程竣工预验收和竣工验收;

⑧ 对施工现场进行安全检查,包括检查安全管理人员在岗、安全教育、安全防护、安全警示、持证上岗、按规程操作等,对违规操作行为有权进行经济处罚;

⑨ 负责工程计量工作,审核工程计量的数据和原始凭证;协助总监理工程师处理变更,并提出初步意见;

⑩ 参与工程质量问题和安全事故的调查和处理;

⑪ 组织编写监理日志,参与编写监理月报、监理工作阶段报告、专题报告,编写工程质量评估报告和监理工作总结。

3 服务的运作过程

3.1 目标制定

本项目教学楼包括 48 个班,在校生 2160 人。建成后,将满足小学教学需求,能更好地服务于周边适龄儿童,促进县教育事业稳定、健康、持续发展。

本项目工作任务重、时间紧，施工阶段加强设计、施工、监理等参建各方的协调工作。为顺利完成本项目的建设任务，特制定本工程的质量、进度、安全文明等具体实施目标。以进度、投资管控为主线，保质保量地完成项目管理任务。在工作中依据国家及建设行政主管部门制定、颁发的有关法律、法规、政策、技术标准，以及经批准的设计文件和依法签订的合同，按约定服务的范围和内容，认真履行管理义务，制订详细的工作计划，明确岗位职责，科学、有效地对本工程实施管理，提供管理咨询服务，促进本工程达成以下总目标：工程质量、工期、投资和安全满足建设单位的要求，本工程建设达到质量优、进度快、投资省、效益高的目的。

在项目建设管理过程中，项目部将建立信息系统，加强与业主方沟通，实现信息对称透明，及时按要求上报资料，汇报工程进展情况，认真执行业主方提出的建议及指令，做好配合工作，充分发挥我公司的统筹组织职能；在重大问题上充分听取业主方的意见，维护业主方的最终决定权；努力协调好与有关单位的关系，减少业主方的协调工作量；主动、及时向业主方提出工程施工、设计及财务方面的优化建议，尽力为业主方节约建设投资；坚持以诚信为本，为招标人、业主方提供优质的服务，让业主方满意，实现对业主方的各项承诺。

3.2 项目策划

3.2.1 项目管理总体工作程序

依据本项目具体情况，拟采用的工作程序如图2所示。

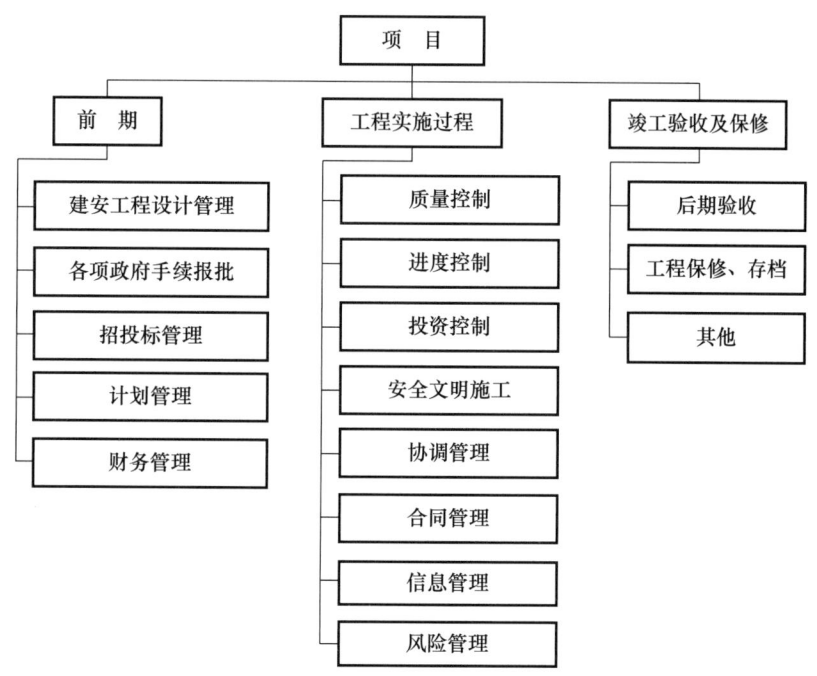

图2 项目管理总体工作程序

3.2.2 项目进度管理目标

对本项目工期实施控制，自项目前期准备开始直至项目竣工验收完毕止，确保2022年7月底完工，总工期满足建设单位要求，见表1。

表1　某小学项目节点计划

计划内容	开始时间	完成时间	责任单位
环评批复	已完成		业主
可研批复	已完成		业主
方案设计	已完成		业主
土地划拨完成	2020/1/13	2020/1/13	业主
方案公示、办理建设用地规划许可证	2020/1/14	2020/1/23	业主
召开规委会、办理建设工程规划许可证	2020/1/24	2020/1/24	业主
初步设计、概算批复	已完成		业主
EPC总承包招标	已完成		业主
施工图绘制	已完成		设计单位
施工图审查及专项备案	2020/1/26	2020/2/10	审图单位
预算编制		2020/3/25	施工单位、咨询单位
造价咨询初审	2020/3/25	2020/4/12	咨询单位
财审	2020/4/12	2020/4/28	财政局
勘察、监理、检测等招标	已完成		业主
联合审图	2020/1/25	2020/1/27	审批、业主
质监、安监等备案	2020/1/25	2020/1/30	各参建单位
配套费、农民工工资专用账户及保证金	2020/1/25	2020/1/30	业主及总包单位
施工许可证	2020/1/25	2020/1/30	业主
开工前准备	2020/2/1	2020/2/20	各参建单位
自规局定位放线	2020/2/20	2020/2/25	业主
临水临电审批开户	2020/2/20	2020/2/25	业主
工程开工、土方开挖	2020/2/25	2020/4/9	业主及各参建单位
护坡、桩基	2020/4/9	2020/4/30	业主及各参建单位
筏板、地下室	2020/4/30	2020/6/30	业主及各参建单位
封顶	2020/6/30	2021/12/30	业主及各参建单位
住建、规划、消防、人防、节能等验收	2021/12/30	2022/4/30	业主及各参建单位
交付	2022/4/30	2022/5/30	业主及各参建单位

3.2.3 项目咨询工作分工

为保证全过程咨询团队各部门之间职责明确、协同统一，对项目实施全过程工作任务进行了明确分工，见表2。

基于投资管控为主线的某小学建设项目

表2 全过程工程咨询工作任务分工一览表

工程名称：某小学建设项目　　　　　　　　　　　　　填表日期：2020年1月11日
填表单位：某小学项目部　　　　　　　　　　　　　　审核人：

序号	阶段划分	工作任务签订及成果文件		总咨询师	项目管理组	监理组	造价咨询组
1	项目前期阶段	咨询合同拟订、审核	合同初稿	审定	拟定初稿	参与拟订初稿	参与拟订初稿
		咨询合同对接建设方签订	全咨合同	负责对接	协助对接		
		项目团队组建、分派任务	组织结构图、任务分工一览表	负责审核	项目经理	总监	造价负责人
		项目部搭建（办公设备、标识等），费用申请及报销	成本按合同比例分配	审批	负责搭建、费用申请和报销	负责本组办公设备申请、领取、退还	负责本组办公设备申请、领取、退还
		管理、监理、造价实施方案/实施细则编制	各专项方案	审定	负责管理方案	负责监理规划、细则	负责造价方案
		测绘点交接（坐标、高程）	交接记录		负责交接、记录	参与、记录	
		总包合同审查（EPC模式）	审查报告	复审	初审，编写报告	初审	初审
		勘察管理（投资质量进度）	管理通知单		质量、进度控制		投资控制
		设计管理（投资质量进度）	管理通知单		质量、进度控制	参与	投资控制
		初设与可研报告对比分析	对比报告	审核	收集资料，针对分析报告拿出解决方案	参与	负责对比编写报告，是否概算超可研10%、概算内是否有较大漏项
		设计概算与预算对比	对比报告	审核	收集资料		负责对比编写报告，概算内是否有较大漏项、预算是否会超概，分析不可预见风险
		施工图审查委托	委托合同		全面负责		

313

续表

序号	阶段划分	工作任务签订及成果文件		总咨询师	项目管理组	监理组	造价咨询组
1	项目前期阶段	施工图预算的审核	审核报告	审核	协助收集资料		全面负责，资料收集、现场踏勘、编制、核对、盖章等
		施工图预算上报财评	审核报告	督促	配合、协助		配合财政评审单位对争议解决
		开工前投资分析	分析报告	审核	协助收集可研、初设、招标投标等资料	参与	负责编制分析报告，含投资目标、概算合理性、可动用资金分析、未来发生的费用、建议等
		投资控制解决方案	解决方案	审定	协助编制解决方案，提出意见和建议	协助编制解决方案，提出意见和建议	负责编制解决方案
		委托材料、专项检测、审图等单位	委托合同		专人负责		
		办理规划许可证等	许可证书	督促	专人负责，限时完成		
		环评、消防、人防等备案	备案回执	督促	专人负责，限时完成		
		质监安监备案等报批报建		督促	专人负责，限时完成	配合	
		组织设计交底和图纸会审	记录表	组织	确定时间地点、通知各方	负责人参加	负责人参加
		施工组织设计审查	审批表	督促	参与讨论技术方案经济性	督促上报、负责审查	参与讨论技术方案经济性
		施工进度计划审查	施工阶段计划	督促	参与审查，提出意见	督促上报、负责审查、提出意见	参与
		督促办理农民工工资预储金、保证金、安措费专户		督促	督促各方限时办理		

续表

序号	阶段划分	工作任务签订及成果文件		总咨询师	项目管理组	监理组	造价咨询组
1	项目前期阶段	施工许可证办理其他资料	施工许可证	督促	专人负责	配合提供资料，按时完成	
		甲方委托"三通一平"	签证资料	督促	负责临电、临水、临地手续办理	核实工程量，签署意见	核实工程量，测算造价
		第一次工地会召开	会议纪要、签到表	督促	组织，提出管理要求，审核会议纪要	参加，提出监理要求，编制会议纪要	参加，提出造价要求
		参建各方微信群	微信群	督促	负责建立、管理，全体加入，管理资料上传下载	全体加入，上传下载监理资料	全体加入，上传下载造价资料
		工程预付款的审批	付款申请、付款审批、付款证书	复审	确认付款时间和比例，登记每次支付记录台账	负责审核，签署意见，用章申请	复核付款额度，保留付款记录复印件
		核实开工条件和下达开工令	开工令	审核	核实开工条件	负责审核，签署意见	
		建设资金使用计划编制	建设资金使用计划	审核	组织编制	协助	协助
2	实施阶段	无人机飞拍原始地貌	图片视频		负责飞排，存储数据	参与和协助	参与和协助
		场地平整后测量百格网高程	测绘记录（签字）		组织各方	全程测量跟踪、签字	参与测量、检查错误
		工程定位测量放线	测量放线记录		审核复测结果	全面复测，签字确认	
		地基验槽	地基验槽记录	参加验槽	确定时间，联系参加验槽六方负责人	总监、专监参加，签字	测算地基处理方案造价，提出优化方案
		基坑支护降水方案评价	评价报告	审核	督促施工方出具方案，参与讨论方案的经济性、合理性、安全性	就支护降水方案的经济性、合理性、安全性出具监理审批意见	测算方案的工程造价，为方案审批提供依据

续表

序号	阶段划分	工作任务签订及成果文件		总咨询师	项目管理组	监理组	造价咨询组
2	实施阶段	现场质量控制	质控资料、通知单等	总负责	参与全面质量控制	负责全面质量控制	参加地基验槽、中间验收、隐蔽验收
		工程进度控制	进度计划、偏差分析、进度调整等	总负责	负责全面进度控制，定期分析对比	参与全面进度控制	协助
		现场安全管理	检查记录、通知单等	总负责	进行安全监督检查	履行安全监理职责	
		合同管理	管理记录、台账	督促检查	负责收集、管理、记录、台账登记	协助	协助
		全过程风险管理	风险识别清单，分析、控制措施一览表	组织实施	识别质量、进度、安全风险，提出控制措施	识别质量、进度、安全风险，提出控制措施	识别投资控制风险，提出控制措施
		管理或监理工作例会	会议纪要、签到表	参加	主持管理例会，编制会议纪要，负责签到和签字下发	主持监理例会，编制会议纪要，负责签到和签字下发	参加例会
		全咨工作例会	会议纪要、签到表	参加	主持例会，审核会议纪要，对参会各方下发	参加例会，负责参会人员签到，编制会议纪要	参加例会
		沟通协调	书面记录、通知单、会议纪要等	督促、检查	负责各方沟通，沟通项目管理工作问题	与建设方、施工方沟通三控两管方面的问题	与各方沟通投资控制方面的问题
		塔吊、打桩机、挖掘机、发电机等大型施工机械进出场记录、核对	设备进出场记录、塔吊基础图纸		督促完成	负责进出场设备型号、数量、进出场次数统计	核对进出场设备型号、数量、进出场次数，与合同清单对比
		每月工程量的复核	工程量确定单	督促、检查	复核工程进度节点和完成的工程量	确认完成工程进度节点，专监签字	核实完成的工程量，有计算底稿

续表

序号	阶段划分	工作任务签订及成果文件		总咨询师	项目管理组	监理组	造价咨询组
2	实施阶段	工程进度款的核实与审批	付款申请、付款审批、付款证书	复审	确认付款时间和比例，审核、签署意见	负责审核，签署意见、用章申请	复核付款额度
		工程变更的审核与批准	工程变更记录	复审	控制变更程序，审核可施工性	控制变更程序，审核可施工性	变更费用测算，出具预算
		工程签证的审核与批准	工程签证记录	复审	控制签证程序，复核工程量，签字确认	控制签证程序，复核工程量，签字确认	签证费用测算，出具预算
		材料设备询价	询价清单、报价等	审核	督促承包方上报	核实材料设备规格型号	询价工作
		索赔事件处理	索赔资料	审核	主持、沟通	证据审核、审核索赔工期	索赔费用计算
		投资偏差分析报告	分析报告	审核	协助、初审	协助	收集资料、分析编制报告
		档案资料管理	档案资料	督促检查	实施方案、管理日志、月报、通知单、会议纪要、工作总结等	监理规划、细则、通知单、月报、会议纪要、工作总结、评估报告等	实施方案、工作日志、分析报告、成果报告等
		信息化管理	图片、视频、模型等	督促检查	会议召开、领导视察、控制检查、技术评审等	例会、旁站、巡视、检测、验收等	信息模型、造价控制讨论、收量等
		企业文化建设	标识、管理制度、流程、活动等	督促检查	主导项目部企业文化建设和资金、设施等投入	负责本专业部分文化建设内容	负责本专业部分文化建设内容
3	验收阶段	组织竣工预验收	预验收资料	参加	参加	总监组织，定时间，通知参加人员	
		监督完善和整改	验收记录、整改记录	参加	督促检查	有验收记录、整改回复	

续表

序号	阶段划分	工作任务签订及成果文件		总咨询师	项目管理组	监理组	造价咨询组
3	验收阶段	组织消防专项验收	验收意见和记录	参加	组织验收，定时间，通知参加人员	总监、专监参加，提出验收意见	
		组织节能专项验收	验收意见和记录	参加	组织验收，定时间，通知参加人员	总监、专监参加，提出验收意见	
		参加环保验收	验收意见和记录	参加	组织验收，定时间，通知参加人员	总监、专监参加，提出验收意见	
		竣工图审查	竣工图文件		督促绘制	核实签认	
		竣工验收	签到表、影像、验收意见	主持参加	组织验收，定时间，通知参加六方人员	总监、专监参加，提出验收意见	
		竣工结算审核	竣工结算报告	督促、检查	协助	协助	负责结算全面工作，包括资料收集、造价核对、报告编制等
		全过程咨询工作总结	工作总结	主持编制	负责本专业工作总结	负责本专业工作总结	负责本专业工作总结
		档案资料整理、移交	资料清单、交接单	督促、审核	主持及本专业资料整理、移交	本专业资料整理、移交	本专业资料整理、移交
		协助进行绩效评价	评价报告	督促、审核	负责评价报告编写	参与编写	参与编写
		项目复盘	复盘专题报告	组织	组织成员参加	总监组织成员参加	部门经理组织成员参加

说明：发生以上清单不包括的内容，本表应及时补充完善。但应按照涉及造价控制时由造价组负责、涉及现场管理由监理组负责、涉及各方沟通协调由项目管理组负责的原则。

3.3 组织实施

3.3.1 项目管理制度

为保证项目的顺利实施，我项目部编制了某小学建设项目管理制度汇编，明确了项目实施过程中的工作流程和原则，主要包括：

(1) 项目前期管理

① 设计变更管理制度；

② 设计交底、图纸会审制度。

(2) 项目过程管理

① 项目例会制度；

② 月度联检制度；

③ 安全生产检查制度；

④ 月度汇报制度；

⑤ 计划执行落实管理制度；

⑥ 合同管理制度；

⑦ 材料、设备认价制度；

⑧ 工程签证管理制度；

⑨ 工程款支付报审制度。

(3) 项目竣工阶段管理

① 工程验收管理制度；

② 工程档案管理制度。

3.3.2 投资梳理

项目实施过程中，我项目部本着工程质量、工期、投资和安全满足建设单位的要求，使工程建设达到质量优、进度快、投资省、效益高的目标。以投资控制为主线进行管理。实施过程中，我项目部协助建设单位组织各部门对图纸进行了审查并与初设和现场进行了对比，组织各参建单位对项目投资不合理的部分进行了协商解决。具体事项如下：

(1) 级配砂石换填。

综合楼、教学楼、宿舍、餐厅、大门、连廊：概算中级配砂石工程量为29024.3m³，造价约865.77万元。造价咨询单位在招投标阶段，编制工程量清单时，仅按基础底换填1.5m计算，未考虑现场实际基槽高程，招标清单工程量为16720.79m³。实际换填平均深度4.43m，测算工程量为40450.71m³，比招标清单工程量增加23729.92m³。

地下车库：基槽开挖达到施工图纸设计基底标高，现场验槽时发现基底轴线L轴至G轴为中砂层分布，其他区域为卵石砂层分布。考虑基底承载不均，基底验槽结束经勘察设计单位研究，确定轴线L轴至G轴中砂层全部清理挖至卵石层，并采用级配砂石换填，工程量为1092m³。

教学楼二区验槽后增加：教学楼二区验槽发现有虚填渣土，根据地基验槽记录须全部清挖，清挖平均深度为3m。基坑底采用卵石夯填至水面以上50cm，回填深0.6m，工程量为225.64m³；其余采用级配砂石回填至基底标高，工程量为902.57m³。

解决措施：级配砂石换填工程，因已标价工程量清单中有此相同项目，按照施工合同通用条款和专用条款10.4变更估价原则，按照相同项目单价认定，工程量经建设单位、管理公司、监理单位、造价单位、施工单位共同确认，以工程签证形式据实结算。

（2）由于车库边坡为卵石土层，基坑西侧须采用喷锚支护。

解决措施：地下车库基坑降水和基坑支护，因本项目合同中不含此部分费用，为保证工程质量及安全，必须进行此项工作，建议根据建设单位、管理公司、监理单位、造价单位、施工单位共同确认的工程量，由施工单位编制工程量清单预算，报造价咨询单位审核后，签订补充协议。

（3）施工图未设计的内容。

厨房设备、换热站设备。

解决措施：换热站一套暂估 120 万元，按设备采购程序招标；厨房设备暂估 100 万元，按设备采购程序招标。

（4）钢筋材料价调差。

施工期间钢筋价格涨幅超过合同约定幅度，招标工程量为 1280.86t。

解决措施：钢筋材料价调差根据实际工程进度按合同约定调价方式执行。

3.3.3 设计优化

为保证投资的经济性和合理性，我单位协助建设单位组织各单位对图纸内容进行了优化。

（1）在满足校区使用功能的前提下，暖通专业优化具体如下：

① 经重新计算校核，采暖管道一次网由 DN200 改为 DN150；

② 教学一区北侧二次网 DN100 的采暖管道敷设长度减少 70m，需增加一个室外热力入户装置。

此部分调整共计节约工程造价 7.409 万元。

（2）在满足校区使用功能的前提下，给排水专业优化具体如下：

① 通过修改雨水管道的连接方式及走向，减少 8 个室外雨水井；

② 通过修改道路坡度方向，4m 的道路改为单向找坡，减少 9 个室外雨水箅子；

③ 通过修改室外管线走向，包含给水管道 3 根、消防管道 4 根，每根管道减少 20m，共计减少 140m。

此部分调整共计节约工程造价 6.989 万元。

（3）电气专业优化方案如下：

① 拟调整室外强电管线敷设路由，减少室外电力管 UPVC150 共计 735m；电缆减少共计 735m；减少 2 个强电检修人孔井；

② 拟调整弱电检修井为手孔井，共计 5 个；

③ 拟调整部分强电井人孔井为手孔井，共计 2 个。

此部分调整共计节约工程造价 51.09 万元。

3.4 投资分析

投资分析见表 3～表 5。

表3 造价增加分析

序号	项目名称		工程量	总金额（万元）
1	级配砂石换填	综合楼、教学楼、宿舍、餐厅、大门、连廊	23729.92m³	538.1204
		地下车库	1092m³	11.3684
		教学楼二区验槽后增加	卵石225.64m³、级配砂石902.57m³	27.8916
		合计		577.3804
2	基坑支护	支护	1335m³	31.3258
		合计		31.3258
3	设计不含	厨房设备（另行招标）	—	0
		换热站设备	—	120
		合计		120
4	钢筋材料价调差	—	1280.86t	148.98
	总计增加			877.6862

表4 可动用资金分析

单位：万元

序号	费用名称	概算金额	合同金额	节约金额	备注
1	招标节约费用	—	—	237.9877	
1.1	工程费	9701.92	9463.93231	237.9877	—
2	预备费及暂列金	—	—	1229.49	
2.1	基本预备费	749.72	—	749.72	
2.2	合同金额中：暂列金		412.77	412.77	
2.3	合同金额中：专业工程暂估价		67	67	
3	合同金额中：土方挖填及运输		370.46	370.46	现场地貌不应发生
	合计	—	—	1837.9377	

表5 设计优化节约投资分析

项目名称	室外管网（电气）	室外管网（给排水、暖通）
优化前投资（万元）	306.48	266.79
优化后投资（万元）	255.39	252.39
节约投资（万元）	51.09	14.40
合计节约投资（万元）	65.49	

根据表3~表5对本项目的投资分析，招标节余费用237.9877万元，预备费及暂列金1229.49万元，合同中可扣除工程费370.46万元，合计1837.9377万元；设计优化节约投资为65.49万元；增加的项目测算发生费用877.6862万元，综合结余与优化后投资尚剩余1025.7415万元，投资控制在批复的概算范围内。

4 服务的实践成效

4.1 工期满足业主需求

本项目是否可如期交工，涉及2160名学生是否可按时开学及巨大的舆论和社会压力，我单位通过项目总体进度计划节点时间的梳理制定，为施工总进度计划的编制提供了有效依据。项目实施过程中，通过对进度计划的监督落实及PDCA的有效实施，保证了项目实施实际进度满足项目的总体进度计划，并比合同工期提前2个月交工，得到了业主的认可与嘉奖。

4.2 项目实施高效可靠

实行程序化管理，发挥三方建设主体职能的有效性。通过建立文件收发书面往来制度，第一次工地会议制度，监理例会制度，专题例会制度，关键部位监理旁站制度，设计变更、现场签证报审制度，图纸会审、施工图审查制度，工程质量安全联检制度，对咨询工作任务进行了详细分工。同时尽可能地支持监理工作，维护监理管理职能，防止项目部过多干预监理工作使监理工作不能有效发挥。通过一系列程序和制度的制定、实施，保证了项目的顺利推进。

4.3 投资管控效果显著

在项目咨询服务中，坚持以建设工程造价控制为主线，对工程建设全过程实施跟踪。工程造价的控制立足于全过程控制，即事前控制、事中控制和事后控制，不仅在投资决策和设计阶段加强控制，在发包、施工和竣工验收阶段，主动采取措施有效控制变更造成的投资超限，主动地控制工程造价。通过实施过程中对投资的动态跟踪和管理，有效地提高了各参建方的风险意识，保证了项目投资控制在批复概算金额内，项目得以顺利交付。

某校园EPC总承包建设项目全过程造价咨询服务案例

田秀茹　刘文忠　陈健文　朱丽丽（河北至诚工程项目管理有限公司）

摘　要：本项目是某大学研究院首次获批成为市重点实验室和省自然科学基金项目，项目采用EPC全过程造价咨询服务模式，是在某市政府与某大学关于开展全面战略合作的框架协议下，按照高起点、新模式、国际化、合作共建的办学方针，充分利用科技、人才、教学、学科资源等方面的优势，结合京津冀一体化国家战略及社会发展和经济建设的需要，开展人才培养、科学研究、产学研平台建设等工作。2017年在市校双方的共同推动下，工程质量合格、环保达标、建设过程无安全事故，项目总投资6.5亿元。

1　项目基本概况

1.1　总体规划

某校园EPC总承包建设项目全过程造价咨询服务含某项目1和酒店项目2，其中某项目1总建筑面积46100m^2，校园内规划了8栋单体工程，主要建设内容包含单体1、单体2、单体3、单体4、食堂单体5、单体6、单体7、垃圾站单体8、地下人防车库及设备用房、外网工程、景观绿化等配套工程；酒店项目2总建筑面积13486.25m^2。某院负责某EPC总承包建设项目全过程造价的规划设计。

1.2　咨询项目信息

某EPC总承包建设项目全过程造价含某项目1和酒店项目2，项目施工图纸范围内全部内容含土建工程、装饰工程、室外景观绿化工程、电气工程、消防工程、给排水工程、采暖工程、通风工程、火灾报警、雨污水工程、给水外网及水泵房、热力外网及热力站空调站、电力外网及配电室、弱电外网、燃气外网、消防水外网、充电桩预埋、抗震支架工程等，二次深化设计内容包括装修深化设计、幕墙深化设计、智能化深化设计、消防深化设计、亮化深化设计。这些都在本次审核范围内。项目组成情况如下：

（1）某单体1建筑面积：2210.43m^2；层数：2层；建筑高度：16.68m。

(2) 某单体 2 建筑面积：2861.89m²；层数：2 层；建筑高度：16.68m。

(3) 某单体 3 建筑面积：6376.28m²；层数：4 层；建筑高度：21.11m。

(4) 某单体 4 建筑面积：6338.52m²；层数：4 层；建筑高度：21.11m。

(5) 食堂单体 5 建筑面积：1176.85m²；层数：2 层；建筑高度：12.60m。

(6) 某单体 6 建筑面积：13433.65m²；层数：3～6 层；建筑高度：23.86m。

(7) 某单体 7 建筑面积：8115.65m²；层数：3 层；建筑高度：18.50m。

(8) 垃圾站单体 8 建筑面积：84.2m²；层数：1 层；建筑高度：5.40m。

(9) 酒店项目 2 建筑面积：13486.25m²；层数：4 层；层高：1 层层高 5.1m，2～4 层层高为 4.2m，裙房共 1 层，层高为 5.1m。

2 服务范围及组织模式

2.1 服务的业务范围

本项目是全过程造价咨询服务，主要内容包括：

(1) 工程量清单和预算控制价编制；

(2) 施工阶段造价咨询（材料询价、过程签证、变更、洽商、计量审核、施工组织和施工方案审核和确认等工作）和结算审核；

(3) 按要求完成相关部门审核及备案工作，出具造价咨询报告书；

(4) 协助发包方做好进度款支付，出具中（终）期工程款支付审核意见；

(5) 协助发包方做好暂估价和发方供应材料（设备的招标和采购工作）；

(6) 根据发包人要求，测算及索赔事项费用；

(7) 其他造价管理工作。

2.2 咨询服务组织模式

2.2.1 总体思路

全过程跟审工作质量控制方案的制订。首先根据项目概况、要求完成的咨询任务、达到的目标，制订一个完整的契合实际的全过程跟审咨询控制思路。对工作预先进行规划和谋划，是用来保证全过程跟审的目标和任务得以实现的工作指导思想、工作方法。

全过程跟审工作质量控制方案。主要考量解决的问题是：主要原则、依据、目标、步骤程序及重要节点控制方法；分析项目全过程跟审的重点难点和要点是什么；配备什么样的专业人员能胜任本工作及配备人数；怎样保证工作的质量措施、工作进度的保障等；怎样与各方沟通协调，使工作保质保量、顺利进行，稳步推进。

2.2.2 项目小组划分

根据本项目涉及专业多、单体项目类型、规模等情况合理配置人员，公司安排具有全国注册造价工程师、高级工程师证书及相关专业执业经验丰富的人员成立项目小组。人员配置情况如下：

项目小组成员配备10人，其中项目经理（驻场）人员1人、驻场专业负责人1人、后台专业负责人1人、其他造价员7人。

2.2.3 项目咨询组织架构

项目咨询组织架构按照工作成果审批"三级复核"的模式设置，项目小组在公司技术副总的指导下开展咨询工作，以确保咨询服务的进度和质量。具体组织架构如图1所示。

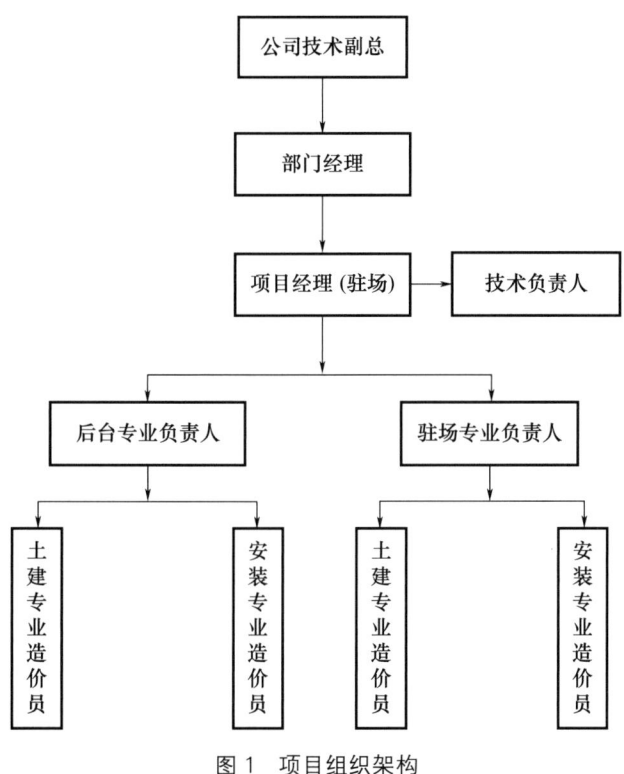

图1 项目组织架构

2.3 项目咨询人员工作职责

2.3.1 公司技术副总工作职责

（1）负责在公司规定的时限内对员工工作成果进行三级质量复核；

（2）对项目经理申请的工作方案进行指导，提出注意问题及重点关注问题，及时协助解决，避免咨询工作走弯路，提高工作效率；

（3）对项目遇到的重点难点或争议问题给予技术支持并指导解决；

（4）参加委托方邀请（或因重大技术问题）召开的相关技术会议，并解决实际问题；

（5）督促检查审定技术积累、材料设备价格、大数据指标、施工方案、新材料新工艺等清单定额套项，并对咨询成果的信息化处理、总结及经济指标整理等进行审批；

（6）定期去跟审工地，了解工地情况，与委托方沟通，了解委托方对跟审项目的评价、需要改进的问题等情况，对跟审员工提出跟审要求，检查其工作状况；

（7）进行风险管理控制，检查预算不超概算并确定在合理的指标范围内。

2.3.2 部门经理工作职责

(1) 负责本项目的工作人员及后台任务分配,确保每个项目实施前都要进行方案交底,每个人都知道要干什么、怎么干,责任清晰;

(2) 新跟审项目入场前,根据咨询合同及项目实际情况负责指导驻工地人员技术交底及培训;负责带领驻工地人员入场与甲方沟通商定相关管理制度(变更、洽商管理流程、材料认价手续等),为跟踪审计打好基础;

(3) 协助项目经理解决本项目遇到的技术难题;负责项目造价成果质量二审以确保本项目的成果质量;

(4) 解决部门内项目上解决不了的进度推进、关系协调等问题,确保项目在委托方认可时限内完成;

(5) 负责对每个项目定期监督检查,确保本部门服务客户满意度(公司调查征求客户意见);

(6) 确保每个项目按公司规定要求做好过程资料和成果报告,及其归档工作。

2.3.3 项目经理工作职责

(1) 参加项目工作会议,掌握项目一手资料,做到逻辑清晰、内容翔实;

(2) 明确项目造价控制目标(要求必须拿到项目概算书或概算总表,含各单项工程费用),负责撰写造价控制方案;

(3) 负责统一项目要求,安排跟审员的工作,及时解决跟审员反馈的问题,并对跟审员及后台完成的项目工作质量进行复核;

(4) 负责监督跟审人员按照公司《跟踪控制留影规定》做好施工现场影像留存工作(要求有备份);完成月度跟审考核初审工作;

(5) 按要求参加甲方组织的工程管理例会并记录,随时掌握工程进展情况,做到逻辑清晰、内容翔实;

(6) 负责根据变更、签证等动态修正造价控制目标,对预计超造价控制目标情况提出预警;

(7) 负责解决项目内部技术问题、协调问题、组织问题等,遇到解决不了的进度推进、关系协调、质量难题等及时与部门经理沟通,确保项目在委托方认可时间内按时、按质、按量完成;

(8) 组织完成该项目结算工作,及时准确地提供咨询成果;并对本项目咨询档案的完整性负责;

(9) 每月按公司规定以报表形式汇报工作内容,并呈送建设单位及公司部门经理,上传公司管理平台。

月报格式内容如下:

_____项目

跟 踪 审 计 月 报

（第   期）

跟踪审计单位：_____

项 目 负 责 人：_____

编 制 日 期：   年   月   日

  尊敬的业主，我公司现将____工程项目从__年__月__日至__年__月__日阶段的跟踪审计情况及现场施工情况汇报如下：

  一、工程概况

  二、工程整体进度及本月工程进度情况分析，有无存在偏差滞后

  三、本月跟审主要工作内容及发现的主要问题

  1. 收集整理与本工程相关的各方面资料；

  2. 积极与工程相关各方参与人员联系，便于我公司跟踪审计工作的开展；

  3. 积极对工程图纸资料进行熟悉查阅，完成我跟踪小组的前期工程预算工作；

  4. 我跟踪小组坚持每天做审计日志，记录施工现场施工进展及所存在的问题，对下一阶段工作进行提前安排；

  5. 项目进行中存在的问题（签证变更情况、工程资料审批程序、手续、现场情况等）。

  四、工程变更签证审核及说明

  1. 工程签证审核，对整体造价产生的影响大小；

  2. 对概算的影响，超概情况；

  3. 建议补救解决措施。

五、下月预计重点跟审内容

1. 对下月有可能发生的重大造价变化做出预警分析，并提出建议；

2. 重点跟审特殊材料情况、新的工艺情况和有无可能超概情况，并予以说明。

六、建设方合理建议

1. 对建设方的管理工作及管理程序有无违规等现象，如何规避建设方风险提出合理建议；

2. 及时提醒建设方的下一步工作内容及工作时限，以免耽误工程进度，比如设备材料的采购招标时限、材料认价时限、甲供材时限及其他建设方应注意的问题；

3. 投资情况提醒预警。

七、进度款的审批

本月工程跟踪审核情况及投资分析

项目名称						
中标价				合同价		
单项工程名称	合同价（万元）	本月完成量	累计完成量	完成比例	本月变更、签证量（估）	累计变更、签证量（估）
其他						
合计						

工程投资分析：（跟踪审计小组对当月已完投资情况进行分析，并分析本月造成投资增加的主要原因）

根据现已完成工程量，初步估计：目前为止累计完成工程量××万元，本月完成工程量××万元。（示例）

本工程可预见造价增加原因如下：

1.

2.

通过月报的阅读，可以充分了解跟踪的施工现场，将工程造价的变化向建设单位提前预警通知。做好造价，控制在目标范围内。

2.3.4 专业负责人工作职责

（1）按部门经理分配项目，及时保质完成项目造价咨询工作；

（2）认真阅读资料，拟订咨询业务实施方案，并在项目实施前对整个项目组成员进行交底；确保项目按业务流程规定进行，并对整个项目组工作进度、质量进行监控和纠偏；

（3）负责组织踏勘现场以及争议问题处理，处理不了的及时汇报项目经理、部门经理；

（4）负责项目造价模板编制，以达到咨询成果口径一致；

（5）负责安排项目组成员之间的互审以及咨询质量的一级复核，做好质量把控；

（6）负责与委托方、甲方及项目组内人员沟通，及时了解、协调解决相关问题，处理不了的问题及时汇报部门经理；

（7）进行技术积累，整理初步积累资料报项目经理审核；

（8）负责项目档案的完整。

2.3.5 造价员岗位职责

（1）按照咨询工作实施方案的分工完成所承担的专业工作，并对其质量和进度负责，认真完成自校；

（2）遇到疑难问题、争议问题及时上报项目经理，与项目经理沟通解决；

（3）按项目经理要求进行质量互检，负责按各级复核人的复核意见修改完善咨询成果；

（4）对委托人提供的本专业的编审资料要及时登记上交项目经理，负责整理自己完成部分的工作底稿和档案整理，并及时上交项目经理，确保接收资料无丢失。

3 咨询服务运作过程

3.1 项目操作流程

该项目单体较多，为保证质量、统一思路、提高工作效率，造价咨询单位制定各阶段咨询业务统一操作流程，具体内容如下：

（1）由办公室签订咨询业务合同并获取相关资料（要求签署资料接收单）；

（2）按"行政总监—部门经理—项目经理"分配任务（要求交接签字，填写要求完成日期及有效工日天数）；确定项目经理、成立审核小组；

（3）项目经理审阅资料，制订审核实施方案报副总等审批；

（4）工程成果出具前，召开审核项目小组沟通会议；

（5）现场踏勘，尽管是跟审项目，但在工程结算前也要进行现场踏勘；

（6）审核小组根据施工合同、图纸等资料进行审核；

（7）审核小组出具初步审核结果，经公司三级复核后，形成初审结果，报委托单位征求意见，经委托单位同意后，由项目经理与委托方沟通对审；

（8）开展三方对审工作（如遇争议问题先行记录，最后汇总，统一处理）；

（9）争议问题处理，严禁造价人员与被审核单位私自接触解决相关造价问题；

（10）按初审情况、争议问题处理结果修改完善初审结果，并整理汇总；

（11）汇总结果，经再次复核后，形成咨询成果；

（12）向委托方汇报审核结果，征求意见；

（13）经委托方认可后，通知施工单位，达成一致意见后，签署工程结算审核审定表，出具最终审核报告；

（14）项目经理编写项目总结，分类整理审核资料、过程资料，与办公室做好纸质资料、电子版工作底稿的交接；

（15）出具咨询报告，送达报告及退还资料，整理立卷归档；

（16）咨询服务回访与总结；

（17）咨询成果的信息化处理，含总结及经济指标整理。

3.2 发承包阶段咨询服务运作过程

3.2.1 编制工程量清单和控制价的注意事项

在工程量清单和控制价编制过程中，项目经理和专业负责人通过认真翻阅图纸，了解项目情况后，编制注意事项，具体内容如下：

（1）接收资料及过程编制资料要完备齐全并按归档要求整理。

（2）熟悉施工图，了解设计意图。

（3）工程项目与施工合同要保持一致，委托人名称与这些合同也要一致。

（4）计价依据（清单规范、定额版本）要符合要求，计价要正确。

本项目采用《建设工程工程量清单计价规范》GB 50500—2013、《河北省建筑、装饰装修、安装工程费用标准》(HEBGFB-1-2012)。

（5）主要材料、设备单价要统一并合理，平方米指标要合理。

（6）材料、设备名称图纸与清单特征描述一致，与定额套项一致。特征描述要全面，与图纸描述一致、与定额套项一致。

① 清单套项要准确，清单编码连续、不重复；

② 清单描述非常重要，一定要清楚、明了、全面、准确，符合图纸要求，避免施工单位因此索赔；注意垂直运输工程，按建筑平方米计量时特征描述应注明结构与装饰，特征描述不要更改计算规则；

③ 定额套项前必须先对定额子目的工作内容理解透彻，避免重套、错套、漏套现象；

④ 特别注意清单项目单位和定额项目单位不一致的情况，区别开来，不要弄混出错，否则结果差十倍、百倍；

⑤ 掌握定额子目中哪些材料、人工、机械等允许换算，哪些不允许换算；

⑥ 当施工图纸的某些设计要求与定额单价特征相差甚远，既不能直接套用也不能换算、调整时，必须编制补充单位估价表或补充定额报造价站审批；

⑦ 工程名称要统一，从土建到安装严格按图纸名称书写。

（7）注意设备材料暂定价要符合规定。

（8）工程类别、规费、安全文明施工费、一般措施费用、税金等要正确。

（9）综合单价及措施项目单价要合理。

（10）新工艺、新材料、新技术、新方案的组价要正确，着重审核方案的合理性。

本项目的保温一体板采用新工艺，图集为《CL建筑体系技术规程》（2017年版），2015年9月14日发布，2015年12月1日实施。

（11）要主动与委托方沟通有哪些特殊要求并按委托方要求做，以免做无用功，范围内容与图纸要符合，核对与招标文件的一致性。

本项目的酒店工程虽然图纸是简装，但经过我方与建设方主动沟通，建设方向领导汇报进行了优化设计，从而避免了重复工作。

（12）主要涉及的施工方案措施费用计取要合理，特殊问题要注意。

（13）材料设备划分要准确；

（14）补充项目按规定，第3位B。其他正常编写。

（15）掌握工程项目的建设地点：掌握工程所在地的工程材料造价信息，确定工程临街情况、税金情况，为工程造价的确定做准备。

（16）列项、工程量计算：掌握工程量计算规则，分清清单工程量与定额工程量的区别，分别提取相应工程量；应用算量软件计算工程量时，一定要注意各项设置符合图纸要求，例如抗震等级、钢筋搭接及锚固、混凝土强度等级等设置。

（17）措施项目的计取：措施项目是一个很重要的问题，除了一般正常措施项目的计取外，有些工程由于采用了新工艺、新材料、新设备及施工场地的限制等因素，正常的施工方法不能满足施工需求，或者由于定额的措施项目相对于某个工程的特殊性导致缺失，编制人员要初步拟订可行的施工方案，按照施工方案因地制宜地计取措施费用，比如应注意超过6m的模板超高费按初步拟订支撑方案编制计算模板措施费，并实时跟踪，是否是按拟订方案施工的。

（18）技术经济指标法复核：编制完成后，从工程造价指标、主要材料消耗量指标、主要工程量指标等方面与类似工程进行比较分析。在复核时要选择与拟建工程具有相同或相似结构类型、建筑形式、装修标准、层数等的已建工程，将上述几种技术经济指标逐一比较，如果出入不大，可判定工程量清单基本正确，反之，则必定存在问题，应着重复核。

例如，普通砖混住宅每平方米建筑面积的钢筋含量约为15～25kg，框架住宅地上部分每平方米建筑面积的钢筋含量约为40～60kg，混凝土每平方米建筑面积的含量约0.5m^3，如果清单的指标偏高或偏低，可以进一步从其中的柱、梁、板、楼梯等构件所占的比重找原因。按图具体核算，并予以纠正。用技术经济指标可从宏观上判断清单是否大致准确。

（19）成果文件组成：

① 咨询报告书及签署页；

② 招标控制价：汇总表、封面、编制说明、有关表格（包括纸质原件和电子版）；

③ 其中封面、签署页应反映工程造价咨询企业、编制人、审定人、法定代表人或其授权人和编制时间；

④ 招标控制价编制说明应包括：工程概况、编制范围、编制依据、编制方法，有关材料、设备、参数和费用的说明，以及其他有关问题的说明；

⑤ 招标控制价文件表格见《建设工程工程量清单计价规范》（GB 50500—2013）；

⑥ 招标控制价签署页应按规定的格式填写，签署页应按编制人、审核人、法定代表人或其授权人顺序签署，所有文件经签署并加盖工程造价咨询单位资质专用章和造价工程师或造价员执业或从业印章后才能生效；

⑦ 招标工程量清单（同招标控制价）。

3.2.2 本项目在编制工程量清单和控制价时的问题处理

EPC工程总承包是边采购、边设计、边施工，图纸控制价编制完成后，经过与发包方和设计等多方沟通交流，对不确定和影响造价大的因素进行梳理，以确保投资控制，降低项目风险，把无法确定的争议事项写在编制说明中以保证结算的顺利进行。

我方与施工方像结算一样去对审，对审过程中双方有很多争议问题，经过我方多次与公司领导开会商讨，给出了问题处理结果。主要问题如下：

内墙加气混凝土板材料厚度为20cm，但定额中最大厚度为12cm。争议：施工方认为绿建定额LA-004更为合适，但经过我方造价人员分析工艺做法、施工工艺，查找相关资料，并和现场跟踪施工做法的工料机比较，认为实际施工费用与定额费用的差距只是人工费较高。经过与建设单位沟通同意，在套用120mm厚水泥空心板定额B2-634的基础上增加了人工费，问题得以解决。

3.3 项目实施（施工）阶段咨询服务运作过程

项目实施（施工）过程审核主要工作内容包括：隐蔽工程现场核查；设计变更审查；合同履行审查；现场材料及设备的审查；工程索赔款审查；参与造价控制有关的工程会议；审核施工单位上报的每月（期）完成工作量月报表，提供当月（期）付款建议书等。

3.3.1 隐蔽工程现场核查

主要检查隐蔽工程的真实性，检查图纸和方案是否与现场相符。本项目现场跟踪审计人员根据隐蔽工程现场跟踪记录如下：

（1）人防马凳现场踏勘长度为1100mm，方案长度为1200mm，如图2、图3所示。

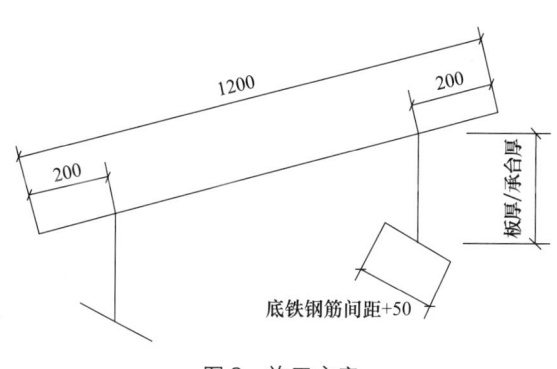

图2 施工方案

图3 现场踏勘

（2）墙体不同材质交界处钢丝网现场测量宽度为220mm，图纸宽度为250mm，如图4所示。

（3）经过现场踏勘，轻钢龙骨墙体没有抹灰，如图5所示。

3.3.2 变更签证审核

分析对造价的影响，对必要的变更进行技术经济比较，选择经济合理的技术措施，力求减少变更费用，以避免不合理支出。

（1）审核的主要内容包括：

① 审核工程变更与工程现场签证是否依据充分；

图4 钢丝网现场测量

图5 轻钢龙骨墙体

② 审核设计变更、签证手续是否齐全，内容与实际是否相符；
③ 审核所选用的计价方式是否与施工合同规定一致；
④ 审核工程变更的数量是否准确；
⑤ 审核工程项目变更签证的真实性和合理性。

（2）本项目发生了40多份签证测算与审核

对变更签证力求及时准确，特别注意对增加造价的变更、洽商，是否需要相应减少其他相关造价，必要时进行经济分析。对减少造价的变更或修改随时关注并记录，避免施工单位结算时只报增加的，不报减少的。确认工程变更与工程现场签证的数量、价格无误后，由相应的专业造价工程师签署审核经济签证单，并报送业主核准。举例如下：

① 施工方对已完路面及基础进行了拆除，因为是未出正式图纸前做的路面，是施工方自己导致的，经过我方多次现场踏勘和对照正式图纸查出与现场不符，因此应由施工方自己承担费用，节约投资约 1.5 万元；

② 关于业主要求塔吊提前进场产生的滞留租赁费用签证，施工方上报 ST70/30、QTZ200 塔式起重机租赁费为 68000 元/月，我方经过多次市场询价，给出 ST70/30 塔式起重机租赁费为 40000 元/月，QTZ200 塔吊租赁费为 38000 元/月，节约投资约 40 万元；

③ 某单体的东侧管网开挖老房基础破碎，施工方按人工拆除墙和基础上报，但经过我方现场跟踪审计多次踏勘现场，实际为机械拆除破碎，定额审减，节约投资约 15 万元；其他项目工程量审减较多。

总结以上内容，节约投资约 230 万元。

3.3.3 现场材料及设备的审核

加强设备、材料价格控制，尤其清单是工程量清单中材料暂估价的确定，加强审核力度，防止在施工过程中施工单位抬高价格。为了搞好材料核价工作，我们采取的主要核价形式有：

（1）派专人调研市场，取得第一手资料；

（2）利用公司材料价格平台资料，参照类似工程核价。

（3）通过网络、出版物等各种渠道或直接联系材料供应商询价。

（4）对于达不到招标文件要求的材料、设备应记录核减。

（5）从广材网及其他网络平台进行询价。

通过以上途径，将材料价格询 3 家后，初步拟定，然后由甲方初步确定价格后和施工方约谈，三方经过几轮开会、商讨后最终定价。尤其精装修材料很多，质量标准也参差不齐，我方和甲方提议需先认质，再根据规定的品质要求询价。举例如下：

① CL 网架板，规格 B1 型 140 厚挤塑板，两侧各留 60mm 混凝土保护层，圆 3 钢筋焊接，两侧各一层 50mm×50mm 钢筋网，施工方上报价格 215 元/m²，我方询价 3 家单位，价格分别为 180 元/m²，200 元/m²，180 元/m²。由于我方提供的询价有依据可循，最终甲方定价为 195 元/m²。

② 加气混凝土条板，规格宽度 600mm，高度 6m 以内，施工方上报价格 870 元/m³，我方询价 3 家单位，价格分别为 660 元/m³、720 元/m³、700 元/m³。由于我方提供的询价有依据可循，最终甲方定价为 700 元/m³。

③ 屋面波形沥青防水板，施工方上报价格 80 元/m²，我方询价 3 家单位，价格分别为 60 元/m²、50 元/m²、80 元/m²。由于我方提供的询价有依据可循，最终甲方定价为 60 元/m²。

④ 陶土方波瓦，规格为 353mm×338mm/块，施工方上报价格 20 元/块，我方询价 3 家单位，价格分别为 18 元/块、12 元/块、14 元/块。由于我方提供的询价有依据可循，最终甲方定价为 14 元/m²。

总结以上内容，节约投资约 400 万元。

3.3.4 工程进度款审查拨付

（1）工程进度款的审核与确定应符合施工合同相关支付条款的要求，所套用的计价项目应正确，工程量的核定应与施工进度状况相一致。审核进度款有无超前于形象进度报批现象，有无因工程质量缺陷应扣留情况，工程预付款是否已按合同约定扣回，质保金是否已按合同约定扣留，以及规费、安全文明施工费是否执行。坚决杜绝工程量多算、超前支付情况发生，向委托人提交进度款支付建议，并建立相应工程计量支付管理台账，项目专业咨询审核人员将审核完成的工程进度款审核报告签发，并报建设方审核批准。

（2）工程造价咨询单位应按有关规定和表式审核工程计量支付的全部内容。

（3）在审核与确定本期应支付的进度款金额时，注意按照合同条款的约定，做好工程预付款、计日工、变更和索赔款项的同期支付。

（4）在审核与确定本期应支付的进度款金额时，发现工程量清单中出现漏项、工程量计算偏差以及工程变更引起工程量的增减，应按承包人在履行合同义务过程中完成的实际工程量计算和确定应支付金额。

（5）及时建议委托人按期支付工程进度款。

本项目进度款批复情况见表1。

表1 进度款批复情况

序号	进度款审核批复时间	审核范围	上报金额（元）	审后金额（元）	审减金额（元）
1	2020年10月22日	某项目正负0以下已完工程，已完签证（001、003~005、009~021、024），已完临建工程（安措费）	25,432,505.18	17,143,706.00	8,288,799.18
2	2021年1月22日	某项目按形象进度已完工程，已完签证（007、022、025~035）	90,685,946.33	53,841,789.64	36,844,156.69
3	2021年5月21日	某项目按形象进度已完工程	61,723,252.62	42,159,580.43	19,563,672.19
4	2021年7月27日	某项目按形象进度已完工程	20,973,447.61	8,271,521.73	12,701,925.88
5	2021年10月9日	某项目按形象进度已完工程	24853493.75	17,560,814.05	7,292,679.70
6	2022年1月23日	某项目按形象进度已完工程	53327781.34	41,303,527.75	12,024,253.59
合计			276996426.83	180280939.60	96715487.23

本项目批复进度款,严格且实事求是,符合工程形象进度,按照规范计价计量,确保了工程顺利进行。

3.3.5 本项目土方工程审核内容

(1) 渣土外运运距上报 20km,但经过我方组织四方(建设方、施工方、监理方、咨询方)共同实测实量的运距为 16.7km(跟随外运渣土车辆,从地图上测量起止位置,起点为唐山市路南德兴隆建材化工商行,终点为东王庄村,共 16.7km),因此节约投资约 120 万元;

(2) 土方工程由于场区地势低,需要大量外购土,施工方上报按虚方外购土成活价 40 元/m³,我方审定按天然密实外购土成活价 25 元/m³(价格来源参考类似项目),因此节约投资约 85 万元。

3.4 竣工阶段咨询服务运作过程

3.4.1 结算审核准备阶段

(1) 整理发包人的送审资料,审查工程结算手续的完备性、资料内容的完整性,对不符合要求的退回限时补正;

(2) 编制工程结算,审核任务实施方案;

(3) 熟悉工程咨询合同及相关文件、工程概况、工程发承包合同、主要材料设备采购合同及相关文件;

(4) 掌握工程量清单计价规范、计价规程、预算定额等与本工程相关的国家和当地的建设行政主管部门发布的工程计价依据及唐山市的相关规定;

(5) 熟悉设计变更、施工范围、编制说明等;

(6) 熟悉竣工图纸或施工图纸、施工组织设计、工程状况,以及设计变更、工程洽商和工程索赔情况等;

(7) 审查计价依据及资料与工程结算的相关性、有效性;

(8) 会议沟通:项目负责人组织召开由委托方、造价工程师参加的会议,必要时可以邀请其他相关单位参加,会议主要确定审核原则,澄清已有资料中不足部分存在的问题等,会议结束要形成会议纪要,作为审核服务工作的指导性文件。

3.4.2 结算审核阶段

(1) 审核工程施工合同内容的有效性、真实性。

(2) 审查结算项目范围、内容与合同约定的项目范围、内容的一致性;

(3) 结算审核工程资料要完备齐全,按归档要求整理,必备合同、竣工验收报告、竣工图纸;其余签证变更资料、监理日志、施工日志、分项验收报告及其他有关造价资料函件,应为原件。

(4) 工程名称、建设单位、施工单位要与施工合同名称一致,委托人名称要与这些合同一致并确认是否有变更;

(5) 工程造价审核范围要与图纸及合同约定一致;

（6）要勘察现场，确定现场与图纸加变更要相符，扣减未完成项目；

（7）计价依据（定额版本）结算方式要符合施工合同要求，符合造价调整因素（风险范围规定），执行相关文件；

（8）变更、签证、施工方案及其他相关造价资料要有效，计价要正确，注意增值税的正负数；

（9）应该执行投标单价部分要执行投标单价，重新组价清单项目，组价要预算在合理区间，考虑下浮；

（10）规费、安全文明施工费、税金要正确；

（11）甲供材料、设备与甲方给定要一致并计入总价，税金要相应调整，材料设备调价注意增值税的调整；

（12）新工艺、新材料、新技术、新施工方案计价要正确处理；

（13）材料设备划分要准确；

（14）跟踪审计项目结算前，项目经理必须召开结算前会议，通报跟审问题，并将注意事项通知所有结算人员，把跟审照片、跟审发现问题表格展示给结算人员，并落实。

3.4.3 结算审定阶段

（1）工程结算审查初稿编制完成后，召开由结算编制人、业主、承包商等单位共同参加的会议，听取意见并进行调整；

（2）由本项目专业负责人对结算审查的初步成果进行检查、校对，再由项目经理审核批准，经公司内部的三级复核确定成果；

（3）在合同约定的期限内，发承包双方代表人和造价咨询企业分别在"竣工结算审定签署表"上共同签认并加盖公章确认，出具正式的结算审核报告，公允地反映该工程造价的实际情况。

3.4.4 咨询服务结束后的工作

（1）工程完工后，要有详细存档资料，及时整理、收集全部的审核资料，由资料员做好建档、归档工作，以备委托人检查。

（2）对过程产生数据资料的归档，内容包括总结、方案、技术指标、大数据、计算底稿及工程相关审核资料的电子版和纸质版等。

3.4.5 本工程的重点审核内容

（1）外墙面装修做法20厚抗裂砂浆定额争议：施工方想按图纸中的做法按定额套项A8-293，即按现场搅拌砂浆计入；我方在跟踪审计过程中多次深入现场踏勘，施工现场实际为成品的抗裂砂浆。因此该项目节约投资约25万元。

（2）环氧树脂自流平地面与水泥自流平地面材质争议：图纸做法中未明确自流平具体材质，施工方想要按照价格偏贵的环氧树脂自流平计入；我方在跟踪审计过程中多次深入现场踏勘，施工现场实际为自流平水泥做的。该项目节约投资约250万元（图6、图7）。

图6　施工现场　　　　　　　　图7　自流平水泥

（3）条形基础垫层工程量是否满铺争议：现场施工方确实满铺了，但图纸没有明确满铺；我方审计认为满铺属于施工方的防裂技术措施，不应按满铺计入。该项目节约投资约10万元。

4 咨询服务的实践成效

4.1 发承包阶段咨询实践成效

实践证明，工程量清单和控制价的编制过程中已经结合实际情况把出现的争议问题予以解决，有利于后期开展工作，让整体投资控制在委托方的掌控范围之内。

我方也将图纸的不足情况主动与委托方进行沟通，避免出现很多无用功的现象。

通过工程量清单和控制价的编制注意事项及对审过程中问题的处理，节约了投资，也保证了结算的顺利进行。编制金额如下：

（1）某项目1控制价编制，由于时间紧、任务重，图纸分阶段设计，控制价编制共分为8个阶段，总编制金额为27530万元；

（2）酒店项目2控制价编制，由于时间紧、任务重，图纸分阶段设计，控制价编制共分为8个阶段，总编制金额为12241万元。

4.2 施工阶段咨询实践成效

4.2.1 变更签证的管理

通过变更签证资料与设计图纸的对比分析，现场测量、取证、拍照等方式核实，保证变更签证一单一预算，并结合相关依据对预算进行审核，保证了资料的有序、完整性，为结算提供了有力支撑。因布局调整、设计变更、现场签证的大量发生，签证对审过程中存在较多争议。因此在现场签证、变更时，我方签认过程中对施工工艺及工程量均进行了勘察确认，并进行留影及记录，保证签证变更的内容真实有效。在跟审过程中，我方多次现场勘察，对于签证中施工方多报的，我方给甲方提供有利的证据予以审减，最终实现良好的投资效果。

4.2.2 进度款

按照合同要求,过程中共拨付了 6 次进度款,由于是 EPC 项目,边设计边施工,第一次拨付进度款的时候图纸还未设计完,但是涉及安全文明施工费的拨付,从预算上没有拨付依据,经过我公司的建议,出示现场完成临建工程量审核单,根据现场临建办公区、临建工人生活区、临建围挡、临建道路硬化、防尘网等的实际投入,并与估算对比拨付,不超过估算的安全文明施工费。施工单位报审产值合计 27700 万元,产值审核 18028 万元,审减 9671 万元,审减率 34.92%,得到建设方的好评。

4.3 竣工结算阶段咨询实践成效

(1) 服务宗旨是以投资控制为主线的全过程咨询服务,根据施工单位上报的结算资料,结合跟踪审计过程中掌握的实际情况,依据招投标文件及合同相关条款,按照工程量清单计价规范及 2012 年河北省建设工程计价依据、相关造价信息等进行计算,认真准确核实工程量,准确把握计价相关条款,坚持原则,严格把控结算金额且没有超过建设方的期望金额,得到建设方的认可,最大程度保证政府投资得到高效合理利用。项目的单体工程审定经济指标分析见表 2。

表 2 单体工程的审定经济指标

工程名称:某 EPC 总承包建设项目全过程造价

序号	工程名称	建筑面积(m²)	审定结算造价(元)	审定经济指标(元/m²)	备注
1	某单体 1	2210.43	19118249	8649	
2	某单体 2	2861.89	15553169	5435	
3	某单体 3	6376.28	34950976	5481	
4	某单体 4	6338.52	32657558	5152	
5	食堂单体 5	1176.85	8533131	7251	
6	某单体 6	8115.65	45987657	5667	
7	某单体 7	13433.65	65327348	4863	
8	垃圾站单体 8	84.20	1058014	12565	
9	地下人防车库及设备用房	2792.00	19940032	7142	
10	外网工程		25712869		
11	景观绿化		33088599		
12	签证		13478363		
一	某项目 1 合计(含设备费)		315405965		
二	酒店项目 2 合计(含设备费)	13486.25	108852525	8071	
总合计	项目 1/酒店项目 2(含设备费)		424258490		

最终预算成果的各种指标在经过与其他相似工程对比后基本在合理区间。

(2) 结算审计明细如下：

① 某项目1结算上报金额：41509万元；审计金额：31541万元；审减金额：9968万元；审减率：24%。

② 酒店项目2结算上报金额：15817万元；审计金额：10885万元；审减金额：4932万元；审减率：31.18%。

5 公司数据库

本项目出现很多特殊定额的处理情况，经过公司领导开会解决逐条给出了回复，因此也丰富了数据库的内容，为以后做类似项目提供了参考。

6 项目咨询服务的启示

全过程造价咨询服务是控制投资的有效手段，我们不仅重视专业技术方面，同时也重视项目的施工管理过程对造价的影响；应系统全面地了解相关政策与法律法规，从各环节严抓落实，做好细节投资管理，及时发现问题并加以解决，实现本项目质量的全面控制，也更好实现项目的成本目标。本次全过程造价咨询跟踪审计服务成果上报金额约5.7亿元，审定金额约4.2亿元，节约投资共计约1.5亿元，达到了建设方工程成本的控制目标，得到了委托方的肯定与好评。相信在河北省有关建筑主管部门的大力支持下，在河北省建筑市场发展研究会的指导下，经过不懈努力，我们一定能在全过程造价咨询服务行业为国家社会做出更大贡献。

参考文献

[1] 河北省建筑市场发展研究会. 建设监理与咨询典型案例［M］. 北京：中国建筑工业出版社，2023.

[2] 中国建设工程造价管理协会. 全过程工程咨询典型案例：以投资控制为核心（2022年版）［M］. 北京：中国城市出版社，2023.

[3] 中国建设工程造价管理协会. 全过程工程咨询典型案例：以投资控制为核心［M］. 北京：中国建筑工业出版社，2018.

[4] 建成工程咨询股份有限公司. 建设工程造价经济技术指标·指数分析案例（房屋建筑类）［M］. 北京：中国建筑工业出版社，2022.

[5] 河北省建筑市场发展研究会. 工程造价创新探索与实践论文选编［M］. 石家庄：河北科学技术出版社，2023.

[6] 河北省住房和城乡建设厅. 建设工程工程量清单编制与计价规程：DB13（J）/T 150—2013［S］. 北京：中国建材工业出版社，2013.

[7] 河北省工程建设造价管理总站. 全国统一建筑工程基础定额河北省消耗量定额：HEBGYD-A—2012［S］. 北京：中国建材工业出版社，2012.

[8] 河北省工程建设造价管理总站. 全国统一建筑装饰装修工程消耗量定额河北省消耗量定额：HEB-

GYD-B—2012［S］.北京：中国建材工业出版社，2012.

［9］河北省工程建设造价管理总站.全国统一安装工程预算定额河北省消耗量定额：HEBGYD-C12—2012［S］.北京：中国建材工业出版社，2012.

［10］河北省住房和城乡建设厅.CL建筑体系技术规程：DB13（J）/T 196—2015［S］.石家庄：中国建材工业出版社，2015.

某体育中心 EPC 项目全过程工程咨询实践

高 歌　陈志岩　黄 华　郜云飞　周 婷（河北卓越工程项目管理有限公司）

摘　要：本项目是当地政府为推动体育事业发展和提升城市形象的重点项目，集运动训练、体育竞赛、健身娱乐、文艺演出、培训交流、商贸会展于一体的高档次、多功能体育活动场所。项目自 2018 年 7 月开工建设，建设过程中采用估算招标，设计采购施工一体化（EPC）模式，BIM＋装配式钢结构技术体系，装配率高达 50% 以上。同时，在全过程造价咨询过程中，通过各种成本管控措施 EPC 总包合同价内节约资金 1000 多万元，与国内同类体育场馆工程各项造价指标对比经济合理。本项目建设标准高，工程质量达到国优，以其独特的建筑造型成为了当地的地标性建筑。

1　项目基本概况

本项目为 3 万座乙级体育场，总用地面积 195316.5m²，总建筑面积 81719.24m²，总投资约 6 亿元。体育场地基采用灌注桩形式，基础为梁板式筏形基础，主体为钢筋混凝土框架结构，罩棚采用倒三角桁架结构体系。项目建成后将成为某市集运动训练、体育竞赛、健身娱乐、文艺演出、培训交流、商贸会展于一体的高档次、多功能体育活动中心。项目总平面图见图 1 所示。

图 1　某体育项目总平面图

该场馆建设采用估算招标、设计采购施工一体化（EPC）模式，BIM＋装配式钢结构技术体系，装配率高达50%以上。本项目作为当前装配率最高的体育场馆，建设过程中处处体现了绿色、节能的环境保护理念。

本项目实际推广应用了《建筑业10项新技术（2017版）》中的10大项25小项；取得专利13项，其中发明专利1项；发表论文6篇；总结工法2项；先后荣获国家优质工程金奖、河北省建设工程安济杯金奖（省优质工程）、河北省建筑业新技术应用示范工程、建筑工程绿色建造水平一等成果、河北省工程勘察设计项目一等成果水平、中国钢结构协会科学技术奖、BIM国际应用优秀奖，科技成果评价——EPC装配式大型体育场设计施工一体化建造关键技术（国际领先），科技成果评价——独立支点与拉点大悬挑体育场钢罩棚EPC一体化技术研究与应用（国际领先）。建设过程中秉承"绿色、智慧"的建造理念，建立全过程、全专业BIM模型，认真践行"四节一环保"要求。施工安全文明施工受控，荣获"河北省建筑施工安全文明标准化工地"。

2 咨询服务范围及组织模式

2.1 咨询服务的业务范围

服务范围为全过程工程咨询服务，主要服务内容包括项目概算审核、限额设计优化配合、工程量清单和控制价编制、现场跟踪服务及结算审核等。

2.2 咨询服务的组织模式

根据该项目特点，结合工作内容和专业技术要求两方面，我单位组建专业水平较高的造价咨询项目团队。项目团队组织架构如图2所示。

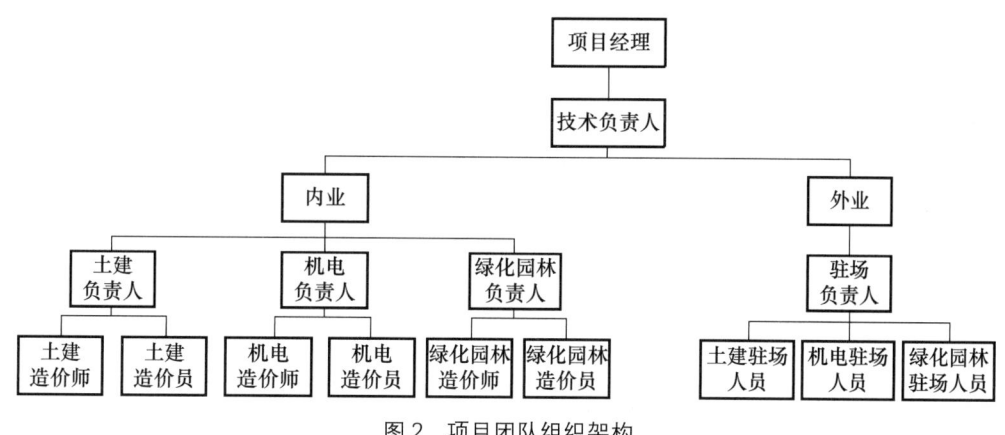

图2 项目团队组织架构

2.3 咨询服务的工作职责

（1）概算审核

① 设计方案的全面了解；

② 设计方案选用材料和设备的评估；

③ 工程量计算，造价分析；

④ 设计方案的成本估算，限额控制；

⑤ 设计方案的经济效益评估。

(2) 限额设计优化配合

① 设计优化的图纸是否满足功能和质量的要求；

② 优化图纸估算，限额设计指标对比，满足限额设计指标要求。

(3) 工程量清单和控制价编制

① 收集招标文件、总承包合同、设计文件与工程有关规范及备用的施工组织设计和施工方案，熟悉招标文件、投标文件、施工合同、主要材料设备采购合同及相关文件；

② 熟悉和详细理解全部施工图纸以及施工规范；准确掌握工程量清单计价规范、工程计价标准等以及与工程相关的国家和当地建设行政主管部门发布的工程计价依据及相关规定，依据相关国家、地方标准进行编制；

③ 工程量的计算及核对。

(4) 现场跟踪服务

① 及时为委托人提供造价控制预警意见，并提出可行性建议；

② 参与设计变更与现场签证等相关的造价管理工作；

③ 参与材料、设备的询价认价工作；

④ 参与工程索赔的认定；

⑤ 分析投资偏差和进度偏差产生的原因，并及时向委托人提出合理的组织措施、经济措施和技术措施，为调整资金筹措和使用计划、进度计划，进行偏差的控制与纠正提供可靠依据；

⑥ 参加工程进度款与工程付款的审核工作；

⑦ 参加进度验收中的相关工作，参加工程验收工作；

⑧ 参加每周的监理例会，对影响项目投资的问题做好记录，及时反馈；

⑨ 参加每周的公司例会，汇报每周现场情况，便于管理层更好地控制总投资；

⑩ 书面向委托人报告每周的项目形象进度、大宗材料设备的进场记录、各专业参与工作的人员数量、天气、需解决的问题。

(5) 工程结算审核

① 了解所审核的建设项目的情况；

② 工程竣工结算审核的依据、方法、成果文件的格式；

③ 工程竣工结算审核应采用全面审核法；

④ 工程结算审查准备阶段、审查阶段、审定阶段。

3 咨询服务的运作过程

3.1 前期准备

（1）组建项目团队。咨询合同签订后，我单位立即着手组建项目团队，根据项目特点，精心挑选经验丰富、专业水平高的人员组成项目咨询服务团队，分为后台和驻场两个专业团队，后台团队主要负责工程量清单和控制价的编制、结算审核；驻场团队主要负责现场跟踪、签证变更测算、进度款支付审核、材料和设备询价等工作。

（2）收集资料，包括但不限于本项目的投资估算文件、地勘报告、招标文件、投标文件、工程总承包合同。

（3）编制项目实施方案，包括项目咨询目标以及实现咨询目标的方式和方法、项目变更签证流程、项目材料设备询价定价流程、成果文件的格式、项目重点部位跟踪手册等内容。

3.2 概算审核阶段

（1）设计概算费用项目的准确性、全面性和合理性；

（2）设计概算的编制依据是否正确，各项定额、取费标准、有关规定是否得到遵守，是否合理运用各种原始资料提供的数据，概算编制说明是否齐全；

（3）工程量计算是否正确，有无漏算、重算和错算，对计算工程量中各种系数的选用是否有合理的依据；

（4）各分部分项套用定额单价是否正确，定额中参考价选用是否恰当，暂估价是否合适；

（5）补充定额编制的取值是否合理；

（6）各种取费项目是否符合规定、是否符合工程实际、有无遗漏或在规定之外的取费；

（7）概算审核完成后，对概算造价提出优化方案，与委托方、设计单位对优化方案进行讨论并落实；

（8）掌握跟踪概算执行情况，依据概算执行情况及时向业主提供控制投资方面的报告和建议，达到协助委托方和项目管理人对项目投资控制管理的目的，促使工程在人力、物力、财力方面得到最合理的使用，资金有效运作发挥最大效益，投资控制在批准概算内并力争投资节约，最终通过项目竣工决算审计。

本工程于2018年8月开工建设，采用设计采购施工一体化总承包（EPC）模式，工程总承包合同要求限额设计和暂定总价施工。对于首次采用这种承包模式的所有参建单位，没有成熟的案例可以借鉴，为了引起总承包单位对合同限额的重视，进场后咨询团队多次和委托人工程部沟通项目管理的方式和程序，确定了各个阶段的投资控制目标，并体现在概算限额中，要求设计单位必须改变观念，由"画了算"变化到"算着画"。通过对概算的审核,将初设报审概算 8.27 亿元,优化到与限额合同总价相符的 6.40 亿元,优化造价 1.87 亿元。并对概算差值进行分析,形成对比报告后向委托人汇报,让委托人对概算差值形成原因有了充分了解。初设概算与投标概算对比见表 1。

表 1 初设概算与投标概算对比

工程名称: 　　　　　　　　　　　　　　　　　　　　　　　　　　　　　　　　单位:万元

序号	工程项目费用名称	单位	初设概算	投标概算	差值 1 初设－投标	对比说明
一	建安工程费	m²	67012.4	55960.6	11051.77	
1	主场馆	m²	42755.2	31263.8	11491.41	
1.1	土建工程	m²	34981.1	23437.9	11543.14	
1.2	设备工程	m²	3501.1	3478.7	22.46	
1.3	电气工程	m²	4273.0	4347.2	−74.19	
2	地下室	m²	10120.4	15897.3	−5776.83	
2.1	土建工程	m²	7874.3	12376.8	−4502.47	
2.2	设备工程	m²	739.7	961.3	−221.57	
2.3	电气工程	m²	1506.4	2559.2	−1052.79	
3	室外工程	m²	11029.6	5769.1	5260.46	
4	体育工艺	项	3107.2	3030.4	76.72	
二	工程建设其他费用	m²	7213.3	5045.9	2167.41	
三	预备费	万元	3711.3	3050.3	660.96	
四	大市政开口费	项	4839.0	0.0	4839.00	
五	工程投资合计	m²	82776.0	64056.8	18719.14	

3.3 限额设计优化配合阶段

(1) 为有效控制工程总投资,防止"三超"现象发生,咨询团队专业人员提前介入,参与项目的全过程咨询。

(2) 设计方案初步估算,在满足项目功能及质量的前提条件下,核实设计方案是否真正满足限额指标要求。如果存在超限额的情况,及时分析并找出原因,采取有效措施做好预控,保证限额设计落到实处。

(3) 设计阶段进行全面、充分的审查论证、详细的施工图审查等工作,进入实际施工环节之前,采取各种措施减少因图纸错、漏、碰、缺引起设计变更导致的费用增加。

(4) 钢筋、混凝土用量占比较大,找好对标工程,做好对比分析。同时与委托方、设计单位进行沟通,在保证工程质量安全的前提下,选用经济适用的控制指标。

(5) 设备选型、参数匹配等方面应进行优化组合,不指定唯一品牌或专利,采用大众品牌或常规工艺做法,提供有效的选择空间。

(6) 建议将施工范围内所有工作均达到施工图深度后再开始后续工作，避免施工过程中拆改、修正等。

3.4 工程量清单和控制价编制阶段

(1) 准备阶段

① 了解编制要求与范围；

② 熟悉工程图纸及有关设计文件；

③ 熟悉与建设工程项目有关的标准、规范、技术资料；

④ 了解施工现场情况、工程特点；

⑤ 参考常规的施工组织设计或施工方案。

(2) 编制阶段

① 根据已批准的建设项目设计概算的编制范围、工程内容、确定的标准进行编制，将工程造价控制在已批准的设计概算范围内，与设计概算存在偏差时，应在控制价中予以说明，需调整概算的应告知委托人并报原审批部门核准。

② 根据相关设计图纸资料，描述分部分项工程量清单特征，计算分部分项工程量，编制工程量清单、常规措施项目清单。本项目涉及专业多，共计2500多条清单项。

③ 结合工程量清单进行控制价编制，控制价的编制依据、编制方法、成果文件的格式和质量要求应符合现行的计价规程、标准、规范要求。

④ 各专业负责人负责组织工程造价成果文件汇总，检查分部分项工程项目是否完整、特征描述是否准确，各子目工程量计量及单价计算是否正确。

⑤ 技术负责人对各分部分项工程子目进行校核，对整体工程经济指标分析校核。

(3) 核对阶段

① 与施工单位就工程量清单及控制价进行核对，对核对过程中存在的问题做详细记录，整理后先由项目负责人进行统一复核，并对争议问题进行初步回复。核对过程中，共计46个大类问题。项目争议问题汇总见表2。

a. 工程量计算及定额套用问题：我们首先记录汇总争议问题并及时与建设单位工程管理部沟通反映；由建设单位工程管理部人员牵头与市造价站沟通，确定其工程量计算及定额套用。

b. 材料认质问题：因体育工艺专业性强，钢结构复杂等涉及面较广，为此我单位建议建设单位找专业的施工和设计单位、体育专家进行咨询，由施工单位牵头监理、造价、建设单位、体育局去成都大运会考察，就涉及的材料品质及品牌各方达成共识。为建成高品质的体育比赛场奠定坚实的基础。

② 将所有资料及过程审核记录报总工程师进行复核，重点难点问题技术分析会议讨论确定后，对争议问题进行二次回复。复核无误后向委托方详细汇报，并对工程造价进行分析。

表 2 项目争议问题汇总

室外管网工程争议问题汇总

序号	问题	施工单位意见	咨询公司意见	争议金额
1	管沟土方	应按照施工图纸及计算规则计入	提供监理验槽记录,提供百格网	
2	回填方	应按照施工图纸及计算规则计入	提供监理验槽记录,提供百格网	
3	垫层	应按照施工图纸及计算规则计入	提供监理验槽记录,提供百格网	
4	污水工程——混凝土井	数量少,成品井的定额考虑不全,应按设计图集考虑套取定额	安装费按井的体积进行计算	
5	雨水工程——混凝土井	数量少,成品井的定额考虑不全,应按设计图集考虑套取定额	安装费按井的体积进行计算	
6	给水工程——室外消火栓	室外消火栓安装配套阀门应予以考虑	现场未安装	
7	给水工程——消火栓井	成品井的定额考虑不全,应按设计图集考虑套取定额	安装费按井的体积进行计算	
8	给水工程——闸阀井	成品井的定额考虑不全,应按设计图集考虑套取定额	安装费按井的体积进行计算	
9	给水工程——水表井	成品井的定额考虑不全,应按设计图集考虑套取定额	安装费按井的体积进行计算	
10	给水工程——补偿器	数量少	根据图纸核定	
11	中水工程——法兰盲板	用来封闭管端,应予以计入	盲板属于管件,定额中综合考虑	
12	中水工程——水表井、阀门井	成品井的定额考虑不全,应按设计图集考虑套取定额	安装费按井的体积进行计算	
13	二次搬运措施费,大型机械设备进出场及安拆等	此部分措施项应当予以计入	提供监理大型机械进出场记录	

续表

室外管网工程争议问题汇总

序号	问题	施工单位意见	咨询公司意见	争议金额
14	变更签证未计入	变更签证属于结算的一部分，应当予以计入	提供签字版签证，拆除临时路面在整体的安全、文明施工费中考虑	
15	化粪池开挖至地基土换填	审计未计入，不予认可	提供签字版签证	
16	蓄水池地基土换填	审计未计入，不予认可	提供签字版签证	
17	合计			

钢结构工程争议问题汇总

序号	问题	施工单位意见	咨询公司意见	争议金额
1	材料费价格	按市场价格认价	按询价结果计入（造价信息没有相同Q355B材质）	
2	制作费——三角立体网架	构件形式特殊，信息价格不包含，建议市场询价	按造价信息调整价格	
3	制作费——V柱支撑	构件形式特殊，信息价格不包含，建议市场询价	按造价信息调整价格	
4	制作费——除锈	实际制作采用喷砂，制作费报价不含喷砂，故此处单独报送喷砂费用	造价信息中说明制作费中已包含刷一遍防锈漆和除锈费用；钢构件安装中的工作内容包含除锈；油漆涂刷子目工作内容中包含除锈。综上，不另行考虑单独除锈	
5	钢构件运费	按市场价格认价	暂按25km考虑	
6	原材探伤	属于常规原材探伤，应包含在建筑安装工程费内，如不在此处体现，需在原材认价中体现	仅考虑焊缝的探伤，其他两项已包含在材料检验试验费中，不另行考虑	
7	金属面油漆	套用子目待核实	详见装饰定额金属面氟碳漆子目中工作内容及含量	
8	措施费——安装胎架	特殊项目订制按实核算	36根胎架，提供方案及照片，按空中安装的钢构件重量计算	

3.5 现场跟踪服务阶段

(1) 通过过程跟踪，及时掌握现场施工动态，通过全过程台账（合同台账、图纸台账、招标台账、价格台账、设计变更台账、现场勘察记录台账、进度款支付台账等）及时更新总结，及时找出问题，达到造价控制预控目标（表3）。

表3 全过程台账

(2) 制订造价控制步骤与措施，提交项目资金控制计划及主要措施，对各项工作流程做出明确说明，对工程造价控制的关键环节提醒委托方特别关注，随时对其中不合理的部分提出整改意见。

(3) 根据工程进展全面深入了解施工现场情况，参与分项工程验收，及时掌握现场可能引起索赔或造价变动的异常情况，并使用数码相机等手段记录与造价有关的做法、异常拆改等情况。为判定施工单位签证所属问题，提供有效的依据，有效减少经济损失约3500万元（图3）。

(4) 以基准日材料价格为基础，在全过程造价跟踪过程中，密切关注材料市场价格变动，对进场材料及时询价，对所涉及项目的实施情况进行分段分块监控，尤其是重点分项工程，及时对分部工程进行审核和过程结算。施工单位上报需要认价材料约27725万元，经多渠道询价材料价格约22970万元，为建设单位节省4755万元。

① 对供应厂家资质的考察情况如下：

考察预制构件厂：建华建材、邯郸曙光、邯郸远见、招贤建科、河北晶通、河北万浩。

考察油漆生产厂家：天津灯塔油漆、双狮油漆、天津铁木易新。

图3 分项工程的验收

② 材料询价情况：完成混凝土添加剂询价、预制看台板询价、钢结构油漆询价。

③ 本项目重要的材料进场都带有二维码跟踪，需建立统一的产品（零件、构件等）编码体系，规范图纸深度，保证产品信息的唯一性和可追溯性。深化设计阶段主要使用 Tekla Structures 作为深化软件。将 Tekla 模型导入 BIM 平台，实现深化、制作、运输、安装一体化管控（图4）。

图4 现场二维码跟踪

(5) 对施工现场形象进度进行详细的统计并做好影像记录，便于结算时政策性文件的调整。按照工程进度、施工合同、施工监理等情况，对实际完成工作量及工程预付款、进度款的拨付情况进行审核（包括预付备料款、甲供材料、设备价款的审核抵扣），避免多付和提前支付，经委托方认可后作为拨付当月进度款的依据。工程款的拨付工作既要使施工单位获得合理的资金保障工程的顺利施工，又要确保工程款不能超付。工程形象进度见表4。

表 4　工程形象进度

工程名称：　　　　　　　　　　　　　　　　　　　　　　　　　　　　　　日期：

具体部位	开期完成施工内容	备注
主体育场	主体育场土石方工程，主体及二次结构工程、钢结构工程、屋面工程完成100%	
主体育场	主体育场电气工程、暖通工程、给排水工程、智能化工程、泛光照明工程完成100%	
主体育场	主体育场室内装饰装修工程、外部装修及幕墙工程完成100%	
主体育场	主体育场消防工程、热力工程、电梯工程完成100%	
主体育场	主体育场体育工艺工程（除草坪）完成100%	
地下车库	地下车库土石方工程，主体及二次结构工程完成100%	
地下车库	地下车库电气工程、暖通工程、给排水工程、智能化工程工程量完成100%	
地下车库	地下车库室内装饰装修工程、外部装修工程完成100%	
地下车库	地下车库消防工程完成100%	
室外	室外土方平衡、绿化工程、铺装道路及景观工程等完成100%	
室外	室外管网工程、雨污水接口、自来水接口完成100%	
室外	红线内高压工程完成100%，南侧市政道路连接工程完成100%	

（6）对于确认的工程变更，不仅进行经济论证，还要做出技术分析报告，及时确认其对工程成本、工期、质量的影响，并报告委托方，特别加强对变更的前瞻性和及时性的预测。

（7）全员按照委托人要求注册地厚云图App账号，参与项目共同信息化管理。

（8）对施工单位提出的现场签证及索赔，要求施工单位按照EPC合同执行。对于施工图以外的签证要求按照业主规定的流程和程序执行。

（9）每天巡视现场至少一遍，做好工作日志，真实记录工程进度、现场情况，做到图片、文字资料齐全，及时办理确认手续并存档。

（10）各环节即时提出预警、预判，提出合理化建议，防范风险。根据过程中对成本的动态分析，即时做出预警、预判，以保证成本的全过程有效控制；结合全过程台账管理，即时分析索赔与反索赔的风险，做好索赔管理。

（11）由于本项目结构造型复杂，钢结构现场跟踪人员安全系数低，我单位采用无人机录像勘察项目，既有效地完成了项目跟踪的任务，也保证了现场人员的人身安全。现场无人机拍摄如图 5 所示。

图 5　现场无人机拍摄

（12）总承包单位聘请了专业的 BIM 团队，一方面 BIM 具有可视化、协调性、模拟性、优化性、可出图性的特点，在机电安装方面进行管道碰撞检查，减少了设计变更及二次打洞拆改，合理节约资金投入；另一方面，在核对工程量的阶段，及时和 BIM 模型导出的工程量进行对比，减小工程量的误差，更好地控制总造价。BIM 团体的参与缩短机电各参与单位施工工期 20 天，有效地保证了总施工工期，保障了省运会的正常召开，减少资金投入 320 万元左右。

（13）本项目是当地审计局过程审计的试点工程。过程审计人员到项目驻场，提前了解具体的现场施工情况，特别是隐蔽工程，以往的隐蔽工程是审计人员提出疑问，咨询单位提供影像资料。现在审计人员可以在现场直接参与现场监督，既提前解决审计中的问题，又能证实资料的真实性。审计局人员的提前介入，给予过程咨询业务指导，尤其是提交资料的完整性，对咨询团队专业能力提升提供了很大帮助。

3.6　工程结算阶段

（1）了解结算审核建设项目情况：工程项目的性质、类别、规模、承建方式等情况；审核所需的相关资料；工程材料的供应方式；工程进度款审核支付情况；进度款审核未解决问题的处理情况；工程项目现场施工条件；建设期内人材机价格变化及政策性调整文件发布实施等其他需要了解的情况。

（2）工程竣工结算审核的依据、方法、成果文件的格式和质量要求应符合现行国家、行业或地方规范、标准、规程的要求。

（3）工程竣工结算审核采用全面审核法。

（4）工程结算审核准备阶段的主要工作：

① 审查工程结算书程序的完备性、资料内容的完整性，对不符合要求的应退回，限时补正；

② 审查计价依据及资料与工程结算的相关性、有效性；

③ 熟悉施工合同、招标文件、投标文件、主要材料设备采购合同及相关文件；

④ 熟悉竣工图纸或施工图纸、施工组织设计、工程概况以及设计变更、工程洽商和工程索赔情况等；

⑤ 准确掌握工程量清单计价规范、工程计价标准等与工程相关的国家和当地建设行政主管部门发布的工程计价依据及相关规定。

（5）工程结算审核阶段的主要工作如下。

① 审查工程结算的项目范围、内容与合同约定的项目范围、内容的一致性。

② 审查分部分项工程项目、措施项目或其他项目工程量计算的准确性，工程量计算规则与计价规范保持一致性。

③ 审查分部分项综合单价、措施项目或其他项目单价时应严格执行合同约定或现行的计价原则、方法。

④ 对于工程量清单或计价标准缺项以及新材料、新工艺，及早与造价管理机构沟通，在施工过程中及时收集缺项子目的合理消耗量并结合市场价格，审核结算综合单价或单位估价分析表。

⑤ 结算审核时要做好对争议项目的最终确定工作，该类子目审核重点要把跟踪过程中积累的签证记录及相关资料准备充分。对计价依据有歧义的，要首先做到主动咨询造价管理机构，避免被动审核。对工程量有歧义的要仔细认真进行复核，对行政管理部门下发的文件理解有歧义的，要及时咨询相应管理部门。

⑥ 审查变更签证凭证的真实性、有效性，核准变更工程费用。

⑦ 审查索赔是否依据合同约定的索赔处理原则、程序和计算方法以及索赔费用的真实性、合法性、准确性。

⑧ 审查分部分项工程费、措施项目费、其他项目费或直接费、措施费、规费、企业管理费、利润和税金等结算价格时，应严格执行合同约定或相关费用计取标准、规定，并审查费用计取依据的时效性、相符性。

⑨ 提交工程结算审核初步成果文件，包括编制与工程结算相对应的工程结算审核对比表，待校对、复核。

（6）工程结算审定阶段的主要工作：

① 工程结算审核初稿编制完成后，应及时与委托人、施工单位、监理单位沟通，听取意见，并进行合理的调整；

② 项目专业负责人对工程结算审核的初步成果文件进行检查校对；

③ 单位技术负责人审核批准；

④ 委托人、施工单位和我单位法定代表人分别在"工程结算审定签署表"上签认并加盖公章；

⑤ 在合同约定的期限内，向委托人提交正式的工程结算审核报告。

本项目结算总造价6.29亿元，单平方米造价仅为7694元，在全国同时期、同类型体育场中单平方米造价较低（表5）。

表5　同期、同类型体育场单平方米造价对比

序号	项目名称	面积序号（万平米）	造价序号（亿元）	单平方米造价（元）
1	××体育中心	8.17	6.29	7696.24
2	××奥林匹克中心	10.69	12.11	11320.50
3	××体育场	10.50	10.67	10161.90
4	××体育中心	19.73	19.65	9959.61
5	××体育中心	23.39	24.68	10552.75
6	××体育场	5.77	6.00	10391.95
7	××体育中心	8.98	6.89	7673.13
8	××体育场	2.06	1.56	7550.80
9	××体育场	18.84	21.05	11175.32
10	××体育中心	16.59	15.30	9222.42
11	××体育中心	18.51	14.26	7705.59
12	××体育中心	12.94	11.68	9028.96

3.7 咨询服务保障措施

（1）人员保障措施

针对本项目特点，我单位进行了认真的组织和准备，选拔专业齐全、年龄结构合理且经验丰富、业务能力突出的专业咨询人员组成项目团队，包括项目经理、项目技术负责人、专业工程师等，确保咨询工作的顺利开展。

全过程工程咨询是一个周期长、专业性强、涉及技术资料多的工作，从项目概算编制审核、设计优化配合、清单编制至竣工结算审核，项目团队人员始终保持稳定，主要人员无变化，保证对项目整个过程有足够的熟悉深度，有利于为结算审核积累丰富的第一手资料。

（2）进度保障措施

① 进度计划编制：根据委托方的总体计划，结合全过程咨询工作要求，制订有针对性的各阶段咨询服务进度安排，其中计量工作与审核工作可根据实际情况穿插进行。

② 进度计划调整：项目建设过程中的动态性决定了相应工作同样具有动态性。根据工程实际及咨询工作进展情况，适时跟踪各阶段进度计划的实施情况，对出现偏差的工作认真分析原因，迅速做出人员调整安排，最大限度地实现预期进度目标。

③ 审核制度保障：建立健全三级审核制度体系，明确各级审核的工作内容、深度以及误差范围，实行项目奖励和惩罚机制，确保咨询成果控制在允许偏差内。

（3）质量保障措施

① 预付款控制：按照发承包双方合同约定或有关规定，在工程开工前，计算应支付

的工程预付款数额，并按照建设工程施工承发包合同的约定在工程进度款中进行抵扣。

② 计量支付控制：按合同约定按时审核并确认进度款的支付额度，提交进度款支付建议，并建立相应工程计量支付管理台账。及时处理工程变更，为委托人提供准确的资金需求信息。

③ 材料价格控制：本项目认价材料47个大类，共计1897种。针对本项目，制定了主要材料及设备认质认价流程（图6）。

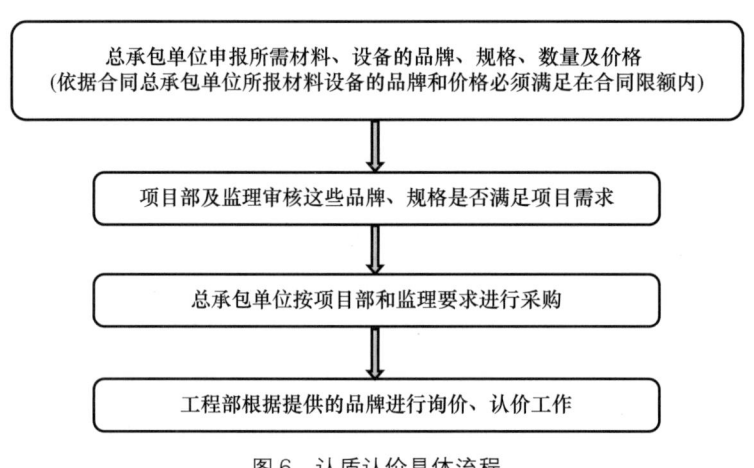

图6 认质认价具体流程

④ 工程索赔控制：依据合同约定和相关规定处理工程索赔，注意索赔理由的正当性、证据的有效性和时效性。收到索赔申请报告后，首先与建设、监理单位沟通，了解索赔产生的原因，分析责任，在规定的时间内根据合同约定予以审核。对于工程索赔，要加强主动控制，避免索赔费用的扩大。

⑤ 投资偏差控制：按照施工进度计划，编制进度款资金使用计划，与工程实际完成进度款进行对比分析，分析偏差及产生的原因，为委托人提供偏差调整和资金筹措建议。根据施工过程的随机因素与风险因素产生的已完工程实际投资与已完工程计划投资的差值确定投资偏差。根据施工过程的随机因素与风险因素产生的拟完工程计划投资与已完工程计划投资的差值确定进度偏差。

3.8 项目新技术

（1）独立支点与拉点大悬挑体育场钢罩棚技术应用。独立支点与拉点大悬挑体育场钢罩棚技术，适用于场馆类建筑大跨度悬挑钢桁架设计、施工等多个方面，通过采用独立支点与拉点的简约设计构造技术，严格控制用钢量，有效降低工程造价；采用智能制造技术和装配式格构支撑胎架技术，大大减少了碳排放量，促进低碳建筑、低碳建造的发展。

采用上述施工技术对比常规施工方法，减少约270t胎架及44t型钢施工，节约了大量的运输及租赁成本，很大程度地缩短了施工工期，提高施工效率，降低施工成本，节约投资约232.5万元。

独立支点与拉点大悬挑体育场钢罩棚技术提高了索桁架的安装效率，加快项目施工进度，减少施工成本，为国内外类似的大跨度索桁架结构的施工提供了宝贵的借鉴经验，具有推广示范效应，在钢结构建设领域处于领先水平。

（2）预制构件工厂化生产加工技术。本工程看台均采用工厂化预制清水混凝土，区分高区、低区，由看台板、栏板、踏步组成，共计4713块，最大尺寸7130mm×1000mm×538mm，最重3.3t。看台板钢筋用量170.4t，11.5kg/m^2；混凝土用量3408m^3，采用固定台模线工厂内预制，满足预制构件的批量生产加工和集中供应要求的技术，有效避免了现浇板裂缝渗漏问题，减小施工难度，缩短施工周期。

利用建筑信息模型（BIM）技术，实现装配式混凝土结构的设计、生产、运输、装配、运维的信息交互和共享，实现装配式建筑全过程一体化协同工作。应用BIM技术，装配式建筑、结构、机电、装饰装修全专业协同设计，实现建筑、结构、机电、装修一体化。

4 服务的实践成效

4.1 分解造价指标，实现限额目标

本项目是投资估算阶段招标，工程总承包单位提交的初设概算为8.27亿元，超过合同价1.87亿元，设计单位认为单方造价指标合理，没有优化空间。咨询团队把整体概算按照分部分项划分为地下结构、主体结构、钢结构、安装各专业、室外工程等造价指标，并对这些分项工程提出了可优化的限额，经过确定限额—设计单位优化—再核算造价与限额对比—提出偏差以及优化目标—再次优化—再次核算分析的多轮优化测算，收到了良好的效果，最终将工程总造价控制在6.3亿元，比合同暂定总价节约1000万元。

4.2 过程签证控制，节约建设资金

（1）项目原始场地存在大量积水，最深处达到1.5m，比设计地坪低约1.8m，需要抽水和回购土方，总承包单位提出场地索赔1000多万元。通过对合同的分析，招标文件要求总承包单位自行踏勘现场，此费用应包含在合同总价之内。由于索赔费用较高，为了不给后续施工增加风险，团队负责人员和委托人积极协调土源，帮助施工单位与抽水单位、回填土单位谈判，为委托人节约资金1078.9万元。

（2）项目车库位于原来积水的深水区域，项目开挖过程中面临着开挖和外运淤泥的问题。通过审核施工进度计划，专业人员提出了分仓开挖、现场晾晒后外运的建议，节约淤泥外运资金110.5万元。

（3）现场外网管线开挖和回填节约资金25.1万元。原始施工现场地坪比设计室外地坪低约1.1m，施工单位的回填方案是一次回填到位，外网管线施工时再开挖，涉及土方的多次开挖和回填。通过与委托人、监理单位和施工单位的多次沟通，建议将室外回填分成两次，节约了一次外网土方开挖和回填的费用约25.1万元。

（4）预制看台定制模板方案优化。由于体育场整体造型为"风动太极"，导致每块看台的尺寸都有差异，无形增加了预制厂家的模板成本，这种预制构件市场报价不明朗，导致预制看台的定价比较困难，咨询团队提出邀请厂家通过几轮竞价，最终确定看台价格，节约建设资金约 350 万元。

（5）机电原图纸各专业的主路设计在一层内走廊，走廊狭小，不利于各专业之间交叉作业，也不利于后期的维护及维修。团队专业人员建议将非必需的专业线路改到外走廊，给内走廊预留了充分的布置空间，也利于专业之间交叉作业，提高了施工效率，保障了施工工期，节约工程总造价约 55.7 万元。

经过各种管控措施综合运用，最终圆满完成了咨询服务目标，为委托人在 EPC 总包合同价内节约资金 1000 万元。经过与国内同类体育场馆造价对比，本项目建设标准高，质量达到国优标准，但是最终投资造价指标相对较低，性价比很高。通过近期举办的省运会和大型演唱会检验，社会反映良好，以其独特的建筑造型成为了当地的地标性建筑。

通过本项目的咨询服务，我单位培养锻炼了一支高素质的咨询团队，同时总结了一些经验和教训，例如对于独特的公用建筑，要增加内业人员深入现场的频次，同时对于新的施工技术和工艺，要积极地组织咨询人员系统地学习培训，与时俱进，如此才能持续提升咨询服务水平。

某配套工程（某广场）一期建设工程全过程跟踪审计造价咨询服务

王 静 焦云立 李玉霞 李丽菊 秦 琼（瑞和安惠项目管理集团有限公司）

摘 要：本项目为工程总承包，主要包括某广场建设与历史建筑修缮两部分。广场景观设计项目从城市形象展示以及城市历史传承等方面出发，兼顾饭店、售票厅、公园形成的公共空间系统的整体性，精雕细刻一砖一瓦、一草一木，向市民与游客展示城市宝贵的历史记忆的同时，打造彰显城市特色"新地标"、建设"新名片"、高质量发展新样板。

1 项目基本概况

（1）项目位置：某市区中心位置。

（2）建设规模：项目地块总面积约 4.4 万 m^2，其中绿地面积 1.8 万 m^2，建筑占地面积 $600m^2$，硬质铺装面积 2.5 万 m^2。主要包括某广场建设与历史建筑修缮两部分。某广场建设包括配套用房建设、场地铺装、地形整理、绿化种植、雕塑小品等景观设施建设、场地修缮、公用工程建设等；历史建筑修缮包括某售票厅修缮和某碑修缮。

（3）项目特点：广场景观设计项目从城市形象展示以及城市历史传承等方面出发，兼顾饭店、售票厅、公园形成的公共空间系统的整体性，精雕细刻一砖一瓦、一草一木，向市民与游客展示城市宝贵的历史记忆的同时，打造彰显省会特色"新地标"、城市建设"新名片"、省会高质量发展新样板。本项目主要是广场建筑与历史修缮两部分结合，广场面积较大、石材使用标准较高、形状异形较多，损耗及施工技术难度较大。

（4）本项目合同为建设项目工程总承包合同，包含方案深化、初步设计、施工图设计；项目设备采购、施工等直至竣工验收合格及整体移交、工程保修期内的缺陷修复和保修等全部工程总承包工作，满足项目使用功能，达到合同约定及相关验收标准，并配合完成各类验收、备案等相关手续工作。

2 服务范围及组织模式

2.1 咨询服务范围

该项目为全过程跟踪审计,具体内容如下:

(1) 包括(但不限于)工程招标清单及招标限价等预算的编制及审核工作,确定造价控制目标;

(2) 施工过程中的动态投资控制:包含施工合同管理、甲方提出的工程方案变更测算及审核、工程签证、洽商的计量及审核、工程进度款审核、合同争议处理、材料及设备价格咨询服务、索赔的计算及处理、过程结算审核、竣工结算审核、竣工决算审核(不包含财务审计);

(3) 配合审计等部门工作及委托人要求的其他相关工作等;

(4) 审核各项工程、材料设备、咨询服务等单位的资金与支付,编制各类投资报表、报告。

2.2 咨询服务流程

造价咨询流程如图1所示。

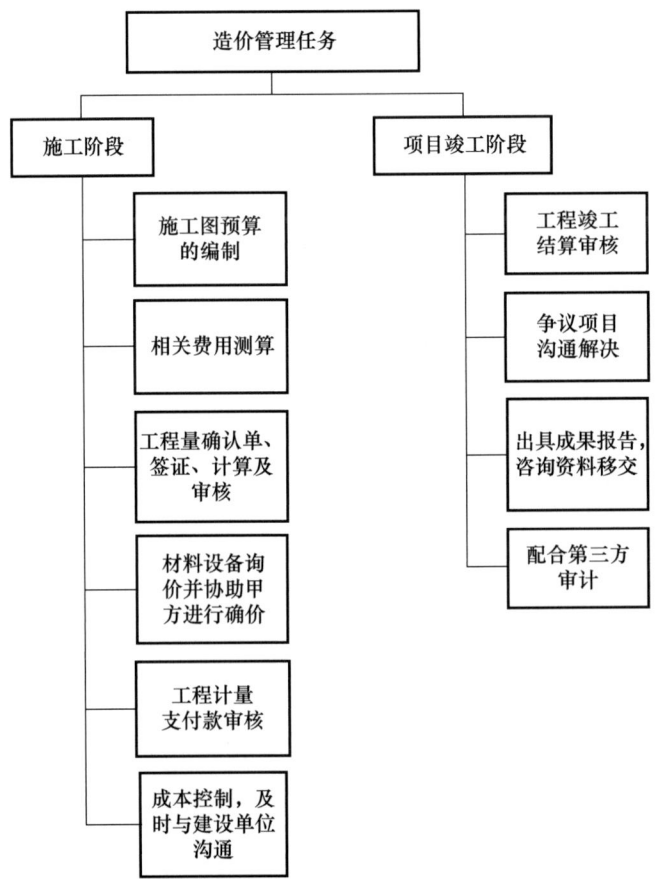

图1 造价咨询流程

2.3 咨询服务的组织模式

本项目的团队组织架构如图2所示。

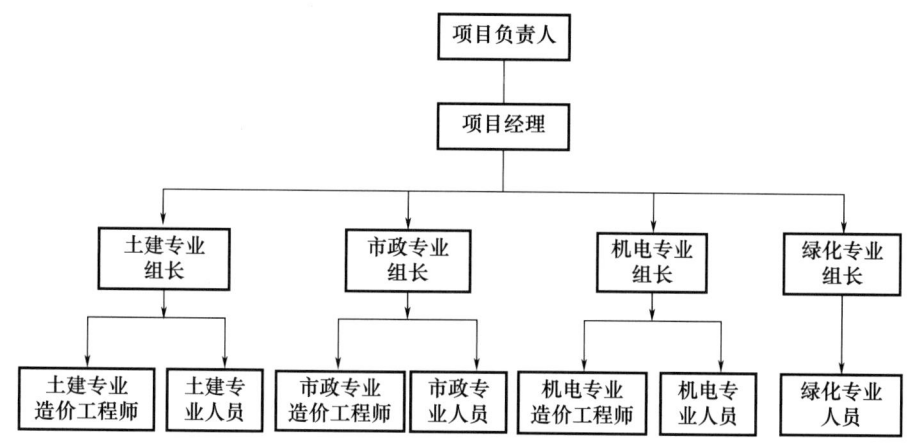

图2 项目团队组织架构

2.4 咨询服务工作职责

全过程造价咨询服务业务的工作范围包括以下内容：

(1) 施工图预算的编制：在施工图纸基本完备的情况下详细分析研究图纸，比如设计图纸是否有遗漏，图纸细节设计是否完整，不同专业图纸以及本专业细节设计是否有冲突，与建设单位及相关单位沟通是否及时；依据现有的资料编制施工图预算，编制必须全面、准确，且能真实反映市场平均价格水平。由于图纸设计深度不同，在编制施工图预算时必须结合建设单位的控制指标（投资估算或初步设计概算、工程中标金额）与设计方沟通，针对建设单位所提供的设计成果，我们将提出可行的建设性意见（如设计内容或建设标准等），以使未来的施工图设计符合建设单位的造价控制指标；结合工程量清单子项描述的工程内容、项目特征，提供能准确反映项目所在地区的人工、材料、设备市场价格。

编制的内容、依据、要求、表格格式等应执行《建设工程工程量清单计价规范》（GB 50500—2013）的有关规定。未采用工程造价管理机构发布的工程造价信息时，采用的市场价格应通过调查、分析确定，有可靠的信息来源。施工机械设备的选型应根据工程特点和施工条件，本着经济实用、先进高效的原则确定。应正确、全面地使用行业和地方的计价定额以及相关文件。应依据国家有关规定计算不可竞争的措施费用和规费、税金。对于竞争性的措施费用，应依据专家论证后的方案进行合理确定。

合理编制施工图预算，与概算分部位详细对比，分析与概算偏差项目，以免突破概算等情况。

(2) 本项目某售票厅及某碑为修缮项目，需要将原建筑局部拆除后再依据设计图纸进行修缮，就拆除部分对承包单位提交的工程量确认单（包括事由及工程量）逐项进行审核，并留存影像资料，做到资料完整充分；对于无图纸的某碑拆除部分的工程量，需要将现场测量的数据辅助草图方式形成文件资料，并留存大量的影像资料。

（3）材料、设备类市场询价，根据现场提供的小样进行三方询价。

（4）审核承包单位报送的进度款，做好台账，统计好各合同额、支付款项等。

（5）做好动态管理，支付进度及时与概算对比，避免超额。

（6）建设工程竣工结算审核。

（7）对于与工程承包方存在的争议项，向建设单位提供现行的依据（包括国家和地方政策、法规、标准、定额解释，必要时向定额站咨询室外小品、雕塑等意见），协助建设单位解决问题。

（8）在整个咨询工作结束后，对工程项目有一个完整的报告。

（9）配合第三方审计工作。

3 服务的运作模式

3.1 施工阶段造价咨询

3.1.1 前期准备

组建项目团队，召开内部项目启动会，首先了解项目的立项和审批情况、工程设计情况、审批情况、建设单位的基本要求情况，了解建设单位与委托单位（总承包单位、设计单位、分包单位）的程序及沟通情况；熟悉建设单位管理模式中对现场签证、工程量确认单、材料设备询价认价、进度款申报审核支付、结算等流程的操作及办理情况。其次对项目总承包合同、管理手册等进行学习，尤其是影响造价的信息要重点标记出来，比如工程结算方式、签证办理的原则、材料认价的程序等要重点研究及学习。

3.1.2 制定施工阶段咨询服务实施方案

为保质保量、按时完成项目任务，项目负责人在掌握项目基本情况后，认真分析项目的重点、难点、风险事项，制订切实可行的造价咨询服务实施方案（包括咨询依据、技术要求、工作方法、项目进度计划、质量控制措施、组织纪律、沟通机制等），组建项目团队。

3.1.3 工作总体目标

（1）工作组织：通过 OA 系统依据工作内容合理安排人员数量。

（2）工作流程：完善项目预算工作的业务流程和作业顺序，管理信息更加科学合理。

（3）工作进度：满足委托方要求。

（4）工作质量：满足国家政策及行业规范和规定。

（5）业主满意度目标：从工作组织、质量、进度、服务态度和廉政建设方面达到业主的满意。

3.1.4 组织纪律

项目团队将严格执行廉政纪律，明确违约责任，并严守保密制度，维护委托人权益。

审核人员工作守则：

① 不准违反廉政纪律；

② 不准越权过问分外之事；

③ 不准违反劳动纪律；

④ 不准单独与审核方或施工方核对认定数据；

⑤ 不准泄露项目审核结果。

3.1.5 质量控制工作部署

根据本项目工作特点，施工图预算及月计量支付、材料设备询价、认价、竣工结算编制或审核质量控制将通过以下总体工作部署进行：

（1）合理配置人力资源；

（2）制定明确的工作时间表，采取相应的工期保证措施；

（3）做好充分的工作准备；

（4）制定科学的编制或审核办法；

（5）建立有效的质量控制管理制度。

3.1.6 造价咨询业务的服务依据

（1）国家和地方颁布的有关法律、行政法规、技术规范和标准；

（2）相关的费用定额及合同签订时河北省定额及行业政策性文件；

（3）与项目有关的各类合同及设计文件等。

3.1.7 合同价格形式及调整的约定

本合同签约额为暂定合同额，双方依据本合同协议书约定的本工程结算方式进行结算。按照《建设工程工程量清单计价规范》（GB 50500—2013）、《2012年全国统一建筑、装饰、市政工程基础定额河北省消耗量定额》《2012年全国统一安装工程预算定额河北省消耗量定额》《河北省园林绿化工程消耗量定额（2013）》《河北省房屋修缮工程消耗量定额（2013）》《河北省古建（明清）修缮工程消耗量定额（2014）》、2016年版《20kV及以下配电网工程建设预算编制与计算规定》、2016年版《20kV及以下配电网工程建设概算定额》第一册～第五册、2016年版《20kV及以下配电网工程建设预算定额》第一册～第五册，及相应的费用定额及合同签订时河北省定额及行业政策性文件为计价依据计算后，承包人按照以上原则并乘以承包人报价费率（承包人报价费率＝中标价÷投标限价，报价费率百分比保留至小数点后两位）后编制成预、结算文件进行结算。其中：①人工费、机械费、安全文明施工费、规费、税金的调整按施工同时期相关部门下发的最新文件执行。（国网项目定额人工费和材机费调整系数按照电力工程造价与定额管理总站发布的《关于发布20kV及以下配电网工程预算定额2021年下半年价格水平调整系数的通知》（定额〔2022〕7号）；人工费和材机费调整价差计入编制年价差。）②雕塑、城市家具等不适于按照河北省造价信息结算的主要材料按照当时市场询价结算或按照定制的雕塑、城市家具等成品分包认定的价格确定，该部分费用只计取认定的价格和相应税金。

3.1.8 材料设备询价、认价办法和程序

依据合同条款约定，材料价格按照施工同期的石家庄市工程造价信息价格计价（国网项目乙供材料价格按照《国网河北电力建设定额站关于发布河北南部地区2022年第一季

度建筑材料指导价格的通知》计列；甲供设备、材料费用参照"2021年第二批协议库存中标明细"的招标价计列），石家庄市工程造价信息中没有价格的材料执行同期《河北省工程建设造价信息》价格计价；以上文件中没有的材料及设备信息价格（表1），由建设单位及承包单位共同认质、认价并出具认价资料后计入工程造价。

对各期使用的材料设备进行详细分析汇总，对承包人上报材料设备报价单（表2），依据提供的材料小样，成立询价认价专业小组，进行询价复核，分析了解材料，要知道材料的规格、型号、材质、数量，此次询价的档次，品牌是否有要求，是否需要含税、含运费等，找对应的供应商，至少要找三家。在询价过程中，多次与建设单位沟通，复核后提交建设单位审核，对差距大的材料，与承包人一起共同询价，修订材料价格表，提交建设单位审核，无异议后进行材料价格的确认（表3、表4）。

表1 按专业划分需认价的主要材料设备

序号	分类	材料设备主要品种
1	给排水	高模量聚丙烯两次缠绕结构壁管（雨水）、缠绕成型分离式井、水表、倒流防止器、蝶阀、闸阀、地下式水泵接合器、玻璃钢隔油池、电缆、缝隙式排水沟、卵石排水沟
2	广场硬质铺装	石材（福鼎黑、芝麻黑、芝麻灰、预制彩色透光云石板）、文化石、旗杆、不锈钢景观井盖、耐候钢板、U形铜条、成品坐凳、小料石、盲道砖、黄铜字、防腐枕木、艺术车档、黑色砾石浮铺、便道砖
3	建筑装饰工程	旋转楼梯、异形断桥铝平开窗、护墙板、罗马柱、大理石拼花、混纺地毯、法式门、法式石膏线、坐便器、平板灯、灯带、射灯、主控机、修复砖粉、机制瓦、小停泥砖
4	景观、小品	路障石球、铜制喷头、中孔七彩水下灯、七彩感应地砖灯、原点雕塑、折线设施休闲段、耐候钢刻字铺装
5	绿化	乔木、花卉、地被等
6	智能化	投影机、投影防护箱、光纤传输器、中控主机、路由器、触摸屏、控制程序、播放服务器、开关电源、内容制作、配电箱、控制器、智慧照明控制终端、立杆、LED草坪灯、景观灯柱、LED龟背灯、洗墙灯、LED地砖灯

表2 材料设备报价单

工程名称：

序号	材料/设备名称	规格尺寸	暂定工程量	单位	报价（元）			备注（附材料照片）
					材料/设备单价（不含税）	税率（%）	材料/设备单价（含税）	

备注：1. 工程量为暂定，最终以施工图纸、设计变更、现场签证及结合现场工程实际为准进行计算。
2. 所报价格为货到现场的开票价格。
3. 上表"税率"指材料/设备实际增值税率。

施工单位（盖章）：
日期： 年 月 日

表3　材料设备询价单

序号	名称	规格、型号	工程量	单位	送审价格	报价单位	联系电话	询价价格	审定价格	备注	材料图片

表4　材料/设备价格确认单

建设单位：　　　　　　　　　　　　　施工单位：

工程名称：　　　　　　　　　　　　　认价单编号：

双方确定价格如下：

序号	材料/设备名称	规格尺寸	单位	报送价格			审定价格			备注
				材料/设备单价（不含税）	税率（%）	材料/设备单价（含税）	材料/设备单价（不含税）	税率（%）	材料/设备单价（含税）	

备注：1. 工程量以施工图纸、设计变更、现场签证及结合现场工程实际为准进行计算。

2. 审批后施工单位需对造价确认审批单价格盖章确认作为结算依据。

3. 确认材料单价要明确材料型号、功能、质量等级等，确认价格为货到现场的开票价格。

4. "税率"指材料/设备实际增值税率。

施工单位（盖章）：　　　　　　　　　　建设单位（盖章）：

经办人：　　　主管领导：　　　　　　经办人：　　　主管领导：　日期：　年　月　日

日期：　年　月　日　　　　　　　　　日期：　年　月　日

此表壹式肆份，建设单位、施工单位各留存贰份原件。

3.1.9　工程签证及工程量确认过程控制方法和程序

在过程控制中建立概算、合同价款、预算、进度款动态投资控制体系，定期对投资变动情况进行分析，发现偏离投资控制的严重事项，及时提出纠偏措施、整改建议，有效控制工程总投资。

（1）对影响投资工程的签证做到事前控制，发生签证时，现场跟踪人员首先分析其合规性、合理性、必要性、经济性。

(2) 通过审查签证发生实质原因、资料完整性、一致性，审核签证事项与原设计图纸、审图修改意见、会审纪要等资料是否重复或矛盾，签证是否引起其他相应费用调整等，保证签证真实有效。

(3) 各专业工程师按照专业分工对不同材料、数量与施工图、设计变更单及工程现场实物逐一对照核查，通过现场测量、取证、拍照等方式，做好跟踪工作记录，作为签证计价和结算的依据。首先查看签证资料，是属于合同内工作内容，还是建设单位要求承包单位完成合同以外的零星工程。对影响造价的签证做到事前控制，发生时分析合规性、合理性、经济性。审查签证发生的缘由、资料完整性，通过现场测量、拍照等方式，能附图的尽量附图，做好签证的计量和计价工作。

(4) 工程量确认单：本项目局部为修缮项目（某售票厅、某碑体及碑体广场），需要将原状拆除后（拆除属于总承包范围），根据设计图纸进行修缮。某售票厅及某碑拆除量非常大，图纸对这部分工程量无法准确地表示出来，尤其是某碑体，这部分工程量需要现场施工实际测量尺寸，绘制草图，标记工程量并附影像资料，最后监理单位及建设单位审核无异议后出具工程量确认单。

3.1.10 月进度款工程计量审核办法和程序

本项目计量计价方式依据为《建设工程工程量清单计价规范》（GB 50500—2013），2012年全国统一建筑、装饰、市政、安装定额，2013园林绿化、2013房屋修缮、2014古建（明清）修缮、2016年20kV及以下配套定额等定额及行业政策性文件，按照以上依据计价后乘以承包人报价费率即为工程量。按建设工程施工承发包合同协议条款约定的时间及方法参与工程计量，负责按时审查并确认进度款的支付额度，向建设单位提交进度款支付建议，并建立相应工程计量支付管理台账。依据监理及建设单位审批的形象进度单、工程计量报审表、工程款支付报审表，审核进度款（图3）。

工程进度款审核内容包括：

① 本周期已完成工程的价款；

② 累计已完成的工程价款；

③ 累计已支付的工程价款；

④ 本周期已完成计日工金额；

⑤ 应增加和扣减的变更金额；

⑥ 应增加和扣减的索赔金额；

⑦ 应抵扣的工程预付款；

⑧ 应扣减的质量保证金；

⑨ 根据合同应增加和扣减的其他金额；

⑩ 本付款周期实际应支付的工程价款。

在审核与确定本期应支付的进度款金额时，应注意按照合同条款的约定，做好工程预付款、计日工、变更和索赔款项的同期支付。

工程进度款支付严格进行计量和付款控制，核实各专业界面、每月形象进度有无重

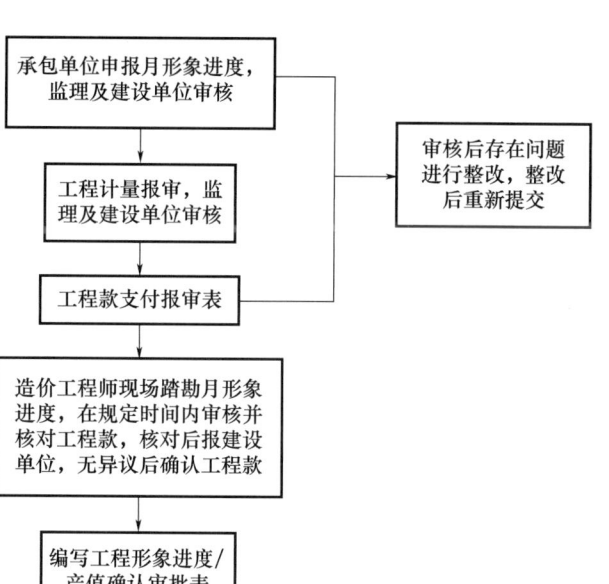

图 3 进度款审核流程

复，踏勘现场，核对现场完成的部位，留存影像资料，尤其是广场铺装及绿化植被，在平面图上以颜色区分标记每个月的完成情况，另外列出总面积，每次支付的面积从总面积里面扣减，并列表统计清楚，这样不至于最后面积超出图纸的总面积。

3.2 竣工阶段造价咨询

3.2.1 结算审核步骤

竣工阶段，工程造价咨询的重要工作之一是做好工程竣工结算审查，严格按照相关程序进行。为保证结算造价的准确性，本工程竣工结算审核工作按七阶段进行；

第一阶段：资料收集准备阶段，按照"结算工作要求"收集资料，承包人收集结算资料完成后，将资料报送监理单位、建设单位进行初步审核，重点审核资料的真实性、完整性（时间、签字、盖章是否齐全）；

第二阶段：建设单位及监理单位审核承包人编制的工程结算是否满足总承包合同金额要求并移交咨询单位进行审核；

第三阶段：结合项目情况，成立项目结算小组，专业分工，在进行各阶段造价咨询工作前，项目经理组织所有小组成员进行针对性交底，划分土建、机电专业两个小组，熟悉了解各项与建设项目造价及投资有关的资料，踏勘现场，统一执业标准，明确工作纪律；

第四阶段：造价咨询单位审核建设单位报送的工程结算，采用全面审查方法，按照有关资料仔细计算工程量、审核定额组价，确保造价成果文件的真实准确；

第五阶段：为保证造价咨询工作质量，达到预期的造价咨询工作目标，按照我公司

《执业质量控制管理制度》的要求，对本项目所出具造价成果文件进行三级质量复核，即详细复核、总体复核、最终复核；

第六阶段：建设单位对造价咨询单位审核的工程结算进行会审和确认；

第七阶段：编制工程结算汇总报告。

3.2.2 工程结算资料

（1）初步设计、设计概算（含调整概算）及批复文件；

（2）设计、施工、监理中标通知书及施工合同；

（3）盖章版的竣工图纸，包括土建、装饰、安装、市政、园林、电力等专业施工图纸（竣工图）；

（4）经审核批准盖章版的施工组织设计、专项施工方案；

（5）影响工程造价的隐蔽检查记录及相关质检资料；

（6）盖章版的工程量确认单、现场签证、材料（含设备）认价单等资料；

（7）工程结算书、工程量计算、影像资料等；

（8）其他资料。

3.2.3 审核实施细则

（1）熟悉资料。依据上报的结算资料，熟悉资料。熟悉资料是开展审核工作的第一步，是审核的基础性工作，必须全面认真地阅读所有资料，对重点部分进行记录，加深和巩固印象。项目负责人组织造价人员及时互相交换情况，统一共性问题，不疏漏影响结算的任何问题。对资料不齐、表述不清、证据不足的资料，要及时要求重新提供并进行核实。

（2）现场踏勘。现场踏勘是为了复核结算资料的真实性。因此在熟悉文字资料后，造价专业人员应到工程现场进行实地踏勘，以工程结算资料为对象进行核对，各专业对照图纸逐一踏勘现场，例如：安装专业需要核实材料认价单中的品牌与现场是否一致，除了预留预埋其他现场工程量是否与图纸一致（能测量的工程量都要逐一进行测量并与图纸对比）；绿化专业依据图纸数量表，现场测量工程量（本项目涉及地被植物较多，现场测量尺寸是否与图纸一致），在踏勘中发现绿化种植的数量现场与图纸不一致，图纸为1860盆，现场通过间距测算为1647盆；装修部分需要核实图纸做法是否与现场一致；广场铺装是否与现场一致；等等。发现有不符的内容，做好踏勘记录并与建设单位及时沟通。

（3）进行审核核对工作。核实结算资料后，造价人员方可进入审核的主要工作阶段，事前交底，专业分工，采取全面审核法，按单位工程或分部逐一进行审核。在审核结算工程量时，必须对设计意图、全套设计图纸、现场情况等有充分的了解，熟悉工程全貌，然后有计划有步骤地按设计要求或验收规范，以严谨的工作态度，对整个工程的外观、结构、材料、质量等进行全面核查。并与承包人展开核对工作，逐项准确计算核查工程量，尤其是涉及装修界面的问题，一定要反复查看，在核对中对图纸有异议的，需再次踏勘现场，要求底稿与计价必须保持一致，如有个别情况必须注明工程量的来源或工程量表达式；根据已核定的工程量，按照合同明确的相应的工程计价原则和方法，结合政策性调整文件，计入工程结算造价。

通过 OA 系统上传审核文件，公司进行三级审核，分别审核造价咨询工作依据是否充分、正确，工作底稿的完整性和技术准确性（包括工程量的计算、价格的取定、执行定额、定额套项、取费是否正确等）。

审核完成后对异议的地方进行修改订正并与承包人沟通意见调整，而后对整个计价过程进行反复审核，杜绝重复计价、漏计或少计，并确保竣工结算数据的正确性。

对于争议部分，详细列出事项，组织公司内部会审，上报建设单位一起商定解决，或向当地建设造价管理站咨询意见。比如，在审核过程中，出现单位工程增值税为"0"（因进项税大于销项税为负值，所以计算时为 0）的情况，是按单项工程考虑还是单位工程考虑，双方意见不统一，经咨询定额站，"一个单项工程中，税金是按单位工程为计算单位，每个单位工程的费用和税金是独立的，不同单位工程的税金不用相互抵扣，不用整体项目考虑"。

核对工作结束，向建设单位汇报审核情况，汇报内容包括审增审减的金额、内容及依据，建设单位复审无异议后，形成审核确认表。

（4）出具审核报告。在建设单位同意确认金额后，分别由承包人和建设单位、咨询单位签字盖章，我公司出具正式报告。报告应全面描述工程情况、审核依据、审减或审增原因分析、审核中发现的问题、咨询建议等。

4 咨询服务的实践成效

建设项目全过程投资控制是针对整个建设项目目标系统所实施的控制活动的一个重要组成部分。投资控制工作是一项贯穿于项目实施各个阶段，由项目参与各方协同完成，涉及技术、经济、组织和合同等方面内容的系统。它包括三个步骤，即确定目标标准、检查实施状态、纠正偏差。全过程控制分为三个阶段，即事前控制、事中控制、事后控制。三个阶段应以事前控制为主，即在项目投入阶段就开始，这样可以起到事半功倍的效果。控制的状态是动态的，工程造价在整个施工过程中处于不确定状态，如设计变更、材料价格涨跌、人工标准、机械使用、费率等的变化必然会影响到造价的变动。只有竣工决算后才能最终确定工程的实际造价。工程造价的有效控制，是以合理确定为基础、有效控制为核心。工程造价的控制是贯穿于项目建设全过程的控制，就是在投资决策阶段、设计阶段、招投标阶段、施工阶段和竣工结算阶段，把建设工程造价控制在批准的造价限额以内，随时纠正发生的偏差，以保证项目管理目标的实现，以求在各个建设项目中能合理使用人力、物力、财力，取得较好的投资效益和社会效益。

在项目管控过程中，采用概算作为目标控制值，不得突破概算，同时依据施工总承包合同，工程费最终不得超过工程费中标金额。

4.1 施工阶段

通过施工过程中的精细严格把控，从现场、进度款支付、签证审核、材料认价等方面动态控制成本，各专业工作初步结束后交项目经理审核汇总，提交给项目技术负责人组织公司内部三级审核，并与建设单位及相关专家及时有效沟通，为本次拆改修缮项目顺利进行提供强有力的咨询服务。

首先，深入施工现场，对于容易引起争议的部位，例如，措施钢筋现场如何布置，与施工组织方案是否一致、钢筋设置搭接是否与图纸一致、剪力墙水平分布筋作为连梁的腰筋在连梁范围内是否拉通设置；土方回填灰土与素土的界定，基础防水中配变电室、配电间是否均按图施工，有防水要求的是否实施防水；主体外墙外侧是否做找平层；管井、电井现场是否达到图纸要求；外门窗洞口周围抹保温砂浆，现场厚度是否达到；不同材质交接处钢丝网现场哪些位置设置了，仿古工程拆除项目、外装墙面修复、认价材料与现场品牌是否相符等，及时做好影像记录，为后期结算审核做好造价依据工作。

其次，对于项目实施过程中，尤其是支付款拨付阶段，做好动态管理，及时更新数据，与概算及工程中标金额对比，对于新工艺或是有争议项的，及时组织公司项目内审会，总工办组织各专业主任造价工程师出具专业性意见，为建设单位严格把关，节省了建设投资。

例如某厅，本项目为修缮及功能提升项目，基于现状，对破损处进行修复提升；房测单位及设计单位对外墙现状实际情况出具了相关意见及图纸，图纸注明墙面风化率、墙面脏污率、砖块破损率、附加物率，设计要求是外装与未损坏外墙颜色保持一致。现场墙面损坏情况不尽相同，尤其是窗口位置，实际施工情况是，需要工人将破损的砖手动剔凿，重新替补破损墙面砖，外墙面打磨冲洗、砖粉修补、人工切砖缝、勾缝再打磨，再次修补，打磨修色与原未损坏的保持一致。整个外墙重新剔凿的墙面约53000块，对于外墙如何审核计价，承包单位在上报进度款的时候，仅是剔凿修补外墙砖按照面积估算比例大致计量，这一项报审330万元。公司组织了项目内审会，从施工工艺及现场实际情况，将外墙砖进行排布，套用河北省古建（明清）修缮工程，替补（相连砖5块以内、5块以外），并咨询当地定额站意见，最终审减金额约95万元。

例如，某高度35m单层碑体，碑体石材砖剔凿重新干挂石材，对于措施脚手架，在进度款审核过程中，对脚手架费用一直有争议，进度款暂按正常满堂脚手架套用，未结合现场修改含量，结算阶段，现场采用满设钢管脚手架、设置踢脚板，参考满堂脚手架38m以内定额，与实际发生的出入特别大，进度款争议比较大，以往没有遇到过这么高的单层脚手架，经与建设单位及承包单位协商，脚手架所用管材按实际工期（工期由监理及甲方共同确认），结合现场搭设的间距计算工程量，价格按租赁考虑，比正常套满堂脚手架38m以内定额增加了514元/m^2（面积25m^2为投影面积计算），总计费用为16万元，审减金额9万元。

例如，某高度35m单层碑体加固，根据专家论证意见，碑体存在晃动现象，对碑体进行检测及加固，混凝土表层出现剥落、空鼓、蜂窝、腐蚀等劣化现象的部位应予以人工剔除保护层，碑体原有石材拆除，但已经搭设完的满堂脚手架并未拆除，加固项目完全可以利用已搭设的满堂脚手架进行施工，计价不用重复计入此部分费用。但是承包单位诉求实际工作面相对较小，无法利用已搭设的脚手架进行施工，需要用吊车进行吊装及运输所有的材料。由于工期紧张、连续施工，对于这部分发生的费用存在争议，公司内审并与建设单位沟通，结合现场实际情况，扣除利用脚手架费用，结合监理确认的机械台班进行审核，总计费用为 52 万元，审减金额为 15 万元。

该项目施工期间进行了 9 次计量支付，建安费合同价为 9165 万元，截至项目完工后累计审定进度款 5819 万元。在审核进度款的时候，查看项目施工进度与审批进度是否一致，对已完成的进行支付，对未完成或是未全部完成的不予计量，避免超合同价的情况下，材料价格有争议，尤其是异形石材，材料价格暂时按偏低的价格计入，严格控制超概及合同中标金额，见表 5。

表 5　进度款支付

序号	工程名称	审定（产值）（万元）	审减金额（万元）	备注
1.1	第一期	531.20	148.20	
1.2	第二期	1183.75	247.30	
1.3	第三期	529.13	1332.19	
1.4	第四期	1332.39	742.09	
1.5	第五期	257.84	284.67	
1.6	第六期	60.88	206.30	
1.7	第七期	465.68	678.77	
1.8	第八期	332.01	542.11	
1.9	第九期	1126.20	1287.75	
	合计	5819.08	5469.38	

4.2　竣工结算阶段

依据建设项目工程总承包合同施工内容，踏勘现场，查看现场是否与图纸施工一致，结合进度款计量支付中争议项目解决方法进行审核结算；合同内工程费审减 1462.2527 万元；合同外临时发生的项目审减 166.7622 万元，签证审减 217.5187 万元。

工程量计算准确，土方回填、广场石材砖、管沟土方共沟、外墙替补砖、墙板、地砖、绿化、配管线缆等工程量审核审减约 367 万元；余土外运、耐候钢板、铝板装饰板、修缮高空车、窗台破损换砖修复、纤维板、拼花、线条等定额套用审核审减约 496 万元；80 厚石材、高模量聚丙烯两次缠绕结构壁管（雨水）、缠绕成型分离式井、文化石、耐候钢板、旋转楼梯、小停泥砖等材料价格审核审减约 599 万元。

对于发生的临时工程，由于方案临时改变发生的费用，在正式图纸出具后，对比图纸，临时工程的一些基础是可以再利用的，费用不予重复计算，审减约 166 万元。

总之，在整个项目期间公司领导及同事给予了强有力的支持与帮助。为了审核得更加准确，多次咨询本市造价站人员及相关专业的专家，科学合理地从各环节做好细节管理，及时发现问题并加以解决，实现建设工程项目质量的全面控制与管理，高标准完成咨询服务工作，为建设单位严格把关，节省了建设投资。

某输配线连接工程 EPC 总承包项目全过程造价咨询服务案例

李红梅　于喜然　韩星星（河北友谊永泰工程造价咨询有限公司）

1　项目基本情况

1.1　基本信息

项目从规划路交叉附近接输配管线，敷设两根 DN1400 管道，向南敷设穿越某高速，沿规划路敷设穿越灌区、环路，继续向南敷设至某铁路北侧的规划路，沿规划路向西敷设，至供热厂区的北侧，穿越某铁路和某高铁到达厂区，管线总长度约 5.8km。

工程承包范围包括管网的设计、设备材料采购、安装施工、破路恢复、管道系统检测、冲洗、探伤、与原有管道对接、相关手续办理等保障项目，按招标人要求开工、实施、调试等工作，即直至本项目完成，项目设计和施工所包含的全部工作。

1.2　项目特点

项目主体为市政供热工程，但因供热管道穿铁路、穿高速公路，所以项目不仅有管道明挖、直埋预制保温管施工，还包括隧道、高压旋喷桩、下穿高速、下穿铁路顶管施工。另外，管线施工长度较长，涉及相应的高压电缆、供电线路迁移、信号塔迁移、绿化移植等工程。

合同约定结算方式：（经评审部门审定的工程结算金额－经认质认价的材料设备费－土方内外倒运费用）×92%×（100%－投标人所申报的下浮率）＋经认质认价的材料设备费－土方内外倒运费用。

2　咨询服务范围及组织模式

2.1　咨询服务范围

全过程造价咨询，包含但不限于清单、限价编制及审核，前期改迁工程预结算审核，过程跟踪审计（工程签证、洽商、变更、材料设备认质认价询价、进度款审核等），竣工结算审核等比选人委托的工程造价咨询业务。

2.2 咨询服务组织模式

组织机构分为总工—项目审核人、项目负责人—专业负责人—审核小组（图1）。

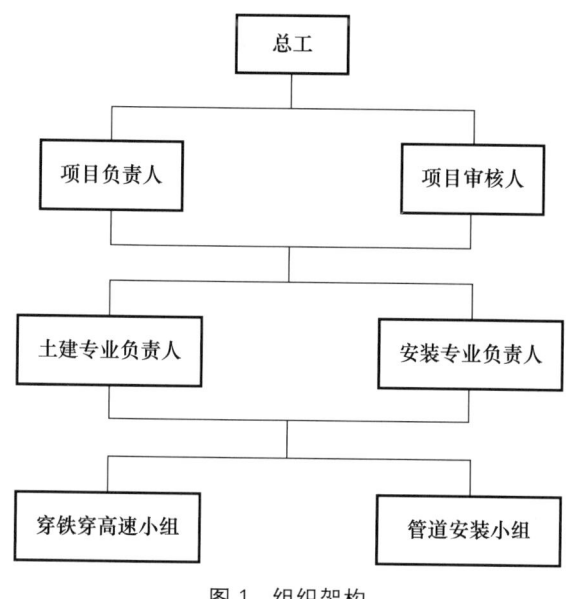

图1 组织架构

2.3 咨询人员工作职责

（1）总工办：按照制度、项目咨询实施方案对相关人员工作、行为进行监督、检查、管理，按权限提出奖励、处罚意见。参加或主持对较大问题、敏感问题、难点问题、政策性问题的研究和分析，确定解决方案。负责对咨询成果审批，对业务质量、进度承担领导责任。

（2）项目负责人：项目负责人全面负责项目全过程咨询的组织管理工作，原则上须取得造价工程师注册证书5年以上且具有较高的专业技术水平、素养、职业道德；负责组织实施项目咨询活动，对质量、进度、专业协调等工作负责，对技术质量、进度、执业行为进行检查、督导、指导、管理；负责办理咨询项目委托合同的草拟、签订，接收和验核委托人提供的资料；负责制定项目咨询项目实施方案；对咨询项目的咨询质量负责，组织内部复核、校验工作，负责对项目初步成果进行复核、检查；负责编写咨询成果报告及总说明、总目录，确保成果文件格式规范、表述清晰和满足使用需要；负责咨询报告的送达，组织办理相关资料归还、移交、归档手续、经济指标统计分析，与委托人结算咨询费。

（3）项目审核人：项目审核人员必须取得造价工程师注册证书，具有工程或工程经济类高级专业技术职称，且从事工程造价专业工作15年以上。对项目负责人、专业人员的岗位职责、业务质量、工作效率、工作行为、职业道德进行监督、检查、管理，按权限提出奖励、处罚意见。具体主要职责如下：①监督、检查、指导项目负责人执行企业质量保证体系，贯彻落实质量控制制度，检查咨询成果技术的可靠性、数据的准确性、结论的科学性、公正性、合法性。②监督、检查、指导项目咨询实施方案执行情况，纠正偏离事项。③对重要资料检查完整性、合规性。④参加或主持对较大问题、敏感问题、难点问题、政策性问题的研究和分析，提出或确定解决方案。⑤负责对咨询项目成果可能给公司带来的风险进行预测，负责对咨询成果审核。⑥对业务质量承担审核责任。⑦负责编制咨询方案，包括：工程概况；招标文件及答疑、投标文件、合同及补充协议、其他资料等有关情况；项目组成人员、分工；工作程序、责任人、时间节点、完成时间；咨询依据、咨询原则、咨询方式、综合咨询计划；重点、难点分析，解决思路、方法；收到的资料是否全面，完整性、合规性情况；成果完成、资料归档时间；其他需要说明的情况。

（4）专业负责人：专业负责人负责按照批准的咨询项目实施方案进行相关专业造价咨询的实施工作。

原则上须取得造价工程师注册证书2年以上且具有较高的专业技术水平、素养、职业道德。负责监督咨询项目组执行，动态掌握咨询项目各专业实施状况，负责督促检查各专业的进度，对存在的问题进行研究解决或上报。对所承担的业务质量、进度承担全部责任，对个人的执业行为承担全部责任。

（5）项目组成员：必须具有与所承接的业务相匹配的技术水平。协助项目负责人做好各项工作，体现团结合作的风貌。按照咨询项目实施方案开展本职工作，选用正确的业务数据、计算方法、计算公式、计算程序，做到内容完整、计算准确、结果真实可靠。严禁出现人为的低级错误。检查所需资料的完整性、合规性。对实施的各项工作进行自控，成果文件经校核、审核后，按校核、审核意见进行修改。及时上报发现或出现的问题，严禁拖延。及时整理资料，交项目负责人或专人办理归档和移交归档手续。对所承担的业务质量、进度承担全部责任，对个人的执业行为承担全部责任。

3 咨询服务运作过程

3.1 前期准备

确定项目负责人，项目负责人负责实施、监督、检查从咨询合同签订至资料存档全部事项；确定项目组成员，制定工程造价咨询项目实施方案。

3.2 项目实施阶段

根据项目情况分为预算编制、核对阶段；进度款审核阶段；结算审核阶段。

3.2.1 工作程序

接受并收集与项目有关的咨询服务所需的资料并全面登记，踏勘现场、了解情况；编审过程中召开会议，就有关问题达成意见，确定明确的思路、方向，形成书面的纪要；根据咨询实施方案开展工程造价的各项计量、确定、控制和其他工作；向公司领导汇报，对较大问题、敏感问题、难点问题、政策性问题进行讨论、研究，形成咨询初步成果；在公司统一安排、监督下，项目负责人组织与委托人、施工单位、建设单位等相关单位进行核对工作；出现场或核对工作，每天下班前，项目负责人将出现场或核对过程情况、进度、出现的问题，上报公司领导或相关人员，根据各方的意见，公司领导组织人员对争议较大问题进行讨论、研究、确定，项目负责人按照确定后的处理方法负责修改完善成果文件；按规定程序审批咨询成果报告；咨询成果交付与资料返还；较大项目、特殊项目编写后评估报告，供相关人员学习提高；咨询服务回访；存档咨询资料的整理归档及信息化处理。

3.2.2 预算编制阶段重点

因项目是EPC项目，所以预算编制及审核工作极其重要，审核结果是后续进度款支付的依据，结算时的一些定额组价、措施项目如何计取的争议问题也在此阶段提前显现出来，所以预算工作中的难点、争议问题要详细整理，共同研究确定。

本项目的难点、争议问题主要有：①泥水平衡封闭顶进工艺，置换出的泥浆量如何计算；②顶管所用加强混凝土三级管直径是3m，而定额最大直径只到2.4m，如何计价；③顶管管外壁1m范围内土体注浆定额是套用小导管注浆还是土体加固；④顶进触变泥浆减阻是否已经包含触变泥浆制作输送；⑤顶管吹砂相应如何套用定额；⑥隧道、竖井一衬喷射混凝土定额为现场搅拌混凝土，现规定全部用预拌混凝土，定额如何调整；⑦隧道井防水套管市政定额中套管最大直径1m，设计图纸管直径为1.22m，如何计价；⑧工作坑、接收坑、竖井挖土方定额如何合理套用；⑨直埋保温管安装定额直径最大到1.2m，该工程直埋保温管直径为1.4m，无完全适用定额，如何计价；⑩未明确的事宜，如路面破碎、沟槽深基坑支护等预算阶段如何考虑。

经项目组多次深入到现场了解情况，讨论研究，多方案测算对比分析，形成初步意见后，向建设单位汇报。同时多次召开建设单位、施工单位、监理单位专题会议，多次沟通协商后，各方认可我公司提出的解决方案，解决了难点、争议问题，保证了后续工程进度款支付的审批，不影响工程进度。例如：直埋预制保温管及直埋预制保温管件安装（氩电联焊）定额子目最大直径到1.2m，实际施工采用直径是1.4m。我们经过调研，最后人工、辅材、机械的消耗量参考北京、山东及河北省2022新定额，在直径1.2m保温管定额消耗量基础上乘以1.18系数计价，各方认可了此换算方法。

3.2.3 进度款审核重点

因合同约定的设计费、认质认价材料设备费、建安工程费的支付各有不同的节点和条件，所以过程中进度款的审核要严格按合同约定支付。

如设计费的支付：施工图设计文件完成经过图审合格后支付至设计费的40%；设计服务完成、工程竣工结算完成移交全部资料后支付至设计费的70%；系统安全运行一个采暖季后，未发生设计缺陷问题，支付设计费的20%；工程缺陷责任期（24个月）结束后30日内付清剩余设计费。

认质认价材料设备费的支付：节点付款，设备材料款累计800万元作为一个付款节点，设备材料到场后，经甲方、监理验收合格后，支付至该批节点设备材料款的85%；工程竣工验收无质量问题且完成结算工作后支付到设备材料款的95%；系统安全运行一个采暖季后，未发生设备材料问题，工程缺陷责任期结束后30日内付清剩余设备材料款。

建安工程费的支付：以形象进度为准，每月20日报量并经甲方、监理验收合格后，次月支付至已完工程量的80%，工程竣工验收无质量问题付至90%，完成结算工作后，支付至建安工程费的95%，系统安全运行一个采暖季后，未发生质量缺陷问题，付至97%，工程缺陷责任期结束后30日内付清剩余建安工程费。

项目估算迁改费用为4128.09万元，所以我们对迁改项目重点控制，随时根据现场情况测量记录，严格审核进度款，避免发生超付，防止结算时发生争议。最终项目迁改结算造价只有503.89万元，取得了很好的控制效果。

3.2.4 变更签证审核重点

由于设计图纸资料不完善，一些专项施工方案如深基坑的支护方案等还要调整，预算编制时一些工程量按暂估计入，所以施工时要对现场实际施工情况进行详细记录，对变更签证严格控制，进行事先审核。例如本项目某段沟槽紧邻高压塔，经专家论证使用钢板桩支护方案且部分钢板桩不拔除，施工单位开始报的价格偏高，上报预算中使用1-2171（陆上柴油打桩机打槽型钢板桩）子目，但因现场使用机械与定额不同，所以将定额中载重汽车6t换为汽车式起重机75t；不拔除部分钢板桩消耗量系数按1.1；不拔除部分的钢支撑按A9-189子目（金属结构支架安装，每组质量0.5t以内）上报，经多次沟通及测算，最终确定定额子目使用1-2171（陆上柴油打桩机打槽型钢板桩），但机械不做调整；不拔除钢板桩消耗量系数按1.0；钢支撑不拔除部分定额子目使用4-373（大型支撑宽15m以内安装），钢支撑消耗量按1000kg。施工过程中对于不拔除的钢板桩进行详细勘验核实，保证签证的准确性。

本项目另一段沟槽紧邻住宅楼，为了避免对住宅楼造成不良影响，需要进行注浆加固，注浆孔径100mm，孔距、排距均为1m，孔深平均6m，施工单位坚持按分层注浆加固深度10m定额计算，经过多次现场核对，与建设单位、监理共同商讨确定按分层注浆加固土体定额计算，大大降低了造价。

3.2.5 材料设备询价重点

我公司对材料询价制定了详细的询价程序和要求，对特殊材料安排两个人员背靠背同时进行询价，并且在广材网、建材在线、慧讯网等材料价格网站进行人工询价，整理汇总后删除最高价和最低价，取中间价格作为审定价格。所有询价资料都要在办公室统一存档，以备后续项目参考。

例如本项目中采用的φ3000加强混凝土三级管，施工单位上报材料价格7920元/m（不含钢板外套环、橡胶圈、衬板），我们经过多方调查、询价后，确定管材价格为7500元/m（含钢板外套环、橡胶圈、衬板、含税、含运输及卸车），计价时定额子目消耗量中的衬垫板不用再考虑计取。

3.2.6 结算审核重点

合同约定结算采用《全国统一市政工程基础定额2012河北省消耗量定额》及相应的取费，并且执行施工期或近期政府政策性调整文件，超出2012定额的或者定额没有涵盖的内容,经双方协商确定价格。具体审核情况见表1。

表1 某输配线连接工程EPC总承包结算审核汇总表

序号	工程名称	类别	送审金额(元)	审定金额(元)	审减金额(元)
一、工程费					
1	某输配线连接工程EPC总承包过铁路、高速顶管工程施工	施工	30572757.74	27161246.55	3411511.19
2	某输配线连接工程EPC总承包管道安装工程	施工	239244273.36	213953397.43	25290875.93
	小计		269817031.10	241114643.98	28702387.12
二、工程建设其他费用					
(一) 迁改费					
1	一线制作电缆方沟	迁改	324631.81	278081.39	46550.42
2	某输配线连接工程EPC总承包占绿恢复工程	迁改	243815.66	203372.74	40442.92
3	某输配线连接工程EPC总承包占绿地苗木移植工程	迁改	14000.30	10425.54	3574.76
4	某输配线连接工程EPC总承包苗木移植工程(高营大街)	迁改	1825412.70	1698513.17	126899.53
5	某输配线连接工程EPC总承包苗木移植工程(北二环与翟营大街东北角)	迁改	2416117.08	1746916.44	669200.64
6	某输配线连接工程EPC总承包10kV高压电缆迁移工程	迁改	158063.71	128411.40	29652.31
7	某输配线连接工程EPC总承包线路迁改工程	迁改	1183984.89	789987.06	393997.83
8	某输配线连接工程EPC总承包沿线大门拆改工程	迁改	225414.23	70337.22	155077.01
9	某输配线连接工程EPC总承包信号塔迁移	迁改	145750.34	112864.70	32885.64
	小计		6537190.72	5038909.66	1498281.06

续表

序号	工程名称	类别	送审金额（元）	审定金额（元）	审减金额（元）
		（二）监理费			
1	某输配线连接工程EPC总承包穿越铁路防护、下穿黄石（石太）高速公路顶管工程监理费	监理	566900.00	520394.00	46506.00
2	某输配线连接工程EPC总承包监理项目监理费	监理	2292300.00	2059757.00	232543.00
	小计		2859200.00	2580151.00	279049.00
		（三）工程勘察费			
1	某输配线连接工程EPC总承包岩土工程勘察	勘察	652779.19	642880.81	9898.38
		（四）工程设计费			
1	某输配线连接工程EPC总承包穿越铁路防护工程设计	设计	663260.00	524452	138808.00
2	某输配线连接工程EPC总承包设计费用	设计	214500.00	214500	0.00
	小计		877760.00	738952.00	138808.00
		（五）施工图审查费			
1	某输配线连接工程EPC总承包审图费	审图	262400.00	74562.00	187838.00
		（六）工程测量费			
1	某输配线连接工程EPC总承包定线及控制测量	测量	121398.00	119689.00	1709.00
2	某输配线连接工程EPC总承包竣工测量	测量	66841.95	62424.67	4417.28
	小计		188239.95	182113.67	6126.28
		（七）工程检测费			
1	某输配线连接工程EPC总承包检测试验	检测	202378.00	186622.60	15755.40
2	某输配线连接工程EPC总承包涉及沿线住宅楼变形检测项目	检测	329196.96	329196.96	0.00
	小计		531574.96	515819.56	15755.40

续表

序号	工程名称	类别	送审金额（元）	审定金额（元）	审减金额（元）
（八）监测费					
1	某输配线连接工程EPC总承包穿越客运专线跨特大桥变形监测	监测	480000.00	478260.00	1740.00
2	某输配线连接工程EPC总承包监测项目	监测	1000000.00	1000000.00	0.00
	小计		1480000.00	1478260.00	1740.00
（九）项目申请报告编制技术咨询费					
1	某输配线连接工程EPC总承包申请报告编制技术咨询合同	项目申请	220300.00	144400.00	75900.00
（十）社会稳定风险分析报告编制费					
1	某输配线连接工程EPC总承包社会稳定风险分析报告编制	社会维稳	220300.00	144400.00	75900.00
	合计		283646775.92	252655092.68	30991683.24

由于前期预算审核和过程变更签证审核阶段已经对所有问题有了清楚的了解，并提前进行了市场调研和研究，所以结算审核时非常快捷、准确地完成了审核工作。

3.3 项目总结阶段

项目完成后，各小组要对项目全过程咨询服务情况进行总结，对咨询进度、质量进行分析，对咨询中遇到的问题和解决方法进行分析，对审核人员提出的过程中的问题要进行分析，这样才能使项目人员学习提高，也为今后的咨询工作提供参考。

4 咨询服务的实践成效

4.1 没有合适定额项目的处理

（1）涉及喷射混凝土、竖井混凝土、隧道内衬项目，定额是按现场搅拌混凝土考虑，实际现场使用预拌混凝土，所以对定额进行了换算，消耗量中删除双卧轴式混凝土搅拌机500L，人工消耗耗量×0.6。

（2）防水套管定额子目最大直径到1m，实际施工采用直径是1.22m，在无合适定额情况下，我们参照定额子目中相邻管径消耗量的比例进行了折算。

（3）由于河北省市政定额第七册燃气与集中供热工程说明中明确规定，本册定额是按无地下水考虑；公称直径小于等于 1800m 是按沟深 3m 以内编制；公称直径大于 1800m 是按沟深 5m 以内编制。但现场实际施工直径 1.4m 的管道平均埋深约 5m，所以对定额消耗量中的汽车式起重机消耗量按照批准的施工组织设计、现场实际使用机械（75t 汽车式起重机）进行了换算。

（4）土质隧道竖井开挖竖井挖土定额子目是按人工开挖考虑，实际施工是人工配合小型挖掘机开挖，由于竖井挖方每挖一定深度进行锚喷，小型挖掘机需要反复升降。综合考虑后工作坑挖土是按人工、机械挖方各占 50% 计价。

（5）顶管定额最大直径到 2.4m，现场顶管直径为 3m，无合适定额。借用 2.4m 定额，定额中机械为 32t 汽车式起重机，而经批准施工组织设计及现场实际施工采用 200t 汽车式起重机，所以对定额消耗量中的汽车式起重机换算为 200t 汽车式起重机。

4.2 调整概算

项目穿铁估算 1705 万元，穿高速估算 645 万元，管道安装工程估算 16237 万元，合计估算造价 18587 万元。在 EPC 总承包合同中约定了结算造价不得超过 18249 万元，但因估算项目不全或沿线单位、居民不同意明挖等原因，造成隧道长度增加、增加高压旋喷桩、增加顶管超前预留注浆孔注水泥水玻璃-土体加固、增加顶管处高速两侧护砌、顶管长度增加、部分直埋管道变更为隧道、增加沟槽深基坑支护等项目，致使预算造价超出估算造价。因此在预算阶段，我们与总承包单位、建设单位针对估算造价进行了详细的对比分析，逐项列出超出估算造价的原因，最后建设单位按照我公司编制的造价，与总承包单位签订了补充协议，合同造价调整为 24753 万元，保证了工程的顺利进行。最终审定工程结算造价为 24111 万元，比合同金额降低了 642 万元，取得了很好的审核结果。项目估算与预算见表 2。

表 2 项目估算与预算主要差异对比

序号	项目名称	概算内容	预算内容
1	施工用电	考虑 210 个台班发电机自发电，材料费中电费归零	暂未考虑自发电，以定额电费计取，电费为 1 元/kW
2	桩基	旋挖钻成孔现场搅拌混凝土桩	按施工单位基坑专项方案为旋挖钻施工商品混凝土桩，增加高压旋喷桩
3	泥浆池及清水池	未考虑	按施工方案考虑
4	顶进方法	盾构顶进相关定额调整了 0.89 的系数，顶进触变泥浆减阻、顶管接口外套环乘 1.48 的系数，考虑了盾构后混凝土管顶进	泥水平衡封闭顶进套用 2400 以内定额并换算乘 1.55 的系数同时考虑了顶进进行车干扰人机系数，不再需要混凝土顶管
5	泥浆制作输送	未考虑	按施工方案考虑

续表

序号	项目名称	概算内容	预算内容
6	挖工作坑土方	全部为人工挖土	按人工、机械挖土各占50%
7	超前小导管注浆	未考虑行车干扰	考虑行车干扰
8	人工费	执行2019综合用工指导价	执行2020上半年综合用工指导价
9	穿某街道隧道	单隧道	双隧道
10	穿某街	直埋77.45m	隧道77.45m
11	桩号3+524至3+691、1+458至1+681、1+870至1+919、2+538至2+622	直埋	顶管
12	沟槽深基坑支护	无	土钉墙加锚喷、局部小导管注浆
13	管沟加固	无	因部分路段管沟离周围建筑物较近，经专家论证路面采用注浆加固

5 咨询服务的启示

通过此项目全过程造价咨询工作，我们深刻体会到，全过程咨询工作，要想做到对项目全过程造价的精准控制，应该从设计阶段开始，专业人员对设计方案、施工方案进行评估，选取最优的方案，才能从源头上控制造价。尤其是EPC项目，总承包单位与设计是一体，所以更需要对设计方案、施工方案进行严格审核，才能保证选取最经济的设计方案，真正做到从源头开始对工程造价进行控制。